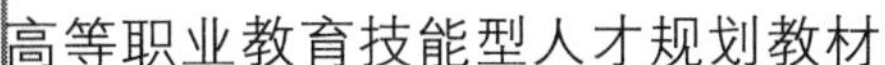
高等职业教育技能型人才规划教材

智能化系统集成应用项目案例

林锦章　曹伶丽　◎　主　编

西南交通大学出版社
·成　都·

图书在版编目（CIP）数据

智能化系统集成应用项目案例 / 林锦章，曹伶丽主编. —成都：西南交通大学出版社，2018.11

高等职业教育技能型人才规划教材

ISBN 978-7-5643-6536-3

Ⅰ. ①智… Ⅱ. ①林… ②曹… Ⅲ. ①智能系统－系统集成技术－案例－高等职业教育－教材 Ⅳ. ①TP311.5

中国版本图书馆 CIP 数据核字（2018）第 242161 号

高等职业教育技能型人才规划教材

智能化系统集成应用项目案例

林锦章　曹伶丽　主编

责任编辑　李芳芳
助理编辑　梁志敏
封面设计　何东琳设计工作室

出版发行　西南交通大学出版社
（四川省成都市二环路北一段 111 号
西南交通大学创新大厦 21 楼）
邮政编码　610031
发行部电话　028-87600564　028-87600533
网址　http://www.xnjdcbs.com
印刷　成都中永印务有限责任公司

成品尺寸　185 mm × 260 mm
印张　23
字数　604 千
版次　2018 年 11 月第 1 版
印次　2018 年 11 月第 1 次
定价　56.00 元
书号　ISBN 978-7-5643-6536-3

课件咨询电话：028-87600533

前 言

所谓系统集成（System Integration，SI），就是通过结构化的综合布线系统和计算机网络技术，将各个分离的设备（如个人计算机）及其功能和信息等集成到相互关联的、统一和协调的系统之中，使资源达到充分共享，实现集中、高效、便利的管理。系统集成应采用功能集成、BSV 液晶拼接集成、综合布线、网络集成、软件界面集成等多种集成技术，可简单概括为：系统集成就是用现有的元素和技术形成解决方案，满足客户需求，并指导实施，是一种新兴的服务方式，是近年来信息服务业中发展势头迅猛的一个行业。作为系统集成技术人员，不仅要精通各个厂商的产品和技术，能够提出系统模式和技术解决方案，更要对用户的业务模式、组织结构等有较好的理解，同时还要能够用现代工程学和项目管理的方式，对信息系统各个流程进行统一的进程和质量控制，并提供完善的服务。

而智能化集成系统，是将不同功能的建筑智能化系统，通过统一的信息平台实现集成，以形成具体信息汇集、资源共享及优化管理等综合功能的系统。按企业用人管理模式，目前从事系统集成工程的职业岗位可以分为以下六类：

售前技术支持：按照销售合同签订前和签订后来划分，签订前的技术支持叫作售前技术支持，主要参与的工作是编写招投标技术方案，它与业务推广（营销）交叉融合。

售后服务支持：产品销售合同签订之后，需要对产品进行调试，指导施工过程线路的敷设、产品安装、参数的设置，系统运行，以及对使用人员的培训。

项目过程管理：可以是销售项目的管理,也可以是工程项目的管理,项目管理作为目前主流的管理方法，在系统集成中得到广泛应用。

产品推广营销：不是单一电子产品个体的营销，是一个系统系列产品的营销和推广服务，随着物联网的发展，很多产品都需要后台云端服务器和前台手机 App 的共同支持才能运行，只有掌握物联网基础知识的技术员才能全方位服务于客户。

运营维护支持：物联网技术的传感与控制技术、现场总线技术、无线传输技术、运输储存和服务技术，应用层的人机交互技术等的发展已经渗透到各行各业，任何一个电子设备的运行都越来越依赖于物联网技术，物联网系统的运行和维护已经不能只靠单一技术的支持，系统运维的技术人员，区别于以往的电工和弱电工，越来越受到企业的重视。

方案设计开发：依据产品市场需求，站在系统的高度为客户需求提供应用的系统模式，以及实现该系统模式的具体技术解决方案和运作方案，即为用户提供一个全面的系统解决方案，开发独立的应用软件成为核心。

本书精选实际工程项目案例，提供了系统集成工程“售前工作、项目过程管理、售后工作”全过程的学习材料，适合计算机应用技术、物联网技术等专业高职学生使用，同时，也适合从事物联网技术专业人员参考。

在编写本书的过程中借鉴了广州铁路职业技术学院计算机应用技术专业团队的教学实践经验，得到了广东省物联网协会及国家数字家庭产业示范基地等多家企业大力支持，从中获得了大量的真实企业项目案例，在此一并感谢。

物联网行业也是新兴行业，本书侧重于项目案例的分解、归纳、提炼，有一定的针对性和局限性，书中一定存在理论性和系统性不足的地方，望读者批评指正。

编　者

2018 年 11 月

目　录

第一章　售前工作岗位案例

一、岗位介绍

售前工作岗位是系统集成方向企业面向意向客户服务的岗位。本岗位不仅要求具备较强的文档处理能力，还要求对公司相关技术及典型案例有全面了解。

二、岗位职责

（一）售前工程师扮演的角色

售前人员应该是项目开发人员与业务销售人员的桥梁。在业务销售人员眼中，售前人员扮演的是技术人员或技术专家的角色；在项目实施的开发人员眼中，售前人员是专注技术的销售人员；在用户眼中，售前人员是代表公司技术水平的技术专家。

（二）工作内容

1．项目招投标的过程

项目从前期跟踪到签单，作为售前人员，需要与销售人员密切合作。通常一个项目的前期过程包括如下内容：

（1）销售人员拜访用户，了解用户的项目基本情况，向用户介绍公司和公司的产品，与用户建立起良好的关系。

（2）销售人员在用户招标前，引入售前技术支持人员，与用户进行技术上的交流和沟通，了解用户在项目上的需求、偏好的技术构架，引导用户接受本公司的技术思路，这个过程可能需要多次反复。至少要使用户对公司有一定的兴趣，愿意邀请公司参加投标。

（3）用户发招标书，售前人员根据招标书的要求，结合前期与用户交流的情况，编写投标书。

（4）参加招投标会，进行技术、商务上的讲解和答疑。

（5）参加商务和技术的谈判，起草项目商务合同和技术协议书。

（6）签订合同，项目实施以及维护。

2．招投标前与用户的接触

招投标前与用户接触，了解用户的真实需求和想法，通过交流，了解用户对系统框架、平台、新技术的偏好，使以后在投标中能"投其所好""命中要害"。介绍公司的技术和产品，使用户在招标前对本公司技术和产品能有比较清楚的认识和了解，将用户的需求引导到本公司的技术和产品的思路上，使用户在技术上对本公司有一定的偏好。

交流和需要了解的内容通常包括：

（1）用户的组织机构，信息化的现状，现有的硬件设备、网络情况、正在使用的软件系统情况。

（2）新系统的规划、目标、规模，要求等，包括用户对系统的安全性、可靠性、易用性、扩展性的要求。

（3）业务内容、业务流程系统的现状，软件功能需求。

（4）平台和数据库的选型。

（5）信息安全、存储的需求。

（6）对软件开发机制的认识。

（7）用户感兴趣的热点技术。

交流应该广泛，不要只限于项目的具体负责人，如果有条件，可以拜访更上级的用户，以及各部门的主要负责人或技术权威，尽量了解用户对项目的认识和想法，交流和拜访中要善于识别用户的身份，抓住对项目有决定权、影响大的用户的想法，同时，可以初步分析哪些用户可能是以后的招标评委，留意他们对项目感兴趣的地方。以便在投标和讲标中有所针对性。

引导用户关注本公司擅长的技术路线和产品特点。可以将以往做过项目的情况、功能特点讲给用户，最好能借助演示。这时用户会说明哪些是他们感兴趣的方面，哪些是他们不太关心的，其他对手的产品是什么样的，等等。这样便于与用户进行深入的交流，找到与用户有共鸣的点。

跟踪和了解对手情况，了解同类产品的现状，都是一个长期积累的过程。分析对手的产品和解决方案可能的特点，找到或提出比对手有新意的、能吸引用户的系统亮点。当然，这些亮点的提出必须先考虑自己的技术实力和项目的投资规模。

三、岗位职业能力要求

对应职业能力表售前工作岗位的职业能力要求如表 1-1 所示。

表 1-1　售前工作岗位职业能力要求

序号	在职业能力表中的编号	工作任务	职业能力内容
1	8-1	网络通信系统方案设计	1. 熟悉 TCP/IP、VLAN、LAN、WAN 协议、路由协议、NAT 等 2. 熟悉有线、无线通信方案和各种品牌的产品性能与功能 3. 熟悉网线、光纤的性能与工作原理 4. 了解防火墙、VPN、加密与认证、反病毒等作用
2	8-2	信息化系统方案设计	1. 熟悉服务器的基本知识 2. 熟悉数据库与中间件 3. 熟悉信息存储与备份

续表

序号	在职业能力表中的编号	工作任务	职业能力内容
3	8-3	信息化系统方案设计	1. 熟悉服务器的基本知识 2. 熟悉数据库与中间件 3. 熟悉信息存储与备份
4	9-1	项目投标文件制作	1. 熟悉投标流程与要求 2. 熟悉投标技术方案、商务方案编写 3. 熟悉标书的打印与装订 4. 熟练 office 办公软件的使用
5	10-1	需求分析	1. 理解弱电知识 2. 理解智能化系统知识 3. 熟悉应用类知识（软件、服务器、数据库、中间件） 4. 综合业务系统知识（OA 系统） 5. 现场与客户沟通 6. 了解主流产品信息、熟悉各行业解决方案 7. 填写客户需求分析表
6	10-2	设计规划方案	1. 确定方案的逻辑构架 2. 描述客户的现状与需求 3. 设计拓扑规划图 4. 技术选型、产品选型 5. 编制预算及标价
7	10-3	撰写方案	1. 根据模板编制方案 2. 能够熟练使用 office 文档编排 3. 能够熟练使用动漫设计方案
8	11-1	制作 PPT	1. 熟练使用 PPT 和拓扑 2. 了解系统集成中各产品的性能及具体应用 3. 能把用户需求准确转换为方案
9	11-2	演　讲	1. 熟悉系统集成技术服务方案 2. 自信，语言表达能力强 3. 富有激情与感染力
10	11-3	答　疑	1. 具备较专业的产品知识 2. 具备方案呈现能力 2. 具备处理疑难问题能力
11	12-1	分析招标书	1. 熟悉招投标流程，招投标法律法规 2. 熟悉招标文件中实质性参数和要求 3. 分析评分细则 4. 产品询价
12	12-2	制定投标策略	确定投标产品
13	12-3	撰写投标书	1. 编制标书大纲 2. 内容编写，投标资料整理投标文件检查

四、案例介绍

案例1 ××酒店技术投标文件

投标文件在项目开始之初，对售前岗位职员的综合能力有较高要求。需要制作投标文件的职员有较强的文字写作功底，同时要了解本公司的产品及各产品的关键技术，另外对绘图技术等其他职业能力也有一定要求。以下我们就以××酒店技术投标文件来介绍投标文件涉及的技术技能。

该项目框架内容包括：

（1）招标文件商务条款响应表。

（2）技术响应及详细配置清单。

（3）技术方案。

（4）施工组织设计。

（5）本项目投入使用的主要设备产品授权取得一览表及授权资料。

（6）参与编制技术标投标文件人员名单签字确认表。

××酒店技术投标文件包括了6个部分的内容，以这6个部分来诠释投标公司对该标的承标能力。接下来我们分别来看看这6部分的内容。

1 招标文件商务条款响应表

招标文件商务条款响应表是以表的形式表达承标单位符合招标单位列出的关于工期、施工资质、办证金等商务方面要求。如表1所示。

表1 招标文件商务条款响应表

招标文件条目	招标内容	响应情况	说 明
招标文件第7条	工期要求：主干工程130日历天	完全响应	符合招标需求
招标文件第9条	具备计算机一级施工资质	完全响应	符合招标需求
招标文件第12条	投标有效期：30日历天	完全响应	符合招标需求
招标文件第13条	投保担保金：5万元（银行保函）	完全响应	符合招标需求
招标文件第16条	投标文件份数：一份正本，二份副本，电子文档光盘	完全响应	符合招标需求
招标文件第一章投标须知3.1投标文件的语言及度量衡单位	投标文件及所有文件均应使用中文；投标文件使用的度量衡单位均采用中华人民共和国法定计量单位	完全响应	符合招标需求
招标文件第一章投标须知3.2投标文件组成	投标文件经济标部分及法定代表证明书、授权委托书装订成一册，正副本及电子文档密封在一个密封袋内；技术标正、副本封装在一个密封袋内	完全响应	符合招标需求

续表

招标文件条目	招标内容	响应情况	说　明
招标文件第一章投标须知 3.2 条投标文件组成	投标人提交的投标文件应当使用邀标文件所提供的投标文件全部格式	完全响应	符合招标需求
招标文件第一章投标须知 4 投标文件的提交	① 投标文件的装订要求；② 施工组织设计由本单位技术人员编制、签名和本单位技术负责人审定、签名，同时加盖法人单位公章；③ 工程量报价必须由预算编制人或注册造价师签名，并加盖其执业章及注册单位公章，同时加盖投标单位公章；④ 投标文件密封袋注明要求	完全响应	符合招标需求

2　技术响应及详细配置清单

技术响应及详细配置清单是用表单的形式表达承标单位有能力完成招标单位关于技术使用以及各个子系统相关技术及响应品牌的说明。主要展示如下：

2.1　投标文件编制说明

本次选取的××酒店技术招标文件的案例较为特殊，招标的用户需求书和招标清单之间存在一些冲突，出现这些冲突是经常的事情，因为需求书和招标清单之间发布时间有一定的间距，随着项目负责人对项目的建设目标愈加清晰，两个文书之间的清单必然会有一些出入。

作为应标单位，根据技术偏离情况，编制技术规格偏离表，本次投标以招标清单为报价依据，故此次投标文件编制原则是：当招标需求书与招标清单出现冲突时，以招标清单为准。

2.2　技术规格偏离表

技术规格偏离如表 2 所示。

表 2　技术规格偏离表

标文件条目号	招标规格	投标规格	偏离情况	说　明
2.1	综合布线系统	详见技术方案	无	符合招标需求
2.2	网络交换机系统	详见技术方案	无	符合招标需求
2.3	语音程控系统	详见技术方案	无	符合招标需求
2.4	综合安保系统	详见技术方案	无	符合招标需求
2.4.1	视频监控系统	详见技术方案	无	符合招标需求
2.4.2	入侵报警系统	详见技术方案	无	符合招标需求
2.4.3	电子巡更系统	详见技术方案	无	符合招标需求
2.4.4	一卡通系统	详见技术方案	无	符合招标需求
2.4.5	门锁系统	详见技术方案	无	符合招标需求

续表

标文件条目号	招标规格	投标规格	偏离情况	说　明
2.5	卫星及有线电视系统	详见技术方案	无	符合招标需求
2.6	背景音乐和紧急广播系统	详见技术方案	无	符合招标需求
2.7	多媒体会议系统	详见技术方案	无	符合招标需求
2.8	酒店管理系统	详见技术方案	无	符合招标需求
2.9	机房工程系统	详见技术方案	无	符合招标需求
2.10	酒店信息发布系统	详见技术方案	无	符合招标需求
3	系统规范和标准	详见技术方案	无	符合招标需求

编制了技术偏离表，接下来根据各项子系统需要编制各子系统详细配置清单，根据配置清单选定品牌。品牌响应需要根据招标文件技术要求选择性价比高的品牌。从这里可见，平时与各品牌商的联系对于选取性价比高的品牌响应至关重要。

2.3　各子系统详细配置清单及品牌响应

各子系统详细配置清单及品牌响应如表 3 所示。

表 3　各子系统详细配置清单及品牌响应

序号	设备名称	规格型号	单位	数量	推荐品牌	投标品牌	响应情况
综合布线系统							
1	六类非屏蔽双绞线	UTP-11-6-4P	箱	224			满足
2	六类数据模块插座	KJ-12-6	个	1 140			满足
3	六类 24 口模块式配线架（含理线器）	PP-12-6-24 + (CM-12-1U) × 2	个	55			满足
4	超五类非屏蔽双绞线	UTP-11-5E-4P	箱	191			满足
5	超五类数据模块插座	FTP-11-5E-4P	个	1 292			满足
6	超五类 24 口模块式配线架（含理线器）	PP-12-5E-24 + (CM-12-1U) × 2	个	24			满足
7	光纤信息插座	FP-22-LC	个	13			满足
8	信息插座面板（双口）	FP-11-2	个	1 920			满足
9	地面插座	FM-11-DYS	个	27			满足
10	8 芯室内万兆单模光缆	GJFJV-8A1a-OM3	米	1 200			满足
11	24 口光纤配线架（含耦合器、面板）	FB-11-24 + (FB-11-MB-SC-8) × 3	个	15			满足
12	六类数据跳线	PC-13-6-20	根	2 350			满足
13	一对快接语音跳线	PC-RJ45/110-1-20	根	518			满足

续表

序号	设备名称	规格型号	单位	数量	推荐品牌	投标品牌	响应情况
综合布线系统							
14	LC-LC 光纤跳线	FJ-LC-LC-B1-2M	对	54			满足
15	LC 光纤尾纤	FF-SC-B1-1M	对	320			满足
16	42U 标准机柜		台	12			满足
17	100 对室内大对数电缆	110P-3-100 + (110L-5)×3	米	1 200			满足
18	100 对 110 配线架（含连接块、面板）		个	22			满足
19	镀锌铁管 MT25	MT25	米	23 040	万洲	万洲	满足
20	镀锌铁管 MT20	MT20	米	23 040	万洲	万洲	满足
21	镀锌线槽 MR200×100	MR200×100	米	220	万洲	万洲	满足
22	镀锌线槽 MR100×100	MR100×100	米	890	万洲	万洲	满足
23	镀锌线槽 MT100×50	MR100×50	米	1 785	万洲	万洲	满足
24	管槽吊架制作/安装		项	1	国产定制	国产定制	满足
计算机网络系统							
1	核心交换机						
1.1	基本包：OS6850-24 冗余包，20 个 10/100/1000 BaseT 或 1000BaseX 口，冗余 AC 电源）	OS6850-24	台	2	阿尔卡特	阿尔卡特	满足
1.2	126 W 冗余 AC 电源	OS6850-BP	个	2	阿尔卡特	阿尔卡特	满足
1.3	高级路由软件	OS6850-SW-AR	个	2	阿尔卡特	阿尔卡特	满足
1.4	1 000 M 多模光纤收发器	SFP-GIG-SX	个	6	阿尔卡特	阿尔卡特	满足
2	汇聚交换机						
2.1	以太网交换机，20 个 10/100/1000Base-T，4 个 combo 口可以配置成 10/100/1000BaseT 或 1000BaseX 口	OS6400-24	台	3	阿尔卡特	阿尔卡特	满足
2.2	1000M 多模光纤收发器	SFP-GIG-SX	个	4	阿尔卡特	阿尔卡特	满足
3	接入交换机						
3.1	以太网交换机主机，24 个 10/100/1000 M 端口，2 个 10/100/1000RJ-45 口与 2 个 COMBO	OS6224	台	4	阿尔卡特	阿尔卡特	满足
3.2	以太网交换机主机，48 个 10/100/1000 端口，2 个 10/100/1000RJ-45 口和 2 个 COMBO 口	OS6248	台	23	阿尔卡特	阿尔卡特	满足

续表

序号	设备名称	规格型号	单位	数量	推荐品牌	投标品牌	响应情况
计算机网络系统							
4	网管软件						
4.1	OV-NMS-CD-R3	OV2500 光盘	套	1	阿尔卡特	阿尔卡特	满足
4.2	OV2500-BSU-R3	OmniVista 2520 单用户基本管理软件，用于管理阿尔卡特所有 eND 的产品	套	1	阿尔卡特	阿尔卡特	满足
4.3	带路由防火墙	FG-1000A-X	台	1	阿尔卡特	阿尔卡特	满足
4.4	服务器		台	3	甲供 IBM	甲供 IBM	满足
4.5	邮件代发模块		套	1	安美	安美	满足
5	无线网络						
5.1	无线 AP	H3C	个	14	阿尔卡特	阿尔卡特	满足
5.2	POE 以太网供电电源		个	54	Cytech	Cytech	满足
5.3	无线网桥 AP，802.11b/g，54 M 用户隔离，运营级，200 mW	IWE-3300	台	54	Cytech	Cytech	满足
5.4	WOC 8 路分支合路器		个	54	Cytech	Cytech	满足
5.5	CATV 跳线		条	54	Cytech	Cytech	满足
5.6	信号屏蔽袋		个	108	Cytech	Cytech	满足
5.7	CATV 1 分支器	106\108	个	54	美安	美安	满足
5.8	WOC 天线面板分离器（含外接 WLAN 天线）	TS-33E	个	54	Cytech	Cytech	满足
5.9	直角 F 头		个	252	Cytech	Cytech	满足
5.10	英制 F 头		个	1 500	Cytech	Cytech	满足
5.11	WOC 客房安装费		点	252	Cytech	Cytech	满足
5.12	WOC 安装		点	54	Cytech	Cytech	满足
5.13	吸顶天线	3DBI	个	27	Cytech	Cytech	满足
5.14	2 路 2.4 G 分配器	GFQ-Y-1725	个	8	Cytech	Cytech	满足
5.15	馈线连接头，25 m	50-7	根	8	Cytech	Cytech	满足
5.16	AP 跳线	SMA-N，30 cm	个	110	Cytech	Cytech	满足
5.17	运营级接入控制网关（AC）	G-8000	台	1	正诚	正诚	满足
6	其他						
6.1	服务器机柜	42U	台	2			满足
6.2	操作台	5 联	套	1		定制	满足

续表

序号	设备名称	规格型号	单位	数量	推荐品牌	投标品牌	响应情况
程控电话交换系统							
1	电话交换机及配套设备（双处理器，热备份系统）	3BA00632AA	套	1	阿尔卡特	阿尔卡特	满足
	主机应为新一代功能强大的多媒体通信平台，系统软件是基于 Unix 或 Linux 开放式架构。主控部分热备份冗余配置，能够提供多种先进电话及多媒体应用开发支持功能		套	1	阿尔卡特	阿尔卡特	
	数字用户：20 端口				阿尔卡特	阿尔卡特	
	模拟用户：800 端口（包括预留容量，可扩充至 5000 门）				阿尔卡特	阿尔卡特	
	中继接入：2×E1（ISDN 30B＋D）				阿尔卡特	阿尔卡特	
	酒店自助 29 方会议系统（系统内置，单组可多达 29 方，并可灵活组合为多个独立的会议组）。酒店话机或话务台召开，进入会场需要密码认证）				阿尔卡特	阿尔卡特	
	酒店专用多媒体 PC 话务台				阿尔卡特	阿尔卡特	
2	高端数字话机（支持中文操作界面，呼叫日记查询，作为前台及套房使用）	3GV27009TB	台	8	阿尔卡特	阿尔卡特	满足
3	普通数字话机（供高级办公人员使用）	3GV27011TB	台	12	阿尔卡特	阿尔卡特	满足
4	耳机（单耳耳机＋USB 电脑适配器/适用 IP 软电话）	LSJ004	套	3	阿尔卡特	阿尔卡特	满足
5	电话交换机软件	3BA09498AA	套	1	阿尔卡特	阿尔卡特	满足
	多国语言提示软件（4 国）		套	1	阿尔卡特	阿尔卡特	
	酒店功能软件包（交换机自带酒店软件包，用于前台 PMS 系统的备份）				阿尔卡特	阿尔卡特	
	酒店 PMS 系统的接口（提供 V24 或 IP 接口）				阿尔卡特	阿尔卡特	

续表

序号	设备名称	规格型号	单位	数量	推荐品牌	投标品牌	响应情况
程控电话交换系统							
	VMS 语音信箱（8 端口），4 国语言				阿尔卡特	阿尔卡特	
	叫醒服务系统（提供叫醒功能，备注：如交换机内置不能实现叫醒功能，则需 32 路语音信箱）				阿尔卡特	阿尔卡特	
	计费系统（VMS 或 FCS）				阿尔卡特	阿尔卡特	
6	配线架(1600 回线含配线柜）	LSD002/3	套	1	配套/定制	配套/定制	满足
7	蓄电池（支持交换机的供电 8 小时）	LSC006	套	1	配套/定制	配套/定制	满足
8	管理工作站	360MT	套	1	甲供自定	甲供自定	满足
9	针式打印机（窄行，适用于打印发票/宾馆计费系统/V24 实时连续话单）	LQ-300K +	套	1	EPSON	EPSON	满足
10	2 张 PCI TeleCARE VM 4 口语音卡		套	1	配套/定制	配套/定制	满足
11	工业电脑	（P4，1G 内存，80G 硬盘，XP 操作系统，带 14 寸液晶显示器）	套	1	配套/定制	配套/定制	满足
综合保安系统							
1	视频监控系统						
1.1	前端						
1.1.1	室外快球	ST-CC8269	套	6	金三立	金三立	满足
1.1.2	室内快球	ST-CC8268	套	3	金三立	金三立	满足
1.1.3	快球墙装支架	ST-ZJ89B1	个	9	金三立	金三立	满足
1.1.4	室内半球摄像机	ST-CC4095	个	121	金三立	金三立	满足
1.1.5	电梯专用摄像机	ST-CC4032	个	12	金三立	金三立	满足
1.1.6	彩色高清固定摄像机	ST-CC6050	个	77	金三立	金三立	满足
1.1.7	镜头	V1112-8	个	77	英飞拓	英飞拓	满足
1.1.8	固定摄像机护罩支架	V1401W-9 V1571-W	套	77	英飞拓	英飞拓	满足
1.2	中心控制设备						
1.2.1	视频矩阵	ST-MS750A L320-16	套	1	金三立	金三立	满足
1.2.2	控制键盘	ST-CU7502	台	1	金三立	金三立	满足

续表

序号	设备名称	规格型号	单位	数量	推荐品牌	投标品牌	响应情况
1.2.3	硬盘录像机	ST-HD8016BC	台	14	金三立	金三立	满足
1.2.4	硬盘	1T	块	28	希捷	希捷	满足
1.2.5	视频分配器	16 分 32 路	台	14	新视宝	新视宝	满足
1.2.6	码分配/转换器	ST-TR308-H	台	1	金三立	金三立	满足
1.2.7	视频管理软件		套	1	金三立	金三立	满足
1.2.8	管理电脑		套	1	甲供自定	甲供自定	满足
1.2.9	21 寸专业监视器	MP21C	台	13	甲供 TCL	甲供 TCL	满足
1.2.10	42 寸等离子电视	42P98MV	台	1	甲供 TCL	甲供 TCL	满足
1.2.11	操作台（6 联）	6 联	套	1	金泰龙	金泰龙	满足
1.2.12	电视墙（6 联）	6 联	套	1	金泰龙	金泰龙	满足
1.2.13	机柜	42U	台	5			满足
1.3	管线槽						
1.3.1	楼层机柜及配电箱	220 V AC 转 12 V/24 V DC	批	31	国产定制	国产定制	满足
1.3.2	镀锌铁管 MT25	MT25	米	5610	广州万洲	广州万洲	满足
1.3.3	镀锌铁管 MT20	MT20	米	3740	广州万洲	广州万洲	满足
1.3.4	镀锌线槽 MR400*100	MR400×100	米	30	广州万洲	广州万洲	满足
1.3.5	镀锌线槽 MR200*100	MR200×100	米	50	广州万洲	广州万洲	满足
1.3.6	镀锌线槽 MR100*100	MR100×100	米	80	广州万洲	广州万洲	满足
1.3.7	镀锌线槽 MT100*50	MT100×50	米	300	广州万洲	广州万洲	满足
1.3.8	管槽吊架制作/安装		米	1	国产	国产	满足
1.3.9	视频线	SYV75-5	米	56100			满足
1.3.10	控制线缆	RVVP2×1.0	米	1 350			满足
1.3.11	电源线缆	RVV2×1.0	米	16 830			满足
2	防盗报警系统						
2.1	报警主机	DS7400XI-CHI	台	1	博世	博世	满足
2.2	可编程主机键盘	DS7447E-CN	台	1	博世	博世	满足
2.3	1 防区扩展模块	DS7457I	块	38	博世	博世	满足
2.4	壁挂双鉴探测器	DS835IT-CHI	个	9	博世	博世	满足
2.5	紧急报警按钮	PB2	个	29	国产	国产	满足
2.6	总线驱动模块	DS7430	个	1	博世	博世	满足
2.7	工作站	（甲供）	台	1	自定	自定	满足
2.8	软件	MTSW200	套	1	博世	博世	满足
2.9	密封铅酸电池	12 V DC，7 AH	个	1	泰兴	泰兴	满足

续表

序号	设备名称	规格型号	单位	数量	推荐品牌	投标品牌	响应情况
2.10	声光警号	HX-110	个	1	国产	国产	满足
2.11	通讯线	RVVP2×1.0	米	500			满足
2.12	信息线	RVV4×0.5	米	600			满足
2.13	电源线	RVV2×1.0	米	500			满足
2.14	镀锌电线管 MT20	MT20	米	800	广州万洲	广州万洲	满足
2.15	辅材		批	1	国产	国产	满足
3	巡更系统						
3.1	巡更机	ADEL-9000-A5	台	6	爱迪尔	爱迪尔	满足
3.2	巡更钮	ADEL-9000-B1	台	200	爱迪尔	爱迪尔	满足
3.4	巡更管理软件	ADEL-V9.8	套	1	爱迪尔	爱迪尔	满足
3.5	管理工作站		套	1	自定	自定	满足
3.6	打印机	EPL-5700L	台	1	EPSON	EPSON	满足
4	一卡通系统						
4.1	发卡及管理中心设备						
4.1.1	服务器	3650	台	1	IBM	IBM	满足
4.1.2	门禁、消费、考勤工作站	360MT	台	3	自定	自定	满足
4.1.3	发卡机	PK-557LJ	套	1	披克	披克	满足
4.1.4	一卡通管理软件	PK-OVC.7.0OCW8.5/[N]	套	1	披克	披克	满足
4.1.5	网络门禁管理软件	PK-ACV10.0/［N］	套	1	披克	披克	满足
4.1.6	打印机	EPL-5700L	台	1	EPSON	EPSON	满足
4.2	门禁管理系统设备						
4.2.1	射频指纹机	PK-FR100	套	30	披克	披克	满足
4.2.2	单门网络门禁控制器	PK-C388/1LJ	套	30	披克	披克	满足
4.2.3	电插锁	PKL340STB	把	30	披克	披克	满足
4.2.4	出门按钮	PK-036	只	30	披克	披克	满足
4.2.5	电源	PK-DC12V1A	套	30	披克	披克	满足
4.3	考勤管理系统设备						
4.3.1	射频指纹机（数量暂定）	PK-FR100	套	5	披克	披克	满足
4.3.2	单门网络门禁控制器	PK-C388/1LJ	套	5	披克	披克	满足
4.3.3	电源	PK-DC12V1A	套	5	披克	披克	满足
4.4	消费管理系统设备						
4.4.1	消费分机（数量暂定）	PK-855T	台	5	披克	披克	满足
4.4.2	网络扩展器	PK-98B	套	1	披克	披克	满足

续表

序号	设备名称	规格型号	单位	数量	推荐品牌	投标品牌	响应情况
4.4.3	消费管理软件	PK-PSV8.5/［N	套	1	披克	披克	满足
4.5	管线槽						
4.5.1	镀锌铁管 MT25	MT25	米	2000	广州万洲	广州万洲	满足
4.5.2	镀锌铁管 MT20	MT20	米	1200	广州万洲	广州万洲	满足
4.5.3	信号线	超五类屏蔽线	米	2600			满足
4.5.4	出门按钮控制线	RVV2×1.0	米	450			满足
4.5.5	读卡器控制线	RVV8×0.5	米	1200			满足
4.5.6	电源线	RVV3×1.5	米	1200			满足
4.5.7	门锁控制线	RVV2×1.0	米	450			满足
5	酒店门锁系统						
5.1	感应门锁	737UMFB2000-PP	把	282	爱迪尔	爱迪尔	满足
5.2	管理软件		套	1	爱迪尔	爱迪尔	满足
5.3	发卡器		台	2	爱迪尔	爱迪尔	满足
5.4	IC 卡		张	1 000	爱迪尔	爱迪尔	满足
5.5	手持记录机		只	2	爱迪尔	爱迪尔	满足
卫星及有线电视系统							
1	高精度卫星天线	Ku-ϕ3 m	台	1	国产	国产	满足
2	高频头	KU-双极化单输出	台	1	国产	国产	满足
3	卫星接收机	CDVB3188C	台	2	国产	国产	满足
4	邻频调制器	MW-MOD-9835	台	3	迈威	迈威	满足
5	录像机		台	1	先锋	先锋	满足
6	DVD 播放机		台	1	索尼	索尼	满足
7	数字调制器	MW-DQM -4010	台	1	迈威	迈威	满足
8	监视器 14″	ML14C	台	1	创维	创维	满足
9	放大器	TDA8030RA	台	6	华正达	华正达	满足
10	混合器（16 路）	MW-MX（16W）	个	1	迈威	迈威	满足
11	四分配器		个	15	华正达	华正达	满足
12	三分配器		个	4	华正达	华正达	满足
13	二分支器		个	10	华正达	华正达	满足
14	三分支器		个	5	华正达	华正达	满足
15	四分支器		个	157	华正达	华正达	满足
16	分支分配器箱	定制	个	192	定制	定制	满足
17	放大器箱	定制	个	6	定制	定制	满足

续表

序号	设备名称	规格型号	单位	数量	推荐品牌	投标品牌	响应情况
18	避雷器		个	1	立信	立信	满足
19	集供电源	定制	个	1	国产	国产	满足
20	机柜	42U	台	2			满足
21	终端负载	75 Ω	个	171	迈威	迈威	满足
22	终端面板	MW-D02	个	661	迈威	迈威	满足
23	镀锌铁管 MT25	MT25	米	2 880	广州万洲	广州万洲	满足
24	镀锌铁管 MT20	MT20	米	16 525	广州万洲	广州万洲	满足
25	线管安装辅材		项	1	国产定制	国产定制	满足
26	有线电视传输线缆主干	SYWV-75-9-4P	米	435			满足
27	有线电视传输线缆分支主干	SYWV-75-7-4P	米	5 985			满足
28	有线电视传输线缆分支	SYWV-75-5-4P	米	16 525			满足
公共广播系统							
1	数控广播 CD 机	AP-DV	台	1	腾高	腾高	满足
2	数控广播调谐器	AP-F508R	台	1	腾高	腾高	满足
3	磁带机	254	台	1	腾高	腾高	满足
4	数控广播控制中心	DCI-200	台	1	腾高	腾高	满足
5	数控广播控制软件		套	1	腾高	腾高	满足
6	数控广播中央控制器	主机含有	个	1	腾高	腾高	满足
7	数控广播电源管理器	DCI-16T	个	3	腾高	腾高	满足
8	电源时序器	DCI-28S	个	2	腾高	腾高	满足
9	数控广播音频处理器	DCI-816S	个	1	腾高	腾高	满足
10	远程呼叫站控制器	DCI-10P	个	1	腾高	腾高	满足
11	远程呼叫站	DCI-10R	个	2	腾高	腾高	满足
12	消防信号智能接口	DCI-19A	套	1	腾高	腾高	满足
13	报警发生器	DCI-15E	个	1	腾高	腾高	满足
16	240W 终端解码器	AP-M600P	个	33	腾高	腾高	满足
17	350W 终端解码器	AP-M1000P	个	2	腾高	腾高	满足
18	120W 终端解码器	AP-M300P	个	8	腾高	腾高	满足
19	30W 终端解码器	MX-1030W	个	5	腾高	腾高	满足
20	网络信号选择器	TW-013	个	4	腾高	腾高	满足
21	纯后级广播功放	DCI-8600	台	4	腾高	腾高	满足
22	十路强切电源	DCI-20S	个	3	腾高	腾高	满足

续表

序号	设备名称	规格型号	单位	数量	推荐品牌	投标品牌	响应情况
公共广播系统							
23	音量控制器	VC-5030WF	个	258	腾高	腾高	满足
24	天花喇叭	CH-705/5（3/6W）	个	580	腾高	腾高	满足
25	有源天花	PHA-103F2（3/6W）	个	258	腾高	腾高	满足
26	机柜	42U	台	2			满足
27	管理工作站	360MT	台	1	自定	自定	满足
28	信号线	超五类 4 对双绞线	米	25 140			满足
29	控制主线	金银线 2×200 支	米	12 900			满足
30	镀锌铁管 MT25	MT25	米	3 300	广州万洲	广州万洲	满足
31	镀锌铁管 MT20	MT20	米	16 640	广州万洲	广州万洲	满足
32	镀锌线槽 MR100×50	MR100×50	米	120	广州万洲	广州万洲	满足
33	镀锌线槽 MR50×50	MR50×50	米	1 395	广州万洲	广州万洲	满足
34	管槽吊架制作/安装		项	1	国产定制	国产定制	满足
多媒体会议系统							
1	中央控制系统						
1.1	大会议室（培训会议室）						
1.1.1	可编程主控制机	TF-PGMII	台	1	CREATOR	CREATOR	满足
1.1.2	7″超薄真彩无线触摸屏	ST-7600C	台	1			满足
1.1.3	红外发射棒	JY-BEH	根	8			满足
1.1.4	无线接收器	CRRFA	台	1			满足
1.1.5	8 路电源控制模块	CRPWR－8 II	台	1	CREATOR	CREATOR	满足
1.1.6	4 路调光模块	CRLITE－4AII	台	1	CREATOR	CREATOR	满足
1.1.7	2 路调音模块	CR-VOLII	台	1	CREATOR	CREATOR	满足
1.1.8	中控软件及编程调试费用	CMSOFTWARE	套	1	CREATOR	CREATOR	满足
1.2	会议系统						
1.2.1	会议系统主机	TF-M4101	台	1	CREATOR	CREATOR	满足
1.2.2	桌面式主席发言单元	TF-M4102B	个	1	CREATOR	CREATOR	满足
1.2.3	桌面式代表发言单元	TF-M4104B	个	20	CREATOR	CREATOR	满足
1.2.4	红外线发射机	CR-IR2000-12	台	1	CREATOR	CREATOR	满足
1.2.5	红外辐射板	CR-IR2001-12	台	2	CREATOR	CREATOR	满足
1.2.6	红外接收机（8 通道）	CR-IR2002-8	个	80	CREATOR	CREATOR	满足
1.2.7	红外接收单元充电箱	CR-DS40	个	2	CREATOR	CREATOR	满足

续表

序号	设备名称	规格型号	单位	数量	推荐品牌	投标品牌	响应情况
1.2.8	红外接收机耳机	CR-P2	个	80	CREATOR	CREATOR	满足
1.2.9	专用连接电缆	CR-L010	根	1	CREATOR	CREATOR	满足
1.2.10	自动摄像跟踪系统	CR-V1012	个	2	CREATOR	CREATOR	满足
1.2.11	会议系统管理软件	CSSOFTWARE	套	1	CREATOR	CREATOR	满足
1.3	矩阵切换系统						
1.3.1	8 进 2 出 VGA 矩阵	MATRIX VGA0804	台	1	CREATOR	CREATOR	满足
1.3.2	8 进 2 出音视频矩阵	MATRIX AV0804	台	1	CREATOR	CREATOR	满足
1.3.3	一分四 VGA 分配器	VGA S4	台	1	CREATOR	CREATOR	满足
1.3.4	视频分配器	VIDEO S4	台	1	CREATOR	CREATOR	满足
1.4	显示子系统						
1.4.1	DLP 投影机	VPL-FX40	台	1	索尼	索尼	满足
1.4.2	电动升降架	CM215	台	1	万年青	万年青	满足
1.4.3	电动波珠屏幕	150″	幅	1	美视	美视	满足
1.4.4	液晶电视	42″	台	4	甲供 TCL	甲供 TCL	满足
1.5	扩声子系统						
1.5.1	音响抑制或均衡器	2231	台	1	dbx	dbx	满足
1.5.2	专业功放	RMX850	台	1	QSC	QSC	满足
1.5.3	全频音箱（含配件）	502A	台	4	BOSE	BOSE	满足
1.5.4	DVD 机	DV-393-G	台	1	先锋	先锋	满足
1.5.5	专业调音台	EPM12	台	1	SOUNDCRAFT	SOUNDCRAFT	满足
1.5.6	手持式有线传声器		台	2	Shure	Shure	满足
1.5.7	手持式无线传声器		台	2	Shure	Shure	满足
1.5.8	卡座		台	1	JVC	JVC	满足
1.6	管线及辅材						
1.6.1	19″机柜	42U	个	1			满足
1.6.2	专业 RGB 线	RGB 线	米	1000			满足
1.6.3	专业视频线	RG-59	米	1000			满足
1.6.4	控制线	超五类 4 对双绞线	米	1000			满足
1.6.5	音箱线	300 支	米	1000			满足
1.6.6	电气配管	MT25	米	1000	国产	国产	满足
1.6.7	插接件	定制	批	1	国产	国产	满足

续表

序号	设备名称	规格型号	单位	数量	推荐品牌	投标品牌	响应情况
2	多媒体会议系统（六个小会议室）						
2.1	显示子系统						
2.1.1	投影机	2500 流明	台	6	索尼	索尼	满足
2.1.2	投影幕	100″	幅	6	美视	美视	满足
2.2	扩声子系统						
2.2.1	专业功放	RMX850	台	6	QSC	QSC	满足
2.2.2	专业吸顶 6W 喇叭	AD-C42T	台	24	QSC	QSC	满足
2.2.3	手持式有线传声器		台	6	Shure	Shure	满足
2.2.4	手持式无线传声器		台	6	Shure	Shure	满足
2.2.5	DVD 机（可选）	DV-393-G	台	0	先锋	先锋	满足
2.2.6	卡座（可选）	CT-W208R	台	0	JVC	JVC	满足
2.3	管线及辅材						
2.3.1	19″ 机柜	42U	个	6			满足
2.3.2	专业 RGB 线	RGB 线	米	1 200			满足
2.3.3	音箱线	300 支	米	1 200			满足
2.3.4	电气配管	MT25	米	480	国产	国产	满足
2.3.5	插接件	定制	批	1	国产	国产	满足
		信息发布系统					
1	管理服务器		台	1	甲供	甲供	满足
2	信息发布系统编辑控制主机		台	1	甲供	甲供	满足
3	网络终端播放器（含终端软件）	KDMS-BM-C	台	73	朗歌	朗歌	满足
4	VGA 视频分配器	一分四型	套	30	朗歌	朗歌	满足
5	VGA 延长器	150 m	套	1	朗歌	朗歌	满足
6	LONGO 信息发布管理系统控制端	LONGO-IDS 4.0	套	1	朗歌	朗歌	满足
7	42″ 液晶电视机	42″	台	0	甲供 TCL	甲供 TCL	满足
8	21″ 液晶电视机	21″	台	0	甲供 TCL	甲供 TCL	满足
9	VGA 视频线	VGA 线	米	2 700			满足
10	镀锌线管	MT32	米	2 700	宏际	宏际	满足
11	镀锌线管	MT25	米	4 075	宏际	宏际	满足
12	阻燃电源线 ZR-BV2.5 mm^2	ZR-BV2.5 mm^2	米	14 670	xx	xx	满足
13	二三插电源插座	250 V 10 A	套	163	TCL	TCL	满足

续表

序号	设备名称	规格型号	单位	数量	推荐品牌	投标品牌	响应情况
机房工程							
1	装修部分						
1.1	地板防水处理、刷防尘漆	两遍	平方米	120	国产	国产	满足
1.2	天花刷防尘漆	两遍	平方米	120	国产	国产	满足
1.3	不锈钢踢脚线	120×100	米	85	国产	国产	满足
1.4	地面防潮工程		米	120	国产	国产	满足
1.5	防静电地板	600×600×35	米	120	帕尔特	帕尔特	满足
1.6	防静电地板出线孔		个	25	帕尔特	帕尔特	满足
1.7	铝合金微孔天花	600×600×0.8	米	120	欧陆	欧陆	满足
1.8	轻钢龙骨吊顶		平方米	120	国产	国产	满足
1.9	墙体批灰		平方米	272			满足
1.10	墙壁刷防尘漆	两遍	平方米	272	国产	国产	满足
1.11	墙体扫浅灰色防霉乳胶漆	ICI	平方米	272	国产	国产	满足
1.12	甲级防火门		樘	4	国产	国产	满足
2	空调通风部分						
2.1	玻璃纤维吸音棉		平方米	120	国产	国产	满足
2.2	精密空调	50 kW	台	1	梅兰日兰	梅兰日兰	满足
2.3	柜式空调	3 匹	台	3	格力	格力	满足
2.4	换气扇		台	2	国产	国产	满足
3	UPS 配电						
3.1	总配电柜	定制	台	2	施耐德	施耐德	满足
3.2	弱电间配电箱	定制	个	31	施耐德	施耐德	满足
3.3	三插电源插座	250 V 10 A	套	21	TCL	TCL	满足
3.4	二三插电源插座	250 V 10 A	套	18	TCL	TCL	满足
3.5	照明配电柜	定制	台	2	施耐德	施耐德	满足
3.6	机房配电柜	定制	套	1	施耐德	施耐德	满足
3.7	UPS	80 kVA（20 kVA/模块，4 个，并联冗余，各模块均分负载）(后备 30 分钟电池）	台	1	台达	台达	满足
4	照明部分						
4.1	格栅灯 600*600	600×600	个	6	三雄	三雄	满足
4.2	格栅灯 600*1200	600×1200	个	10	三雄	三雄	满足

续表

序号	设备名称	规格型号	单位	数量	推荐品牌	投标品牌	响应情况
4.3	应急灯		个	2	国产	国产	满足
4.4	日光灯管	飞利浦 TLD 20 W	支	18	飞利浦	飞利浦	满足
4.5	日光灯管	飞利浦 TLD 40 W	支	30	飞利浦	飞利浦	满足
4.6	双联开关		个	5.0	国产	国产	满足
4.7	安全指示灯		个	4.0	国产	国产	满足
5	防雷接地部分						
5.1	电源防雷器	V20-C/3 + NPE + AS	个	1	施耐德	施耐德	满足
5.2	电源防雷器	ventil VGA280/4 100 kA	套	3	施耐德	施耐德	满足
5.3	等电位连接箱	定制	个	2	定制	定制	满足
5.4	压铜接线端子		个	80.0	国产	国产	满足
5.5	接地铜排 30×3	30×3	米	90	定制	定制	满足
6	管槽线缆部分						
6.1	镀锌线槽 MR400×100	MR400×100	米	60	广州万洲	广州万洲	满足
6.2	镀锌线槽 MR200×100	MR200×100	米	60	广州万洲	广州万洲	满足
6.3	镀锌线槽 MR100×50	MR100×50	米	132	广州万洲	广州万洲	满足
6.4	镀锌线槽 MR50×50	MR50×50	米	685.0	广州万洲	广州万洲	满足
6.5	镀锌电线管 MT25	MT25	米	550	广州万洲	广州万洲	满足
6.6	镀锌电线管 MT20	MT20	米	825	广州万洲	广州万洲	满足
6.7	防水金属软管	$\phi 9$	米	60	广州万洲	广州万洲	满足
6.8	镀锌底盒 75×75×40	75×75×40	个	150	广州万洲	广州万洲	满足
6.9	阻燃电源线 ZR-BV35 mm^2	ZR-BV35 mm^2	米	300	xx	xx	满足
6.10	阻燃电源线 ZR-BV25 mm^2	ZR-BV25 mm^2	米	150	xx	xx	满足
6.11	阻燃电源线 ZR-BV16 mm^2	ZR-BV16 mm^2	米	300	xx	xx	满足
6.12	阻燃电源线 ZR-BV6 mm^2	ZR-BV6 mm^2	米	600	xx	xx	满足
6.13	阻燃电源线 ZR-BV4 mm^2	ZR-BV4 mm^2	米	3 100	xx	xx	满足
6.14	阻燃电源线 ZR-BV3×6 mm^2	ZR-BV3*6 mm^2	米	100	xx	xx	满足
6.15	阻燃电源线 ZR-BV2.5 mm^2	ZR-BV2.5 mm^2	米	1 200	xx	xx	满足
6.16	接地引下线 ZR-BV4 mm^2	ZR-BV4 mm^2	米	300	xx	xx	满足
6.17	主干槽接地线	ZR-BVV25 mm^2	米	150	xx	xx	满足
6.18	辅材		批	1	国产	国产	满足

3 技术方案

技术方案，是针对招标单位整体项目进行技术方案设计，技术方案设计整体性比较强，下面我们将以该项目对应的技术方案来给大家讲解，技术方案应该由哪些部分组成。详情见“案例 2“××酒店技术方案（节选）”

4 施工组织设计

施工组织设计是对项目施工进行整体施工设计，整体性比较强，详情见案例 3“××酒店施工组织设计”。

5 本项目投入使用主要设备产品授权取得一览表及授权资料

对于一些大型的项目，需要调动部分专业设备进行项目的实施，而这些设备的使用又有可能需要别的部门进行授权使用，在编制应标文件时在此部分一一列出。如表 4 所示。

表 4 设备使用授权一览表

<table>
<tr><td colspan="2" rowspan="2">名称及型号</td><td colspan="6">申请单位能达到的程度简述（由申请单位填写）</td></tr>
<tr><td>机械最少
投入数量</td><td colspan="5">投入本项目施工机械的情况/（台/套）</td></tr>
<tr><td colspan="2">名　称</td><td>数量
/（台/套）</td><td>小计</td><td>新购</td><td>自有</td><td>租赁</td><td>型号</td></tr>
<tr><td rowspan="14">施工机械设备</td><td>铜缆测试仪</td><td>1</td><td>1</td><td></td><td>自有</td><td></td><td>DTX-1200</td></tr>
<tr><td>铜缆测试仪</td><td>1</td><td>1</td><td></td><td>自有</td><td></td><td>DSP-4300</td></tr>
<tr><td>光缆测试仪</td><td>1</td><td>1</td><td></td><td>自有</td><td></td><td>MW9076</td></tr>
<tr><td>光纤熔接机</td><td>1</td><td>1</td><td></td><td>自有</td><td></td><td>Type-39</td></tr>
<tr><td>手电钻</td><td>2</td><td>2</td><td></td><td>自有</td><td></td><td>1161-40</td></tr>
<tr><td>切割机</td><td>2</td><td>2</td><td></td><td>自有</td><td></td><td>SCM-355TH</td></tr>
<tr><td>电锤</td><td>3</td><td>3</td><td></td><td>自有</td><td></td><td>GBH2SE</td></tr>
<tr><td>场强仪</td><td>1</td><td>1</td><td></td><td>自有</td><td></td><td>DS98</td></tr>
<tr><td>多功能声级计</td><td>1</td><td>1</td><td></td><td>自有</td><td></td><td>AWA6228</td></tr>
<tr><td>电焊机</td><td>1</td><td>1</td><td></td><td>自有</td><td></td><td>BX6-200-2</td></tr>
<tr><td>绝缘电阻测试仪</td><td>1</td><td>1</td><td></td><td>自有</td><td></td><td>TH2681A</td></tr>
<tr><td>漏电开关分析仪</td><td>1</td><td>1</td><td></td><td>自有</td><td></td><td>5402D</td></tr>
<tr><td>汽车</td><td>1</td><td>1</td><td></td><td>自有</td><td></td><td>田野吉普</td></tr>
<tr><td>笔记本电脑</td><td>2</td><td>2</td><td></td><td>自有</td><td></td><td>天逸</td></tr>
</table>

续表

<table>
<tr><td colspan="2" rowspan="2">名称及型号</td><td colspan="6">申请单位能达到的程度简述（由申请单位填写）</td></tr>
<tr><td>机械最少
投入数量</td><td colspan="5">投入本项目施工机械的情况/（台/套）</td></tr>
<tr><td colspan="2">名　称</td><td>数量
/（台/套）</td><td>小计</td><td>新购</td><td>自有</td><td>租赁</td><td>型号</td></tr>
<tr><td rowspan="8">其他设备</td><td>数字钳表</td><td>1</td><td>1</td><td></td><td>自有</td><td></td><td>2606</td></tr>
<tr><td>数字万用表</td><td>5</td><td>5</td><td></td><td>自有</td><td></td><td>15B</td></tr>
<tr><td>电流表</td><td>1</td><td>1</td><td></td><td>自有</td><td></td><td>CA41-A（0.5 级）</td></tr>
<tr><td>电压表</td><td>1</td><td>1</td><td></td><td>自有</td><td></td><td>C31-V（0.5 级）</td></tr>
<tr><td>交流电流表</td><td>1</td><td>1</td><td></td><td>自有</td><td></td><td>T24-A（0.5 级）</td></tr>
<tr><td>数字温度计</td><td>1</td><td>1</td><td></td><td>自有</td><td></td><td>WSP-211</td></tr>
<tr><td>红外线测温仪</td><td>1</td><td>1</td><td></td><td>自有</td><td></td><td>ST20</td></tr>
<tr><td>对讲机</td><td>12</td><td>12</td><td></td><td>自有</td><td></td><td>GP3688</td></tr>
</table>

6. 参与编制技术标投标文件人员名单签字确认表

投票时，需将本投标文件的方案编制人员、技术支持人员、项目施工人员情况一一列出并提供相关资质证明材料。如表 5 所示。

表 5　本项目投入主要技术及管理人员表

序号	姓　名	年龄	职称	原任职务	在本项目任职	身份证号码	人数及资质要求
1	尤××	38 岁	工程师	项目管理	项目负责人	310×××××××××××3012	1 人，国家壹级注册建造师
2	杨　×	37 岁	高级工程师	技术部副总工	技术负责人	120×××××××××××1564	1 人，自动化专业 高级工程师 职称
3	崔　×	41 岁	高级工程师	技术部总工	深化设计负责人	320×××××××××××4906	1 人，计算机专业 高级工程师 职称
4	徐××	30 岁	施工管理工程师	施工管理工程师	项目副经理	342×××××××××××6712	1 人，建筑工程计算机专业 工程师 职称
5	赵　×	39 岁	工程师	技术工程师	技术方案设计工程师	110×××××××××××5489	1 人，计算机专业 工程师 职称
6	孙××	35 岁	工程师	技术工程师	专业工程师	362×××××××××××0022	1 人，电子专业 工程师 职称

续表

序号	姓　名	年龄	职称	原任职务	在本项目任职	身份证号码	人数及资质要求
7	周××	50岁	安全员	技术工程师	安全工程师	110×××××××××××8938	1人，/专业 工程材料员 职称
8	高××	35岁	电气工程师	技术工程师	电气工程师	211×××××××××××516X	1人，电子专业 工程师 职称
9	郝××	35岁	工程师	技术人员	计划工程师	230×××××××××××0033	1人，建筑工程专业 工程师 职称
10	温××	40岁	工程师	技术人员	试验检测工程师	110×××××××××××8914	1人，自动化专业 工程师 职称
11	王　×	36岁	工程师	技术工程师	试验检测工程师	130×××××××××××0414	1人，电子专业 工程师 职称
12	何　×	38岁	注册造价师	造价部经理	造价工程师	432×××××××××××0020	1人，安装专业 注册造价师 职称
13	郭××	31岁	造价员	造价技术人员	造价工程师	372×××××××××××8029	1人，自动控制专业工程师 职称
14	黄××	25岁	会计员	财务会计	财务会计	440×××××××××××7329	1人，会计专业 会计员 职称
15	张××	25岁	资料员	资料管理员	图档信息管理	510×××××××××××1142	1人，行政管理专业资料员 职称
16	张××	27岁	工程师	施工技术人员	施工管理工程师	441×××××××××××5118	1人，电子信息专业工程师 职称
17	杨××	34岁	工程师	施工技术人员	施工管理工程师	429×××××××××××1892	1人，商务贸易专业工程师 职称
18	杨××	37岁	后勤服务	后勤服务	后勤服务	440×××××××××××1857	/

另外，还需提供本项目负责人及技术负责人的相关资质证书，如表6所示。

表6　拟派本项目负责人简历表

工程名称：肇庆××大酒店改造工程（弱电系统集成）

姓名	尤××	性别	男	年龄	38岁
职务	项目负责人	职称	工程师	学历	本科
参加工作时间		1994年7月	担任相应职务年限		10年
资格证书编号		0041×××、京11106080××××			

续表

在建和已完（主要为类似工程）工程项目情况					
建设单位	项目名称	建设规模	开、竣工日期	在建或已完	工程质量
温州锦绣酒店投资有限公司	温州锦绣假日大酒店智能化工程（五星级）	952 万元	2008 年 05 月 2009 年 02 月	已完工	优良
天津滨海泰达酒店开发有限公司	天津万丽泰达酒店弱电工程总承包	3 908 万元	2003 年 07 月 2004 年 08 月	已完工	优良
华天大酒店股份有限公司	湖南华天大酒店贵宾楼智能弱电系统工程（五星级）	2 000 万元	2002 年 01 月 2003 年 02 月	已完工	获国家鲁班奖
北京国华置业有限公司	北京华贸中心写字楼（一期）发展项目之综合布线系统分包工程	1 136 万元	2006 年 04 月 2008 年 03 月	已完工	优良

投 标 人：××股份有限公司（盖章）
法定代表人或授权代理人（签名）：
日　　期：××××年××月××日

7　设计依据

（1）甲方提供的建筑、结构、强电、给排水、暖通等相关专业提供的设计资料及要求。

（2）国家现行的相关设计标准、规范：

《建筑设计防火规范》（GB 50016—2014）；

《民用建筑电气设计规范》（JGJ 16—2008）；

《火灾自动报警系统设计规范》（GB 50116—2013）；

《智能建筑设计标准》（GB 50314—2015）；

《综合布线系统工程设计规范》（GB 50311—2007）；

《安全防范工程技术规范》（GB 50348—2004）；

《入侵报警系统工程技术规范》（GB 50394—2007）；

《视频安防监控系统工程技术规范》（GB 50395—2007）；

《电子信息系统机房设计规范》（GB 50174—2008）；

《民用建筑设计通则》（GB 50352—2005）；

《低压配电设计规范》（GB 50054—2011）；

《供配电系统设计规范》（GB 50052—2009）；

《电力工程电缆设计规范》（GB 50217—2007）；

《通用用电设备配电设计规范》（GB 50055—2011）；

《建筑照明设计标准》（GB 50034—2013）；

《建筑物防雷设计规范》(GB 50057—2010);

《建筑物电子信息系统防雷设计技术规范》(GB 50343—2012);

《公共建筑节能设计标准》(GB 50189—2005);

《公共建筑节能设计标准》广东省实施细则(DBJ 15-51—2007)。

(3)建设单位、物业管理单位对设计的意见及需求。

案例 2 ××酒店技术方案(节选)

技术方案(投标阶段)的设计整体性强，设计者需要对项目工程概况、标准规范、设计目标等有清晰了解，还要能够为招标项目设计整体的技术应对方案，涉及内容较多，需要系统综合各方面能力。本次采用××酒店技术方案为例，介绍技术方案内容组成。

本案例包括以下内容：

1 工程概况

工程概况是对拟应标项目建筑面积、楼层结构、系统建设目标及具体建设目标的总体简介，是对技术文档包含内容的总体说明。

内容展示如下。

肇庆××大酒店建筑面积 4 万平方米，地上 31 层，地下 1 层，框架结构，建筑物高度 110 m。建成后的肇庆××大酒店将是一座现代化五星级酒店，共有 258 间客房和配套齐全的酒店服务设施，同时还是一座 5A 级智能型的节能建筑，其投入使用后将大大提升肇庆酒店业的品位，促进旅游经济的发展。

肇庆××大酒店智能化系统建设的重要目的是为提高肇庆××大酒店管理、办公科技含量，实现肇庆××大酒店“宾至如家”的主题服务，目标是建设一座具有标志性的智能化的 5A 级大楼。

肇庆××大酒店智能化系统建设范围包括以下 10 个子系统：

1)综合布线系统(传输速率按 1 000 Mb/s 设计)

✓ 按主干光纤，水平数据六类线、语音五类线设计。

✓ 相关公共区域及所有客房实现无线网络覆盖。

2)计算机网络系统

3)语音程控系统

✓ 40 中继，600 分机(可扩展到 5 000 分机)，2 话务台。

4)综合保安系统

✓ CCTV 闭路电视监控系统。

✓ 防盗报警系统。

✓ 巡更系统。

✓ 一卡通系统。

✓ 门锁系统。

5）卫星电视和有线电视系统

✓ 接入广东省肇庆市广播事业局有线电视信号。

✓ 境外及港澳等卫星电视节目。

✓ 宾馆内自办节目。

6）背景音乐和紧急广播系统

7）多媒体会议系统（会议室设在三楼）

✓ 培训大会议室（1 间）：要求具备会议讨论、设备集控、电视会议、大屏幕显示、音响系统、无线网络接入、多媒体录播。

✓ 会议室（5 间）：要求具备无线会议音响设备、电视会议、大屏幕显示。

8）酒店管理系统

9）机房工程

首层计算机中心机房和综合监控室二个机房，机房工程包括防雷、接地、UPS、地面、天花、精密空调等。

10）会议信息发布系统

在酒店大堂，前台，各会议室（宴会厅）及各功能区域门口设置电视机进行会议信息发布。

本工程承包范围包括上述各智能化系统的优化设计及深化设计、供货、项目管理、工程施工、安装、调试、培训、试运行、文档移交及售后服务工作，并于工程实施过程中移交相关文件资料。

2　标准规范

标准规范是对与该项目适用的标准、和规范做一个系统的、全面的列举。

内容展示如下。

本工程适用的标准、规范包括：

《智能建筑设计标准》（GB/T 50314—2006）；

《智能建筑工程质量验收规范》（GB 50339—2003）；

《建筑与建筑群综合布线系统工程设计规范》（GB/T 50311—2000）；

《建筑与建筑群综合布线系统工程验收规范》（GB/T 50312—2000）；

《民用建筑电气设计规范》（JGJ/T 16—92）；

《民用闭路监视电视系统工程技术规范》（GB 50198—94）；

《安全防范工程程序与要求》（GA/T 75—94）；

《有线电视系统工程技术规范》（GB 50200—94）；

《建筑物防雷设计规范（2000 年版）》（GB 50057—94）；

《火灾自动报警系统设计规范》（GB 50116—98）；

《自动化仪表安装工程质量检验评定标准》（GBJ131—90）；

《高层民用建筑设计防火规范》(2005 年版)(GB 50045—95);
《建筑电气工程施工质量验收规范》(GB 50303—2002);
《电气装置安装工程电缆线路施工及验收规范》(GB 50168—92);
《电气装置安装工程接地装置施工及验收规范》(GB 50169—92);
《建筑工程施工质量验收统一标准》(GB 50300—2001);
《商业建筑通信布线系统标准》(EIA/TIA 568A、568B);
《商业建筑电信通道及空间标准》(EIA/TIA 569A);
《住宅和小型商用通讯布线标准》(EIA/TIA570);
《商业建筑物电信基础结构管理标准》(EIA/TIA606);
《UTP 布线系统现场测试标准》(EIA/TIA TSB—67);
《集中式光纤布线系统标准》(EIA/TIA TSB—72);
《国际综合布线六类信道标准》(ISO/IEC 11801);
其他相关标准规范。

3 设计目标

设计目标是对项目需求的文字性说明。

内容展示如下。

智能弱电系统设计的出发点，应以建筑为平台，配置各功能系统，为人们提供一个投资合理、高效、舒适、便利的环境空间，以适应当前现代建筑的需要。从具体设计上，应从智能建筑的实际性质出发，充分考虑投资方和使用者的各种功能要求，使设计能在总体结构上尽量现代化，技术上先进实用，经济上合理，同时需考虑智能建筑各系统的可兼容性和扩展性。

因此，智能弱电系统设计应该满足以下总体目标：

(1)先进的、现代化的、高级的智能大楼。
(2)最大限度的满足现在业务和未来发展的需求。
(3)创造安全、舒适和高效的智慧空间。
(4)体现个性化的设计，人性化的需求。
(5)实现设备运行管理与控制自动化，节约能源、减少污染。
(6)减少维护管理人员，降低营运成本。
(7)具有高度的安全性、灵活性和可扩展性。

4 建设原则

建设原则是对工程建设过程中总体要求的把握。

内容展示如下。

在系统设计、实施过程中，应始终遵循以下几点建设原则。

实用性：根据酒店建设要求，满足肇庆××大酒店在信息通信、信息安全、物业管理和安全防范等各方面应用需求，避免提出高于实际需要的建设需求和实施手段。

先进性：采用成熟、先进的，能够满足当前和较长一段时期内酒店信息化建设和发展要求的技术和设备。

安全性：系统建设不仅要充分满足防火、防水、防雷击、防静电、防破坏和抗干扰等要求，而且要满足酒店系统信息安全的要求。

易维护性：便于维护和管理，有利于故障检查和排除，使得维护的工作量和资金投入得到妥善的控制。

开放性：利于硬、软件的兼容，便于系统的升级和扩充。

可靠性：采用成熟、稳定的产品和技术，重点部位采用容错和备份措施，保证系统能够长期稳定运行。

经济性：不盲目追求产品档次，避免需求膨胀，在满足以上设计原则时优先选用性能价格比高的技术方案和产品。

5 总体要求响应说明

总体响应要求说明部分，对项目基本要求、基本性能、系统产品等做出较为详细的说明。

内容展示如下。

5.1 基本要求

所有设备的设计和制造均应符合 ISO 和 IEC 标准，均用国际单位制度量所有产品。

设备的金属构件表面除了加工装配面和电镀表面外，都进行防锈和喷涂处理。在装配前，对封闭结构的内表面也有必要喷涂或进行防锈处理，处理质量应符合 SSPC 标准。承包人向业主提供有关涂漆颜色的详细资料供业主选择确认。

投标人考虑整个系统设备之间的接口问题，特别是所供设备与其他系统设备之间的接口。承包人有责任解决接口问题，在设备安装后，接口应不存在任何问题。

相同规格的设备及接口应具有互换性。

投标的全部设备都应经过检验，且具有有效的试验报告和合格证。设备检测的内容由业主和承包人协商决定，承包人首先提出检验项目和遵循标准。对特殊设备的出厂检验需有业主人员在场。验收前的检测在使用现场进行。

5.2 基本性能

系统及设备是可靠的，能适应连续 24 h 不间断运行；便于安装、操作和维护；系统适应肇庆××大酒店的条件，选用体积小、重量轻、耗能少、防尘、防锈、防震、防潮的设备和材料。

缆线采用难燃或阻燃、低烟、防蚀的产品，并注意防鼠害和防松散电流腐蚀，所有线槽/管必须为金属材质。

系统应采用包括屏蔽、滤波或者其他器材技术，以抑制自我产生的电磁辐射。系统向外辐射电平应在的范围内可以接受。本系统不受其他系统产生的电磁辐射的影响，或受城市电磁环境及肇庆××大酒店大楼环境的影响。我方将提交系统的兼容计划，应采取措施，解决电磁干扰/兼容的问题以及允许辐射电平和电场所产生的有害影响。

5.3 系统产品

1. 系统设备

系统所有设备具有良好的高可靠性的运行业绩。而且必须使高可靠性和低运行成本相结合。

系统采用模块化设计，不仅满足各种性能要求，而且便于系统逐步扩展。

系统主要设备采用国际、国内知名品牌，保证整个系统快速、稳定地运行。

我方将对系统的正常运行负全责。

2. 材料和工艺

系统采用的材料、加工和零部件经选择后实施，以使其能够满足合同中关于性能、物理和功能特性的要求，以及可靠性和可维护性的要求。材料、加工和零部件应按相应的规范和图纸进行控制。

系统元件以良好的商业惯例制造加工。特别注意下述过程的整洁和仔细，锡焊、配线、零部件、铭牌、电镀、喷涂、铆接、机械化装配、电焊气焊，以及零部件的倒角和去毛刺。

3. 部件的可互换性和标准化

所有相似零部件具有可互换性。零部件的可互换性应遵照商业惯例。

承包人对所提供的零部件、材料和器件的标准化负责。所有批量生产的设备、零部件和元器件均应是标准产品。

本系统内相同功能的元件在电气上和机械上都应是可互换的，且在有美观要求时，其外观也应一致。

4. 维护和故障管理

系统具备维护和故障集中监控设备，实时地、详细地采集系统内部各板块的状态和故障信息及交流电源失电状态，向控制中心维修管理人员报告并能实时地显示和记录系统内部故障发生的起止时间、内容和地点，并且有声光报警。

系统中包括对该系统故障和非正常条件进行识别和响应所需的硬件和软件，减少故障对系统运营的影响。

系统对故障和非正常条件的响应可包括如下策略：自动或人工改变系统配置、系统操作方式的调整、恢复运行。

系统故障检测、报告和相应的设计应使故障对系统运行效率的影响减至最小。

5. 设备设计准则

根据本工程所在的地理、区域环境现场进行合理的设备设计。各系统的部件和材料不应超过制造商提供的规格书给定的电压、电流、温度、应力或任何其他条件。

在电路设计中考虑到设备的上述参数值在设备启动时可能的变化，或在设备生命期的运行中可能的周期性或非周期性变化，设备的设计允许一定范围内的此类变化或使变化的影响得以补偿。这种补偿不采取调整控制的方式。

采用标准元件，若因需要选用非标元件，向业主讲明原因和非标元件的特性。

所有设备的输入和输出遵照 ANSI 标准 C37.9CA-197A“抗浪涌控制测试”或类似标准，以使设备不受损坏。从各系统中拆除或更换正在运行系统的模块不导致任何损坏，且不影响系统其余设备的运行，否则采取预防措施。

零部件的布置、固定和排列应使检查、拆除和更换不致影响或损坏连线上的其他零部件。

每块印刷电路板都具有防护涂层，防止因潮湿/盐气或其他腐蚀性环境、发霉和灰尘引起的开裂、生锈和变质。

所有设备都具有短路保护，包括电源内部的保护。

当由于电源系统切换、线路故障或地电位升高引起电压幅度和相位变化时，设备不致受到损坏且保持正常性能。

6. 电缆和配线

所有电缆接至端子排。所有端子排、电缆和接线及室内外设备采用业主认可的标签标识。

铜导体间的绝缘材料具有难燃或阻燃性能；根据需要铠装和镀锌。

电缆芯线分色或分组。

7. 箱、盘、柜等

钢制机柜、机箱和其他支撑结构经细作清洗和防锈处理，并满足所述环境条件。机箱和支撑结构涂底漆并着色。机柜和机箱的颜色、尺寸协调统一，并提交业主确认。

机柜安置方式按图纸要求。除挂墙式机柜外，机柜具有前后门，柜门提供锁匙或扳手等安全措施。承包人应采用利于散热通风及防止空气中灰尘和害虫的侵入设计机柜和机箱设计，并在每一机柜、机箱的正面提供设备功能的铭牌。采用统一风格的标志、字母和符号。

6 综合布线系统

综合布线系统部分，是对项目的整体设备布局的详细解说，具体包括综合布线系统的概述、设计一句、系统需求分析、产品选型说明、系统总体设计、综合布线系统环境要求、电气保护和接地设计、综合布线系统安装方案、综合布线系统测试等几个方面。

内容展示如下：

6.1 系统概述

在结构化布线系统的设计上必须考虑全局、整体规划。新建的系统既要满足目前的需求，又要具备可扩展、可升级的能力，必须考虑将来的发展，在系统关键的设备配置中留有适当的余量。

作为计算机网络系统信息传输媒质的网络布线系统，其设计施工的合理性和先进性直接影响着以上目标的实现效果。肇庆××大酒店的网络布线系统具备先进性和适当的超前性，随着科技的进步和发展，尤其是计算机信息技术的发展，对硬件设施的要求越来越高。计算机网络的传输速度由以前的 10 Mb/s、100 Mb/s 逐渐上升到 1 000 Mb/s 甚至是万兆。如此高的信息传输速度，对计算机系统，特别是用作传输链路的综合布线系统的要求相当高。

肇庆××大酒店建筑功能为五星级酒店大楼，并配套建设有商务会议中心和多项娱乐设施。综合布线系统主要用于支持计算机网络和电话通信等系统的物理层传输，保证语音和数据的灵活应用。因此，按照六类标准设计综合布线系统为肇庆××大酒店的计算机网络系统及其他应用提供足够的性能保证，满足将来引入更多的应用需求。

综合布线系统由工作区子系统、水平子系统、干线子系统、管理区子系统和设备间子系统五个部分组成。系统设计和产品应用需符合相关国际组织标准或国家和地区有关的设计、安装、调试、验收标准和规范。其中数据部分用六类非屏蔽布线系统、语音部分用超五类非屏蔽布线系统。整个系统采用光纤＋非屏蔽铜缆的混合布线方式。

6.2 设计原则

标准性：整个系统符合 ISO/IEC 11801 和 ANSI/EIA/TIA 推荐的商业建筑设计和验收规范，满足中国国内现行使用的通信电气标准。

先进性：采用符合国际上最新标准的布线材料，通过双绞线铜缆与光纤的混合布线方式，构成一套完整的布线系统，保证未来多年的设备更换和带宽增长。

开放性：整个系统采用开放式的体系结构，能够连接各厂家、各型号的计算机设备和交换机设备，支持所有现行使用的通信协议。

灵活性：通过模块化的系统设计，支持不同的网络结构、方便的线路管理和语音/数据终端设备的即插即用。

可靠性：整个系统线缆和相关连接件均通过 UL、CSL 和 ISO 等认证，所有链路均采用点到点端接并提供备用冗余，任何一条链路故障均不影响其他链路的运行。

经济性：支持综合业务数字网（ISDN）的各项应用，采用高性能余量、高集成度的产品，一次性投资可满足未来长期的通信需求。

6.3 设计依据

《建筑和建筑群综合布线系统工程设计规范》(GB/T 50311—2000)；

《建筑和建筑群综合布线系统工程验收规范》(GB/T 50312—2000)；

《智能建筑设计标准》(GB/T 50314—2000)；

《通讯光缆的一般要求》(GB/T 7427—87)；

《工业企业通信设计规范》(GBJ 42—81)；

大楼通信综合布线系统标准（邮电部部颁行业标准）(YD/T 926.2—2000)；

《中国民用建筑设计规范》(JGJ/T 16—92)；

《国际综合布线六类信道标准》(ISO/IEC 11801)；

《国际信源网络交换标准》(CCITT ATM 155/622MBPS)；

《电信宽带传输标准》(ITU-T ISDN)；

《国际以太网标准》(100BaseT Ethernet，1000BaseT/1000Base-SX/1000Base-LX Gigabit Ethernet)；

《布线系统传输性能测试标准》(TSB-95 UTP)。

6.4 系统需求分析

为了能适应今后 20 年甚至更长时间内网络和通信技术的高速发展，综合布线系统要能满足当今流行的网络技术（如交换以太网技术），此方案主干网采用万兆传输网络结构。

综合布线系统作为本项目中建筑物基础建设的一部分，应充分考虑其可扩充性。在系统使用期间，网络、终端、信息点位等适当增加时，系统仍能正常运行。

建成后的本项目信息网络系统将担负大量的图文信息传输工作，能否始终保证各系统的正常运转至关重要，作为支撑信息网络系统正常运行的综合布线系统，在设计时应着重强调其高性能和方便管理的特点。

要求任何一个信息插座均可提供高速数据及语音的应用。

本系统采用模块化结构设计。为提高系统的易扩展性，满足图像及数据传输、满足工作区终端数据、语音设备的使用要求，系统的传输介质及设备，全程按数据点用六类非屏蔽标准、语音点用超五类非屏蔽标准配置。采用以太网星形拓扑结构，以提高系统整体传输带宽及接线的灵活性。施工布线时，应注意金属桥架和金属线槽在各部位的规格，并需要将主干线路与末端线路在桥架中用挡板隔开，以利于系统使用、维护的方便。

系统的数据点采用六类非屏蔽标准电缆与主干单模光缆相结合的设计原则，系统的语音点采用超五类非屏蔽标准电缆与语音大对数主干电缆相结合的设计原则。室内垂直主干部分采用语音大对数和室内单模光纤到各弱电井，水平部分语音采用超五类非屏蔽标准系统、数据采用六类非屏蔽标准至桌面。

6.5 产品选型说明

本综合布线系统选用××公司结构化综合布线系统解决方案。

6.5.1 ××综合布线系统产品竞争优势

20 世纪 90 年代，综合布线的概念进入了中国，当时对于国内新生的智能化行业从业人员来说，它显得非常神秘。不久，朗讯公司推行的 UTP 非屏蔽双绞线及光缆的综合布线产品和欧洲厂商推行的 FTP 等产品都纷纷进入了中国市场，而当时网络技术也在 10/100 Mb/s 以太网的基础上提出 1 000 Mb/s 以太网的概念和标准。

随着通信技术和信息技术产业的高速发展，以及网络技术的不断发展普及，人们对综合布线系统的要求也越来越多。21 世纪的今天，信息无疑已成为一种关键性的资源，它必须非常精确，迅速地传输于多种通信设备、数据交换处理设备以及显示管理设备之间。在政府、金融机构、军事、医疗、咨询业等高科技、高信息量应用部门，对于综合布线系统的安全性、保密性的要求尤为严格。综合布线系统永远是网络的中枢神经。十分遗憾的是，因为先入为主的原因，国内市场被几家国外品牌所垄断。这些品牌售价昂贵，一个很不起眼的金属件售价高至上百元人民币。2001 年前国内高耸林立的大厦，凡是采用综合布线系统的，99% 以上全是外国产品，中国市场几乎看不到国产布线厂商的身影。与此同时，××依靠长年线缆及接插件的生产经验与集团的战略远见，已经着手开发自己的布线产品了。

2004 年至 2006 年，××在上海一举拿下了上海单栋最高的超五星级酒店绿洲仕格维达酒店、浦东陆家嘴的标志性写字楼碧玉蓝天大厦、上海中融恒瑞国际广场、上海浦西最高的标志性建筑龙之梦购物中心、上海中环区域最大的综合性楼宇群绿洲中环中心，以及财富时代大厦、友谊时代大厦、旺角广场、DM 大厦、财富时代广场、高帆大厦、中欧论坛、上海客运票务中心等 5A 甲级办公楼、超 5 星级宾馆工程，并布线虹口区政府新大楼、长宁区政府新大楼、中南海机要处、宿州市政府新大楼等政府工程，还在南海舰队、东海舰队、海军北京司令部等国防第一线一举打破进口垄断的神化，大步进入了国产综合布线系统未曾涉及的高端领域。与此同时在上海的各大院校中，××布线产品亦处处开花，同济、上外、上大都不约而同地选择了××。

××公司在短短的几年内就立足于外商林立的综合布线高端市场，依靠的是其××掌握了综合布线系统的关键技术，其中包括：

1. 线缆制造技术（精密对绞成缆技术）

在线缆制造技术方面，经过几年的发展，通过引进国外先进成套设备，国内综合布线厂家现已拥有多条达到国际先进水平的生产线，以××为代表的多个国内厂家已经能够生产五类、超五类、六类线缆（包括屏蔽和非屏蔽）甚至七类电缆，其产品已通过信息产业部权威检测。

2. 接插件制造技术

在接插件制造技术方面，综合布线接插件技术包括接插件传输性能的设计和精密模具制造生产技术。接插件传输性能设计的关键在于搭建合理的空间电磁平衡模型，该模型必须在频带内（五类、超五类为 100 MHz，六类为 250 MHz）满足阻抗平衡、近端串扰、远端串音、衰减等高频传输性能指标要求。××已完全掌握这项技术。由于综合布线产品苛刻的性能要求，其性能参数的一致性和可靠性非常重要，必须掌握精密模具制造技术才能生产出合格的产品。通信业的高速发展使中国已成为通信产品接插件的生产制造大国，国内模具技术已逐渐成熟。精密模具制造技术包括精密注塑模、精密簧片级进模等，国内都早已经掌握。

3. 严格的品控体系

在高标准的品控体系上，××通过了 ISO9000 等全面质量管理认证。经多次评标中专家组的分析测试和比较，我们得出以下结论：××的布线产品完全可以与国外产品相媲美。质量关乎生死，无论国产厂商采用什么方式做市场，价格多么优惠，都绕不开一个话题——产品质量。这是国产布线厂商共同面临的问题。

目前国产布线产品推向市场遇到的最大障碍是用户对国产布线产品缺乏质量认同。这一方面是由于国外产品已经先入为主，并利用强大的财力进行广泛宣传；另一方面是由于一些不正规的国产布线商的短视行为，以次充好，损害了整个国产布线厂商的信誉和利益。经过市场选择后，××布线借助其安防监控线缆及接插件在业界的口碑，打破了国产等于低质的怪圈，以过硬的质量被市场广泛接受与认同，在国内重点工程项目的成功应用案例更是加强了用户的信心。

6.5.2 ××综合布线产品的整体特点

××综合布线产品具备以下几个主要特点：

1. 专业性

（1）××公司已经有 18 年的弱电线缆与接插件的制造历史。

（2）专业生产智能建筑弱电传输线缆及接插件，不生产其他产品；长期专注于线缆及接插件的性能的不断提高。

（3）××公司每年生产 40 万千米的线缆，每年销售的线缆可绕地球赤道 10 圈。

2. 定位高

（1）××是国内定位最高的厂家，公司通过国家质量认证中心CQC质量体系认证，取得了国家信息产品部的入网证、检验报告等。

（2）××能推出包括六类屏蔽系统的全系列产品，传输性能比部分进口产品更优。

（3）市场定位在中高档市场，拒绝了低端市场。

（4）对产品要求高于国家、国际标准，材料100%使用全新原料，不提供所谓“工程线”等次等品，产品规格长度只允许正公差。

3. 人性化设计

（1）产品针对国内施工及应用环境而设计，保证长期使用性能良好。

（2）跳线分为设备跳线与终端跳线，适合不同的环境选用。

4. 产品性价比高

（1）××产品性能优异、价格中等。

（2）花同样的造价可选用××的六类产品或进口超五类产品，但六类比超五类高出一个等级。

5. 产品齐全

（1）××公司产品包括：网络、视频、音响、通信、安防监控、电梯、控制等线缆及接插件，产品覆盖整个智能弱电传输系列产品。

（2）××公司是国内生产智能建筑弱电传输线缆及接插件最全的厂家之一。

6. 服务优

（1）公司在全国设立53个办事处，负责当地的销售及服务，提供门到门的服务。

（2）提供方案设计、工程督导、信息点的测试服务。

（3）提供20年的质量保证。

6.6　系统总体设计

6.6.1　系统总体结构

整个布线系统完全采用超五类/六类非屏蔽双绞线与光纤混合布线，模块式组合压接方式，从而构建一个完整的集成化传输平台，以保障肇庆××大酒店布线系统基础链路互连正常开通和可靠使用。

结构化布线系统其系统结构如图1所示。

结构化布线系统由以下系统组成。

1. 工作区子系统（work area）

工作区是建筑物内用户与通信设备交互的地方。工作区设备包括了众多种类的设备，包括电话、传真机、数据终端和计算机。

工作区还包括：通信插座、模块化连接线缆、介质转换装置如平衡-非平衡转换器、适配器和网络接口卡等。

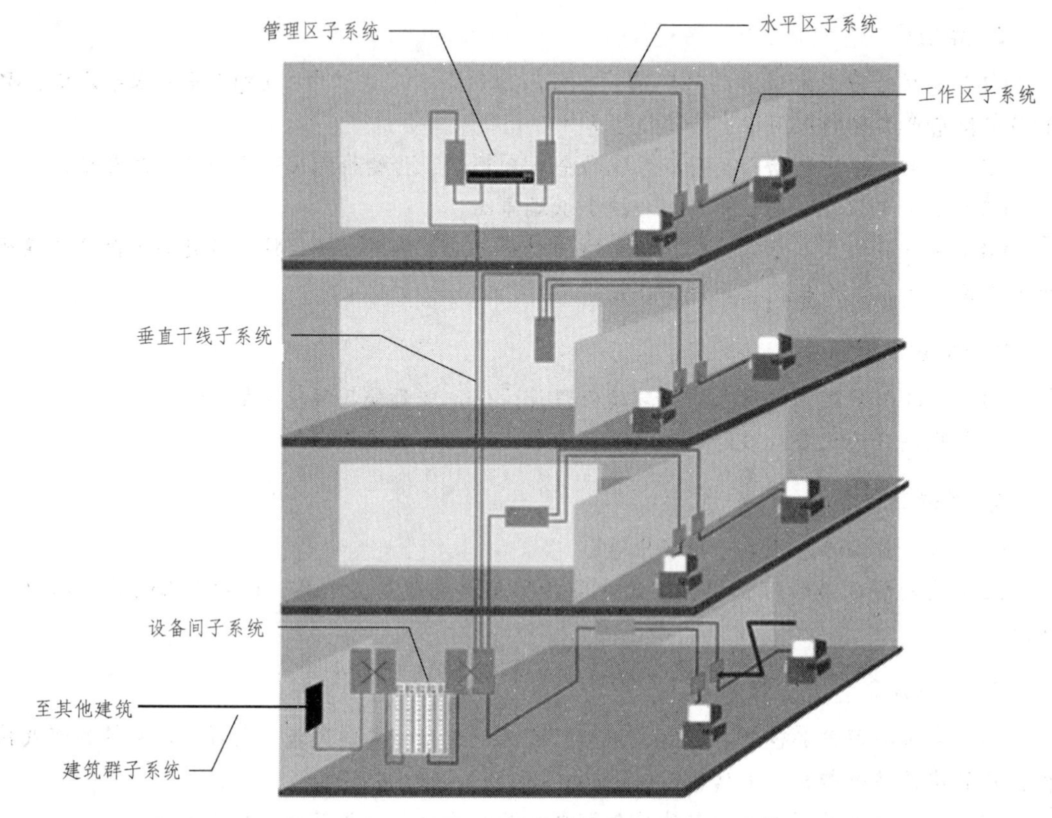

图 1　系统结构图

2. 水平子系统（horizontal）

水平子系统实现信息插座和管理子系统（跳线架）间的连接，将用户工作区引至管理子系统，并为用户提供一个符合国际标准，满足语音及高速数据传输要求的信息点出口。该子系统由工作区的信息插座开始，经水平布置到管理区的内侧配线架的线缆。系统中常用的传输介质是 4 对 UTP（非屏蔽双绞线），它能支持大多数现代通信设备。如果需要某些宽带应用时，可以采用光缆。信息出口采用插孔为 ISDN 8 芯（RJ45）的标准插口，每个信息插座都可根据实际应用要求随意更改用途。

3. 管理子系统（administration）

本子系统由交连、互连配线架组成。管理点为连接其他子系统提供连接手段。交连和互连允许将通信线路定位或重定位到建筑物的不同部分，以便能更容易地管理通信线路，使在移动终端设备时能方便地进行插拔。互连配线架根据不同的连接硬件分为楼层配线架/箱（IDF）和总配线架/箱（MDF），IDF 可安装在各楼层的干线接线间，MDF 一般安装在设备机房。

4. 垂直干线子系统（backbone）

垂直干线子系统实现计算机设备、程控交换机（PBX）、控制中心与各管理子系统间的连接，是建筑物干线电缆的路由。该子系统通常位于两个单元之间，或是中央点的公共系统设备处，提供多个线路设施。系统由建筑物内所有的垂直干线多对数电缆及相关支撑硬件组成，以提供设备间总配线架与干线接线间楼层配线架之间的干线路由。常用介质是大对数双绞线电缆和光缆。

5. 设备室子系统（equipment）

本子系统主要是由设备间中的电缆、连接器和有关的支撑硬件组成，作用是将计算机、PBX、摄像头、监视器等弱电设备互连起来并连接到主配线架上。设备包括计算机系统、网络集线器（hub）、网络交换机（switch）、程控交换机（PBX）、音响输出设备、闭路电视控制装置和报警控制中心等。

6. 建筑群子系统（campus）

该子系统将一个建筑物的电缆延伸到建筑群的另外一些建筑物中的通信设备和装置上，是结构化布线系统的一部分，支持提供楼群之间通信所需的硬件。它由电缆、光缆和入楼处线缆上的过流过压电气保护设备等相关硬件组成，常用介质是光缆。本项目未涉及此部分。

6.6.2 总体规划

设备室设在首层，通过光纤和大对数与各配线间连接；网络水平子系统由各分配线间管理。

信息点分布见表 1 所示。

表 1　酒店信息点分布表

楼层	功能区域	TD	TP	TW	TF
1F	大堂吧	3	3	2	0
	电话间	0	3	0	0
	大堂副理室	1	2	0	0
	销售部	6	6	1	0
	销售部经理室	1	2	0	0
	美容美发（外租）	1	1	0	0
	商务中心	2	2	0	0
	复印打印区	2	0	0	0
	上网区	2	0	0	0
	团队接待	3	3	0	0
	花店	1	1	0	0
	干洗店	1	1	0	0
	婚宴、会议入口礼宾	1	1	0	0
	大堂礼宾	1	1	0	0
	总服务台	6	6	0	0
	前台办公区	5	5	0	0
	休息区	0	0	1	0
	大堂	0	0	2	0

续表

<table>
<tr><th>楼层</th><th>功能区域</th><th>TD</th><th>TP</th><th>TW</th><th>TF</th></tr>
<tr><td rowspan="7">1F 待定区</td><td>后勤区域预留</td><td>20</td><td>20</td><td>0</td><td>0</td></tr>
<tr><td>库房</td><td>1</td><td>1</td><td>0</td><td>0</td></tr>
<tr><td>电话总机房</td><td>5</td><td>2</td><td>0</td><td>1</td></tr>
<tr><td>电脑系统设备室</td><td>5</td><td>2</td><td>0</td><td>0</td></tr>
<tr><td>管家部仓库</td><td>1</td><td>1</td><td>0</td><td>0</td></tr>
<tr><td>消防中心/保安监控室</td><td>5</td><td>2</td><td>0</td><td>1</td></tr>
<tr><td>机场快线（外租）</td><td>5</td><td>5</td><td>0</td><td>0</td></tr>
<tr><td rowspan="9">2F</td><td>1#包房</td><td>2</td><td>1</td><td rowspan="9">5</td><td>0</td></tr>
<tr><td>2#包房</td><td>1</td><td>0</td><td>0</td></tr>
<tr><td>3#包房</td><td>2</td><td>1</td><td>0</td></tr>
<tr><td>4#包房</td><td>2</td><td>1</td><td>0</td></tr>
<tr><td>5#包房</td><td>1</td><td>0</td><td>0</td></tr>
<tr><td>6#包房</td><td>2</td><td>1</td><td>0</td></tr>
<tr><td>7#包房</td><td>2</td><td>1</td><td>0</td></tr>
<tr><td>8#包房</td><td>1</td><td>0</td><td>0</td></tr>
<tr><td>9#包房</td><td>2</td><td>1</td><td>0</td></tr>
<tr><td rowspan="4">2F</td><td>10#包房</td><td>2</td><td>1</td><td></td><td>0</td></tr>
<tr><td>迎宾台</td><td>1</td><td>1</td><td>0</td><td>0</td></tr>
<tr><td>收银台</td><td>2</td><td>2</td><td>0</td><td>0</td></tr>
<tr><td>无国界餐厅</td><td>2</td><td>0</td><td>0</td><td>0</td></tr>
<tr><td rowspan="4">2F 待定区域</td><td>仓库</td><td>1</td><td>1</td><td>0</td><td>0</td></tr>
<tr><td>备餐</td><td>1</td><td>1</td><td>0</td><td>0</td></tr>
<tr><td>办公室</td><td>2</td><td>2</td><td>0</td><td>0</td></tr>
<tr><td>粗加工/厨房</td><td>2</td><td>2</td><td>0</td><td>0</td></tr>
<tr><td rowspan="8">3F</td><td>会议室 01</td><td>6</td><td>0</td><td rowspan="5">3</td><td>0</td></tr>
<tr><td>会议室 02</td><td>6</td><td>0</td><td>0</td></tr>
<tr><td>会议室 03</td><td>6</td><td>0</td><td>0</td></tr>
<tr><td>会议室 04</td><td>6</td><td>0</td><td>0</td></tr>
<tr><td>会议室 05</td><td>6</td><td>0</td><td>0</td></tr>
<tr><td>贵宾室 01</td><td>10</td><td>0</td><td rowspan="2">2</td><td>0</td></tr>
<tr><td>贵宾室 02</td><td>10</td><td>0</td><td>0</td></tr>
<tr><td>衣帽间</td><td>1</td><td>1</td><td>0</td><td>0</td></tr>
</table>

续表

楼层	功能区域	TD	TP	TW	TF
3F	休息室	0	0	1	0
	会议办公	4	4	1	0
	宴会厅	10	0	8	1
	休息室	0	0	1	0
	培训会议室	30	0	6	1
3F 待定区域	备餐	1	1	0	0
	厨房	2	2	0	0
	备餐	1	1	0	0
4F	SPA1-17	17	17	3	0
	KTV1-3	1	0	1	0
	同声传译室	5	2	0	1
	投影室	2	2	0	1
	接待	2	2	0	0
	红酒库	2	2	0	0
	水吧台	4	4	2	0
	办公室	4	4	1	0
4F 待定区域	库房	1	1	0	0
	技师休息室	2	2	0	0
5F	棋牌室 1-4	4	4	0	0
	水吧台	2	2	0	0
	技师休息室	2	2	0	0
	沐足/棋牌室 2-6	5	5	1	0
	接待大厅	2	2	1	0
	健身房	2	2	2	0
	乒乓球室	1	1	0	0
	露天清吧接待大厅	2	2	1	0
6F	标准客房 1-13	26	13	2	0
	服务间	2	2	0	0
7F	设备层	0	0	0	0
8-16F	标准客房 1-13	234	117	18	0
	服务间	18	18	0	0
7-22F	标准客房 1-13	156	78	12	0
	服务间	12	12	0	0

续表

楼层	功能区域	TD	TP	TW	TF
23F	商务客房 1-4	16	4	1	0
	标准客房 1-7	14	7	1	0
	服务间	2	2	0	0
24F	商务客房 1-4	16	4	1	0
	标准客房 1-7	14	7	1	0
	服务间	2	2	0	0
25F	商务客房 1-4	16	4	1	0
	标准客房 1-7	14	7	1	0
	服务间	2	2	0	0
26F	总统卧室	2	1	0	0
	书房	1	1	1	1
	会客厅（总统）	1	1		0
	健身房	0	1	0	0
	会客厅（夫人）	2	1		0
	夫人卧室	2	1	0	0
	商务客房 1-5	20	5	1	0
	服务间	2	2	0	0
27F	商务客房 1-6	24	6	1	0
	标准客房 1-5	10	5	1	0
	服务间	2	2	0	0
28F	设备层	0	0	0	0
29F	旋转餐厅接待处	2	2	0	0
	水吧/收银	4	4	0	0
	厨房	2	2	0	0
	餐厅公共区域	0	0	8	0
30F	财务总监	2	2	1	1
	财务室	10	10	1	0
	接待	2	2	0	0
	自助餐区	0	0	1	0
	阅览区 1-2	0	0	2	0
	上网区	2	0	0	0
	影音室	2	1	0	0
	后勤	1	1	0	0

续表

楼层	功能区域	TD	TP	TW	TF
30F	会议室	16	0	1	0
	楼梯走道门	0	0	0	0
31F	办公室	9	9	1	0
	接待前台	2	2	0	0
	经理室	2	2	1	1
	董事长办公室	2	2	1	1
	副总办公室	2	2	1	1
	经理室	2	2	1	1
	办公室	7	7	1	0
	办公室	6	6	1	0
	办公室	6	6	1	0
	佛堂	2	0	0	1
	楼梯走道门	0	0	0	0
	信息发布系统	73	0	0	0
		1031	518	109	13

由信息点分布表统计可知：肇庆××大酒店共设置信息点1691个，其中数据信息点1153个，语音信息点518个。

6.6.3　工作区子系统

工作区子系统是指从信息插座到工作设备之间的布线子系统，它是由安装在各办公区的标准超五类、六类非屏蔽模块及其配套面板组成，可满足电话机、数据终端、计算机、监控器等设备的设置和安装。其中此项目的信息插座选用××的六类非屏蔽模块，配86型面板和插座模块，满足以下要求

（1）信息点可支持各种信息数据传输。

（2）铜缆部分要求采用的信息插座（RJ45插座）全部使用向下倾斜45°或90°的插座面板，根据不同的应用使用不同的出口的面板，面板采用86型标准面板。每个数据信息插口都采用标准的RJ45六类接口的非屏蔽信息插口，可以支持350 MHz以上的信息传输。每个语音信息插口都采用标准的RJ45六类接口的非屏蔽信息插口不同型号的终端可以通过RJ45标准跳线方便地连接到信息插座上，系统的可互换性较好，语音与数据接口可互换。

（3）在插座上安装绘有计算机符号和电话等符号的标志条，该标志条可由管理人员根据使用需求的改变随时更换。

（4）六类信息模块。

✓ 匹配线规：22～24 AWG。

✓ 模块组成：RJ45插座，排线块。

✓ 模块规格：可支持1U24口高密度管理。

✓ 线缆端接最大开绞：小于 6 mm。
✓ 端接方式：180° 打线方式，可重复端接。
✓ 防尘：自带防尘盖。
✓ 打线方式：T568A 或 T568B。
✓ 工作温度范围：− 40 °C ~ 70 °C。

（5）信息面板。

✓ 规格：方形 86 式，单孔及双孔。
✓ 颜色：白色；表面：磨砂。
✓ 材料：高强度 PC 材料。
✓ 标签要求：自带标签栏。
✓ 其他要求：自带防尘盖，布线原厂产品。

（6）六类原厂跳线。

✓ 类别：原厂正品，六类。
✓ 规格：多股软跳线（7 × 0.193）。
✓ 装配：整体注塑。
✓ 水晶头：内含支架，三叉金针。
✓ 芯数：8 芯。
✓ 最少连接次数：750 次。
✓ 长度：7 ft 或 9 ft。
✓ 标准：TIA/EIA568B.2-1，带宽≥250 MHz 并有较多余量。

工作区子系统在施工时要考虑的因素较多，因为不同的房间环境要求不同的信息墙座与其配合。在施工设计时，应尽可能考虑用户对室内布局的需要，同时又要考虑从信息墙座连接应用设备（如计算机，电话等）的方便性和安全性。

对于本方案所涉及的建筑物，水平通道通常采用金属线槽、预埋管、暗盒的方式。RJ45 埋入式信息插座与其旁边电源插座应保持 30 cm 的距离，信息插座和电源插座的低边沿线距地板水平面 30 cm。如图 2 所示。

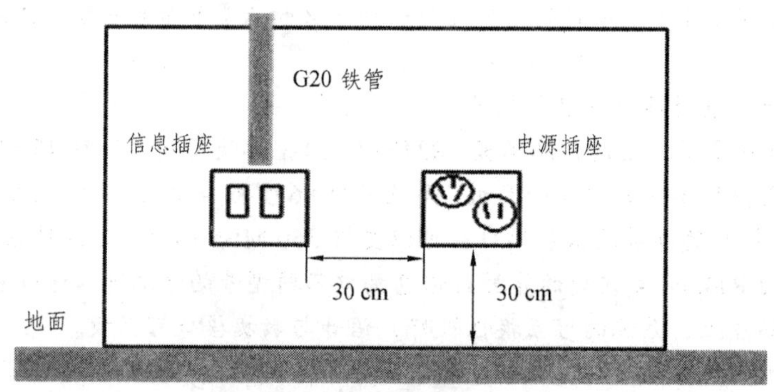

图 2　信息插座布置图

6.6.4　水平子系统

水平子系统由各层配线间至各个工作区之间的电缆构成。水平子系统从各楼层弱电间引出至各个办公室，金属线管沿墙暗敷设至信息点位置。对于铜缆双绞线，水平配线子系统电缆长度应在 90 m 以内。此项目中，数据信息点采用××六类 4 对非屏蔽双绞线，语音采用××超五类 4 对非屏蔽双绞线。该线缆由 24 线规的实心铜质导体组成，并扭绞成线对。其性能稳定可靠，既可服务于数据传输，又可服务于话音传输，保证了系统的灵活性。

六类线缆的相关系数如下：

（1）线规：23 AWG，约为 0.57 mm。

（2）规格：100 Ω，支持带宽可达 250 MHz。

（3）线缆结构：线缆内部带十字骨架结构。

（4）芯线对数：4 对，每芯带有彩色护套。

（5）规格：护套厚度≥0.55 mm，撕裂绳为 3 股锦纶丝，绝缘为 HDPE，断裂延伸率≥300%。

（6）护套采用低烟无卤防火级别，符合 IEC60332-1 要求。

（7）性能符合 TIA/EIA568B.2-1 标准，带宽≥250 MHz 并有较好余量。

水平管线完成由分配线间到工作区信息出口线路的连接功能，有两种走线方式：

（1）水平线路远的采用沿吊顶内电缆桥架转接预埋在墙内的电气配管将线路引至墙上（或地上）的暗装信息点接线盒。

（2）水平线路近的采用电气配管直接从分配线间引至墙上（或地上）的暗装信息点接线盒。

水平子系统示意图如图 3 所示：

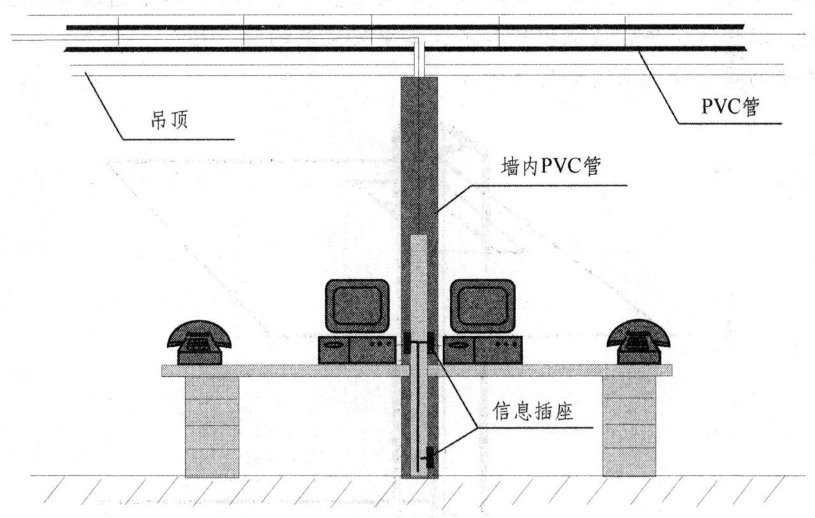

图 3 水平子系统

在施工中，我们要注意如下几点：

（1）线槽要求：在线槽中放置的双绞线应不超过线槽总容量的 70%。在线槽中放置的双绞线密度过大会影响底层双绞线的传输性能。

（2）线槽一般有多处转弯，在转弯处应留有足够大的空间以保证双绞线有充分的弯曲半径。根据 EIA/TIA569 标准，4 对非屏蔽双绞线的弯曲半径应不小于线径的 8 倍。最新的标准认为，弯曲半径大于线径的 4 倍已可以满足传输要求了。但有一点是重要的，即保持足够大的弯曲半径可以保证系统的传输性能。

（3）在线槽的转弯处，应有垫衬以减小拉线时的摩擦力。

6.6.5 垂直干线子系统

干线子系统是指建筑物配线架到各楼层配线架的连接，包括语音主干和数据主干，一般采用光缆和大对数电缆。垂直干线子系统，是由一连串通过竖井垂直对准的接线间组成的，它的走线设计分为两部分。

1. 干线的垂直部分

垂直部分的作用是提供弱电井内垂直干缆的通道。这部分采用预留电缆井方式，在每层楼的弱电井中留出专为综合布线大对数电缆通过的长方形地面孔，电缆井的位置设在靠近支电缆的墙壁附近，但又不妨碍端接配线架的地方。在预留有电缆井一侧的墙面上，还应安装电缆爬架或线槽，爬架或线槽的横档上开一排小孔，大对数电缆用紧固绳绑在上面，用于固定和承重，如果附近有电梯等大型干扰源，则应使用封闭的金属线槽为垂直干缆提供屏蔽保护。

2. 干线的水平通道部分

水平通道部分的作用是，提供垂直干缆从主设备间到所在楼层的弱电井的通路，这部分也应采用走吊顶的轻型装配式槽形电缆桥架的方案，用来安放和引导电缆，可以对电缆起到机械保护的作用，同时还为垂直干缆提供防火、密封、坚固的空间使线缆可以安全地延伸到目的地。其选材算法与水平子系统设计部分的线槽算法一致，且若一根线管连续有两个 90° 的拐角时，应在一处加过线盒，以便拉线时不破坏线缆。与垂直部分一样，水平通道部分也必须保留一定的空间余量，以确保在今后系统扩充时不致需要安装新的管、槽。

设置桥架的垂直线缆通道如图 4 所示。

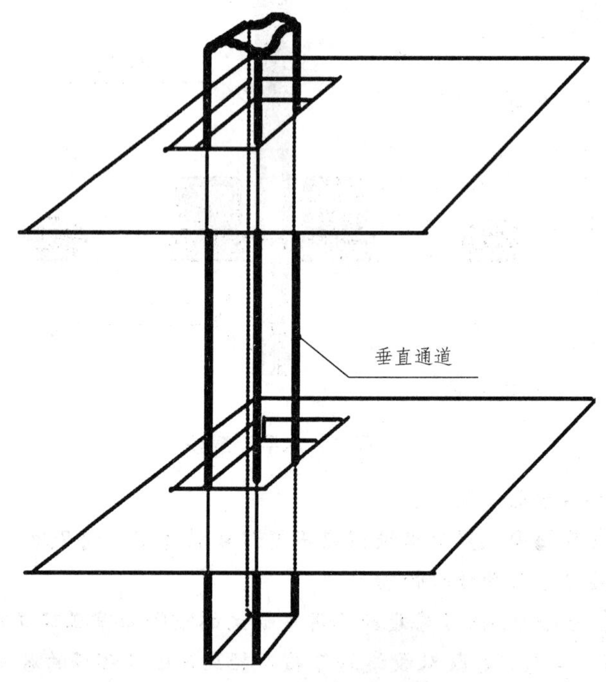

图 4 垂直线缆通道

3. 竖井级分布系列光纤

（1）满足万兆网络的需求。

（2）适用于水平和竖井应用。

（3）提供单模、多模 50/125、多模 62.5/125、多模 OM3 等多种规格。

（4）采用高支数芳纶丝或非金属中心加强件增强光缆强度。

（5）提供 2～96 芯多种芯数，彩色编码，易于安装。

（6）阻燃、低烟无卤护套。

室内光缆（如图 5 所示）外部直径较小，有很好的弯曲半径，采用高支数芳纶丝增强光缆的强度，适用于光纤到桌面以及楼宇数据垂直主干的应用。2～24 芯室内紧套光缆采用彩色编码护套，便于安装。2～24 芯低烟无卤光缆使用低烟无卤护套，阻燃效果好，无毒无污染，适用于对防火等级要求高的楼宇建筑的室内主干和光纤到桌面应用。4～96 上海××通信技术有限公司 C-7 芯紧套层绞式光缆采用层绞式结构，拥有更好的机械性能，是室内主干应用的最佳选择。所有的光缆均可提供多模 62.5/12、多模 50/125、单模 9/125、以及 OM3 万兆等多种规格。

图 5　室内光缆

主干线缆应在垂直槽道内敷设，符合以下规定要求：

线缆在桥架或敞开式的槽道内敷设时，为了使线缆布置牢靠和美观整齐，应采取稳妥的固定绑扎措施。线缆在封闭的槽道内敷设时，要求在槽道内缆线均应平齐顺直，排列有序，尽量互相不重叠或不交叉，缆线在槽道内不应溢出，影响槽道盖盖合。在桥架或槽道内的线缆绑扎固定时，应根据缆线的类型、缆径、缆线芯数分束绑扎，以示区别，也便于维护检查。

4. 大对数主干电缆

（1）芯线规格：0.5 mm 24 AWG。

（2）芯线对数：50 对，每芯带有彩色编码护套。

（3）标准：EIA/TIA-568-A 和 ISO11801。

（4）带宽：≥16 MHz（ACR＞10 dB）。

（5）最大直流电阻：8.9 Ω/100 m 互电容在 1 kHz 时：5.15 nF/100 m。

（6）阻抗：100 Ω（25 对），在 772 kHz 衰减：1.83 dB/100 m（25 对），在 1.0 kHz 衰减：1.83 dB/100 m（25 对）。

（7）分为 25 对、50 对、100 对几种规格。

（8）可满足五类、三类传输标准。

（9）连接绝缘一致，提供非常低的传输延时。

（10）采用高品质材料，室外线缆抗紫外线辐射、防水、抗外部压力。

（11）全色谱彩色编码绝缘体。

大对数线缆与 110 配线架等配线设备结合，可实现语音或数据交叉传输及配线。精密的绞距控制能够获得最好的 NEXT 值，连接绝缘的上海××通信技术有限公司 C-2 一致性控制提供了极低传输损耗及延时。小型化的外径尺寸可以减少安装中的电缆的扭曲。25 对、50 对大对数线缆能够提供五类或三 类传输性能，性能远高于 TIA/EIA568B 标准要求。更可提供三类 100 对线缆以满

图 6　三类大对数主干电缆

足楼层大对数主干的需要。

6.6.6 管理子系统

管理子系统主要功能是实现配线管理，由交连、互连和输入/输出组成。

管理子系统设置在弱电竖井内，由相应的配线盘及辅助配件等组成。借助于管理子系统，可以实现不同的网络拓扑结构；当工作人员位置迁移或调整时，可以灵活地改变用户的路由，将网络计算机、数据终端设备、传真绘图等图形图像设备以及话音设备等插入标准插座内。当这些设备的位置发生变化时，只需作一些简单的跳线，而不需敷设和安装新的电缆和插座，如图 7 所示。

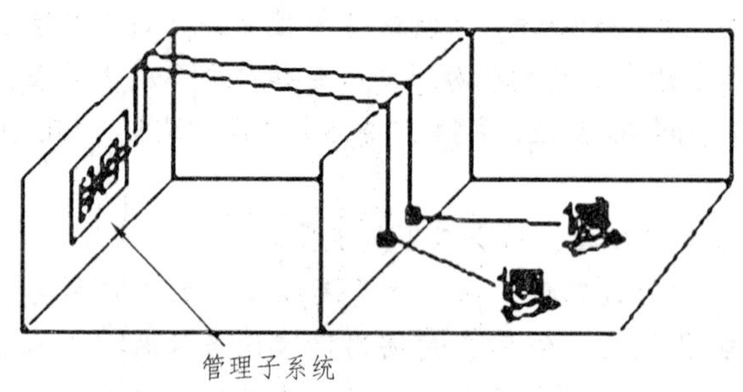

图 7　管理子系统

在本项目的综合布线系统中，管理间选用了 24 口快接式配线架管理水平 6 类 UTP、选用光纤配线架管理主干光缆、选用 110 配线架管理大对数铜缆。

语音主干采用 110 模块端接。

24 口模块式配线架用于管理数据信息点、语音信息点，以便于两者间互换。

600G2-1U-UP-FX 光纤配线架用于管理光纤，并配有对应芯数量的 LC 耦合器。

根据本工程特点，110 型配线架 19″ 标准机柜安装，24 口模块式配线架及光纤配线架均采用 19″ 标准机柜安装。机柜为 19″，可同时将网络设备放置子机柜中。

模块化配线架采用明显不同的颜色区分数据主干、水平数据点。

用相应颜色跳线区分数据、语音点和水平、主干。跳线长度应满足标准的限制。

标签需用印表机、打字机打印，或用专用图标、有明显的颜色区分数据、语音点。

1. 管理间环境要求

管理间的环境要求主要包括机房内的温度、湿度、设备用电及间距的要求。

由于管理间内要安装网络设备，因此需进行必要的装修或将其设在具备条件的办公室内，并配备照明设备以便于设备维护。同时为保证网络的可靠运行，管理间内应配备 UPS 独立供电回路及电源插座，每个管理间功率不小于 400 W。

（1）室温应保持在 18 °C ~ 27 °C，相对湿度保持在 30% ~ 55%。

（2）保持室内无尘或少尘，通风良好，亮度至少达 30 英尺烛光。

（3）安装合适的消防系统。

（4）使用防火门，至少能耐火 1 h 的防火墙和阻燃漆。

（5）提供合适的门锁，至少要有一扇窗口留作安全出口。

（6）尽量远离存放危险物品的场所和电磁干扰源（如发射机和电动机）。

（7）设备间的地板负重能力应为 500 kg/m^2。

（8）根据结构化布线系统的要求，在配线间采用 19″ 标准机柜。

（9）结构化布线系统中典型的配线间，其可以走进人的最小安全尺寸是 120 cm × 150 cm，标准的天花板高度为 240 cm，门的大小至少为高 2.1 m，宽 1 m，向外开。在主、楼层配线间，最好有供放置设备的设备柜，其大小可按设备的尺寸而定。在设备间尽量将设备柜放在靠近竖井的位置。

2．管理间中的线缆管理

布线系统涉及大量线路的连接，这样大量的连线给管理带来了一定的困难。PDS 色标标记方案系统而科学地规定了怎样根据参数和识别步骤，查清交连场的线路和设备端接点。作为一种重要的技术文档，色标标记方案是以后布线管理的重要技术依据。PDS 色标标计方案示意图如图 8 所示。

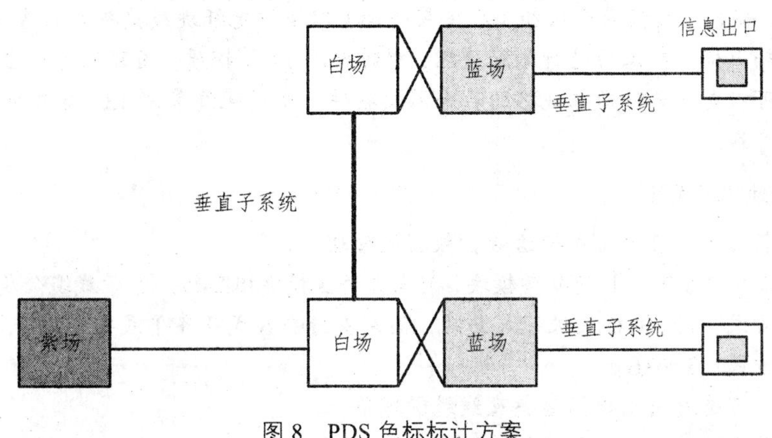

图 8　PDS 色标标计方案

6.6.7　设备室子系统

（1）设备间子系统是综合布线系统的配线机构，是整个系统的核心部位。

（2）根据大楼功能区划，设备间子系统设在电话总机房及计算机中心。所有楼层语音主干 UTP 全部集中连接至电话总机房，主干单模光缆全部连接至计算机中心机房。

（3）光纤干线部分配线架全部使用 24 口 19″ 机柜式配线架。

（4）语音干线配线架部分使用 100 对 110 配线架。

6.6.7.1　配线架和机柜

总配线间管理系统主配线架，它包括数据主配线架和语音主配线架：

1．数据主干光缆总配线架及机柜

主配线架（MDF）端接各楼层分配线架引来的光纤主干，通过主干管理整个布线系统。

MDF 应选用高密度快捷式光纤配线箱。配线架能水平旋转出机柜在正面进行尾纤处理，材料采用 14 号钢质，顶部配有防尘盖，正面配有跳线防护罩。可以支持多种标准规格的耦合器接插件。光纤跳线采用经过产品厂家严格检测的原装产品。本系统中所有光纤采用 LC 型连接头与尾纤进行熔接，以确保光纤链路的光学性能和传输性能。

2. 子配线间配线架及机柜

根据大楼信息点的分布情况来设定分配线架的数量，布线系统共设计 11 个子配线间，群楼首层单独一个，2 楼及 4 楼各设一个，分别管理 2、3 层和 4、5 层，6 楼以上每 3 层共用一个。配线架采用机柜式的安装方法，主要管理设备采用 24 口配线架，RJ-45 模块接口配有防尘盖；光纤连接采用 1 个 12/24 口机柜式光纤配线架。

在子配线间，数据部分经由 RJ45-RJ45 跳线连接到本地交换机上。

（1）数据配线架满足 ANSI/TIA/EIA568B 及 ISO/IEC 11801 对六类标准要求，跳线采用经过出厂严格检测的原装产品，适合 22～24 AWG 线规（0.64～0.51 mm），达到 1000 次插拔的耐用性，六类跳线满足可用带宽 250 MHz、支持 1 000 Mb/s 传输速率。

（2）总配线间光纤连接采用标准机柜式光纤配线架管理，每个光纤配线箱都可安放熔纤盘位置。光纤适配器光缆芯数按 100% 比例配置，主干光缆的所有纤芯必须 100% 端接。光纤适配器统一采用高性能、低损耗型规格，全部光纤尾纤采用熔接方式安装。配线架全部采用 1U 机架安装方式，耦合器面板低于机柜 19″ 安装平面（以保护光纤跳线接头处的弯曲半径）。配线架应能水平旋转出机柜在正面进行尾纤处理，材料采用 14 号钢质，顶部配有防尘盖，正面配有跳线防护罩。可以支持多种标准规格的耦合器接插件。光纤跳线采用 LC 类型的并经过出厂严格检测的原装产品。

3. 六类模块式配线架

（1）配线架功能：可同时支持语音，数据的管理。

（2）配线架端口管理：① 可拆卸模块、可与工作区模块相匹配；② 带线缆金属管理托盘。

（3）安装方式：19″ 机柜或机架式安装，同时支持嵌入式及齐平式安装。

（4）打线方式：T568B。

（5）标签：可选透明端口标签夹及线缆管理条。

（6）安装要求：前端施工和维护管理。

（7）工作温度范围：−40 °C～70 °C。

4. IDC 语音配线架

（1）类别：六类。

（2）规格：50 对、100 对，高密集度。

（3）安装方式：19″ 机柜式或墙面安装。

（4）适用于语音主干与水平布线。

（5）附带标签夹及纸标签。

（6）110 打线工具。

（7）适用于各种 110 配线架。

（8）简单、可靠的打线。

（9）阻燃级别符合 UL94V-0 等级。

（10）工作温度范围：−10 °C～+60 °C。

5. 光纤跳线及光纤尾纤参数

（1）光纤跳线，光纤尾纤和连接硬件应考虑为同一品牌。

（2）最小弯曲半径：2.54 cm。

（3）工作温度：0 °C ~ 70 °C。

（4）损耗：不大于 0.3 dB/每对连接器。

6. 光纤配线架参数

（1）配线架端口：1U 高度可配置 4 至 48 口，模块化配合。（内含熔纤盘）。

（2）材质：优质冷轧钢板。

（3）安装方式：19″ 机柜式安装。

（4）连接衰耗：多模 0.1 dB；单模 0.2 dB。

（5）标签：自带明显数据或语音标签。

（6）安装要求：前面操作，安装迅速方便；每个端口都是独立的，并可从前端取下，配线箱盖板可从后端取下。

（7）进线方式：四进线孔、每个进线孔均有橡胶套保护。

（8）工作温度范围：－40° ~ 70°。

6.7 综合布线系统环境要求

6.7.1 供电要求

综合布线系统是语音通信和计算机网络系统的基础，本系统各数据点应与电源系统插座相对应，电源系统符合以下要求。

（1）各设备间以及各分配线间应采用专路供电。

（2）电源管线与综合布线管线平行敷设时应相距 10 cm 以上，交叉时应相距 3 cm 以上。

6.7.2 IDF 管理间要求

管理间是整个配线系统的中心单元，它的环境条件是否恰当直接影响到将来系统的正常运行及维护使用的灵活性。

根据本工程性质及特点，我们建议，对 IDF 管理间进行简单装修，地板采用优质防静电地板，吊顶采用防尘铝吊，墙面涂乳胶漆。管理子系统设备采用专用 19″ 标准机柜安装，材料选用金属喷塑，并配有网络设备专用配电电源端接位置，可将网络设备同放置其中。同时机柜在安装时后门要与墙体保持 1 m 的距离，便于维护。此种安装模式具有整齐美观、可靠性高、防尘、保密性好、安装规范、具有一定的屏蔽作用等优点。管理间内应配备三组 220 V 电源插座，由主机房 UPS 集中供电。管理间需配备维护照明及应急照明，同时还必须有接地保护装置。

6.7.3 MDF 设备间要求

MDF 设备间温度、湿度要求如下：根据国家标准规定，机房内温度、湿度根据开机时和停机时分别可定为 A、B、C 三级，在此，我们建议，本计算机机房工程按应按照 A 级标准进行设计、施工（见表 2、表 3）。其中计算机机房设精密空调，开机时全年温度达到 22 °C ± 2 °C 标准，相对湿度达到 45% ~ 65% 标准。

表 2　开机时机房内的温度、湿度要求

级别 项目	A 级		B 级	C 级
	夏季	冬季		
温度	22 ± 2 °C	20 ± 2 °C	15 °C ~ 30 °C	15 °C ~ 30 °C
相对湿度	45% ~ 65%		40% ~ 70%	30% ~ 80%
温度变化率	< 5 °C/h（不结露）		< 10 °C/h（不结露）	< 15 °C/h（不结露）

表 3　停机时机房内的温度、湿度要求

级别 项目	A 级	B 级	C 级
温度	5 °C ~ 35 °C	5 °C ~ 35 °C	5 °C ~ 40 °C
相对湿度	40% ~ 70%	20% ~ 80%	8% ~ 80%
温度变化率	< 5 °C/h（不结露）	< 10 °C/h（不结露）	< 15 °C/h（不结露）

6.8　电气保护和接地设计

6.8.1　需求分析

确保穿线金属管、金属线槽及桥架之间及各配线架的金属外壳具有良好的电气连接特性，并与大楼内的弱电接地系统连接。

1. 屏蔽接地

所有屏蔽系统的屏蔽层均保持电气连通，屏蔽层的配线设备端采用模块化的配线盘，配套采用的接地支架除了具有线缆管理的功用外，还应提供加固点和接地点，保证整个屏蔽通路的良好接地。在每一楼层配线柜里，须依据接地距离的大小和楼层信息点数量的多少选用适当截面积绝缘铜导线引到竖井内的接地铜排上。

2. 设备接地

布线系统中的设备按要求用不小于 6 mm^2 多芯绝缘铜线引到接地汇流排上。各弱电系统的钢管和线槽均应标准接地。

6.8.2　接地电缆选择

在大楼入口区，楼层配线间，都应设置接地装置，并且大楼的入口区的接地装置必须位于保护器处或尽量接近保护器。

非屏蔽干线电缆放在金属线槽或金属管内。金属线槽（管接头连接牢固），保持电气连通，所经过的配线间用 6 mm^2 辫式铜带连接到接地装置上。

接地电阻值根据应用系统的设备接地要求确定。通常，电阻值不能大于 1 Ω。当综合布线连接的应用设备或其附近有强电磁场干扰时，对接地电阻会提出更高的要求时，应取其中的最小值作为设计依据。

6.8.3　配线架（柜）接地

每个楼层配线架接地端子应当可靠地接到配线间的接地装置上。

从楼层配线架至接地极接地导线的直流电阻不得超过 1 Ω，并且应永久性地保持其连通。

每个楼层配线架（柜）并联连接到接地极上，不可串联。

系统内如有多个不同的接地装置，这些接地装置相互连接，以减小它们之间的电位差。

布线的金属线槽或金属管用接地电缆接地，以减少阻抗。

6.8.4　接地电缆的要求

在距接地体 30 m 以内，接地导线用直径为 4 mm 的外包绝缘套的多股铜线缆。

若距接地体超过 30 m 时，接地电缆的直径参考表 4 的数值。

表 4　接地电缆直径参考值

距离/m	导线直径/mm
30.5	4.12
30.6 ~ 48.8	5.19
48.9 ~ 76.2	6.54
76.3 ~ 106.7	7.35
106.8 ~ 122	8.25
122.1 ~ 152.4	9.27

配线间中的每个配线架（柜）均接到配线架（柜）的接地排上，其接地导线大于 2.5 mm^2，接地电阻小于 1 Ω。

6.8.5　线缆管道接地

线缆通道（包括桥架及线管）为一个密闭的金属管道，可起到很好的屏蔽作用，由于通道是连接的，线缆通道在每层楼的子配线间都和地极相连，设备间处桥架和主地极相连，系统的配线柜（架）都和地极或主地极相连，接地电缆根据情况参照接地电缆标准选择。

6.9　综合布线系统安装方案

6.9.1　工作区子系统安装

工作区信息插座为铜缆插座。采用超五类/六类非屏蔽信息插座（CAT6）。

（1）信息插座模块的安装高度应符合设计要求，安装在活动地板或地面上要固定在接线盒内，盒面与地面齐平；安装在墙上高出地面 300 mm，如地面采用活动地板，加上活动地板的净高。

（2）信息插座坚固，有标签，以颜色、图形、文字表示终端设备的类型。接线时注意接线方式，根据不同的终端设备接线有不同标准接线方式，接线要符合设计图纸要求。

6.9.2　水平子系统安装

水平子系统线缆采用 4 对超五类、六类非屏蔽 UPT 铜缆。

水平布线长度从配线架到工作区的信息插座之间的线缆的实际长度一般限制在 90 m 的距离范围以内；一般跳线长度小于 3 m，信息连接线长度小于 5 m。

1. 综合布线水平电缆敷设工艺

（1）敷设前根据线缆走向编制电缆敷设顺序排列图和管线表，尽量避免电缆交叉。

（2）对电缆型号、规格应进行进货检验，确认具备合格证或质量检验合格报告。1 kV 以下电缆用兆欧表测试不低于 10 MΩ，合格后方可敷设。

（3）对电缆盘进行配比和编号，确保每盘电缆使用最优化。

（4）电缆在线槽内敷设时，电缆排列应整齐，敷设一根整理一根，并在水平敷设时，电缆首末两端及转弯、中间接头处用尼龙扎带固定。

（5）电缆敷设安装工艺和有关要求，应满足国标（GB 50168—92）的规定。

2. 双绞电缆敷设方式

（1）双绞电缆敷设前应校对规格、程式、路线及位置是否与设计规定相符。

（2）敷设的双绞电缆应平直，不得产生扭绞、打圈等现象，不应受到外力和损伤。

（3）双绞电缆敷设前应贴有标签，以表明起始和终端位置。

（4）双绞电缆（非屏蔽）的弯曲半径至少为电缆外径的 4 倍，在施工过程中应至少为外径的 8 倍，干线双绞电缆弯曲半径应至少为电缆外径的 10 倍。

（5）敷设双绞电缆，在牵引过程中吊挂电缆的支点相隔间距不应大于 1.5 m。

（6）敷设双绞电缆的牵引力，应小于电缆允许张力的 80%。

（7）敷设双绞电缆应有冗余，在二级交接间、设备间双绞电缆预留长度一般为 3～6 m，工作区为 0.3～0.6 m，有特殊要求的应按设计要求预留长度。

（8）敷设在线槽的电缆可以不绑扎固定，但在电缆进出线槽部位，转弯处应绑扎固定，垂直敷设应每间隔 1.5 m 固定在电缆支架上。

（9）在水平、垂直线槽中敷设双绞电缆时，应对电缆进行绑扎，双绞电缆以 24 根为一束，绑扎间距不宜大于 1.5 m，扣间距应均匀，松紧适度。

3. 双绞电缆终端和连接

（1）双绞电缆终端和连接，必须严格按照设计和施工的有关技术标准以及生产厂家的要求执行。在安装施工前，必须对生产厂家提供的配线接续设备和连接硬件以及有关附件等的安装手册进行熟悉了解，充分掌握其技术特性和安装要求，以便顺利安装施工和确保工程质量符合要求。

（2）为了保证电缆的终端和连接质量，满足高速传输需要，综合布线系统室内部分的电缆终端，都是通过配线接续设备或连接硬件（如插头和插座）进行连接，一般不采用缆线之间直接连接的方式，即电缆中间不应有接头。

（3）按照缆线终端顺序，剥除每条缆线的外护套，在剥除缆线外护套时，必须符合有关规定，以保证安装质量。

① 剥除缆线外护套必须采用专用工具施工操作，不得采用一般刀剪，以免操作不当损伤缆线的绝缘层，影响缆线电气特性而使传输质量下降；

② 应按规定剥除缆线的外护套长度，为了保持对缆线的扭绞状态不致变化，剥除外护套的长度不宜过长，根据缆线类别的不同有所区别，要求五类线的非扭绞长度不应大于 13 mm，

剥除缆线外护套的长度也不宜过短，应有足够的非扭绞的导线进行整理；

③ 当缆线剥除外护套后，要立即对非扭绞的导线进行整理，成对分组捆扎，以防线对分散错乱，尽量保持线对与未除去外护套前的状态一致，保证缆线的电气特性不变。

（4）缆线的终端连接方法均采用卡接方法，在卡接时应注意以下几点：

① 必须采用专制卡接工具进行卡接，卡接中的用力要适宜，不宜过猛，以免造成接续模块受损；

② 按缆线的色标顺序进行终端操作，不得混乱而产生线对颠倒或错接；

③ 卡接导线后，应立即清除多余线头，不得在接续模块中留存，并要检查导线是否放准，有无变形或可疑之处，必要时需重新施工；

④ 双绞电缆在信息插座（包括插头）上进行连接时，必须按缆线的色标、线对组成以及排列顺序进行卡接；双绞电缆与 RJ45 信息插座采取卡接接续方式时，应按先近后远，先下后上的接续顺序进行卡接，如与接线槽块卡接时，应按设计规定或生产厂家要求进行施工操作。

6.9.3　管理区子系统安装

在配线间或设备间的配线区域采用交连或互连方式管理干线子系统和水平子系统的线缆。不应将全部电缆紧紧地捆绑成一束，这样不利于消除线缆的残余应力，并可能扩大相互之间的干扰。

将各类通信线缆分开，使用合适的护管或绑扎绳分成束。通过线槽的设备，把线缆盘起来，有一定的余量，再接至配线设备上。

配线设备架机架安装。架前应留有 1.5 m、架后留有 0.8 m 的空间，架底位置与电缆上线孔相对应。

1. 管理区配接线

实施要点：连接紧固、排列整齐、标志清晰。

（1）配线前对电缆进行整理，排列应整齐，进入盘柜要留有余量，各盘预留长度一致。屏蔽电缆进盘后剥离屏蔽层并按要求接地。

（2）配线应横平竖直，整齐美观，线束绑扎间距均匀。

（3）线芯接头紧密牢固。多股软线接头采用接线终端头压接或挂锡处理。单芯操作线采用煨弯连接，煨弯方向与螺丝拧紧方向一致。

（4）端子号采用专用号码机打印，字迹应清晰，永不褪色。

（5）电缆牌采用专用产品，电缆编号清楚，整齐一致。

（6）线槽配线时，线芯应调直，放置整齐。备用芯长度应满足接线最长距离。

（7）配线完毕，柜内要进行清理，清除剩余线头和各种杂物，保持柜内清洁。

2. 各类跳线成端

（1）各类跳线（包括电缆）和接插硬件间必须接触良好，连接正确无误，标志清楚齐全，跳线选用的类型和品种均应符合系统设计要求。

（2）各类跳线长度应符合设计要求，一般双绞电缆的长度不应超过 3 m。

（3）在缆线终端连接后，必须对配线接续设备等进行全程测试，以便准确判定工程的施工质量，如有故障，应正确迅速地排除，以保证布线系统能正常进行。

3. 配线间子系统的安装

弱电设备间主配线架采用模块化方式管理主干铜缆。语音主配线架采用110型配线架来管理，19″机柜式安装，并配有足够的双芯快接式语音跳线及相应的跳线过线槽。

6.9.4 垂直干线子系统的安装

垂直干线子系统数据主干采用6芯单模光纤。语音主干采用三类非屏蔽UTP双绞线铜缆。

干线电缆采用点对点的方法，电缆选最短最安全的安装路径。垂直敷设时每隔1 000～1 500 mm用尼龙扎带固定。

1. 光缆敷设

光缆敷设与其他通信电缆施工敷设方法基本相似，由于光缆中的光纤的纤芯是石英玻璃的，极易弄断。因此，对于光缆安装敷设施工时要求注意几点：

（1）光缆敷设首先要严密组织并有专人指挥。

（2）光缆盘装卸时，轻起轻放。移动光缆应按光缆盘指示方向滚动，其滚动距离规定在50 m以内，当滚动距离大于50 m时，应使用运输工具。

（3）敷设光缆最好以直线方式，如有拐弯，光缆的弯曲半径在静止状态应至少为光缆外径的10倍，在施工过程中应至少为20倍。

（4）布放光缆的牵引力，应小于光缆允许张力的80%，对光缆瞬时最大牵引力不应超过光缆允许张力。主要牵引力应加在光缆的加强构件上，光缆不应直接承受拉力。

当同时牵引几根光缆，每根光缆承受的最大安装张力应降低20%。

光缆穿保护管时，通过光缆中纱线直接与牵引光缆的拉线用缆结接起来进行牵引。

（5）光缆不允许与电源电缆混合敷设。

（6）光缆敷设后，应细致检查，要求外护套完整无损，不得有压扁、扭伤、折痕和裂缝等缺陷。如出现异常，应及时解决。

（7）光缆敷设时应有冗余，光缆在设备端预留长度一般为5～10 m。有特殊要求的应按设计要求预留长度，光缆的曲率半径应符合规定，转弯的状态应圆顺，不得有死弯和折痕。

2. 大对数电缆敷设

（1）大对数电缆敷设时必须严格按照设计和施工的有关要求和技术标准执行。在安装施工前必须对生产厂家提供的配线接续设备和连接硬件以及有关附件的安装手册进行熟悉了解，充分掌握其技术特性和安装要求，以便顺利安装施工和确保工程质量符合要求

（2）为了保证电缆的终端和连接质量，满足高速传输需要，综合布线系统室内大对数电缆终端连接时，一般不采用缆线之间直接连接的方式，即电缆中间不应有接头。

（3）剥除每条缆线的外护套，按照缆线色谱方式进行顺序终端操作，在剥除缆线外护套时，必须符合有关规定，以保证安装质量。

① 剥除缆线外护套必须采用专用工具施工操作，不得采用一般刀剪，以免操作不当损伤缆线的绝缘层，影响缆线电气特性而使传输质量下降；

② 应按规定剥除缆线的外护套长度，为了保持对缆线的扭绞状态不致变化，剥除外护套的长度不宜过长，根据缆线类别的不同有所区别；

③ 当缆线剥除外护套后，要立即对非扭绞的导线进行整理，成对分组捆扎，以防线对分

散错乱，尽量保持线对与未除去外护套前的状态一致，保证缆线的电气特性不变。

（4）缆线的终端连接方法均采用卡接方法，在卡接时应注意以下几点：

① 必须采用专制卡接工具进行卡接，卡接中的用力要适宜，不宜过猛，以免造成接续模块受损；

② 缆线的色标顺序进行终端，不得混乱而产生线对颠倒或错接；

③ 卡接导线后，应立即清除多余线头，不得在接续模块中留存，并检查导线是否放准，有无变形或可疑之处，必要时需重新施工。

6.9.5　设备间子系统的安装

光缆连接按其连接类型可分为光缆接续和光缆终端。

1. 光纤接续

（1）光纤接续一般采用熔接法。为了降低连接损耗，在光纤接续的全部过程中应采取质量监视。具体监视方法可参见《电信网光纤数字传输系统工程施工及验收暂行技术规定》（YDJ44—89）中的规定。

（2）使用光纤熔接机时，应严格遵守厂家提供的使用说明书及要求，每次熔接作业前，应将光纤熔接机的有关部位清洁干净。

（3）在光纤熔接前，必须将光纤端面按要求切割，务必合格，才能将光纤进行熔接。在光纤接续时，应按两端光纤的排列顺序一一对应接续，不得接错。

（4）在光纤接续的全过程，尤其是使用的光纤熔接机缺乏接续质量检验动能，或有检验功能但不能保证光纤接续质量时，应在接续过程中使用光时域反射仪（OTDR）进行监测，务必使光纤接续损耗符合规定要求（必要时，在光纤接续中每道工序完成后应测量接续损耗）。

（5）熔接完成并测试合格后的光纤接续部位，应立即做增强保护措施，增强保护方法有热可缩管法、套管法和V型槽法，较常用的是热可缩管法，采用热可缩管法保护时，要求加强管收缩均匀，管中无气泡。

（6）光纤接续的全过程中的光纤护套、涂层去除、光纤端面切割制备，光纤熔接、热可缩管的加强保护等施工作业，应连续完成，不得任意中断。使光纤接续程序完整而正确实施，确保光纤接续质量优良。

（7）光纤全部连接完成后，应将光纤接头固定和将光纤余量长度收盘存放。

2. 光缆终端

（1）在光缆终端设备的机房内，光缆和光缆终端接头的布置应合理有序，安装位置应安全稳定，其附近不应有可能损害它的外界设备，例如热源和易燃物质等。

（2）为保证连接质量，从光缆终端接头引出的尾纤或单芯光缆的光纤所带的连接器，应按设计要求和规定插入光纤配线架上的连接硬件中，如暂时不用的光纤连接器，可以不插接，但应在连接和插头端盖上塑料帽，以保证其清洁。

（3）光纤在机架上或设备内（如光纤接线盒），应对光纤接续予以保护。光纤连接盒有固定和活动两种方式，（如抽屉式、翻转式、和旋转式等），不论在哪种储纤装置中，光纤盘绕应有足够的空间，都应大于或符合标准规定的曲率半径，以保证光纤正常运行。

（4）所有的光纤接续处都应有切实有效的保护措施，并要妥善固定牢靠。

（5）光缆中的铜导线应分别引入业务盘或远供盘进行终端连接，金属加强芯、金属屏蔽层（铝护层）以及金属铠装层均应按设计要求，采取接地和终端连接，必须检查和测试上述措施是否符合规定。

（6）光纤跳线或光纤跨接线等的连接器，在接入适配器或耦合器前，应用沾有试剂级的异丙醇/酒精的棉花签擦拭连接器、插头、耦合器或适配器内部，清洁干净后才能插接；并要求耦合器两端插 ST 连接器端面在其中间接触紧密。

（7）在光纤、铜导线和连接器的面板上均应设有醒目的标志，标志内容应正确无误、清楚完整（如序号和光纤用途等）。

6.9.6 综合布线系统的标签管理

1. 单点交连场管理标签

在单点管理方法中：电线接线间的连线通过跨接线依次连至白色场和蓝色场：白色场第一条线路连至蓝色场第一条线路，其余以此类推。其插座号还出现在设备间管理场。这种连线方法称为“直通连接法”，它还为电信接线间终端附件的供电提供了管理点。如果电源位于设备间的中央，应在干线上提供一个 4 对线连接。

2. 交连场管理

建议采用双点用户交连场管理方法。这种方法允许用户重新安排设备间和电信接线间中的连接。对于大规模的安装，及对于要对线路进行大量移位、修改和重组的系统，建议使用双点管理。

3. 交连标签

略。

4. 110 系统标签

略。

6.10 综合布线系统测试方案

为使综合布线系统能实现系统的建设目标，必须在系统实施的各阶段严格质量检验，包括产品的验收、施工、安装及调试的质量控制等，更要注意系统安装完成后是否能达到系统的质量要求。

6.10.1 测试目的

本设计方案所用布线系统的产品均为××公司和其指定配套产品。虽然产品都满足国家相关的检测和认证，但因设计和实施过程中加入了很多人为因素，必将对整个线缆系统在诸如连接正确性、连接性、短路、开路、信号衰减、串扰、信噪比、回波损耗、突发性干扰、计算机网络的连通性、误码率及性能等方面产生很大的影响，计算机网络安装时，所产的错误有 80% 来自线缆和接插件安装问题。因此在工程完工后，有必要在各方面对整个系统进行全面测试，以向用户单位证明布线系统的安装是合格的。

6.10.2 测试环境

对缆线系统的测试应是联合测试，而不是只对某几个部件的测试，测试通路上应真正地模拟实用应用环境，即测试通路中应包括缆线、配线架（箱），跳线、连接线、插座和插头以及所有光缆产品的连接链路。

6.10.3　测试范围

（1）双绞线系统的连接正确性测试、接续性测试、衰减测试、近端串扰测试。

（2）光缆系统中光纤衰减的测试。

（3）计算机网络设备安装以后，对传输误码率的测试，对 CSMA/CD 取存方式下的冲突（碰撞）测试。

（4）网络连通性测试。

6.10.4　测试仪器

1. 测试仪器的选择原则

布线现场认证使用的测试仪器，技术上非常复杂，要保证认证测试的准确快捷、测试结果的权威性就必须慎重选择适合用户需求的测试仪。对现场电缆测试仪的需求有两个主要原因：

（1）测试或验证布线的电气传输性能。

（2）对布线系统的故障查找。

用户要求所使用的测试仪能同时具有认证和故障查找的能力。最主要的功能（认证）测试是测定布线链路能否通过布线标准的各项测试。如果不能，说明布线链路是失败的。测试仪器的故障查找和诊断能力的价值是以它对故障的定位和分析能力来决定的。这些测试能力使用户可以在最短的时间内纠正布线错误、排除故障。在解决了布线故障之后最好的办法就是对链路再进行一次认证测试以确定布线达到了指定标准的要求。

所以在选择布线现场测试仪器时主要考虑的几个因素是：

（1）支持多少测试标准。

（2）测试仪测量的精度和可重复性能。

（3）测试仪器是否被独立认证，如：UL 认证。

（4）是否有定位和详细分析电气（NEXT）故障的诊断能力。

（5）是否简单易用。

测试仪器的精度及溯源问题：由于对六类布线的测试不能使用实验室测试设备，只能使用接近实验室级精度的现场测试仪，所以测试仪的精度及精度的溯源性问题十分重要。TSB-67 标准明确定义了这种现场测试仪的精度级别，无论测试 Basic Link 还是 Channel，作为认证布线的测试仪器必须要达到二级精度。生产厂家声称的精度指标应由独立的认证机构承认，用户是无法对测试仪器的技术问题彻底了解的，所以由 UL 等第三方独立的认证机构对测试仪器的生产与指标进行质量保证是最有说服力的方法。在选择测试仪器时，用户可以向厂家询问独立认证的有关问题。

此外还要注意测试仪器精度的溯源性问题。作为高精度的认证测试工具，根据计算机标准的要求，测试仪器的精度必须要有溯源性。所谓溯源就是要有一套完整的过程和方法，将该仪器的精度上溯到国家（际）标准。测试仪器的精度是决定测试仪器权威性的根本，而精度是有时间限制的，测试仪的精度一般只能保持半年至一年，所以在选择六类缆这种高精密测试仪器时，应向厂家索取其溯源的证明并问明仪器购买后向国际标准溯源和校正的过程和方法，以保证测试仪器的公平和权威性。

为确保测试的公正性，我们推荐使用第三方厂商生产的测试设备，通常认可的测试设备供应商有：美国 FLUKE 公司（DSP-4000）、HP（HP350）等。

6.10.5 测试模型

布线系统的测试是联合测试，而不是对某一个或几个部件的测试，测试通路应为真正的应用环境。图 8 中显示了几种测试的模型分别是：① 基本链路测试模型；② 永久链路测试模型；③ 信道（Channel）测试模型。

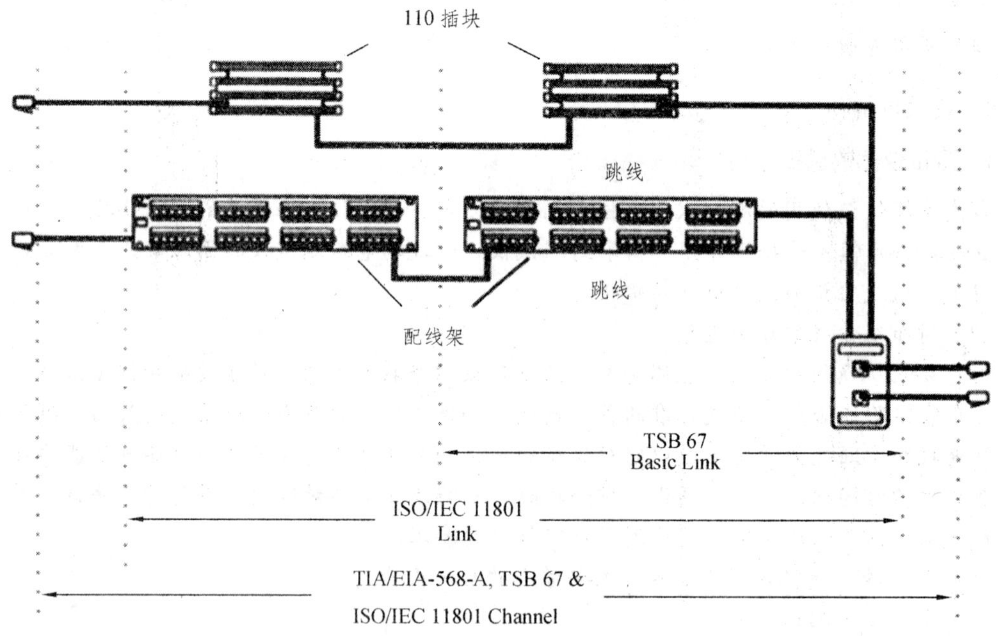

图 8 布线系统测试模型

6.10.6 铜缆系统的测试方案

1. 连接正确性测试

在铜缆系统中，水平子系统的 4 对双绞线的连接都是按标准来进行的，在配线架一端都按以下方式来连接。

第一对：白蓝，蓝白；

第二对：白橙，橙白；

第三对：白绿，绿白；

第四对：白棕，棕白。

而对信息插座的连接，则是按几种标准来实现的，即 4 对双绞线可按 EIA/TIA 568A、EIA/TIA568B、USOC 等标准实现连接。

建议采用 568B 连接方式，EIA/TIA 568B 是常用的方式。

在穿线施工中，负责穿线施工的单位，可能因为用力过大或不正确的穿线方法，或用金属管/线槽之边沿的锋刃，将缆线全部或部分割断、拉断而造成缆线开路，即缆线不能连续。

测试结果：要求所有连接完好的信息点连接的正确性要保证 100%；必须保证所有信息点无短路现象存在，即无短路信息点；所有信息点中，一对线开路的信息点所占的比例不超过 5%；

所有信息点中，二对线开路的信息点所占的比例不超过 1%。

按顺序组合，如 1～5 线对则有：白蓝、蓝白为第一对线；白橙、橙白为第二对线；白绿、绿白为第三对线；白棕、棕白为第四对线；白灰、灰白为第五对线。其他依此类推。安装应按顺序按此色标进行，方可保证连接的正确性。

2. 衰减测试

衰减是由于线缆阻抗（*R*、*L*、*C*）的原因而导致信号变弱。

测试对象：三类、六类联合测试。

测试条件：对三类、六类线及相关产品实现从 1.0～250 MHz 的测试，测试温度为 20 °C～30 °C；信息点到配线室距离不超过 90 m。

测试仪器：仪器选用如上所述。

测试方法：被测线路一端接仪器；另一段接 Loopback；仪器显示器上将显示测试结果或结论，一般为通过或不通过。

3. 近端串扰测试

近端串扰本身对终接点（跳线架、信息插座）处的非双绞金属介质很敏感，同时，对粗劣的安装也非常敏感。例如在终接点处的不绞的线长度至多不能超过 13 mm（对六类线而言），或 25 mm（对三类线而言）等。因此，对近端串扰的测试相当重要。

$NEXT$（dB）$= 20\lg V_n/V_i$

V_i 输入值（也是正常电压值），V_n 是所产生的干扰信号，因为 $V_n < V_i$，所以下面表中出现的 $NEXT$ 值实为负数。

测试对象：三类、六类产品的联合测试。

测试条件：对三类、六类线及相关产品实现从 1.0～250 MHz 的测试，测试温度为 20 °C～30 °C；信息点到配线架距离不超过 90 m。

根据综合布线系统质量保证政策有关 ClassE 信道的规定，保证在最差情况下，ClassE 信道性能高于表 5 所示的指标。

表 5　电气性能

最大直流电阻（20 °C）	9.4 Ω/100 m
特性阻抗	1～100 MHz：100×(1±15%) Ω f>250 MHz：100×(1±22%) Ω
标称传输速率（NVP）	0.68

传输特性应优于表 6 所示的指标（TIA/EIA/ISO/IEC）。

表 6　传输特性

频率/MHz	衰减/(dB/100 mm)	近端串扰/(dB/100 mm)	综合近端串扰/(dB/100 mm)	等效远端串扰/(dB/100 mm)	综合等效远端串扰/(dB/100 mm)	回波损耗/(dB/100 mm)	传播时延/(ns/100 mm)	延迟差异/(ns/100 mm)
1	2	74.3	72.3	67.8	64.8	20	570	45
4	3.8	65.3	63.3	55.8	52.8	23	552	45

续表

频率/MHz	衰减/(dB/100 mm)	近端串扰/(dB/100 mm)	综合近端串扰/(dB/100 mm)	等效远端串扰/(dB/100 mm)	综合等效远端串扰/(dB/100 mm)	回波损耗/(dB/100 mm)	传播时延/(ns/100 mm)	延迟差异/(ns/100 mm)
10	6	59.3	57.3	47.8	44.8	25	545	45
16	7.6	56.2	54.2	43.7	40.7	25	543	45
20	8.5	54.8	52.8	41.8	38.8	25	542	45
31.25	10.7	51.9	49.9	37.9	34.9	23.6	540	45
62.5	15.4	47.4	45.4	31.9	28.9	21.5	539	45
100	19.8	44.3	42.3	27.8	24.8	20.1	538	45
160	25.6	41.2	39.2	23.7	20.7	13.7	537	45
200	29	39.8	37.8	21.8	13.8	18	537	45
250	32.8	38.3	36.3	19.8	16.8	12.3	536	45
300	36.4	37.1	35.1	13.3	15.3	16.8	536	45
400	43	35.3	33.3	15.8	12.8	15.9	536	45
500	48.9	33.8	31.8	13.8	10.8	15.2	536	45
500	51.8	33.2	31.2	13	10	14.9	536	45

模块配线架技术指标满足表 7 所示要求。

表 7　模块配线架技术指标

频率/MHz	衰减/dB	近端串扰/dB	回波损耗/dB	备注
250	≤0.3	≥36	≥20	工程要求
250	≤0.32	≥35	≥14	指标

6.10.7　光缆系统的测试方案

由于光缆系统的实施过程中，涉及光缆的铺设，光缆的弯曲半径，光纤的熔接，跳线，更由于设计方法及物理布线结构的不同，导致两网络设备间的光纤路径上光信号的传输衰减有很大不同。

此次网络布线设计中，完全遵循 EIA/TIA 568 的标准进行设计的，即使用星型的物理拓扑结构。这样，任两个网络设备连接时，都能够将光信号的传输衰减可绝对地限制在 FDDI 或 IEEE802.3FOIRL 规定的范围之内。

根据标准规定和设计方法，则应充分保证任两段已终接好的光缆中的光纤，连同跳线与连接线一起，总的衰减应在 10 dB（850 nm）之内。

7 计算机网络系统

7.1 系统概述

肇庆××大酒店计算机网络系统根据综合布线系统的规划，采用星型拓扑结构＋无线网络结构方式。为实现网络系统的高可靠性，保障酒店工作的正常进行，系统采用核心冗余备份设计。网络结构简明可靠，将数据所流经的网络环节降至最低，提高网络的访问速度和可靠性。同时，在一些大空间（餐厅、会议室等区域），使用无线网络则作为有线网的有效补充，增加了整个网络的灵活性。

酒店计算机网络系统网络骨干采用以太网技术，主干数据传输速率应不小于千兆。即从网络机房到各设备间采用千兆光纤连接，保证网络骨干具有足够的带宽满足酒店以及运营管理服务的需要，而和各计算机直接连接的网络（工作组级）交换机，需保证 10 M/100 M 的自适应连接带宽。工作组级交换机采用可堆叠方式，以方便进行设备的扩展。

计算机网络系统中外网通过统一的出口接入 Internet。可选用中国网通、联通或中国电信的接入服务。为保障场馆内网络的安全，配置专用接入路由器或防火墙设备进行网络隔离。

7.2 系统设计原则

网络系统采用开放、标准的网络协议，在各种不同的通信资源子网上构筑统一的 TCP/IP 平台。具体要求如下：

（1）网络系统要有足够的带宽和处理能力，不造成应用系统的“瓶颈”。

（2）网络系统要有一定的冗余，局部的故障不能造成系统瘫痪。

（3）网络系统要有足够的隔离与安全机制。

（4）网络系统要有多种网络接口，以适合不同的通信网络。

（5）网络系统要有足够的扩充能力。

（6）网络系统要有一定的先进性，保证不会因技术的发展而立即被淘汰。

（7）在满足要求的情况下，尽可能采用简单的网络拓扑，尽可能利用原有设备和现有通信资源。

（8）网络设备按综合布线数据点总量的 100% 配置（光纤点除外）。

7.3 系统需求分析

略。

7.4 系统产品选型

针对肇庆××大酒店的项目特征及工程实际需求，结合甲方的招标要求，本方案选用阿尔卡特朗讯（ALCATEL-LUCENT）全系列网络设备。

7.5 网络平台设计

对于计算机网络系统来说，想要建设成为一个网络性能优良的、具有很强扩展能力和升级能力的大型综合网络，那么在网络的设计中就必须采用层次化的网络设计原则。

根据这种层次化网络设计思想的原则及肇庆××大酒店网络系统的实际情况，我们把整个网络划分为两个层次：

（1）由酒店中心机房组成整个酒店计算机信息网络系统的中心。在本方案中，在满足应用需求的前提下，我们没有单独设立网络的分布层，而是将分布层和核心层的功能集中在一起，形成紧缩式的核心结构。

（2）由各楼层交换机、服务器接入交换机组成的接入网。

7.5.1 网络设计思路

1. 局域网交换机采用 OmniStack LS 6200 部署，整个网络安全更加安全

针对网络第二层的攻击是最容易实施、也是最不容易被发现的安全威胁，它可以使网络瘫痪或者通过非法获取密码等敏感信息的方式来危及网络用户的安全。由于任何一个合法用户都能获取一个以太网端口的访问权限，所以都有可能成为黑客；同时，由于设计 OSI 模型的时候，允许不同通信层处于相对独立的工作模式，因此承载所有客户关键应用的网络第二层的安全就变得至关重要。

根据安全威胁的特征分析，来自网络第二层的攻击主要包括：MAC 地址泛滥攻击、DHCP 服务器欺骗攻击、ARP 欺骗、IP/MAC 地址欺骗。

OmniStack LS 6200 交换系列的创新安全特性针对这类攻击提供了全面的解决方案，将发生在网络第二层的攻击阻止在通往企业内部网络的入口处。其实现主要基于以下关键的技术：DHCP Snooping、Dynamic ARP Inspection（DAI）、IP Source Guard。

2. 组网建议

肇庆××大酒店网络带宽设计原则：本着以用为主的设计理念，利用局域网高带宽的天然优势，结合网络安全第一的设计思路，酒店的局域网将采用千兆主干互联、百兆带宽到桌面的高带宽、高安全性、高稳定性网络设计方案进行网络部署。网络核心层交换机选用 ALCATEL-LUCENT 公司的万兆路由交换机 OmniSwitch6800，在汇聚层选用 ALCATEL 公司的路由交换机 OmniSwitch6400；接入层则选用 ALCATEL 公司的可堆叠千兆以太网交换机 OmniSwitch6200-24/48。

7.5.2 核心节点设计

网络中心的核心交换机是整个网络的交换中心，同时也是整网（LAN）的路由中心，全网绝大部分第三层操作（数据转发、服务器访问、视频会议等）都通过核心交换机集中进行，其有效性通过核心交换机全线速的多层处理性能来实现保证。在网络层次，一个重要的方面是链路的自愈性，即着眼于可自愈性和智能化的路由。

为了实现最高级别的可用性，要求网络每一个部分都能正常运转，包括硬件、软件、应用、安全、网络、系统备份和服务器群。网络管理的设计为维护可用性而采用一些自动功能来预防和解决问题，并且和安全性结合在一起提供易于使用的管理手段，来减少人为的错误和相关的当机时间。

经过对网络应用的分析，网络设备选择时，应充分考虑满足网络的先进性，充分保护原有设备的投资和与原有设备的兼容，同时又不造成资源的浪费。根据多年组建网络的经验，为满足肇庆××大酒店网络的应用需求，网络核心交换机选用 ALCATEL-LUCENT 公司的路由交换机 OmniSwitch6800 系列。

阿尔卡特朗讯（ALCATEL-LUCENT）不仅是世界上著名的电信网络集团，阿尔卡特朗讯还是以太网领域最关键部分以太网 MAC Core 技术的市场领先者；ALCATEL-LUCENT 持有以太网、快速以太网、千兆以太网、10 G 以太网的 Verilog HDL 格式的以太网 MAC Core 的所有 License，自 1994 年，已经有超过 30 个厂商向阿尔卡特朗讯购买了 10 M/100 M MAC Core 的使用许可证，使用阿尔卡特朗讯 10 M/100 M MAC Core 以太网端口市场占用率为 70%～80%；自 1996 年，已有 17 个网络厂商向阿尔卡特朗讯购买了千兆以太网 MAC Core 的使用许可证，采用阿尔卡特朗讯千兆以太网 MAC Core 的千兆以太网端口市场占有率超过 50%。

OmniSwitch 6800 系列交换机是先进的可堆叠、固定配置的三速（10 M/100 M/1 000 M）以太网交换机，可提供线速二层转发和三层高级路由。OS 可以增强网络性能，缩短应用响应时间，保障局域网的安全，实现在现有布线（5/5E/6 类）上提供最大化的网络容量和服务，从而提高用户生产力。

通过 10 M/100 M/1 000 M 三速接入、内置光电组合（Combo）端口（2 个 10 M/100 M/ 1 000 M 铜线接口和 2 个 MiniGBIC 接口）以及可选的线速一口或两口 10 G 以太网模块，OS 可保证企业用户在保护其原有设备投资的同时，支持未来平滑升级扩展。

7.5.3　楼层节点设计

楼层交换机是每个楼层网络的交换中心，由于每个楼层用户之间也存在通过划分 VLAN 实现隔离与互访，对于不同信息点数量的楼层分别可以采用相应的产品进行组网，既满足业务需求，又节省用户投资。结合本次各配线间信息点的分布情况，我们推荐 OmniStack LS 6200。

OmniStack LS 6200 可提供线速的二层转发能力和 L2—L4 层的高级服务。通过其先进的用户和流量区分能力，支持采用先进的 QoS 服务和安全机制，能在安全的环境内提供高品质的语音和视频。OmniStack LS 6200 支持在线供电。

OS-LS-6200 交换机能够在为您的用户带来网络智能，改善安全性的同时节省投资，降低维护成本，减少培训费用。

除了快速以太网端口，OS-LS-6200 还有两个 10 M/100 M/1 000 M 的铜缆端口，可用于使用标准的以太网线进行专门的冗余堆叠，或在单机时独立使用。此外，OS6200 还有两个千兆组合端口，能够用于上联或接入高速服务器。组合端口可以使用标准铜缆或工业标准的千兆光收发器。

1）MAC 地址泛滥攻击的防范

（1）MAC 泛滥攻击的原理和危害。

交换机会主动学习客户端的 MAC 地址，建立、维护端口和 MAC 地址的对应表，以此建立交换路径，这个表就是通常我们所说的 CAM 表。MAC/CAM 攻击是指黑客利用攻击工具发送大量带有虚假源 MAC 地址的数据包，这些新 MAC 地址被交换机 CAM 学习，很快塞满 MAC 地址表，这时发往新目的 MAC 地址的数据包就会被广播到交换机的所有端口，交换机就会像 HUB 一样工作，黑客则可以利用 sniffer 工具监听所有端口的数据流量。此类攻击不仅造成安全性的破坏，同时大量的广播包降低了交换机的性能。

限制单个端口所连接的MAC地址数目，可以有效防止类似macof工具和SQL蠕虫病毒发起的攻击。交换机的端口安全（Port Security）和动态端口安全功能可被用来阻止MAC泛滥攻击。

（2）6200的防范方法。

通过端口安全功能，网络管理员也可以静态设置每个端口所允许连接的合法MAC地址，实现设备级的安全授权。动态端口安全则设置端口允许合法MAC地址的数目，并以一定时间内所学习到的地址作为合法MAC地址。

通过配置Port Security可以控制：端口上最大可以通过的MAC地址数量，端口上学习或通过哪些MAC地址，对于超过规定数量的接入设备进行相应的处理。

端口上允许哪些MAC地址接入，可以通过静态手工定义，也可以让交换机自动学习。交换机动态学习新接入设备的MAC，直到达到指定的MAC地址数量，超过数量的接入MAC将被拒绝，交换机重启后会重新学习。

对于超过规定数量的MAC一般有三种处理方式：Shutdown（端口关闭）；Protect（丢弃非法流量，不报警）；Restrict（丢弃非法流量，报警）。

2）DHCP欺骗攻击的防范

采用DHCP server可以自动为用户设置网络IP地址、掩码、网关、DNS等网络参数，简化了用户网络设置。但在DHCP管理使用上也存在着一些问题，常见的有：DHCP server的冒充，DHCP server的DOS攻击，由于不小心配置了DHCP服务器引起的网络混乱也很常见。

黑客利用类似Goobler的工具可以发出大量带有不同源MAC地址的DHCP请求，直到DHCP服务器对应网段的所有地址被占用。此类攻击既可以造成DOS的破坏，也可和DHCP服务器欺诈结合，将流量重指到意图进行流量截取的恶意节点。

3）ARP欺骗攻击原理和防范

（1）ARP欺骗攻击原理。

ARP用来实现MAC地址和IP地址的绑定，这样两个工作站才可以通讯，通讯发起方的工作站以MAC广播方式发送ARP请求，拥有此IP地址的工作站给予ARP应答，送回自己的IP和MAC地址。

由于ARP无任何身份真实校验机制，黑客程序发送误导的主动式ARP使MAC与IP重绑定，使数据经过恶意攻击者的计算机，变成某个局域网段IP会话的中间人，达到窃取甚至篡改正常传输的功效。

（2）6200的防范方法。

这些攻击都可以通过动态ARP检查（DAI，Dynamic ARP Inspection）来防止，它可以帮助保证接入交换机只传递“合法的”的ARP请求和应答信息。

DHCP Snooping监听绑定表包括IP地址与MAC地址的绑定信息并将其与特定的交换机端口相关联，动态ARP检测可以用来检查所有非信任端口的ARP请求和应答，确保应答来自真正的ARP所有者。交换机通过检查端口纪录的DHCP绑定信息和ARP应答的IP地址决定是否真正的ARP所有者，不合法的ARP包将被删除。

4）IP/MAC 欺骗的防范

（1）常见欺骗攻击的种类和目的。

除了 ARP 欺骗外，黑客经常使用的另一手法是 IP 地址欺骗。常见的欺骗种类有 MAC 欺骗、IP 欺骗、IP/MAC 欺骗，其目的一般为伪造身份或者获取针对 IP/MAC 的特权。此方法也被广泛用作 DOS 攻击，目前较多的攻击是：Ping Of Death、Syn flood、ICMP Unrearcheable Storm。

（2）6200 对 IP/MAC 欺骗的防范。

IP 源地址保护（IP Source Guard）功能打开后，可以根据 DHCP 侦听记录的 IP 绑定表动态产生 PVACL，强制来自此端口流量的源地址符合 DHCP 绑定表的记录，这样攻击者就无法通过假定一个合法用户的 IP 地址来实施攻击了。这个功能将只允许对拥有合法源地址的数据包进行转发，合法源地址是与 IP 地址绑定表保持一致的，它也是来源于 DHCP Snooping 绑定表。

IP Source Guard 不但可以配置成对 IP 地址的过滤，也可以配置成对 MAC 地址的过滤。这样，就只有 IP 地址和 MAC 地址都与 DHCP Snooping 绑定表匹配的通信包才能够被允许传输。

与 DAI 不同的是，DAI 仅仅检查 ARP 报文，IP Source Guard 对所有经过定义 IP Source Guard 检查的端口的报文都要检测源地址。

通过在交换机上配置 IP Source Guard，可以过滤掉非法的 IP/MAC 地址，包含用户故意修改的和病毒、攻击等造成的；同时解决了 IP 地址冲突问题。

7.5.4 无线网络覆盖

在一些比较特殊的场合，采用无线接入，实现办公的移动性，提高了工作的灵活性。计算机网络系统对指定区域进行无线网络覆盖，其点数设备初步分布如表 8 所示。

表 8 点数设备分布

楼层	功能区域	TW
1F	大堂吧	2
	销售部	1
	休息区	1
	大堂	2
2F	1#～10#包房	5
3F	会议室 01～05	3
	贵宾室 01～02	2
	休息室	1
	会议办公	1
	宴会厅	8
	休息室	1
	培训会议室	6

续表

楼层	功能区域	TW
4F	SPA1-17	3
	KTV1-3	1
	水吧台	2
	办公室	1
5F	浴足/棋牌室 2-6	1
	接待大厅	1
	健身房	2
	露天清吧接待大厅	1
6F	标准客房 1-13	2
8～16 F	标准客房 1-13	18
7～22 F	标准客房 1-13	12
23F	商务客房 1-4	1
	标准客房 1-7	1
24F	商务客房 1-4	1
	标准客房 1-7	1
	服务间	0
25F	商务客房 1-4	1
	标准客房 1-7	1
26F	书房	1
	商务客房 1-5	1
27F	商务客房 1-6	1
	标准客房 1-5	1
29F	餐厅公共区域	8
30F	财务总监	1
	财务室	1
	接待	0
	自助餐区	1
	阅览区 1-2	2
	会议室	1
31F	办公室	1
	经理室	1
	董事长办公室	1
	副总办公室	1
	经理室	1
	办公室	1
	办公室	1
	办公室	1
	合计	109

对于无线接入设备，我们选用 WOC 无线覆盖解决方案。

WOC 支持 802.11b/802.11g，协议，为无线终端提供了良好的兼容性，从网络的逻辑结构来看，此层为接入层，让无线 AP 通过百兆上连口接连入接入层交换机，为移动终端提供最高达 54M 的速率。通过配置多少 SSID 实现虚拟 AP 特性，每个 SSID 可对应不同的 VLAN、不同的网络服务以及不同的认证方式，具有较大的当活性。可以通过 SNMP、Telent 或 WEB 进行远程配置和维护，并支持 Quidview 网管软件进行管理。

WOC 主要设备性能特点：

（1）信号强：覆盖均匀，没有死角：实现房间内 3～5 格的无线信号。

（2）无同频干扰：AP 安装屏蔽，AP 之间没有同频干扰；一个 AP 信号分配到 8 个或 16 个房间，加上 CATV 线缆的自然损耗，延伸到房间内的无线信号不会过强，造成和其他 AP 的信号干扰。同时这些房间在同一 AP 有效的工作和管理下，彼此之间不会干扰。

（3）工作稳定：在同一房间内不会收到好几个 AP 信号，不会出现传统覆盖方式的“时断时续，无线网络跳来跳去”现象。

（4）覆盖房间多：一个 AP 能覆盖 8 个或更多的房间。

（5）网络速度高。

（6）无须 WLAN 现场勘测即可制定方案：只需要根据 CATV 图纸，更换对应的分支/分配器。

（7）网络管理有效容易。

（8）施工简单：无须更改现有同轴电缆网结构，如东方君悦酒店 400 房间 11 天完工。

（9）低辐射：功率只有传统覆盖方式的几十分之一，符合国家相关规定，确保人身安全。

（10）产品通过国家广播电视产品质量监督检验中心认证：符合有线电视系统标准，可以安全合格使用，不会影响现有 CATV 系统运作。

7.6 网络管理设计

略。

7.7 IP 地址规划设计

略。

7.8 路由设计

略。

7.9 网络安全设计

肇庆××大酒店网络建成后，将要传输大量数据，其数据安全性要求是必然的。没有任何一种方法可保证数据是绝对安全的。对于系统安全的考虑来源于以下方面：外界非法用户闯入的恶意攻击、内部用户非授权的资料存取、假冒合法用户和病毒等。

7.9.1 内网安全保护的挑战

要在企业内网有效实施安全保护极不容易，不管是有线或是无线网接入。因为接入层分布在局域网内各个配线间，如要实施安全保护机制则须在接入层（即用户在接入网络前）设置一系列的安全网络设备和更改接入层交换机的配置。

要在企业内有效控制用户接入，第一步就必须辨别用户，即对用户做认证。这是一个最基本的安全原则，但今天绝大多数企业都还没有实施这样网络安全机制。这只是实现安全控管最基本的第一步，更关键就是当用户认证时或成功以后，是否真有一有效的机制来检查和监控用户所发出的数据。例如一个已获授权的终端所发出的数据可能已经受病毒感染或带有攻击性，那怎样才可防止这些带数据进入企业内网呢？有些网络设备厂家就和其他安全设备厂家合作，结合 802.1x 机制在用户接入前检查终端是否带病毒。如果确认终端有问题，则不容许终端入网或要求终端访问扫毒服务器清除病毒。但这种机制对于终端通过了认证后才发出一些可能有威胁或带攻击性的数据是无法防止或侦测的。

7.9.2 Alcatel-Lucent 的统一认证架构

Alcatel-Lucent 的网络统一认证架构其中一个特殊功能就是可以为企业提供内网的安全保护。Alcatel-Lucent 网络除了可支持无线接入亦可提供有线连接，但不管是无线或有线，用户都可以透过不同的接入方式认证，包括网页认证（浏览器）、802.1x 等。这和一般有线网络认证必须使用 802.1x 机制才可开通接入交换机的以太网端口有很大的区别。今天很多应用都是基于浏览器（WEB），所以当用户尝试访问网络时，要用户通过网页认证是一非常有效的控管手段，且亦无须终端安装任何特别的软件。

7.9.3 ALCATEL-LUCENT 自动隔离管理（AQM）

对于肇庆××大酒店网络来讲，数据中心的服务器群是整个 IT 系统的核心，也是安全防护的核心。我们建议采用 ALCATEL-LUCENT 的 AQM 技术结合 IPS/IDS 产品对数据中心的服务器群进行防护，并可网络边界进行安全响应。并同时通过 AQM 机制和网络设备进行联动。

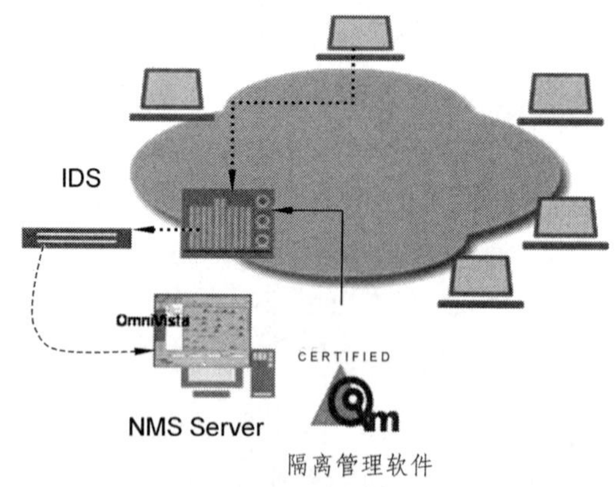

图 9 AQM 机制

AQM 的机制如图 9 所示。其工作过程如下：

（1）某个终端对 server 发起攻击或传播病毒。

（2）IPS/IDS 检测到攻击或病毒。

（3）IPS/IDS 自身直接阻断到 server 的攻击或杀掉病毒，同时向 AQM 服务器通告攻击和攻击源。

（4）AQM 服务器响应预先定义的某种相应行为：① 关闭攻击的端口；② 创建 ACL；③ 把用户放入隔离 VLAN。

（5）响应被激活。

通过这样的自动安全响应机制，我们不仅可以在网络中心的近端阻断攻击和病毒，同时可以在发起攻击的远端阻断攻击和病毒，保证网络的真正安全。

7.9.4　网络主动防御

目前病毒和蠕虫大行其道，导致系统中断、工作效率降低，以及不断的修复工作。新型攻击的自传播本质使其威胁范围和破坏程度非常严重。同时不符合企业安全策略要求的终端比比皆是，严重威胁企业 IT 系统的安全。

现在 ALCATLE 采用了更加主动的安全模式来确保网络的安全。通过 ALCATEL-LUCENT 的网络主动防御机制，可以迫使只有符合安全策略的终端才能接入网络系统。将不符合安全策略的终端系统放置到隔离环境，进行安全纠正，限制或禁止其访问网络。通过将终端系统的安全状态信息和网络准入控制相结合，ALCATEL-LUCENT 的主动防御大幅度提高了企业 IT 基础设施的安全性。

网络主动防御机制如图 10 所示。

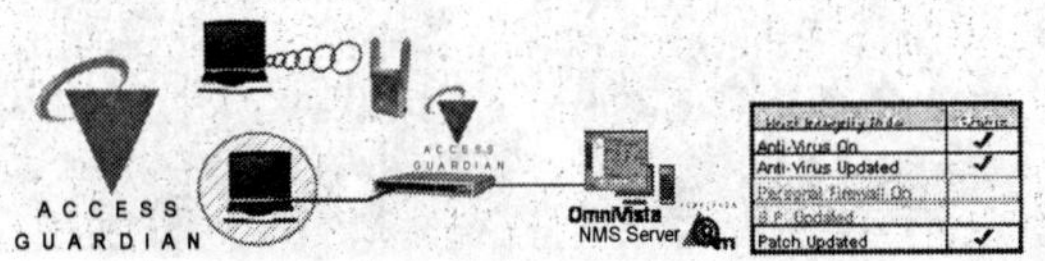

图 10　网络主动防御机制

1. 用户通过 802.1X 进行认证

（1）认证信息包括用户名和密码。

（2）认证信息包括主机完整性状态（OK 或 not OK）。

2. 认证信息到达完整性检查服务器

（1）检查完整性状态（check is OK）。

（2）转发认证信息到 RADIUS。

（3）如果完整性状态为（not OK），用户被转入隔离 VLAN，进行病毒升级，打补丁等安全纠错工作。

3. RADIUS 认证并返回认证信息

4. 授权返回交换机，用户进入相应 VLAN

通过 ALCATEL-LUCENT 网络主动防御的机制，可以避免病毒在企业网络传播，可以使 IT 管理员从被动变为主动，创建一个安全的网络。

7.9.5　流量监控

肇庆××大酒店进行网络流量监控的主要目的是：

（1）监视实时网络流量，查看是否发生异常，并异常流量进行进一步的分析。

（2）对用户的上网行为进行记录，对所有外出肇庆××大酒店的流量进行实时记录和监控，确保出现安全事件的时候可以备查。

以下以肇庆××大酒店网络管理为案例，来阐明 ALCATEL-LUCENT 的流量监控的解决方案。

当 Welchia 蠕虫病毒开始影响肇庆××大酒店的网络时，由于在内部使用 OmniVista，IT 管理员立刻知道出现了问题。通过使用 OmniVista 的监视和统计网络链路性能的功能，IT 管理员在 OmniVista 内建立了所有交换机上联端口的流量统计图形。使用这些图形，管理员可以使这些链路的正常行为特征可视化。当 Welchia 蠕虫病毒出现后，IT 管理员立刻发现一些异常的峰值，这些峰值使用特别的颜色表示。IT 管理员能够很快找到峰值出现的时间和位于那个交换机（绿色的峰值表示蠕虫病毒发生的信号，它偏离了正常的流量模式）。

如图 11 所示，蠕虫爆发特别的高峰位于 2：20 pm，链路的流量上涨了 40%。绿色的线显示了当有系统被病毒感染之后，有多少异常的流量出现。

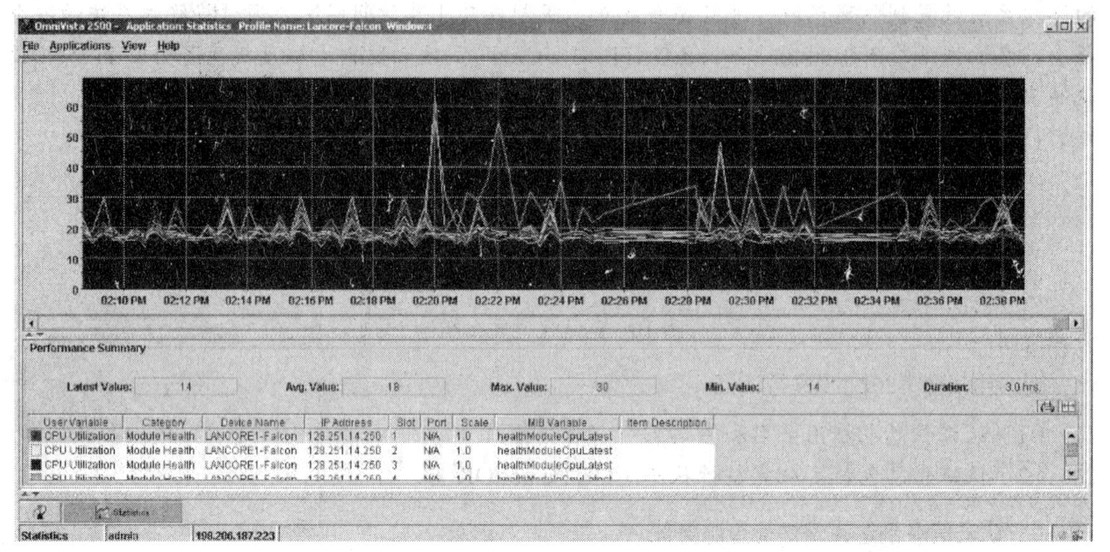

图 11 流量统计图

下一步是在有异常流量的交换机上通过执行“debug IP”命令查找问题的源 IP 和 MAC，然后通过 OmniVista 的定位功能，确定使用者的精确位置。如图 12 所示。

IT 管理员可以在 OmniVista 内输入 IP 或 MAC 地址，进行实时定位，找到使用者连接的交换机和端口。然后，IT 管理员可以关掉这个端口，也可以创建 ACL 禁止这个用户的访问。

通过这样一个流量监控的模式，IT 管理员完全可以保障网络的安全有效运行。针对肇庆××大酒店网络，我们可以采用 ALCATEL-LUCENT OmniVista 来监控网络流量。

一方面，在 OmniVista 上建立分布层上联链路的正常流量基准模型，用来和实时的监控流量进行比照，以监控异常的网络流量。

当出现异常流量时可以通过交换机内部的“debug ip”命令来查看问题源，也可以通过端口镜像的功能，把数据流量镜像到 Sniffer 来查看问题源。

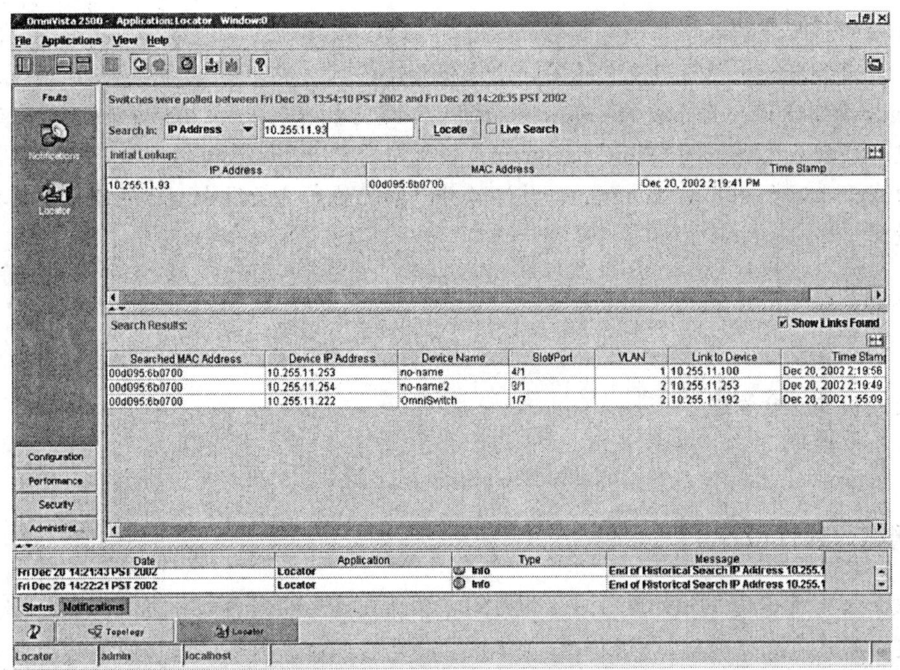

图 12 查找问题的源 IP 和 MAC

在确认问题源后，通过 OmniVista 的定位功能，确认问题源所属的交换机和端口。进行其端口关闭或加载 ACL。

并且 OmniSwitch6800 支持基于硬件 ASIC 的 sFlow（RFC 3176），使得网络管理员可以充分可靠地统计并测量网络的性能和各种流量，包括所有连接的应用、用户、服务器、交换机等。sFlow 的监控和分析功能有助于管理员调整各种环境下的网络流量模式。

由于 OmniSwitch6800 支持 sFlow，因此无须在网络中部署高成本的监控系统，就可对网络流量进行采样，sFlow 管理信息库便可控制 sFlow agent 去捕捉、格式化和转发采样的数据包给网管中心的 sFlow 数据收集器，以生成一个称为 datagram 的数据包。与一些厂商基于软件的流量监控方式相比，sFlow 采用普通的数据收集方式，并没有给网络带来额外的负担，仅有的工作就是查找，将信号编集成一个 datagram，然后排成队列准备发送。这样，通过统计采样网络流量，管理员就可从整个系统范围的高度对流量、网络安全和应用流量源等进行监控和管理。

当某个数据包被采样后，他的报头信息被提取出来并放进一个 sFlow datagram 中，其中包括报头、I/O 源和目的地址以及接口统计等。随后这个 datagram 立即被发送到 sFlow 收集服务器，也就是一个中心数据收集器和分析器。一个收集服务器能收集来自 20 000 多个交换机端口的 datagrams。然后对报头和其他信息进行解码，直至将第二层到第七层的使用状况的统计信息全部呈现出来。由于 datagram 可以立即被发送至收集服务器，所以对内存的要求非常有限，也就是说复杂的存储管理软件根本就用不上。这使得采样标准同样也适用于从简单的第二层交换机到高端的核心路由器，而不必要求额外的内存或 CPU 资源。

可以说，sFlow 从根本上改变了网络流量的管理模式：配置和控制等决策的制定取决于从应用系统或用户正在使用网络所进行的工作和目的等大量信息中，所提取出来的基于统计的、定量的和详细的数据信息等。除了加强对源头的分析，RFC 3176 对应用能力计划（application capacity planning），查看网络流量状态，甚至是识别过去或现在的恶意流量等网络安全管理都是很有帮助的。而这种数据收集功能也可以进行 MAC 层统计，以进行应用收费等，同时实现了对用户外出肇庆××大酒店流量的实时记录和监控。

OmniSwitch6800 对每个支持 sFlow 分析的端口进行数据包采样，sFlow agent 对经过采样的数据包进行处理后生成一个 sFlow datagram，并立即转发一个 sFlow 收集服务器。收集服务器处理来自成千上万个 sFlow datagram，最终从整个系统的高度呈现出一个连续的，包括历史数据的流量图。

7.9.6 设置过滤规则（ACL）

略。

7.9.7 交换机的安全管理

略。

7.10 网络可靠性设计

肇庆××大酒店是一个大型网络，其网络可靠性直接影响到内部办公的正常进行，而且由于所要建设的是集数据通信、视频与程控传输于一体的综合性网络，任何网络的单点失败都可能对办公网造成很大的损失。所以整个网络的拓扑设计、设备配置、协议支持都必须充分体现出对高可靠性的支持，不允许网络有任何的间断。

网络设计必须满足以下要求：

（1）核心层节点不允许存在任何单点故障，核心层交换机必须具备高可靠性，采用分布式架构。

（2）核心层交换机必须具有支持管理引擎和交换背板冗余的能力。

（3）核心层所有交换机必须配置冗余电源、风扇等。

（4）核心层设备必须具有提供多层次（物理层、数据链路层、网络层）恢复机制的能力；支持基于标准的 802.1w 快速生成树协议和链路聚合技术；在实施核心节点间的链路聚合时，尽量保证同一个聚合中的端口分布在不同接口模块上，从而提高网络的可靠性。

（5）核心网络设备之间每条连接的备份功能。

（6）核心网络设备可以做到整机备份，当互为备份的任意一台核心网络设备不能工作时，网络系统用户仍能正常运行。

7.10.1 不间断的网络

随着应用的发展，企业越来越依赖网络来开展业务，并且正在寻求通过单一的基础设施来承载语音、视频和关键性应用的数据流，因此拥有一个能够提供运营商级可用性的网络已经变得日益重要。网络当机用户需要付出巨大的代价，将失去许多比金钱更有价值的东西，包括重要的信息、客户的信任和许多重要的通信等。另外，网络当机也会影响网络其他部分的工作，例如在网络发生故障时防火墙和安全应用停止工作，如果非法的数据流进入企业网络，则企业的安全将会受到威胁。

在今天提高网络效率、管理流程以及有步骤地减少操作失误比以往任何时候都要重要。硬件损坏往往会引起人们最大的关注，但实际上，它并非网络失败的主导原因。根据分析，80%的当机是由人为造成的配置错误和方法错误造成的。

阿尔卡特朗讯认为可用性必须超越设备本身以及基于硬件的冗余性。它必须渗透进网络基础设施中并且扩展到所有的网络连接和路径，以保持所有的计算机资源、网络应用和服务在任何时间对用户都具有可用性。另外，诸如智能持续交换、线速服务器负载均衡和高可用性的防火墙等也是高可用性的关键组成部分，这样才能保证关键任务应用和企业安全处于“持续工作”状态。

为达到运营商级的高可用性，在设计网络和构建基础设施时必须考虑多个方面的问题。在设备级的层面上意味着所有的系统部件，包括管理处理器和交换矩阵必须支持热插拔和故障切换，而这一切对用户而言应该都是透明的。

今天，尽管绝大多数设备制造商都可以提供热插拔的管理模块，但只有阿尔卡特朗讯是唯一能够保证在管理模块热插拔或故障切换时实现持续交换和路由运行的供应商。这种持续运行意味着在系统恢复期间不会影响用户的连接，因此所有连接在系统恢复期间仍然可以保持。

更进一步，智能的持续交换特性可以在系统恢复期间可以建立新的连接，确保所有用户任何时间都可以访问网络资源。这种“智能持续交换”特性在OmniSwitch6800系列交换机中得到了充分的实施。

OmniSwitch6800系列具备的这种“智能持续交换”特性，使网络在发生故障的情况下能够持续运行。通过智能持续交换，所有源学习、生成树功能及已经建立的路由表都分布在每个网络接口模块上，而不仅在一个中央引擎上。如果管理/交换矩阵模块发生故障，系统会自动切换到热备份管理/交换矩阵模块上，不会有任何链接或交换容量的损失。现有的第2层/第3层流量，包括语音会话，都可以没有任何无间断的持续无缝运行；除此之外OmniSwitch6800还能够在切换时创建新的连接。

在网络层次，一个重要的性能是链路的自愈性，即着眼于可自愈性和智能化的路由。这需要定义贯穿整个网络的冗余路由，通过实施高级的业界标准和增强的自愈能力，来实现绕开故障的透明路由能力。网络自愈性是网络可用性的一个关键部分，OmniSwitch6800系列交换机提供了广泛的支持，包括先进的路由冗余协议，负载均衡，交换机之间、与服务器和其他网络设备之间链接的快速重新配置机制。

为了实现最高级别的可用性，要求网络每一个部分（硬件、软件、应用、安全、网络、系统备份和服务器群）都能正常运转。在整个企业局域网设计中应充分考虑了网络各个层次的可靠性要求，充分利用诸如冗余的机箱子系统、热插拔模块、负载均衡部件、“无影响（hitless）软件加载”允许在线升级无须重新启动交换机、文件系统回转“image rollback”允许系统自动重新加载先前的配置和软件版本等技术来努力提供一个能持续运行的网络基础设施，整个解决方案提供的可用性特性包括：

（1）冗余、热备份的管理模块和交换矩阵。

（2）热切换部件-网络接口（NI）模块，风扇，电源模块和机箱管理模块。

（3）冗余电源模块。

（4）生成树协议802.1D/快速生成树协议802.1W。

（5）VRRP（虚拟路由冗余协议）。

（6）OSPF ECMP（等价多路径）。

（7）动态链路聚合802.3ad。

（8）采用 OmniChannel 的静态链路聚合。

（9）软件和配置的恢复。

（10）机箱管理模块的映像和配置的同步。

（11）硬件、温度和电源的监控。

（12）内置安全性和设备的强壮性。

（13）防火墙集群。

（14）线速智能。

（15）服务器负载均衡。

上述特性分别体现在方案的各个不同的层面，下面具体描述。

首先在整个配置中，所有设备都是按照运营商级标准来设计，这些标准包括符合 NEBS（New Equipment Building System）认证的运营商级标准。NEBS 是一套严格的标准，它采用由 BELLCORE 开发的内容广泛的测试方法，来满足在中心局和运营商环境中对性能、质量、环境和安全的要求。

其次在数据链路层，我们可以采用 Omni 系列的强壮的生成树（支持单个或者多个生成树 STP 选项）功能，包括标准的 IEEE 802.1d 生成树协议和 IEEE 802.1w 快速生成树协议；还可以利用 Omni 系列交换机提供的基于 IEEE 802.3ad 标准的动态链路聚合和基于私有标准的 OmniChannel 静态链路聚合。当 802.3ad 或 OmniChannel 链路组中一条链路发生故障时，生成树可以继续不受干扰地运行，因此无须改变网络拓扑。同时运用生成树和链路聚合可确保网络最大的可用性和冗余性，不会由于物理连接失败而造成网络无法正常工作。

在网络层，主要措施包括：服务器负载均衡、OSPF 等价多路径、VRRP 技术等。VRRP 是通过创建一个具有自己 IP 地址和 MAC 地址的虚拟路由器来工作的，工作站将这个虚拟路由器作为自己的缺省路由器。在 VRRP 组中的路由器被设计为主用或者备份。主用路由器为本地子网承担数据包转发任务，同时备用路由器通过 HELLO 协议检测主用路由器的运行状况，一旦主用路由器失败随时准备转换并承担转发数据包的任务。VRRP 的应用保证了在 IP 网络的高可用性和冗余性。通过结合链路聚合（802.3ad & OmniChannel）、生成树/快速生成树以及 VRRP 等技术确保了网络 OSI 参考模型中 1～3 层的可用性和冗余性。

除此之外，还采用了以下特性提高系统的可用性：

（1）冗余、负载均衡、热插拔的电源。

（2）热插拔和冗余的 CMM 模块。

（3）热插拔的网络接口模块。

（4）热插拔的风扇盘（一个风扇盘提供 3 个风扇），提供故障监测。

（5）机箱温度保护/过热关闭（温度高于 T_{max} 时关闭）。

（6）机箱电源管理/监控：在给新插入模块供电前首先检查其电源要求。

（7）短暂的“冷”启动时间（大约 20 s）和短暂的“热” 启动时间（大约 10 s）。

（8）交换机的 MAC 地址不是驻存在管理模块上，而是在机箱上。

（9）支持多个文件系统。

（10）动态加载软件模块和特性（交换机无须重新启动）。

任一机箱类型的 MAC 地址存放在背板上面的两块 EEPROM 存储器中，而非 CMM 模块上。

下面选择阿尔卡特朗讯独创的一些技术进行介绍。

7.10.2　Image Rollback（映像回转）

OmniSwitch6800 系列交换机的文件系统支持系统软件（Image）和系统配置（Configuration）的回转功能，“Image Rollback”功能允许在交换机的闪存中同时驻留多个版本的软件系统（包括主要 image 和配置文件）。

允许交换机在出现系统软件问题时能恢复到先前能正常工作的软件版本和配置。当用户安装一套新版本的软件到系统中时，如果安装失败，用户通常不得不重新安装先前版本和配置从而使系统恢复到正常运行状态。这往往需要多个步骤和花费宝贵的时间。映像回转为交换机在同一时间提供了多个版本的软件和配置文件。一旦有问题发生，系统将自动重新加载“已认证的”（先前）交换机软件版本和配置信息。

交换机管理模块通过它的自愈性目录结构设计来控制映像回转。当交换机正常启动时，管理模块将从认证目录（最可靠的软件版本和配置库）加载软件。当系统升级和改变配置时，工作目录将被创建，用户可以根据软件运行的可靠程度决定将升级的软件和修改的配置转移到认证目录下。如果新配置文件和软件被证实不如原认证目录中的可靠，交换机将重新从认证目录中启动软件和配置，使系统恢复到先前版本。

7.10.3　智能持续交换

阿尔卡特朗讯的 OmniSwitch 6800 增加了新的功能来强化可用性，这些功能包括智能持续交换，在这种方式下智能性被转移到网络接口模块上，保证了在交换矩阵发生故障时用户仍然保持其连接、建立新的连接甚至保持语音通信。智能持续交换是一项 OmniSwitch 6800 上独有的功能，无论交换机遭遇到任何中断仍然可以持续进行第二层和第三层交换、学习和转发数据包。这种技术中的一项主要特性是将生成树、源学习、以及转发决定转移到网络接口模块上，这样就可以实现在系统故障切换过程中仍然可以继续 MAC 地址学习，确保不会中断正常的系统运行。

在常规路由中，转发表和地址解析表是保持在每个接口模块中的，而主表是保持在机箱管理模块中的。每个接口模块用户使用自己的转发表完成路由和交换。当主用机箱管理模块出错时，接口模块可以继续使用自身的转发表继续其路由和交换工作。备用机箱管理模块启动时，将会自动从网络接口模块上复制当前使用的转发表和地址解析表。

转发表中每一个表项均被标志为“旧”且设定一个定时器。当学习到新的路由时，放置到转发表中的相应表项将会与那些已经在转发表中标志为“旧”的表项进行比较。如果内容相同，它将被标志为有效并关闭定时器。一旦定时器计时满，所有保留的内容连同“旧”的标记将同时被刷新。为保持数据流经过 Omniswitch6800 交换机正常转发，这个过程将会系统地更新转发表为最新内容。

OmniSwitch6800 的智能持续交换功能可以确保交换机在发生故障情况下持续工作，它支持分布式的第二层/第三层/第四层服务和持续的第二层/第三层交换，发生故障时 CMM 的切换时间仅为 10 s（实际上由于具有智能持续交换特性，CMM 切换时间的长短无关紧要）。在 CMM 切换时不仅不会破坏用户的连接，而且还可以建立新的连接。

智能持续交换特性包括三个方面的内容：分布式第二层服务、分布式第三层/第四层服务、持续第二层/第三层交换。

1．分布式第二层服务

第二层服务（包括活动的转发表、源地址学习和生成树）是完全分布在所有接口模块上的，这就意味着在CMM模块发生失败时，源地址学习和生成树功能可以保持正常运作，在CMM切换过程中，交换机仍然可以探测到网络拓扑的变化（802.1D和802.1W）。源地址学习是由16个（OmniSwitch6800）网络接口模块的处理器来分布式承担，而不是由CMM模块上的中央处理器来承担，这些网络接口模块根据学习到的MAC地址来更新其内存中的信息，当它们学习到一个新的MAC地址时，这些接口模块相互间会交换信息。模块插拔时其内存信息将会不同而无须同步。分布式源地址学习和QoS管理器是分布在每个接口模块上的，而QoS的策略管理器是驻留在CMM上的。

2．分布式第三层/第四层服务

第三层服务包括第三层交换、第三层路由表、ACL（访问控制列表）等，第三层接口模块的内存均分布在所有接口模块上，基于这种分布式设计，在CMM切换过程中所有正常的数据转发将基于现存的信息继续进行，冗余的CMM模块在接管工作后能从网络接口模块上获得所有相关的三层/四层信息，以保证整个网络的持续平滑运行。

3．持续第两层和第三层交换

因为所有第二层和第三层的转发表都驻存在网络接口模块上，主CMM模块发生故障对现有的第二层和第三层连接没有任何影响。也就是说，在CMM切换（从主CMM到从CMM）时所有已经建立的第二层和第三层连接仍然维持运作。一旦冗余的CMM模块接管了交换机的工作，接口模块上的第三层转发表将被更新为最新版本且对用户透明。如果源和目的MAC地址、子网地址均已知，则还可以在切换过程中建立新的数据连接。另外，在主用机箱管理模块或交换矩阵发生故障时，阿尔卡特朗讯的增强型智能型会继续学习新的源地址、组建硬件转发表和参与所有的生成树活动。这一独有的功能提供了业界第一个持续交换的功能。

案例3　施工组织设计

施工组织设计方案，是针对招标方项目的施工图、工艺流程、施工标准、系统调试方案、工程质量保证措施等各方面进行详细的说明。主要涵盖以下内容。

1　项目概述

项目概述是对于招标项目施工组织的简要说明。

内容展示如下：

肇庆××大酒店是弱电系统设计齐全的智能化群体建筑，弱电系统工程包括：综合布线系统、计算机网络系统、程控交换机系统、卫星及有线电视系统、公共广播系统、安全防范系统、多功能会议系统、机房工程、信息发布系统、酒店管理系统。考虑本智能化建筑弱电工程工程量大、交叉控制点多，拟组织和抽调高素质、具有智能化建筑群弱电工程施工经验的人员经再培训后，在项目经理的统一安排下科学组织施工。

2　工程施工图深化设计

弱电系统施工图深化设计是系统技术深化设计和施工平面图深化设计的总称，通常在系统初步设计、工程实施方案设计及签订合同后立即进行施工图深化设计。

工程施工图深化设计首先是将系统初步技术设计和实施方案中的软、硬件配置、系统功能要求作细致全面的技术分析和工程参数计算，然后将确切的技术数据绘制在施工安装平面图纸上。特别是集成系统更需要对其有关子系统在各专业方面的安装工艺、接口界面等提出详细的要求和相应的文字说明。对于土建施工中要求预留孔洞、预埋件、线槽和桥梁的敷设也需要在施工图标标出明确的位置、尺寸、走向等，对于系统所需监控和管理的各类定型机电设备产品的施工安装图绘制应采用《国家标准通用图集》以便节约工时和加快施工进度。

内容展示如下：

肇庆××大酒店弱电系统施工图设计的深度将满足以下几点要求：

（1）土建施工所需预留孔洞、预埋件和线槽、桥架的定位、尺寸以及走向的工艺与敷设要求。

（2）中央监控管理室的位置、大小、平面布置要求。

（3）系统现场控制柜、盘、箱、信息点的定位及安装要求。

（4）系统配线规格和布线要求。

（5）系统设备线路端接的编号和方式。

肇庆××大酒店弱电系统工程施工图纸一般应包括：图纸目录、总体说明、各弱电子系统结构配置图、系统管线配置图、系统配线与端接图。施工图纸设计主要以上述图纸为主，如果在图纸上表示不清楚的，则在总体说明或相应图纸中辅以文字说明，文字说明是对施工图纸的补充。

3　系统工艺流程

系统工艺流程用流程图的方式简单介绍施工涉及的图纸、线管等工艺流程。

内容展示如下：

（1）施工准备、熟悉图纸。

（2）配合装修工作。

（3）配合配管及桁架敷设。

（4）配线及线缆敷设。

（5）线路测试。

（6）各子系统安装调试。

（7）系统调试。

4　弱电管、线、槽、缆施工标准及要求

本部分主要用于强调说明弱电管、线、槽、缆施工符合标准并且按要求执行。

内容展示如下：

严格执行施工规范，按施工图，施工手册进行施工。未经技术总负责人签名、项目经理同意并向监理公司申报，不得随意改动施工方案。对施工完成部分要做好成品保护。管槽施工必须横平竖直。吊线、格墨、打平水、拉直线（预埋管线除外）。

4.1 镀锌电线管的敷设

（1）镀锌电线管暗敷设时，应沿最近的路线敷设，且应减少弯曲。

（2）镀锌电线管弯曲敷设，不应有折皱、凹陷、裂纹等缺陷。其管材弯扁程度不应大于管外径的 10%。

（3）镀锌电钢管电线管路，有下列情况之一者，中间应增设拉线盒或接线盒，其位置便于穿线。

① 管路长度每超过 30 m，无弯曲；

② 管路长度每超过 20 m，有一个弯曲；

③ 管路长度每超过 15 m，有两个弯曲；

④ 管路长度每超过 8 m，有三个弯曲。

（4）镀锌电线管路垂直敷设时，管内绝缘电线截面为 50 mm^2 及以下，长度超过 30 m，应增设固定用的拉线盒。

（5）镀锌电线管路明敷设时，管的弯曲半径不应小于管外径的 6 倍；当两个接线盒间只有一个弯曲时，其弯曲半径不应小于管外径的 4 倍。镀锌电线管路水平或垂直明敷设时，其水平或垂直安装的允许偏差为 1.5‰，全长偏差不应大于管内径的 1/2。

4.2 弱电电缆敷设

（1）电缆敷设前须先核准电缆型号、截面是否与设计相同，进行目测和物理粗测。

（2）电缆敷设前必须详细勘查放缆现场环境，确定最佳放缆方案。

（3）截面为 25 mm^2 及以上电缆，放缆时应增设电缆导向缆辘，以避免拉伤电缆。

（4）电缆敷设应根据用电设备位置，在桥架内由里到外整齐排列。

（5）对于使用电缆规格相同的设备，放缆时应先远后近。

（6）电缆固定时，在转弯处弯曲半径不小于电缆直径的 6 倍。

（7）布放电缆的牵引力，少于电缆允许张力的 80%。对直径为 0.5 mm 的双绞线，牵引拉力不能超过去时 100 N；直径为 0.4 mm 的双绞线，牵线力不能超过 70 N。

（8）对批量购进的四对双绞电缆，应从任意三盘中抽出 100 m 进行电缆电气性能抽样测试。测试项目包括电缆长度、衰减、近端串扰等几项指标。

4.3 电缆桥架的安装

（1）桥架必须根据图纸走向及现场建筑特性设计弯头、马鞍、长度等。

（2）电缆桥架安装必须根据桥架大小，精确计算出承托点受力情况。要求均匀、整齐美观及牢固可靠。

（3）桥架安装应在土建工程基本结束以后，与其他管道（如风管、给排水管）同步进行，也可比其他管道稍迟安装，但应尽量避免在装潢工程结束以后才安装，以免造成敷线困难。

（4）安装位置应符合施工图纸规定，左右偏差视环境而定，最大不应超过 50 mm。水平安装时水平度每米偏差不应超过 2 mm。

（5）桥架连接采用专用连接件，拼接处水平偏差不应超过 2 mm。垂直安装时应与地面保持垂直，并无倾斜现象，垂直度偏差不应超过 3 mm。水平安装时，其支持件可采用圆钢和角钢制成门型，吊架应保持垂直、整齐牢固、无歪斜现象，用膨胀螺栓固定在顶板上，然后桥架可放置在上面，若不水平可加铁垫片。桥架连接交叉时，采用专用连接件或连通件用螺母连接。垂直安装时，桥架用螺栓固定在墙体上，用连接件螺母连接。

（6）为防止电磁干扰，宜用辫式铜带把桥架连接到它所经过的设备间或楼层配线间的接地装置上，并保持良好的电气连接。

5　各系统施工、系统调试、联合调试方案

各系统施工、系统调试、联合调试方案分别介绍了综合布线系统安装及调试、计算机网络系统安装及调试、安全防范系统安装及调试三方面的设计过程及内容阐述。

内容展示如下：

5.1　综合布线系统安装及调试

1．工艺流程：

综合布线的工艺流程如图 1 所示。

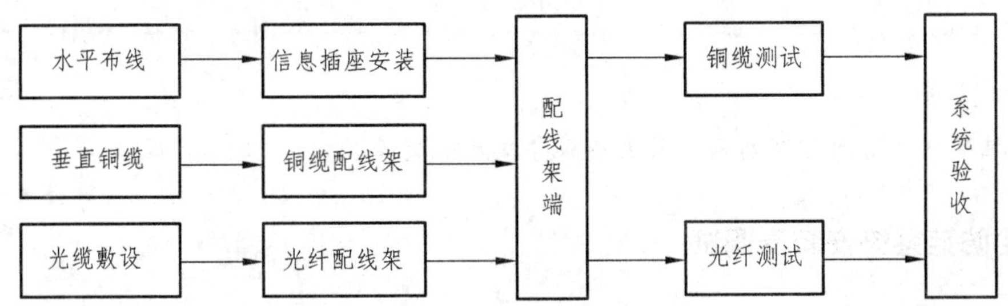

图 1　综合布线工艺流程

（1）线缆敷设：鉴于综合布线系统信息电缆材质的特殊性，布放信息电缆、光缆时应注意保持平直，不产生扭绞、打圈现象，使其不受到外力的挤压和损伤。

（2）缆线终端：数据对绞电缆与插接件及信息插座连接时，严格按色标和线对顺序卡接、数据对绞电缆终端时每对对绞线尽量保持扭绞状态，六类线非扭绞长度不大于 8 mm，避免形成线间串扰、对绞电缆跳线长度符合设计要求，不超过 5 m。

（3）设备安装：设备房及通信机房安装前，应检查环境，确认外装修工程已符合要求；机架安装应牢固平直，按施工图防震要求加固，水平、垂直度符合厂家规定；接线模块设备完整，安装就位标志齐全，面板保持在同一水平面上；信息插座安装位置准确，安装水平、美观；信息插座安装好后加上标签，以颜色、文字表示所接终端设备类型；设备间、交接间进线终端设备两侧的线路均采用行业规定的色标标识。

（4）工程电气测试及系统调试：为确保系统性能，应确认系统的器件性能及安装质量，工

程完工后需按 EIA/TIA568 规定的标准分别对系统进行测试，包括水平铜缆测试、垂直干线铜缆测试、垂直干线光缆测试。

铜缆系统测试包括：极性、连续性、短路断路测试、信号衰减测试、信号串扰测试。

光缆系统测试包括：连通性测试、信号衰减测试、如有未达标准项，调整至符合标准。最后填写测试报告，作为竣工文档保存。

5.2 计算机网络系统安装及调试

设备在安装前应进行检查，确保符合下列规定：设备外形完整，内外表面漆层完好；设备外形尺寸、设备内主板及接线端口的型号、规格符合设计规定。

计算机网络系统中，调试内容大致包括以下几个部分：调试计算机网络系统设备、设置主机名、端口模式、IP 地址、设备访问方式等配置。其中主要包括。

1. VLAN 配置

交换机上的 VLAN 配置任务包括定义 VTP 域、创建 VLAN、划分 VLAN 成员端口、配置 VLAN TRANK 等等。

2. 路由协议配置

为适应复杂的异构网络环境，应尽量选择可获得广泛支持的路由协议。

3. 高可用性配置

在网络中，采用多种技术保证网络的高可用性，如实现设备冗余、多链路负载均衡、防火墙模块等。

4. 安全配置

安全配置包括访问控制列表、防火墙服务模块配置等。

5.3 安全防范系统安装及调试

1. 工艺流程

安全防范系统安装及调试工艺流程如图 2 所示。

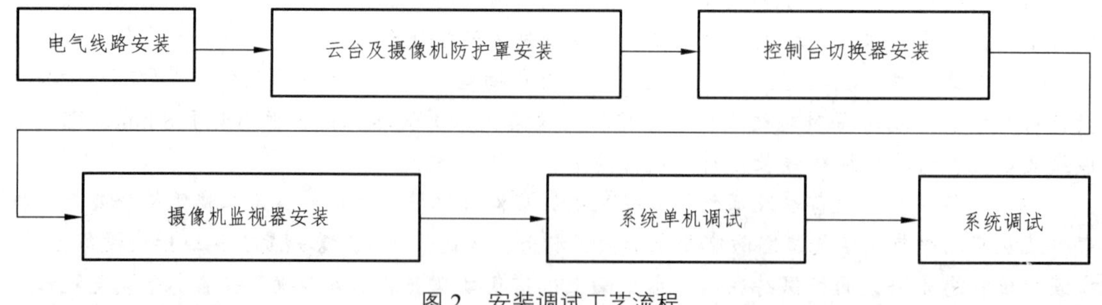

图 2　安装调试工艺流程

2. 设备配接线

视频电缆由监控台、柜底部引入地槽，电缆离开机柜距弯点 10 cm 处开始绑扎，根据电缆的数量每隔 200 ~ 400 cm 绑扎。所有电缆都应带有明显永久性标志，以区分电缆去向和传输信号。视频电缆传输的电平信号很弱，其接续不但要求可靠牢固，同时不能使信号衰减太大，连接处不允许扭结，要进行焊接。

控制电缆应尽量不设中间接头，对于多芯电缆应按线芯颜色统一对所接端子做出规定，并在监控台、柜的接线箱的接线端子上做上编号，编号应和施工图中编号统一。

3. 云台及摄像机、防护罩安装

安装前对云台、摄像机作单机试验，性能符合要求方可施工。云台支架及底座应固定平稳、牢固。摄像机安装前检查防护罩、云台水平垂直转角和定值控制、支架固定性和安装高度、电缆余度等，合格后固定在云台底座或支吊架上。

4. 监控台、柜、监视器安装

集中监控室环境符合要求后方可安装。台柜应安装平稳，立面垂直。台柜就位后，按设备装配图将监视器、控制器、切换器、硬盘录像机装入相应位置，固定于台面上。对设备做保护接地。控制台正面与墙的净距应不小于 1.2 m，侧面与墙或其他设备的净距，在主要走道不小于 1.5 m，次要走道不小于 0.8 m，机架背面和侧面距离墙的净距不小于 0.8 m。

5. 单机调试

确认线路正常、接线准确后方可进行单机调试，即逐一对电动云台、摄像机、防护罩、控制器、监视器、硬盘录像机进行单机测试，调整至运行正常，做好记录。

6. 系统调试

依照施工图对每台摄像机、电动云台编号。逐一开通每一摄像机回路，调整摄像机监视方向、监视区域照明灯具方位，排除视频接头处虚焊引起的杂波干扰，调整至回路工作正常。在操作台做图像切换定时连续切换功能试验及录像试验，调整至系统完全符合设计要求。

由于本次弱电设计系统比较多，在此不再对所有系统的安装调试方案一一介绍。

6　工程质量保证措施

工程质量保证措施部分主要说明了质量管理的目标、质量管理的人员保证、项目执行人员的质量职责、质量检查的流程、施工技术管理工作如何进行质量控制、施工操作如何进行质量控制。除了文字的说明还需将涉及的相关表格罗列出来。

内容展示如下：

6.1　质量管理目标

肇庆××大酒店弱电项目质量管理达到的目标：达到现行国家验评标准合格等级。

6.2　成立质量管理小组及小组工作内容

成立肇庆××大酒店弱电项目质量管理小组，严格按照 ISO9000 的质量管理流程执行。制定深入的工程质量管理措施，并在整个工程实施过程中进行质量控制。质量管理小组由项目经理任组长，设计工程师、材料员、安全员、施工队长为组员。

肇庆××大酒店弱电项目质量管理小组工作内容如下：

（1）熟悉图纸中各节点施工大样、质量标准。

（2）掌握各种工序质量的手段。

（3）现场巡工检查。

（4）发现施工质量现象，分析原因，研究对策，总结经验。

（5）做好施工日志。

（6）对各班组交接工序进行检查。

（7）对隐蔽工程进行检查，对应需要有隐蔽工程检查的，需通知监理方、设计方、建设单位、政府质检部门进行隐蔽工程验收，并做好隐蔽验收工程资料的整理。

（8）成品保护的检查。

6.3 项目执行人员的质量职责

开发、设计人员：贯彻公司质量方针、目标，执行质量体系文件的各项有关规定和要求，确保设计工作始终处于受控状态；积极运用优化设计技术和可靠性、可维护性、安全性等工程技术，确保设计满足质量要求；为产品研制、物资采购、系统安装、调试、检验等活动提供技术支持和配合。

项目质量师：配合项目经理开展工作，其主要职责和权利是：制订本项任务的质量工作计划，并贯彻实施；负责对工程任务全过程的质量活动进行监督检查，参与设计评审和其他重要的质量活动，其质量业务工作受公司质量部的指导监督。

项目标准化主管师：由标准化工作人员兼任，负责贯彻国家有关标准和公司的质量方针、目标，制订标准化大纲并监督其贯彻实施，负责设计图纸和其他技术文件的标准化的审查，参与设计评审工作。

施工工人：应贯彻公司的质量方针、目标、执行质量体系文件的有关规定和要求，熟练掌握本岗位的工作技能，严格按照设计图纸、工艺文件及有关标准生产、装配，对其安装质量负责，坚持文明生产、安全生产，并负责有关设备的日常维护工作。

仓库保管人员：应经过业务培训、考核合格、持证上岗，应熟悉本职业务和保管的产品的存放要求，按照产品的不同类别，合理存放和标识，保证帐、物、卡相符；对存放的产品定期巡查，并保持库房环境清洁，满足存放环境要求，确保产品不受损坏。

6.4 质量检查的流程

班组自检→施工队长检查→质量管理小组终检→报建设单位、监理等检查。

6.5 施工技术管理工作的质量控制

6.5.1 技术交底流程

施工准备→项目部、厂家、设计师向专业工程师交底→工程师向施工队长交底→队长向施工组长交底→组长向工人交底。

6.5.2 技术交底制度

项目部在每一道工序施工前，采取向施工人员进行书面技术交底制度。

“技术交底”是在单位工程或分部（分项）工程正式施工前，对参与施工过程的有关管理人员、技术人员和工人进行的一次技术性的交待，交待内容必须使得参与施工的人员对施工的对象从设计情况、结构特点、技术要求到施工工艺等方面有一个较详细的了解，以便科学的组织施工，合理的安排工序，避免发生技术指导错误或操作失误。

技术交底的具体内容包括：

（1）设计交底：由技术负责人主持，邀请设计人员主讲，施工专业负责人参加，详细介绍设计图纸的要求，工程特点，质量标准。

（2）施工组设计交底：由项目部项目技术负责人或专业工程师向各专业工种的班组长进行技术交底。

（3）技术交底卡制度和工序交接卡制度的建立。

1. 技术交底卡制度

使用图表和书面材料，将具体做法、技术要求、施工方法、材料情况和操作规程等进行书面交底，施工班组按图表和书面材料内容施工，避免发生差错。在施工中，施工工人有不清楚的地方时，交底资料就能及时有效地帮助解决问题，做到防患于未然。

技术交底记录卡如表 1 所示。

表 1 技术交底记录卡

No:

工程名称		
分项工程		
施工班组		实施时间：
设计图号		
交底内容		
1.		
2.		
3.		
4.		
5.		
技术部签名：		年 月 日 时
项目部经理签名：		年 月 日 时
班组长签收：		年 月 日 时
资料员回收：		年 月 日 时

2. 工序交接卡制度

班组与班组，工种与工种，工序与工序之间需按时进行交换。执行交接制度，便于检查本工序，服务下工序，保护工序成品，明确责任。工序交接记录卡如表 2 所示。

表 2　工序交接记录卡

No：

工程名称			
木工段名称		班组长	
下工段名称		班组长	
交接时间			
交接内容			
1.			
2.			
3.			
4.			
5.			
技术部签名：		年　月　日　时	
项目部经理签名：		年　月　日　时	
资料员回收：		年　月　日　时	

6.5.3　设置质量控制点，明确难点解决措施

对技术要求高，施工难度大的某个工序或环节，设置技术和监理的重点，对操作人员、材料、工具、施工工艺参数和方法均重点控制。并由管理人员轮流值班全工序过程监制，不得有误。

6.6　施工操作的质量控制

施工操作过程对机房工程的最终效果起着决定性的作用，加强施工过程施工操作的质量监控相当关键。项目部应从以下措施入手。

6.6.1　实行班组自检制度

（1）分项工程施工完毕后及每道工序完成后，各班组长带头进行自检，自检不合格，不得转入下一道工序。

（2）班组长完成本班组任务后提供自检结果给项目部，在施工过程中，对本工序每步操作的自检记录留档。

（3）为了检查本道工序，服务下道工序和鉴定上道工序的结果，项目部组织三道工序班组长进行检查活动，检查结果做书面记录，有问题马上整改，工序交接卡如表 2 所示。此为三工序检查制度。

6.6.2 建立巡察制度

（1）质检员全天候巡视现场，发现问题马上协助本班组长及时解决，并做好笔记。

（2）项目经理带领班组成员，每天下午下班前对工地当天工程全部巡视一次，发现问题填写“现场问题整改卡”（见表3）在下午班后交给班组长整改。

（3）对工程重要部位，以及施工容易形成缺陷而难于纠正的部位，技术组或质检部要全程认真监督，轮值当班，保证本工序一次成功。

（4）对质检员的工作有奖罚制度，出现质量问题，质检员及时向项目部书面检讨，对工作成绩显著者，进行表扬和奖励。

6.6.3 终检制度

由项目部组织，邀请监理工程师、业主代表对完成的分项、分部工程进行检查和验收。本验收结果作为分项工程奖罚依据。

6.6.4 实行挂牌施工，质量奖罚制度

采取班组操作区挂牌、质量与经济挂钩的制度。为保证工期、质量和安全，对班组工人操作优秀者奖，不合格者罚，重则退场。这一措施必将有力地加强班组责任心，保障提高一次交验合格率，提高质量，保证工期。

表3 现场问题整改卡

No：

工程名称		
分项工程		
施工班组		实施时间：
检查时间：		
存在问题		
1.		
2.		
3.		
4.		
5.		
整改时间：		年 月 日 时
技术部签名：		年 月 日 时
项目部经理签名：		年 月 日 时
班组长签名：		年 月 日 时
整改结果：		项目部经理确认：
资料员回收：		年 月 日 时

6.6.5 质量事故发生后的处理制度

（1）项目部召集技术人员和施工班组人员共同研讨问题产生的原因。

（2）书面通告事件处理意见，对施工管理人员和班组长进行罚款和书面批评。

召集其他施工队长、班组长召开现场会议，以本事故为借鉴，杜绝在其余工段发生同类事故，再次强调要确保质量。

7 安全生产的保证措施

安全生产的保障措施要列明，安全技术措施、安全管理措施、项目经理部安全职责、施工现场及工程安全施工的一般要求、安全书面交底的内容和要求、施工现场安全用火要求及防火措施等内容的具体规定。

内容展示如下：

施工现场的管理机构、生产班长，直至每个参加施工人员必须牢固树立“安全第一、预防为主”的思想，认真贯彻落实国家新的建筑施工安全标准及各项安全生产制度，认真执行各项安全技术措施和安全管理措施，实现工地安全生产无事故，无重大的安全生产和质量事故，无死亡，无重伤；无火灾，倒塌、中毒事故发生；月轻伤事故频率控制在3‰以下。

肇庆××大酒店弱电工程安全生产目标：不发生重伤、死亡事故，工伤频率控制在省建筑施工安全管理法规规定的指标要求范围内。我方承诺在施工期间严格遵守国家、省、市有关防火、爆破和施工安全以及文明施工、深夜施工、环卫和城管等有关规定，建立规章制度和防护措施。如有因此违反规章制度造成的损失或有关部门处罚，均由我方负责。

我方承诺按安全施工的要求，采取严格科学的安全措施，确保施工安全和第三者安全，承担由于自身安全措施不力造成事故责任和发生的费用。

安全文明施工控制的基本原则是：安全第一，预防为主，动态管理，全面控制。

具体措施落实在：

（1）现场安全为重点。

（2）安全立法措施。

（3）安全生产责任制度。

（4）安全生产检查制度。

（5）伤亡事故管理制度。

（6）施工现场安全管理。

（7）技术管理方面。

（8）施工现场安全技术要求的规定。

（9）各专业安全技术操作规程。

7.1 安全技术措施

（1）进入工地必须戴安全帽，穿好工作鞋，不准穿高跟鞋，硬底鞋和拖鞋，更不许赤足工作。

（2）上班工作要集中精神，不准嬉戏玩耍，乱抛什物及酒后作业。

（3）非经安排操作机电人员，不准擅自乱动一切机电设备。

（4）高空作业所用材料要堆放平稳，防止落物伤人，工具要随手放入袋内，四周无足够安全防护时，必须系上安全带。

（5）电动机械必须接零接地，一机一闸，并设防漏电装置，电制必须有箱有锁，停电或下班时，必须断电关箱加锁。

（6）工地电线电缆必须立杆架空，不准随便放在地上。

（7）易燃物品与工棚应有足够的安全距离和足够的防火设施，严禁在棚内煮食，宿舍要小心烟火。

（8）严禁高空掷物。

7.2 安全管理措施

安全管理措施如表 4 所示。

表 4 安全管理措施

安全生产责任制及安全生产指标	认真贯彻落实工地班前活动制度，定期检查制度、工地管理职责，安全生产指标及各项安全生产技术制度，确保工地安全生产，工程质量以及文明施工
安全教育方面	工人第一次进入工地前必须进行安全教育，并办好签证手续，每人发给建筑工人安全手册一本，随身携带，需签订用工协议，明确安全责任，并报当地有关部门办理其他用工手续
特殊工种作业	特殊作业应持证上岗，电工、焊工由国家有关部门发证为有效，其他建筑机械操作证，如钢筋加工、工地木料加工、搅拌机、卷扬机等由工程队发证
施工组织设计	工地开工前由工程队工程技术负责人指定人员编写施工组织设计，由队技术负责人审批后，送公司审核，施工组织设计编制要求认真切合实际、对施工有指导意义，对安全技术措施要全面且有针对性
文明施工现场	按要求设置安全大标语、安全标志牌，工地办公室要求挂设施工平面布置图、各项安全技术制度，施工标志牌，施工许可证、建筑许可证。按照施工平面图堆放各种材料及消防器材，搞好工地卫生
安全技术交底	各部分分项工程施工前需做好书面安全技术交底，并办理签证手续
工伤事故处理	工伤事故处理要按有关规定，及时处理“三不放过”的原则进行处理，并记入事故处理档案

为了实现上述各项安全生产指标，各工地按比例抽取一定款项为工地的安全奖励基金，由工程队统管，如工地实现安全生产的各项指标，则基金全数退回，由工地奖给安全生产先进班组及有功人员，如工地完成不了安全生产的各项指标则将基金上缴。

对安全管理制度不落实，安全措施不落实，违章作业的，按上级要求的罚款规定进行处罚；对造成安全事故者，按事故处理“三不放过”的原则，追究有关人员责任。

7.3 项目经理部安全责任制

以下6条是工程部负责人的安全施工职责，也是衡量检查项目经理部负责人抓安全施工工作的标准。

（1）认真执行上级有关安全技术、工业卫生工作的各项规定，对施工人员的安全健康负责。

（2）在施工计划、布置、检查、总结、评比中，必须同时把安全工作贯穿到每个具体环节中去，在保证安全的条件下进行施工。

（3）组织施工人员学习安全操作规程，并抽考检查执行情况。对严格遵守安全规章，避免事故者，提出奖励意见，对违章蛮干，造成事故者，提出惩罚意见。

（4）领导工程部的班组开展安全月活动，经常对施工人员进行安全教育，推广安全生产经验。

（5）发生施工人员因工伤亡事故后，保持现场，立即上报，负责查明原因，提出重发的防范措施。

（6）监督检查施工人员正确使用个人劳动防护用品。

7.4 施工现场及工程安全施工的一般要求

（1）对从事施工的工人，必须进行“三级安全教育”和操作规程的学习，对进入施工现场，参加施工的人员均要进行安全生产教育，均要认真学习本工种安全技术操作规程。

（2）严禁施工人员私自搭设架子，需要时请专业架子工，安装重型设备应按规定搭架子，否则不准施工。

（3）在光线不足地点或夜晚工作，应设置足够的照明设备，并根据要求采用安全电压。

（4）在坑井，隧道和孔柱中工作，除应该有安全电压照明（12 V）外，还要有通风换气设备，必要时上方设专人看护。

（5）严禁施工人员用钢脚手板反面当人梯。

（6）加强施工人员季节性劳动保护工作，夏季要做好防暑降温，冬季要防寒，防冻，防煤气中毒。

（7）在没有可靠的防护措施而又必须在高处作业时，工人必须挂好安全带。在施工或维修时，严禁在石棉瓦，刨花板和三合板顶棚上行走。

（8）施工现场内一切孔洞，必须设牢固的盖板盖好，施工人员使用的设备孔洞必须执行使用孔洞口挂牌制，使用完按规定将孔洞口闭严盖好。

（9）施工现场的生活设施及加工厂地的供电工程，凡期限超过半年以上的均应按正式工程安装，所有电气设备必须按国家有关规定及供电局颁发的《电气安全工作规程》《电气工程安装标准》《电气设备运行管理规定》执行。

（10）凡从事电气工作人员其身体素质须经医生鉴定，无妨碍电气工作的病症（如心脏病，精神病，色盲症等）。

（11）各种电动机具及设备必须做好接地或接零。手持及移动电动机具必须装设符合国家标准的漏电保护装置，凡露天使用的应有良好的防雨性能和妥善的防雨措施。

（12）采用接零保护的单相220 V电气设备，应设有单独的保护零线，不得利用设备自身的工作零线兼做接零保护。

（13）在室内施工时常用到高凳和梯子，这两种登高作业工具使用不当也会出现坠落伤亡，因而在使用中应注意以下几点：

① 单梯只准上一人操作，支设角度以 60°～70° 为宜。梯子下角采取防滑措施，上角要绑牢；

② 使用人字双梯时，两梯夹角应保持 60°，两梯间要拉牢，移动梯子时，电工必须下梯；

③ 单凳梯只准站一人，凳脚要平稳。用双梯时，两凳间距不得过米，只准站两人，脚手板上不准放置电气材料或工具等；

④ 使用超过 2 m 高的高凳时或人员在较高的梯子操作时，要加护栏或挂好安全带。

7.5　安全书面交底的内容和要求

（1）保证设备安装、使用安全。

（2）施工期间确保周边建筑设施、电力设施安全。

（3）保证施工人员安全。

（4）项目经理部应及时做好安全书面交底，应对某工程概括情况，做出简要说明，根据工程的特点和施工季节的变化，分基础、结构、装修、设备安装及调试等结合工程施工中应注意或采取的技术安全措施，以书面形式向所属班组做详细交底。

（5）安全书面交底及技术安全措施越具体越好，应做到具体明确，切实可行，针对性强。

（6）安全书面交底及技术安全措施应贯彻到工程施工中去。

7.6　施工现场安全用火要求及防火措施

（1）必须严肃执行《中华人民共和国消防条例》和公安部关于建筑工地防火的基本措施，施工现场用火必须报请消防人员检查批准，取得用火证方可作业，各种电气焊接操作必须遵守操作规程，任何人不能以任何借口纵容焊工进行冒险作业。高空焊接如遇五级及以上大风应停止操作。

（2）在高空进行焊接作业时，要首先检查架子是否牢固，戴好安全带，查看上下是否有工作和易燃物品，在高层或脚手架上焊接时要盖好石棉布或设接火盘接住火花，应准备好消防器材、沙子、水等，并设专人看守，施焊完成或下班后应严格检查焊接地点，并留下人，巡视检查 1～2 小时，确认无火危险后，方可离开。

（3）严禁在已封吊顶内及用草帘等易燃物做保温的模板中焊接部件。

（4）露天进行焊接时，必须采取防风措施，当风力过大时，不应在露天焊接，如必须进行作业，必须取得消防部门同意。

（5）在屋顶沿焊接防雷网及楼内焊接垂直管道等，必须把下方孔洞堵好，和清理好易燃物，设专人看守，经消防同意才能施焊。

（6）用电热设备取暖时要有可靠的漏电保护装置，并设专人巡视检查。

（7）现场发生人身伤亡，重大机构事故或火灾时，要积极组织抢救，保护现场，排除险情，防止事故扩大，并且及时向上级报告事故的情况。

（8）焊接操作，不能与油漆、喷漆、木工等易燃操作同部位、同时间上下交叉作业，更换场地、移动把线时，应切断电源，并不得手持把线爬梯蹬高。

8 工期保证措施

工期保障是集中展示应标单位对施工工期保障能力的模块，主要从施工的准备计划、施工进度计划、施工资源供应、技术保证等方面详细阐述。

内容展示如下：

8.1 施工准备计划

由于肇庆××大酒店项目智能化系统是一项工作量大、专业繁多，交叉工序多的工程，故在本工程施工时，制定合理可行的施工计划，合理安排施工机械有序地进场施工，均衡各个阶段投入的各种施工资源，制定先进可行的施工对策及措施、选用信誉良好的材料供应商，制定合理的材料进场计划，管理人员和作业工人配备充足，以及科学的施工管理手段和安全文明生产等，都是本招标工程施工任务按期完成的关键环节。

针对本工程“工程量大、工期紧、专项施工作业多”等特点，结合各分部分项工程施工的先后逻辑关系，合理优化工期、合理均衡施工以及根据工程现阶段的客观实际情况和客观实际制约条件，准确而合理地分析部署，施工任务是确保总工期实现的坚实基础。

1. 施工技术准备

为更加好地完成本工程，施工前，需要会同业主、设计等对公司拟定的初步设计方案进行协商会审。公司生产技术部门将协助项目经理部有关人员认真学习图纸，熟悉理解图纸和设计意图，组织图纸进行自审、会审，并根据公司已有的技术经验，提出可行性合理建议，供业主和设计参考，力求能共同优化设计方案，方便施工，降低工程成本，缩短工期和取得最佳质量效果。

由公司工程部组织项目部认真编制工程的施工组织设计，在投标方案和多方会审会议的决议基础上补充和健全施工方案，明确施工操作要点，对可能出现问题的部位和工序，提出针对性措施，为工程的施工生产做出指导。组织各专业施工队伍共同学习施工图纸，商定施工配合事宜。

组织施工人员学习质量体系和验收规范，围绕本工程的质量目标，进一步全面掌握建筑工程质量检评标准，掌握确保市样板的质量标准和质量控制。

根据施工图、预算定额、施工组织设计、施工定额投标文件等重新编制或复核回标施工预算，以便为施工作业计划编制，施工任务单的下达和限额领料单的签发提供可靠的依据。

2. 现场准备

公司将组织人员踏勘现场，熟悉场地施工地块的分布情况。在施工准备阶段，应根据监理、业主和规划部门移交的控制坐标和水准点，按建筑物总平面要求，在工程施工区域设置测量控制网，并采取防破坏保护措施，做好控制基线、轴线和水平基准点和桩位的测量、校核和签证，以便机械进场后即能进行施工，确保施工质量。

对施工用水、用电、排水等进行调查，其中包括水源、水量、压力，接管地点；供电能力、线路距离；排水井位置、排水的流向等。编制施工用水、用电的施工方案，并按方案的要求进行水、电布置。

3．施工队伍准备

本工程建筑面积大，劳动力投入较大。因此，需从公司中选择高素质的施工班组，根据施工组织设计中的施工程序和施工总进度计划要求，确定各阶段劳动力的需用量。

本工程在结构施工阶段，将会是劳动力使用量的高峰期，因此，能否安排好后勤工作，也会直接影响到工程的施工进度。应做好临时设施的建设，为进场工人解决食、住、医、工作问题，以便进场人员进场后能够迅速投入施工，充分调动职工的生产积极性。

根据本工程特点，公司将为进场工人进行上岗前的培训工作，对工作进行技术、安全、思想和法制教育，教育工人树立“安全第一，质量第一”的正确思想。施工班组应明确有关任务、质量、技术、安全、进度等要求。遵守有关施工和安全的技术法规和地方治安法规。

4．材料进场准备

本工程要注意智能化系统设备、材料的供应，根据施工组织设计中的施工进度控制计划和施工预算中的工料分析，编制工程所需材料用量计划，做好备料、供料工作，做好材料的进场计划。

合理利用好现场地块，把计划使用的地块报业主同意后，才可使用。根据施工总平面布置要求，确定和修建仓库和堆放场地，并做好保管工作。

5．设备及机械的配备

开工前应先做好施工机械设备的就位工作。

按施工组织设计中确定的施工方法，为需进场机械设备作进场准备工作。机械设备进场后按规定地点和方式布置，并进行相应的保养和试运转等工作，以保证施工机械能正常运转。

8.2　施工进度计划

我公司确定整体工期计划：按照招标要求工期 130 天，并与总承包工程同步。施工组织设计进度如表 5 所示。施工周报如表 6 所示。

表 5　施工组织设计进度计划表

施工进度计划表														
序号	工程项目	工程量	开工时间	完工时间	11-1	11-15	12-1	12-15	1-1	1-15	2-1	2-15	3-1	3-15
1	施工准备	5	11-1	11-5										
2	深化设计	15	11-1	11-15										
3	综合布线系统工程	115	11-5	2-28										

续表

序号	工程项目	工程量	开工时间	完工时间	11-1	11-15	12-1	12-15	1-1	1-15	2-1	2-15	3-1	3-15
4	计算机网络系统	115	11-5	2-28										
5	语音程控系统	115	11-5	2-28										
6	视频安防监控系统	115	11-5	2-28										
7	入侵报警系统	115	11-5	2-28										
8	电子巡更系统工程	75	12-15	2-28										
9	一卡通系统	73	10-3	2-28										
10	门锁系统	75	12-15	2-28										
11	多媒体会议	75	12-15	2-28										
12	信息发布及多媒体查询系统	75	12-15	2-28										
13	酒店管理系统	60	12-31	2-28										
14	机房工程系统	60	12-31	2-28										
15	工程验收	10	3-1	3-10										
16														

投标人：同方股份有限公司（盖章）
法定代表人或授权代理人（签名）：
日　　期：2009 年 10 月 20 日

表 6　施工周报

工程项目：星湖大酒店改造工程（弱电部分）		周报日期：××××年×月×日至×月×日		
上周		××××年×月×日至×月×日		
工序	层段位置	项目名称或施工内容	已完成%	完成日期
1	2 楼	各个包厢、走道、线管	95%	×月×日至×月×日

续表

工序	层段位置	项目名称或施工内容	已完成%	完成日期
2	2 楼	走廊线槽	100%	×月×日至×月×日
3	3 楼	一个会议室、走道、大厅线	95%	×月×日至×月×日
4	3 楼	走廊线槽	50%	×月×日至×月×日
5	4 楼	各个 SPA 房、走道及其他	95%	×月×日至×月×日
6	4 楼	走廊线槽	80%	×月×日至×月×日
7	5 楼	各个麻将房、走道	95%	×月×日至×月×日
8	11 楼	线管敷设	100%	×月×日至×月×日
9	12 楼	线管敷设	100%	×月×日至×月×日
10	14 楼	线管敷设	80%	×月×日至×月×日
11	15 楼	线管敷设	70%	×月×日至×月×日
12	15 楼	走廊线槽	100%	×月×日至×月×日
13	16 楼	走廊线槽	100%	×月×日至×月×日
14	17 楼	走廊线槽	100%	×月×日至×月×日
计划未完成原因：				
下周		××××年×月×日至×月×日		
工序	层段位置	项目名称或施工内容	已完成%	完成日期
1	1 楼	线管		×月×日至×月×日
2	3 楼	走廊线槽		×月×日至×月×日
3	3 楼	一个会议室、走道、大厅线		×月×日至×月×日
4	3 楼	走廊线槽		×月×日至×月×日
5	4 楼	各个 SPA 房、线管		×月×日至×月×日
6	4 楼	走廊线槽		×月×日至×月×日
7	5 楼	各个麻将房、走廊		×月×日至×月×日
8	15 楼	线管敷设		×月×日至×月×日
9	16 楼	线管敷设		×月×日至×月×日

续表

工序	层段位置	项目名称或施工内容	已完成%	完成日期
10	18 楼	线管敷设		×月×日至×月×日
11	19 楼	线管敷设		×月×日至×月×日
12	20 楼	走廊线槽		×月×日至×月×日
13	21 楼	走廊线槽		×月×日至×月×日
14	22 楼	走廊线槽		×月×日至×月×日
上周				
上周安全及文明施工情况： 1. 上周施工现场安全正常，无施工安全事故发生。 2. 检查现场施工防火措施及临电使用安全合格。 3. 施工人员及管理人员安全教育及现场安全检查工作到位。 4. 施工人员材料堆放整齐。 5. 加强晚上加班安全生产教育				
需解决与协调的有关事项 1. 各楼层协调配合安装施工，注意成品保护。				
人员				
序号	管理人员	工程师	施工队长	施工员
	3	1	2	25

8.3 施工资源供应计划

1. 物资准备工作的内容

物资准备工作主要包括建筑材料的准备；构（配）件和制品的加工准备；建筑安装机具的准备和生产工艺设备的准备。

（1）建筑材料的准备。建筑材料的准备主要是根据施工预算进行分析，按照施工进度计划要求，按材料名称、规格、使用时材料储备定额和消耗定额进行汇总，编制出材料需要量计划，为组织备料、确定仓库、场地堆放所需的面积和组织运输等提供依据。

（2）构（配）件、制品的加工准备。根据施工预算提供的构（配）件、制品的名称、规格、质量和消耗量，确定加工方案和供应渠道以及进场后的储存地点和方式，编制出其需要量计划，为组织运输、确定堆场面积等提供依据。

（3）建筑安装机具的准备。根据采用的施工方案，安排施工进度，确定施工机械的类型、数量和进场时间确定施工机具的供应办法和进场后的存放地点和方式，编制弱电安装机具的需要量计划，为组织运输，确定堆场面积等提供依据。

（4）生产工艺设备的准备。按照工程生产工艺流程及工艺设备的布置图一提出工艺设备的名称、型号、生产能力和需要量，确定分期分批进场时间和保管方式，编制工艺设备需要量计划，为组织运输，确定堆场面积提供依据。

2. 物资准备工作的程序

物资准备工作的程序是搞好物资准备的重要手段。通常按如下程序进行：

（1）根据施工预算、分部（分项）工程施工方法和施工进度的安排，拟定调拨材料、统配材料、地方材料、构配件及制品、施工机具和工艺设备等物资的需要量计划。

（2）根据各种物资需求量计划，组织货源，确定加工、供应地点和供应方式，签订物资供应合同。

（3）根据各种物资的需求量计划和合同，拟制运输计划和运输方案。

（4）按照施工总平面图的要求，组织物资按计划时间进场，在指定地点，按规定方式进行储存或堆放。

8.3.1　施工机械设备使用计划

本工程无大型施工机械，主要有系统工具、检测仪表、小型电动工具及手工工具、便携电脑等。

调试仪器、设备由调试中心统一供给，由各联合调试组向调试中心提出仪器、设备需求计划。需临时采购的，经项目经理批准后向调试中心备案。

8.3.2　劳动力配置及保证措施

根据公司投入的技术与管理人员，编制《本项目投入主要技术及管理人员表》。

主要劳动力安排工作按工程进度进行划分可分为前期阶段、施工阶段和设备安装调试阶段。

1. 前期阶段

前期主要涉及设计及市场人员，相对而言工作量不大，只是时间较为紧迫，公司技术人员调配量较大，主要工作在公司完成。

2. 施工阶段

施工阶段主要指现场的线管、桥架、线缆敷设，现场施工按工种进行工作内容划分，配备相关人员、机具设备、材料；期间现场管理、技术人员不必配备较多，但这些人员必须工作能力较为全面，能够现场处理各个系统的常见技术问题。

3. 设备安装调试阶段

设备安装调试阶段：现场施工工人部分撤场，主要软件的编制工作在公司内提前完成，主要工作为各系统的关键设备安装及调试，按系统配备各专业调试工程师和调试配合人员。网络系统集成工作可能需要在现场之外另行搭建模拟平台。

4. 劳动力保证措施

（1）公司领导层组成智能化系统专项领导小组，全面协调项目供货及后勤支持，对工程管理人员、技术人员和劳动力投入都全面负责，保证工程进度和质量计划。

（2）公司目前许多在施大型项目已经通过验收，大量劳动力处于可调配状态，项目部应以本项目为重点，确保人力供应充足。

（3）公司在项目本地有专业的劳动力储备和培训机构，和各劳动力市场保持密切联系，确保不断从劳动力市场获得充足劳动力，并能及时对劳动力进行各种专业和施工方面的培训。

8.4 技术保证措施

为了确保各个系统都能按照预期的计划完成，进入正常使用阶段，我们制定了以下总体保证措施。同时，针对影响进度的关键节点实行有效的控制措施，针对智能化项目中经常拖后的个别系统进行特殊的保证措施。

8.4.1 总体保证措施

1. 合理计划、积极协调

（1）做好智能化工程各子系统的建设计划及谐调计划。

（2）在各子系统计划基础上编制整体工程计划。

（3）组织好各项计划的实施，实行全过程的严格的计划管理，长计划、短安排，采取按周检查，工作落实到各工程小组及班组。

（4）项目部建立协调组，负责组织与建设单位、监理、各相关单位（土建、机电、装饰等）子系统间施工方的协调工作。协调组邀请建设单位负责人任组长，各相关单位负责人参加。

2. 跟踪进度、明确责任

（1）按照合同约定的开工日期准时开工。

（2）逐级落实施工进度计划，最终通过施工任务书由班组实施。

（3）在计划图上进行实际进度记录，并跟踪记载每个施工过程的开始日期、完成日期，记录每日完成数量、施工现场发生的情况、干扰因素的排除情况。

（4）执行施工合同中对进度、开工及延期开工、暂停施工、工期延误、工程竣工的承诺。

（5）跟踪形象进度对工程量、总产值、耗用的人工、材料和机械台班等的数量进行统计与分析，编制统计报表。

（6）落实控制进度措施具体到执行人、目标、任务、检查方法和考核办法。

（7）将分包工程施工进度计划纳入项目进度控制范畴，并协助分包人解决项目进度控制中的相关问题。

（8）在进度控制中，确保资源供应进度计划的实现。当出现下列情况时，采取措施及时处理。

（9）当发现资源供应出现中断、供应数量不足或供应时间不能满足要求时；以及发现工程变更引起资源需求的数量变更和品种变化时，应及时调整资源供应计划。

3. 实行检查、及时调整

依据施工进度计划实施记录做好施工日志，对施工进度计划进行检查。

施工进度计划检查采取日检查和定期检查的方式进行，检查包括如下内容：

（1）检查期内实际完成和累计完成工程量。

（2）实际参加施工的人力、机械数量及生产效率。

（3）窝工人数、窝工机械台班数及其原因分析。

（4）进度偏差情况。

（5）进度管理情况。

（6）影响进度的特殊原因及分析。

实施检查后，向监理单位和建设单位提供月度施工进度报告，月度施工进度报告包括下列内容：

（1）进度执行情况的综合描述。

（2）实际施工进度图。

（3）工程变更、价格调整、索赔及工程款收支情况。

（4）进度偏差的状况和导致偏差的原因分析。

（5）解决问题的措施。

（6）计划调整意见。

当分部分项工程施工无法如期进行时，采用科学的方法调整施工进度计划，并编制调工进度计划，确保总工期不变。

依据施工进度计划检查结果适当调整施工进度计划。施工进度计划调整包括下列内容：

（1）施工内容。

（2）工程量。

（3）起止时间。

（4）持续时间。

（5）工作关系。

（6）资源供应。

4. 科学管理、明确方法

采取有效的项目管理措施，就工程人员、技术、接口、阶段性验收、工艺、流程、成品保护、计划与进度、仓储、文档、变更等方面落实项目部的管理要求，提高工作效率，各系统协调建设。项目部将明确以下工程管理办法：

（1）设计会签：在工程实施过程中，由于建设单位需求变更或施工现场出现始料不及的情况，为不拖延工期，由各专业负责人提出解决方案，并由建设单位、设计单位及监理单位的代表会签后，交施工相关单位予以实施，有关变更部分，在竣工图中表示。

（2）施工会签：在工程实施过程中，出现问题时，各单位就问题协商，将协商结果，会同建设单位、监理及总承包负责人进行会签。

（3）工序验收会签：在工程实施过程中，阶段性工序告一段落后，建设单位、项目部及监理单位进行工序验收，并对验收结果进行会签。

（4）例会制：定期组织有各相关单位参加的工程例会，就上次例会所确立的事项进行监督检查，并对存在的工程问题予以协调，确定解决方案和进度安排；遇有紧急情况，随时召集工程协调会议。每次会议出具会议纪要，交各相关单位备案。

（5）汇报制：就重要工程问题向建设单位汇报；遇有影响工程进度的重要问题，建设单位应在限定时间内予以明确答复。

5. 建立制度、接受监督

（1）项目部自身建立例会制，协调解决本工程中出现的各种问题；建议建立由建设单位、监理及相关施工单位共同参加的例会制，定期召开协调会，解决项目部本身不能解决的各种问题。

（2）建议建立会审制，各相关单位在各子工程施工方案、施工图纸的基础上，会审得出经讨论确认的施工方案并加以执行。

（3）向现场监理工程师及建设单位提供月度工程计划及相应进度统计报表。

（4）按照现场监理工程师和建设单位确认的进度计划进行施工，接受现场监理工程师对进度的检查、监督。当工程实际进度与经确认的进度计划不符时，按现场监理工程师的要求提出改进措施，经确认后执行。

（5）建立和执行严格、系统的项目管理措施，保证项目的工期。

8.4.2 关键节点控制措施

本项目的施工进度过程中，有三个关键节点，分别是深化设计完成、主要设备材料全部到货和特殊系统调试完成，我们将采取以下控制措施保证施工进度。

1. 深化设计

深化设计阶段应提交的技术文件是指建筑智能化系统工程中，针对各个子系统的技术要求的不同，而必须提交的有关文件。

各系统要求提供深化设计资料包括：

（1）系统综合管线图。

（2）各子系统平面布置图。

（3）各子系统接线图。

（4）各子系统设备安装图。

（5）系统验收细则。

（6）系统分区表。

（7）系统功能实现表。

（8）关键设备接线图。

2. 主要设备材料到货

设备的订货、加工和供货是项目实施的重要环节，在需求调研和深化图纸设计的基础上，我公司将根据设备的需求量、工程实施的步骤、供货周期、加工的难易程度等综合考虑，及时安排订货，保证合理的到货周期。

工程项目的全部材料设备（含软件）均由我公司负责采购、验收、运输和保管。所有设备均由我公司送货到工地并安装调试。

我公司将以项目经理负责制的形式成立专门机构完成供货合同，根据合同要求制订完备的供货计划，并报业主认可。我公司项目管理机构将按 ISO9001 质保体系要求工作，在供货开始、进行及完成后按期向业主提供供货实施报告。

同时，我公司根据大楼智能化工程的紧迫性，多渠道调动资金，组成项目专用资金库，不允许挪动到其他项目中，保证专人专责管理。

3. 特殊系统安装调试

根据我公司在其他智能化项目中的实施经验，本期智能化工程中最可能影响工期的系统是综合布线系统。为保证这个特别的系统尽快完成，公司制定了以下措施：

（1）充分深化设计，考虑到系统施工序号的所有重要资料。

（2）在布线过程中，保证专人负责特别系统的放线和线缆管理工作，严格按照图纸和工程师规定，将线缆接到指定地点，采用指定的编号规则。

（3）优先考虑特殊系统的供货。

（4）要求厂家人员参与到项目中，对我方技术人员再进行必要的技术培训，要求厂家人员根据需要和我方工程师共同在现场安装调试。

（5）制定明确的责任制度，合理分配工作量，动态平衡工程师工作量，对完成质量和进度进行考核。

（6）提前以书面形式和相关需要协调单位进行协调沟通，以详细的需要配合和设计文件确定配合内容、配合方式和完成时间。

（7）严格按照标准自检，验收过程以有经验的工程师和厂家高级工程师为主，以最快的速度发现、分析和解决系统中出现的问题。

9　确保文明施工的技术组织措施

施工过程是非常复杂的过程，对周围的环境、其他人的生活都会有影响，因此在这一部分主要以文明施工的管理制度、措施、生活区管理等方面来阐述应标方对文明施工的深度贯彻。

内容展示如下：

我公司遵守当地城市管理规定。对进场施工人员进行严格的文明施工教育，行为举止要符合文明市民的规范标准，并要统一胸卡，规范管理。进出施工现场的施工设备、车辆等要严格按照规定的线路行驶，对噪声、粉尘等污染源要严格控制在国家及地方的规定之内。

9.1　文明施工管理制度

（1）成立以项目经理为组长的现场文明施工领导小组，负责文明施工管理工作，并结合实际情况制定文明施工管理细则，报驻地监理批准后实施。

（2）严格按政府部门有关文明施工的各项规定执行。

（3）加强宣传教育工作，提高管理人员及各施工班组文明施工的意识和自觉性，并定期对现场文明施工情况进行检查评比，找出不足，重点改进。

（4）做好施工现场总平面设计，报请监理工程师审批，施工中，严格按总平面图布置，不得随意改变。同时根据工程进度，适时地对施工现场进行整理和整改，或进行必要的调整。

（5）有泥车辆均须冲洗干净后方能驶出工地，若对附近城市道路造成污染，应及时派人清扫干净。

9.2　文明施工管理措施

9.2.1　现场文明施工管理

设立专职文明施工现场管理小组责任人，24 h 管理以下主要内容：

（1）现场环境卫生。

（2）噪音防护处理。

（3）门口设洗车槽，汽车出入高压水枪冲洗。

（4）周围环境卫生打扫、冲洗、喷水、降尘；及时清理排污沟淤泥。

（5）厨房、厕所的卫生管理、检查、监督等等。

9.2.2 施工区管理措施

1. 整体场容场貌

（1）工地实行围蔽式施工管理：为达到我公司制定的文明施工目标，设置稳固的围蔽，围蔽为全封闭，采用砖墙。

（2）大门、标识：工地主要出入口要设置规整的大门，高度与围墙相应，宽度不小于 6 m，大门采用角钢架，正面封铁板并油漆，门上有企业标识，大门旁挂施工牌，设公司统一标准的工地门口标识（工地设有两个以上出入口不影响施工、安全、消防，且和周围环境协调的则设牌楼标识，不具备上述条件的则设门柱式标识）。

（3）区域划分：施工区域与办公区要分开；临时建筑、建筑材料和施工机械等按区域整齐搭设或堆放；砂、石料堆放应分类隔离。

2. 现场文明施工管理规定

1）室外施工场地

施工现场必须三通一平，保持排水畅通，地面按规定实行硬地坪施工。

2）室内施工场地

建筑物室内的主要通道、楼梯间必须通畅，有足够的照明；无积水、无泥浆、无高空向下抛撒垃圾现象；临时施工杂物、垃圾按规定的区域堆放并定时清运；搅拌砂浆必须有容器或垫板，施工完场地要清净，丢洒在楼梯、楼板的砂浆混凝土要及时清扫，落地灰及时回收过筛使用。

3）临时供排水

开工前应按施工组织设计完成临时水管线的敷设，无滴漏和长液水现象，临时排水要按规定自成系统。

4）安全警示标志

施工现场的醒目位置应设有相关的安全警示标志，人员进入施工现场要戴安全帽，有规定的佩戴胸章。

5）安全防护设施

物料装拆时严禁随意掷物，排栅架子、安全网设置必须符合规范要求，临边、洞口要按规范要求做好安全防护设施。

6）现场图表规格

施工现场办公室、会议室内要有施工平面布置图、施工计划进度表、天气记录以及岗位责任制分工等统一规格的、文字工整的资料上墙，且要求内容清晰、图实相符，随施工不同阶段及时进行调整。

3. 建筑材料管理规定

（1）现场仓库应有围蔽、通风好、无漏水、有垫板、能防火防盗。

（2）露天堆放的材料应按施工平面布置图规定，各类材料分品种规格合理堆放，红砖、砂、碎石应清底使用。

（3）包装物袋及时回收，多余的料具应及时归堆清运和处理。

（4）落地灰、砖碎、混凝土及时清理和回收使用，施工班组必须执行“三清”（随做随清、谁做谁清、当天做当天清）。

4. 机械设备管理规定

（1）施工现场固定安装的机械设备基础部分不得积水，视不同的设备、种类搭设适用、牢固的操作台和机棚，并在显眼处张挂公司统一的安全操作警示牌。

（2）施工现场流动安装的小型机具，要设置简易有效的临时防雨设施。

（3）各种施工机具班后要按规程进行保养，保持机容整洁。

（4）施工现场安装的各种机械设备进场前，机械表面应油漆翻新，保持机械设备清洁完整。

（5）现场供配电干线安装架设要稳固整齐，相线零线要按顺序敷设布置，架设高度必须符合规范。

（6）施工现场安装的配电箱、开关箱采用公司统一的标准箱，箱门加锁。

9.2.3 生活区管理

1. 外来工的管理

建立外来工档案，做好“证卡”登记。

民工进场前，必须进行必要的安全、防火、治安、卫生、法制专业知识和职业道德教育。

带队人必须对所管辖的外来人员全面负责，公司与带队人签订防火、治安、卫生责任状，落实宿舍管理责任。

施工单位必须成立卫生领导小组。落实民工宿舍区的“爱卫”责任人。

2. 民工宿舍的管理要求

新工地开工，公司有关部门与工地负责人共同实地查勘，因地制宜做好全面、合理的临设布局。

民工宿舍和必要的生活设施，除用砖砌围蔽外，屋顶应用防火材料（锌铁瓦）铺设，水泥地面；厨房灶台、售饭窗铺白瓷片。保证茶水、热水供应。

施工工地生活区要设厕所粪坑、小便槽、并应设有冲水设施。

3. 工地宿舍搭设标准

宿舍必须配套设施（外围有浴室、厕所、晾衣区）齐全，地台为硬地坪，避风采光好，明确划分男、女宿舍，严禁男女混住。

床铺搭设要统一，原则上实行单人独床，室内主要通道宽度不小于 1.2 m。

4. 宿舍卫生

床铺上下整齐卫生，安全帽、工具、日常生活用品要放置整齐有序。

宿舍保持卫生清洁，无蛛网、无污水、无污物、无尿迹和异味、无废水外流，每房间有卫生和计生责任人。

宿舍区周围无污物和污水。

5. 厨房搭设标准

厨房必须是砖砌体，原则应距离厕所、垃圾池 20 m 以上，有通风排水设施，四周有排水沟，畅通不积水。

操作间的炉灶、洗菜池、切肉台、售饭台及售饭窗口内外均铺设设瓷片，设浸菜池 1 式 2 个，内墙贴 2 m 高以上白资片，外墙抹灰并刷白。

售饭间要安装防蝇纱门或纱窗，配灭蝇灯。

厨房外砌洗手、洗食具的水基并配水龙头，设残渣桶。

6. 厨房卫生

室内无蚊蝇、无积水、无蛛网、无鼠虫。

采购的食物无腐败变质，当天烹制食物 24 h 留样。

蔬菜要经过浸洗、漂水。

冰箱生熟食物分开放置，熟食有遮盖；设生、熟砧板刀；调味品加盖存放和保持卫生。

食堂卫生许可证、炊事员健康证上墙，炊事员操作时要戴工作帽、穿工作服，不戴首饰物。

茶水有保证设施，容器上锁。

洗碗槽、就餐间洁净、无污垢。

7. 卫生间搭设标准

（1）卫生间采用是砖砌体，内、外墙抹灰刷白，内墙贴 2 m 高以上瓷片；

（2）卫生间不积水，无垃圾、无污垢，四周有排水沟。

8. 办公室、会议室卫生

办公用品和用具摆放整齐有序，室内保持卫生清洁。

9. 施工现场卫生

（1）地下室、水沟无滋生蚊蝇，排水沟无垃圾堵塞。

（2）设卫生责任人，有卫生检查记录。

10 工程保修承诺和措施

工程保修承诺是必不可少的重要部分，是体现应标单位对工程后期维护、保修、工程回访、保修响应、修抵押金甚至还有投诉部分，后期使用维护写得越详细，有时候应标的可能性越大。

内容展示如下：

××股份有限公司是全国规模较大的专业智能化集成公司，为客户提供优质、高效的服务是我公司迅速发展的一个重要因素。我公司每一员工都深有体会，并视其为保证公司信誉、联络客户感情的重要手段之一。

针对本项目我公司组建专项服务中心，服务中心均设有专职技术人员三名及充足的备品备件库并实行24 h人员值班，提供技术咨询。一旦现场设备出现故障，服务中心接到通知后，技术人员将根据故障类型和级别进行电话指导、远程维护或到达现场迅速排除设备故障。我司保证在接到业主提出问题的规定时限内以电话方式解答，解决所提出问题并给出服务计划及行动安排通知业主。如果不能以电话方式解决时，一般故障8 h（包括节假日）以内、紧急故障1 h以内赶到现场提供技术维护。

10.1　保修承诺

除不可抗拒因素和人为因素外，我公司对各项目为其提供系统免费维护，免费维护期从系统通过正式验收日起共计 2 年。免费维护期内，所有系统设备的更换、修理均不收任何费用。在保修期内，系统发生故障时，我方将派出相关技术人员在合同约定的时间内赶赴现场；如果故障一时无法排除，我方将立即提出第二解决方案，提供备品，在 8 h 内保证系统恢复正常运行。

（1）质保期内（2 年）整机硬件免费上门保修。

（2）在保修期内提供 7×24 线上值守服务。

（3）保修期内负责软硬件系统运行的稳定性，负责免费更换硬件故障部件。在保修期内如遇紧急情况提供现场紧急服务，一般故障 8 h（包括节假日）以内、紧急故障 1 h 以内赶到现场提供技术维护。如工作 4 h 后仍无法排除的故障，保证在 8 h 内提供相应的备份方案/设备，解决客户的问题，不低于故障设备规格型号档次的备用设备供用户使用，直至故障设备修复或更换，以保证应用系统正常运行。如故障设备在三个月内我公司未能排除故障，备用设备应归用户单位所有，而故障设备按用户要求无偿予以包修、包换、包退。

10.2　保修服务措施

10.2.1　咨询服务

免费接受用户的电话或电子邮件咨询，解答用户遇到的实际问题。服务热线 24 h 开通。若接到故障通知，我司将在 30 min 内以书面（电子邮件）回复，1 h 内提供现场处理方案，指导甲方维修人员进行应急处理，迅速有效地解决在使用中遇到的各种问题，保证系统（设备）正常运行。

10.2.2　现场抢修服务

保修期内对于不能通过电话解决的各种技术问题，必须由我司人员现场处理时，现场服务应立即响应，一般故障 8 h（包括节假日）以内、紧急故障 1 h 以内赶到现场提供技术维护。我司将负责免费维护或更换故障设备，保证系统正常运行。如因人为、自然（如水灾、火灾、雷电、战争、地震）等不可抗拒的因素造成的故障，我司应负责修理，酌情收取维修费用及设备费用。

10.2.3　系统现场保障服务

根据甲方的要求，我司为用户在特殊时期或特殊应用场合提供技术人员与设备等资源对甲方设备系统进行保障服务。

10.2.4 维护档案管理服务

工程竣工后，对本项目的竣工文件，如竣工报告、测试报告、原始测试数据、系统点表、相关图纸及相关产品资料进行归档，建立自动化系统营运维保档案，包括系统设计、安装、调试、验收情况、开通运行情况、故障及维修记录等内容。我司将建立完善的用户档案，通过先进的计算机网络管理，随时供甲方查询。

10.2.5 长期维保计划

智能化系统工程保修期满后，我司保证继续提供的有偿维保工作。并向甲方提供长期技术支持，保证对系统质量、设备质量、工程质量和软件升级的全面负责。并保证在一定时期内以不高于本合同的设备价格向甲方提供系统维修的备品备件。

10.3 保修组织机构及责任

1. 维修部经理

（1）负责公司年度竣工工程回访计划的编制。

（2）负责公司交竣工工程回访保修工作的安排。

（3）负责保修工作的组织和落实。

（4）负责收集和整理招标人的反馈信息。

（5）及时向智能化工程维修负责人下达维修指令。

（6）负责与物资采购部和工程技术部的沟通与联系。

（7）负责会同原施工项目有关人员对竣工工程进行工程回访，并做好工程回访记录。

2. 智能化工程维修负责人

（1）负责现场查看招标人报修的具体情况。

（2）负责交竣工工程项目智能化保修工作的具体安排。

（3）负责智能化保修材料采购计划的编制。

（4）负责零星应急材料的采购。

（5）遇到智能化保修问题的疑难问题，会同工程技术部编制解决问题的维修施工方案。

（6）负责智能化保修施工质量的检查和验收。

（7）负责《工程保修单》的填写，维修结束后，会同招标人对维修质量进行检查，并请招标人签订《工程保修单》。

3. 机电维修组长

（1）负责本班组人员具体工作的安排。

（2）负责将本班组的维修任务落实到人。

（3）负责智能化维修材料的领用。

（4）教育本班组成员严格按照工艺要求进行操作维修，对本班组维修工作负全责。

4. 维修工人

（1）严格按照操作规程和技术要求进行作业。

（2）负责在修补和更换时对周围成品的保护。

（3）负责维修后建筑垃圾的清理。

（4）负责完成本工种的维修工作。

（5）负责配合相邻工种的维修工作。

（6）维修操作时应尽量避免影响招标人的工作。

5. 公司工程技术部

（1）负责解决保修工作中遇到的技术上的疑难杂症。

（2）负责编制质量问题处理的技术方案。

6. 公司物资采购部

（1）负责工程保修所需材料的采购和发放。

（2）负责采购材料的验收和送料到维修现场。

7. 公司质量检查部

负责进行过程监督、质量控制。

10.4　工程回访

我公司秉承为招标人负责的企业精神．工程竣工后不是被动地响应招标人投诉而组织维修，而是积极主动地通过回访发现问题及时解决。具体的回访方式、方法包括：

1. 技术性回访

定期或不定期地进行技术性回访，主要了解在智能化工程施工过程中所采用的新材料、新工艺、新技术等的技术性能和使用后的效果。发现问题及时加以补救和解决。通过回访进行经验总结，获取相关技术依据，不断改进和完善，并为进一步推广创造条件。

2. 制度性回访

每季度或每半年，对在保修期内的智能化工程项目，统一进行制度性的回访。对已完成项目的质量进行普查，加强甲乙双方的感情与联系，以便于今后工作的开展。

3. 季节性回访

每逢雨季、取暖期，对在保修期内的智能化工程项目进行季节性的回访，回访的内容主要是检查设备的运转使用情况等。

4. 保修期满之前的回访

在智能化工程项目保修即将期满之前进行工程回访。既可以解决出现的问题，又标志着保修期即将结束，提醒招标人注意维护和使用。

5. 回访方法

由公司维修部组织安排原施工项目有关人员和维修负责人进行工程回访，详细了解情况、认真解决出现的问题。对回访的内容做好记录，认真填写《智能化工程回访记录》。

10.5　保修响应

故障报修维护：根据甲方的故障报修电话或传真，我方将在接到甲方报修通知 0.5 h 内做出响应，并告知我方的维护措施。针对本项目，一般故障 8 h（包括节假日）以内、紧急故障 1 h 以内赶到现场提供技术维护。

热线维护：我方提供 24 h 电话热线服务，服务内容包括保养、维护咨询。接受正常工作时间外的故障报修，并做出指导性响应服务。

如遇紧急情况，针对项目情况可提供 24 h 内现场紧急响应服务。

10.6　修抵押金

（1）我方将按合同规定向招标人支付保修抵押金。

（2）工程保修期满，招标人向我方返还保修抵押金。

（3）保修记录：维修工作完毕后，维修人员要认真填写《建筑智能化工程保修单》，并做好维修记录。

10.7　投诉

从招标人通知我方进行维修起，到维修工作完毕的过程中，若招标人对我们的接待及维修人员行为、维修速度、维修结果等方面不满意或对我们的工作有建议，可以通过以下方式通知我公司：

（1）填写意见反馈卡寄到我公司。

（2）拨打我公司工程部电话。

以利我方提高服务水平，更好地为招标人服务。

11　培训计划、系统维护和技术支持方案

培训计划，系统维护技术支持是招标方非常重视的环节之一，可以阐述应标公司的培训计划，在系统维护服务和技术支持方面的安排等来增加中标可能。

内容展示如下：

11.1　培训计划

为保障本工程运营管理长期稳定正常的进行，以及用户能够熟练掌握系统的操作、维护保养和设备维修的技能，我公司为用户提供培训课程，安排有丰富经验的工程师进行现场的培训授课，安排甲方人员上机操作。甲方应指派具有相关专业知识的系统管理人员和系统操作人员参加系统技术培训课程，建议从本项目实施阶段起，甲方就安排今后负责本项目运营或物业与设备管理的技术人员参与整个实施过程，这样将为本项目建成后的运营管理提供良好的基础。

11.1.1　培训目的

为使甲方用户人员及有关操作人员能充分利用系统资源，更好地进行系统维护，诊断排除一般故障，最大限度地发挥系统效益，我方将做好以下培训工作：

（1）系统结构。
（2）系统功能。
（3）系统与设备工作原理及维护常识。
（4）系统操作方法。
（5）系统与设备常见故障分析及维修要点。

经过我方提供的一系列培训课程后熟练掌握各系统原理及设备运行方式，并能对以上系统提供技术支持及管理维护。培训课程后，各有关人员经考试合格就具备以下的技能：

1. 系统操作人员

（1）熟悉智能化系统结构，了解基本系统硬件及应用软件功能。
（2）能够熟练掌握系统操作，可及时准确地判断系统的报警与故障。
（3）能够进行系统的简单维护。

2. 系统管理人员

（1）具备一般操作人员所有的技能。
（2）能够修改高级别密码，掌握网络监控的浏览和操作。
（3）能够熟练掌握系统参数设置和修改的工作，可以独立完成简单的软件编程工作。

11.1.2 培训地点

针对本项目，我们将培训地点设在广州，方便用户现场操作和学习实施。主要培训地点本项目现场。

11.1.3 培训人员及要求

培训人员数量：10人（可以按使用方要求增加人数）。

培训人员：系统操作人员、系统维保技术人员、系统管理人员。

操　作　员：管理日常系统工作、记录及简单维护，要求文化程度大专以上，懂计算机常识及操作、有一定的设备操作及维护经验。

系统维护员：除完成操作员工作外还应负责系统设备的保养维护工作、一般问题处理、操作记录维护等，要求文化程度大专以上，熟悉计算机常识及操作、有设备操作及维护经验。

应在系统试运行之后，系统验收之前，为建设单位提供培训。通过培训使工作人员理解智能建筑的基本原理并且学会系统的操作和维护。为期2～3周的培训课程后，进行本公司组织的书面和实践考核，不及格者继续培训。合格人员将达到技术支持工程师水平，发放培训结业证书。

11.1.4 培训时间

培训时间：不少于1周。

培训时间安排在各系统试运行前1个月内，专业技术培训时间1周；在安装验收时对参加实际工作的有关人员，进行现场操作维护培训，现场实际培训时间为1周。

11.1.5 培训方法

在各系统工程调试和验收阶段，使用方维护人员应跟进培训，其中闭路电视监控系统、停车场管理系统、多媒体会议系统、网络语言电话交换机系统等系统采用与原厂家技术工程师共同授课方式进行培训，有正规的培训教材和正式的课程安排，应结合现场操作培训让受训人员能够实际熟练操作各系统并达到可以排除简单故障的要求。培训工作应满足以下原则：

（1）按使用方需求，确定培训课程及计划安排。

（2）分批培训各子系统的操作及维护人员。

11.1.6 培训教材

为了做好智能化系统技术培训工作，培训教材的配套和实用性是完成培训任务的重要保证。通常培训教材由以下内容组成：

（1）本项目技术方案。

（2）集成系统及各应用系统技术手册。

（3）配套的技术资料。

（4）相关的技术参考书。

1. 本项目技术方案

本项目技术方案包括以下资料：

（1）系统技术方案。

（2）系统竣工图纸。

（3）系统配置清单。

（4）系统竣工验收测试文件。

2. 各应用系统技术手册

各应用系统技术手册包括以下资料：

（1）系统技术手册。

（2）系统安装手册。

（3）系统操作手册。

（4）系统维护手册。

3. 配套的技术资料

（1）系统产品说明书。

（2）系统软件编程手册。

11.2 系统维护服务和技术支持方案

公司的理念是服务客户即服务自己，从完善服务的每一个细小的环节入手，推出心贴心的售后全程跟踪的人性化服务。

智能化系统工程竣工验收合格后，根据合同约定提供相应的质量保修期免费服务。在此期间内，凡属系统质量问题（不包括人为损毁）的由我公司免费负责修理或更换部件。

在保修期内，提供无偿现场技术支持；当系统发生故障时，在接到业主保修通知后，一般故障 8 h（包括节假日）以内、紧急故障 1 h 以内我司技术人员到达现场。在到达现场，4～6 h 解决问题，如果不能解决问题，则立即启动应急方案。

定期回访用户，实行跟踪服务制度。实行灵活的定期走回访与采取多种联络形式相结合的制度，用户的一些小问题将会在走访过程中了解和解决。拟定对用户进行至少每季度 1 或 2 次走访，电话回访每月不能少于 2 次。

在维护保养期，每年至少 2 次对用户设备进行全面的维护保养工作，并且对一些易损部件提供备品备件。

质量保证期满后，我公司将以优惠的价格与用户签订《工程维修及售后有偿服务保障合同/协议》，并继续负责系统设备的维修，为用户提供积极、快速、完善的维保服务。

11.2.1　设备的维护方法

为了做好设备的维护工作，维修中心配备相应的人力、物力（工具、通信设备等），负责对智能化各系统的日常监测、维护、服务、管理，以保障智能化各系统的长期、可靠、有效地运行。

1. 维护基本条件

古话说得好，“巧妇难为无米之炊”，对智能化各系统的维护来说也是一样的道理，首先保证基本维护条件，即做到“四齐”，即备件齐、配件齐、工具齐、仪器齐。

1）备件齐

通常来说，每一个系统的维护都必须建立相应的备件库，主要储备一些比较重要且损坏后不易马上修复的设备，如读卡器、控制器、传感器、数字 DDC 控制器、摄像机、镜头、监视器等。这些设备一旦出现故障就可能导致系统不能正常运行，必须及时更换，因此必须具备一定数量的备件，而且备件库的库存量必须根据设备维修和运行周期的特点不断进行更新。

2）配件齐

配件主要是设备里各种分立元件和模块的额外配置，可以多备一些，主要用于设备的维修。常用的配件主要有电路所需要的各种集成电路芯片和各种电路分立元件。较大的设备必须配置一定的功能模块以备急用。这样，在维修过程中就能用小的投入产生良好的效益，节约大量更新设备的经费。

3）工具和检测仪器齐

要做到勤修设备，就必须配置常用的维修工具及检修仪器，如各种钳子、螺丝刀、测电笔、电烙铁、胶布、万用表、示波器等等，需要时还应随时添置，必要时还应自己制作模拟负载之类的测试工具。

2. 设备维护中的一些注意事项

在对智能化各系统设备进行维护过程中，应对一些情况加以防范，尽可能使设备的运行正常，主要需做好防潮、防尘、防腐、防雷、防干扰的工作。

1）防潮、防尘、防腐

对于智能化系统的各种设备来说，由于设备直接置于有灰尘的环境中，对设备的运行会产生直接影响，需要重点做好防潮、防尘、防腐的维护工作。如摄像机长期悬挂于棚端，防护罩及防尘玻璃上会很快被蒙上灰尘、炭灰等的混合物，又脏又黑，还具有腐蚀性，严重影响收视效果，还可能造成设备损坏，因此必须做好摄像机的防尘、防腐维护工作。在某些湿气较重的地方，则必须在维护过程中就安装位置、设备的防护进行调整以提高设备本身的防潮能力，同时对高湿度地带要经常采取除湿措施来解决防潮问题。

2）防雷、防干扰

只要从事过机电系统的维护工作的人都知道，雷雨天气一来，设备遭雷击是常事，给智能化各系统设备正常的运行造成很大的安全隐患，因此，智能化各系统设备在维护过程中必须对防雷问题高度重视。防雷的措施主要是要做好设备接地的防雷地网，应按等电位体方案做好独立的地阻小于1Ω的综合接地网，杜绝弱电系统的防雷接地与电力防雷接地网混在一起的做法，以防止电力接地网杂波对设备产生干扰。防干扰则主要做到布线时应坚持强弱电分开原则，把电力线缆跟通信线缆和视频线缆分开，严格按通信和电力行业的布线规范施工。

3）报送使用部门负责人

11.2.2 技术服务体系

我司为用户提供的维护工作将依靠本地化优势，成就一个完善的服务体系，为用户提供高效、方便、快捷的四级技术服务。具体说明如下：

1. 第1级服务

由项目实施的负责人和经过专业技术培训并参与智能化系统建设的技术员，进行最直接的现场服务工作。公司将派出熟悉现场实际情况，能够对各系统运行状况做出正确判断的技术人员参加现场实施和维护工作。通过用户方管理人员的配合，及时对现场信息作出反馈，此为第1级服务。

2. 第2级服务

由距离用户系统最近的工程技术人员组成硬件、软件、网络服务队伍，迅速赶到现场解决用户所报问题，此为第2级服务。

3. 第3级服务

由公司工程服务人员，包括系统质量保证人员（QA和QC），技术负责人、项目负责人、现场技术人员等，为用户提供各子系统级的改造、扩展、升级等，此为第3级服务。

4. 第4级服务

由公司“培训中心”“客户服务中心”等部门，为用户提供各种技术培训，解决各类技术疑难问题，此为第4级服务。

11.2.3 服务方式

按照服务承诺的规定提供现场服务，公司将严格履行规定的维护工作响应时间承诺，对用户各系统提供现场服务。

11.2.4 系统升级服务

为保证系统能够不断的满足用户的业务需要，保持系统的国际先进水平，我公司提供对系统（包括硬件设备、系统软件、应用软件）的升级服务。

升级服务，首先需要用户根据需要提出系统升级要求，我公司会针对具体的用户需求进行评估并提出详细的解决方案。其次，用户需要对系统升级解决方案进行确认，不明或有争议问题可以双方讨论，商定系统升级日期、时间、费用等具体事宜。

12　与用户、机电安装、装修单位及供应商的配合与协调

项目的实施，涉及的单位方方面面，需要施工单位与用户和监理方面配合，与几点专业配合，与装修单位配合还要与行业管理部门各方面的配合。在这个模块，主要表明应标单位与各方面配合的意愿，愿意从各方面配合项目的圆满完成。

内容展示如下：

本工程的智能化系统安装施工是整个建筑工程的一个组成部分，与其他各专业的施工必然发生多方面的交叉作业，尤其与装修、空调、机电安装最为密切。如电缆电线保护管预埋、设备安装和各种支持件、固定件的安装，都要在施工中预埋、预放和预留孔、洞。由于智能化系统工程施工的特殊性和它的技术要求，基础设施施工（如：桥架、管、线）与土建、装修、机电各专业施工需同时进行，建议合理安排和协调相关各专业的施工界面，在施工前制定相关措施。这样，不仅能保持建筑的整体结构和美观，也能提高安装质量，而且能加快施工进度，提高生产效率和经济效益，保证施工过程的安全。在此特建议如下配合方案。

12.1　与用户和监理方面的配合

智能化系统总承包单位就工作范围内的各子系统全面向用户负责，并指派专人与用户联络。按用户的要求对整个智能化各子系统工程进行管理，并负责在规定的时间内将智能化系统按用户规定的设计标准交付业主使用。智能化总承包单位及时向业主汇报工程进行中出现的各种问题及处理过程。使用户对工程进展情况了如指掌。

智能化总承包单位接受用户委托监理的监督。用户为智能化总承包的施工提供必要的条件，并协调智能化总承包单位与其他非智能化系统实施单位的相互关系，使整个工程协调有序地进行。

12.2　与机电专业的配合

智能化系统工程与其他各机电专业交叉作业较多，例如，智能化弱电系统可能关系到某些机电的设计要求和设备材料，如智能化系统中的电源供电。这就需要强电的设计和安装必须留有足够的容量，以满足智能化系统中对电源的要求。因此，在施工图深化设计时，必须与这些单位进行协调设计。

有许多终端设备的安装是与机电设备安装同时进行的。如安防系统的电梯摄像机等，因此就更要做好此类设备的移交和技术交底，并现场配合做好技术支持。

集成系统需要各专业的接口以及协议，在深化设计时就要同各专业进行相应的技术交流，确定相互都能实现的技术方案，保证协议互认，接口畅通。确保单系统调试以及总系统调试的顺利进行。

12.3 与装修单位的配合

装修是建筑物的“化妆师”，装修的好坏直接影响到建筑物的整体效果，在精装修前需要与装修单位提前协商，互相确认，分清界面。有许多表面安装的设备，如摄像机，一般是等待精装修完成后安装。由于这些设备都是表面安装，因此设备安装的工艺及方法将直接关系到是否与周围环境协调，是否破坏整个环境的美观。特别是在安装有大理石的墙面安装摄像机或其他设备，必须在施工前与精装修单位协调，预留出相应的设备或面板安装出线口。以免在墙面施工完成后，因智能化设备安装，在墙面开孔而破坏了墙面的美观，甚至毁坏墙面。因此需要在精装修进行时将此类设备的管线敷设好，尤其做好吊顶、墙内的隐蔽工程。根据楼内设备布置，在吊顶装修封顶前应提出哪些地方需预留设备检修口，哪些吊顶龙骨需要加固以便设备安装，提出要求后，加固方案由装修单位确定。进行表面设备安装时应注意对装修的成品保护，不能破坏、污染装修面。

同时，各子系统控制室的装饰还需与工程整体的装饰工程同步进行，例如在智能化各系统控制室基本装饰完毕前，应将各中央控制台、电视墙及其他控制设备定位。

12.4 与行业管理部门方面的配合

智能化系统总包单位将完成自身、并协助有关分包单位向相应的行业管理部门办理验收、检查、签署合格使用证等有关文件所必需处理的工作。智能化总承包单位将定期与有关行业管理部门接触，介绍工程进度。

五、项目实践

（一）施工合同

施工合同的拟制参见附录B《××酒店弱电工程施工合同》。

（二）质量保修书

略。

第二章　项目过程管理岗位案例

一、岗位介绍

项目过程管理岗位是指在项目承接后从各个方面保障项目执行的工作岗位，主要包括市场业务员岗位、工程项目管理岗位、产品销售管理岗位、产品线生产管理岗位。

二、岗位职责

由于项目过程管理岗位涉及较多，在岗位职责介绍时主要介绍市场业务员岗位、工程项目管理岗位、产品销售管理岗位、产品线生产管理岗位的岗位职责。

1．市场业务员

（1）负责市场渠道开拓与销售工作，依照部门分配的销售目标，制定销售预测及指标分解、销售计划，确保完成分配的销售目标。

（2）根据公司市场营销战略，提升销售价值，控制成本，扩大产品在所负责区域的销售，积极完成销售量指标，扩大产品市场占有率。

（3）与客户保持良好沟通，实时把握客户需求。为客户提供主动、热情、满意、周到的服务。

（4）根据公司产品、价格及市场策略，独立处置询盘、报价、合同条款的协商及合同签订等事宜。在执行合同过程中，协调并监督公司各职能部门的操作。

（5）动态把握市场价格，定期向公司提供市场分析及预测报告和个人工作周报。

（6）积极维护和开拓新的销售渠道和新客户，与客户保持良好的关系和持久的联系，不断开拓业务渠道。

（7）认真贯彻执行公司销售管理规定和实施细则，努力提高自身业务水平。

（8）积极完成规定或承诺的销售量指标，并配合销售代表的工作。

（9）办理各项业务工作，做到积极联系、事前请示、事后汇报，忠于职守、廉洁奉公。

（10）负责与客户签订销售合同，督促合同正常如期履行，并催讨所欠应收销售款项。

（11）对客户在销售和使用过程中出现的问题、须办理的手续，帮助或联系有关部门或单位妥善解决。

（12）收集一线营销信息和用户意见，对公司营销策略、广告、售后服务、产品改进新产品开发等提出参考意见。

（13）填写有关销售表格，提交销售分析和总结报告。

（14）以公司利益为重，不索取回扣，馈赠钱物上交公司，在外收回的外欠款应在三个月内上交公司，逾期未交将构成犯罪，按挪用公款罪追究法律责任。

（15）出差时应节俭交通、住宿、业务请客等各种费用，不得奢侈浪费。

（16）完成营销部长临时交办的其他任务。

2．工程项目管理

（1）负责督促参与各方贯彻执行国家、地方有关技术法律法规、政策规定及商投集团技术管理制度规定，努力保障项目建设“技术可靠，质量合格”。

（2）负责设计论证、设计优化、设计可行性等论证。

（3）组织各专业工程师审查工程的设计标准、规范和重大设计原则。

（4）编制项目设计管理记录，并把各项工作落实到各专业工程师。

（5）负责组织设计协调会议，负责组织审查设计方案和工程设计文件。

（6）负责组织制定项目建设（设计、施工）总进度控制的时间节点。

（7）负责组织规划、设计工作（提出设计任务、督促设计进度、完成设计报批）。

（8）负责组织设计交底。（必要时）对设计、施工的有关技术文件（图纸、说明、施工方案、技术措施等）进行审查（含专家审查）。

（9）负责组织现场技术疑难问题的解决。

（10）负责组织设计变更的核准。

（11）参与竣工验收、重大隐蔽工程、重要分项工程验收。

（12）参与质量事故处理。

（13）负责相关技术档案管理工作。

（14）负责项目工程款回收工作，办理工程款拨付手续，编制项目资金使用计划。

（15）协助公司机关组织做好工程索赔工作，办理工程结算，确保企业资金的正常运转。

3．产品销售管理

（1）收集并提供市场资料分析，以协助营销中心领导制定营销战略及市场发展战略 ；

（2）组织制定和修订销售公司各项销售管理制度和规定，并督促落实。

（3）组织制定和修订销售公司绩效考核办法，对产品合同、价格、结算和客户信息管理工作进行规范。

（4）做好产品推广宣传工作，制订产品销售价格政策，掌握销售情况，价格动态走势。

（5）负责合同签订工作，在合同签订前进行评审，并检查合同履行情况。

（6）做好当期产品的货款回收工作。

（7）处理客户的质量投诉、客户回访和客户满意度调查。

（8）制订结算管理规定，检查产品销售的结算、发票开具工作。

（9）负责销售队伍建设。配备和培养结构合理、数量充足的销售队伍。

（10）监督检查各类文件的收发、传阅、保管、调用与归档和公章使用管理工作，确保各类业务资料的完整。

（11）组织召开销售管理公司的工作会议，宣贯各项制度和规范，交流经验，提高销售管理的工作水平。

4．产品线生产管理

负责公司产品线的技术研发、定型生产、市场推广、产品销售、售后服务、客户反馈、信息收集、改进跟踪、更新换代等工作，对产品线在市场上生存的全过程进行协调，确保产品上市成功。

（1）制定产品线年度业务计划，含产值目标、利润目标和具体实施计划。

（2）组织和协调产品线团队，确保年度业务目标实现，提供产品线市场调研报告。

（3）控制生产，管理生产数量和生产时间，协助降低生产成本控制产品利润，同时根据市场预测制定产品出货时间表，保证研发、生产和市场之间的最佳平衡点制定并实施产品线市场推广计划，如发布会、展会、广告及相关手册的制作。

（4）配合组织审定技术管理标准，编制生产工艺流程，审核新产品开发方案，并组织试生产，不断提高产品的市场竞争力。

（5）负责抓好生产安全教育，加强安全生产的控制、实施、严格执行安全法规、生产操作规程，即时监督检查，确保安全生产，杜绝重大火灾、设备、人身伤亡事故的发生。

（6）负责组织生产现场管理工作，重视环境保护工作，抓好劳动防护管理和制订环保措施计划。

（7）及时编制年、季、月度生产统计报表。认真做好生产统计核算基础管理工作，重视原始记录、台账、统计报表管理工作，确保统计核算规范化、统计数据的正确性。

（8）抓好生产统计分析报告编制。定期进行生产统计分析、经济活动分析报告会，总结经验、找出存在的问题，提出改进工作的意见和建议，为公司领导决策提供专题分析报告或综合分析资料。

（9）负责做好生产设备、计量器具维护检修工作。结合生产任务，合理安排生产设备、计量器具计划，确保设备维护保修所需的正常时间。

（10）负责做好生产调度管理工作。强化调度管理、严肃调度纪律，提高调度人员的生产专业知识和业务管理水平，平衡综合生产能力，合理安排生产作业时间，平衡用电、节约能源。

（11）抓好生产管理人员的专业培训工作。负责组织生产调度员、设备管理员、统计员、计划员及车间级管理人员的业务指导和培训工作，并对其业务水平和工作能力定期检查、考核、评比。

三、岗位职业能力要求

项目过程管理岗位的岗位职业能力要求与职业能力分析表的对应关系如表 2-1 所示。

表 2-1　岗位职业能力要求

序号	对应职业能力分析表编号	工作任务	职业能力内容
1	1-1	网络通信系统设备安装与调试	1. 了解网络通信协议 2. 熟悉路由器、交换机的工作原理 3. 熟悉各类网络线材的性能与工作原理 4. 会网络通信系统设备安装与调试

续表

序号	对应职业能力分析表编号	工作任务	职业能力内容
2	1-2	信息化系统安装与调试	1. 熟悉服务器的基本知识和技术 2. 了解数据库与中间件，会使用简单的 SQL 语句 3. 会信息化系统安装与调试
3	1-3	弱电智能化系统设备安装与调试	1. 熟悉综合布线系统、各子系统的功能、以及组成部件 2. 熟悉可视对讲系统系统的原理、产品功能、性能参数 3. 熟悉视频监控系统的原理、产品功能、性能参数 4. 熟悉公共广播及背景音乐系统安装 5. 熟悉多媒体信息发布系统的工作原理、产品功能、性能参数 6. 熟悉停车场出入管理系统安装 7. 熟悉周界报警、室内入侵报警、电子巡更等安防系统安装 8. 熟悉一卡通系统 9. 熟悉智能家居系统及其子系统组成 10. 能熟练完成 IBMS 集成管理系统安装与调试
4	2-3	调试配置设备	1. 熟悉系统集成应用产品性能 2. 会调试配置系统集成应用产品 3. 会验证及功能测试方法
5	5-1	综合布线	1. 能读懂布线图、系统图 2. 熟悉各种线材、辅料（网线、弱电线、桥架等） 3. 熟悉各种线材的物理特性（抗拉、耐弯曲、物理长度等） 4. 熟练使用施工工具（手电钻、冲击钻、手磨机、打线器等）
6	5-2	设备安装	1. 能读懂系统图、拓扑图、布线图 2. 会使用各种调试工具、软件等 3. 熟悉 380 V 以下强电电气性能 4. 懂强电电箱操作及操作规范 5. 懂设备的小范围调试
7	5-3	现场管理	1. 准备项目所需的材料、设备、工具 2. 懂得安排工作任务 3. 懂得团队合作 4. 懂得与甲方进行有效沟通 5. 懂得与第三方单位进行有效沟通 6. 协调施工过程中的交叉作业 7. 懂得协调团队中的人际关系 8. 项目进度把控 9. 协助系统调试
8	6-1	施工计划	1. 理解项目实施时间安排 2. 了解项目实施管理过程

续表

序号	对应职业能力分析表编号	工作任务	职业能力内容
9	6-2	系统安装手册	1. 熟悉各个系统的产品安装要求 2. 分类管理各个系统的文件
10	6-3	项目图纸资料	1. 熟悉各种图纸资料的使用工具 2. 分类管理各个系统的文件
11	7-1	图纸修改	1. 熟悉 CAD 设计工具 2. 熟悉 Visio 设计工具
12	7-2	验收文档	1. 熟悉验收流程 2. 熟悉 office 办公软件
13	10-1	需求分析	1. 理解弱电知识 2. 理解智能化系统知识 3. 熟悉应用类知识（软件、服务器、数据库、中间件） 4. 了解综合业务系统知识（OA 系统） 5. 现场与客户沟通 6. 了解主流产品信息、熟悉各行业解决方案 7. 填写客户需求分析表
14	10-2	设计规划方案	1. 确定方案的逻辑构架 2. 描述客户的现状与需求 3. 设计拓扑规划图 4. 技术选型、产品选型 5. 编制预算及标价
15	13-2	深化设计、绘图	熟练使用绘图工具（CAD、草图大师）
16	13-4	设备联调	1. 单系统进行联动调试 2. 熟悉布线技能
17	14-1	文档整理	1. 竣工文档、图纸整理 2. 验收文档整理
18	15-1	制定培训大纲	1. 系统架构的培训 2. 设备操作的培训 3. 简单故障的维护培训 4. 设备基本的保养培训
19	16-1	资产管理	1. 制作资产管理卡片 2. 实施管理（盘点） 3. 制定 IT 资产清单（库存管理） 4. 管理备品备件 5. 报废管理

续表

序号	对应职业能力分析表编号	工作任务	职业能力内容
20	16-2	配置管理	1. 备份配置 2. 恢复配置 3. 软件版本管理
21	17-1	认识各类计算机常见设备	1. 了解各类计算机及其常见外设设备 2. 能使用计算机及其常见外设设备 3. 能独立拟定计算机及其外设设备的配置需求
22	17-3	计算机操作系统与常用软件安装与配置	1. 了解计算机操作系统及其常用软件 2. 能根据用户需求进行安装与配置 3. 能熟练完成 PC 操作系统及其常用软件的安装与调试
23	18-1	认识各类综合布线工具与设备	1. 了解各类综合布线设备及工具的使用 2. 能根据项目需求选择合适的设备与工具
24	18-2	制作各类接线	1. 了解各类常见接线设备的使用和接线制作 2. 能根据项目与客户需求制作各类接线 3. 能熟练、独立完成各类接线制作
25	18-3	布线安装与调试	1. 了解室内综合布线安装与调试技术、方法与技巧 2. 会按照项目要求进行综合布线安装与调试 3. 能熟练完成布线安装与调试
26	26-1	移动端应用软件界面设计与实现	1. 了解 Android 或 IOS 应用软件界面设计技术和方法 2. 会根据项目需求实现 Android 软件的界面设计 3. 能独立完成 Android 界面设计与编码
27	26-2	移动端 Web 页面设计与实现	1. 了解 HTML5、CSS3、jQuery、Mobile Web 等技术 2. 会使用 HTML5 + CSS3 + JS 完成 Web App 界面的设计与编码 3. 能熟练使用 HTML5 + CSS3 + JS 完成前端 Web 开发与编码
28	26-3	界面 PS 设计与界面设计文档编写	1. 了解界面设计 PS 技术 2. 会按项目要求完成界面设计说明书的编写
29	28-1	服务器端软件功能程序设计与编写	1. 了解移动开发服务器端软件开发技术和方法 2. 能根据项目要求进行软件功能程序设计 3. 能够独立完成软件程序编写
30	28-2	服务器端程序测试	1. 了解服务器端软件开发技术规范和方法 2. 能根据项目要求完成功能程序测试 3. 能够熟练完成程序单元和系统测试并提交测试报告

续表

序号	对应职业能力分析表编号	工作任务	职业能力内容
31	28-3	服务器端软件维护	1. 了解服务器软件维护技术 2. 能根据项目要求完成软件维护任务 3. 能独立完成服务器软件的更新和维护工作
32	30-1	技术文档编写	1. 了解移动软件文档技术和规范要求 2. 能根据项目要求完成软件技术文档编写 3. 能熟练完成技术文档的内容和归档
33	30-2	技术文档维护	1. 了解技术文档维护技术 2. 能熟练完成移动软件系统的文档更新和维护
34	31-1	GUI 设计	1. 了解移动开发 GUI 设计规范 2. 能移动软件系统整体界面设计 3. 能独立完成整个软件系统的 GUI 设计
35	31-2	GUI 交互开发	1. 了解 GUI 交互开发技术 2. 能按项目要求完成 GUI 交互开发 3. 能熟练完成 GUI 交互界面设计与实现
36	32-1	App 项目的架构设计、方案的制定	1. 了解 App 项目开发架构的设计规范 2. 能根据项目要求设计 App 软件架构 3. 能熟练制定 App 软件架构和设计方案
37	32-2	App 软件系统开发	1. 了解 App 软件开发技术和规范 2. 能按项目要求完成 App 软件系统开发 3. 能独立承担 App 的编程和开发任务
38	32-3	了解 App 软件开发技术和规范	1. 了解 App 软件维护方法和技术 2. 能按要求完成 App 软件更新与维护
39	33-1	核心模块设计	1. 了解核心模块的设计技术和方法 2. 能根据项目要求完成核心模块设计 3. 能够独立完成核心模块的功能设计与实现
40	33-2	核心模块开发	1. 了解移动开发核心开发技术与方法 2. 能够熟练完成核心模块的开发
41	34-1	项目文档编写	1. 了解移动开发项目文档规范要求 2. 能根据项目要求完成项目文档的编写
42	34-2	项目文档维护	1. 能根据项目需求更新项目文档 2. 能独立完成项目文档的更新和维护

续表

序号	对应职业能力分析表编号	工作任务	职业能力内容
43	35-1	交流表达	1. 具备良好的沟通技巧与能力 2. 具备与本部门及其他部门的沟通能力 3. 具备与客户、供应商、服务商、监理部门的沟通能力 4. 具备电话接听技巧及商务礼仪 5. 具备良好的倾听技巧 6. 具备委婉拒绝技巧 7. 具备一定的客户拜访技巧 8. 具备良好的处世技巧 9. 具备一定的演讲能力 10. 具备良好的方案、计划、总结、汇报等材料的撰写能力
44	35-2	数字运算	1. 具备良好的数理逻辑推断能力 2. 具备材料预算、成本核算、工程结算能力 3. 了解数据统计分析（占比、成功率、解决率率等） 4. 数制间的转换
45	35-3	革新创新	1. 关注行业新的发展动态 2. 能运用新技术提高效率 3. 改变原有工作方式提高效率
46	35-4	自主学习	1. 学习新技术、新标准、新知识 2. 学习行业知识 3. 具备通过网络、书籍、会议等途径自主学习能力
47	35-5	团队合作	1. 具备分工合作能力 2. 能与同事、用户、服务商、供应商合作 3. 遵从团队要求，共同完成目标
48	35-6	解决问题	1. 能主动发现问题 2. 能识别问题的影响程度 3. 能将处理的问题及时上报 4. 具备应急及分歧处理技巧 5. 具备较好的理解能力 6. 能通过查询相关产品文档来解决问题 7. 能协调各方资源来解决问题 8. 能积累归纳常见问题并形成经验
49	35-7	信息处理	1. 能通过网络、文献、书籍、会议等方式收集信息 2. 具备从海量数据中归纳总结有用信息的能力 3. 具备信息推理与分析的能力
50	35-8	外语应用	1. 具备阅读英文计算机专业资料能力 2. 能查阅英文版的产品技术文档 3. 能使用英文版的软件 4. 能使用英文版的配置命令界面

续表

序号	对应职业能力分析表编号	工作任务	职业能力内容
51	35-9	IT 行业职业素养	1. 保护知识产权，使用正版软件 2. 遵循保密原则，保守商业机密 3. 遵循保密原则，保护信息安全 4. 不看非自己权限的信息，拒传敏感信息 5. 具有良好的情绪控制能力 6. 具有良好的承受工作压力能力 7. 具有良好的劳动精神 8. 诚信、负责、守法、敬业

四、案例介绍

案例 1　林和街华新社区智慧社区服务站建设方案

本项目是在正式承接后进行的项目总体建设方案的设计。包括对项目的简要介绍，对该项目设计到的社区服务站功能分区介绍等多个模块。

该案例主要框架如下：

1　简　介

简介部分对承接项目的地理位置，内部结构，权限范围等方面对项目进行简介。

内容展示如下：

林和街华新社区位于天河区天华东路 77 号新园小区一层，是华新社区居委会机构的所在地，在确定在该社区建设智慧社区服务站时，正逢居委会在进行装修施工前期，最初设计主要是为设置家庭服务中心兼居委办公功能为主的装修方案。通过区科信局智慧社区项目组以及领导的协调推动，林和街道办同意在保留街道办主要功能的前提下，将智慧社区的功能各版块融入其中，进行装修设计的修改。

2　社区服务站功能分区

社区服务站功能分区部分对功能分区进行简单说明，并且给出部分标志性建筑的平面图，便于施工确认。

内容展示如下：

2.1　分区说明

该服务站分为上下两层，其中二层主要是居委办公室和部分家庭服务中心的功能室。智慧社区服务站的各功能分区全部在一层，在街道办的配合下，基本实现了我们当初对服务站功能分区的规划，达到了区域划分清晰的目标，为今后智慧社区的运行打下了坚实的基础。

目前确定服务站有以下功能分区（见表 1）：

表 1　服务站功能分区

<table>
<tr><th colspan="2">功能区域</th><th>功能简述</th><th>占用面积/m²</th></tr>
<tr><td colspan="2">政务服务区</td><td>处理居民办理业务量较大的政府服务，通过智慧家居云平台实现业务办理前移至智慧社区服务站，设置有 6 个工作位</td><td>51.5</td></tr>
<tr><td rowspan="5">服务站大厅</td><td>自助服务区</td><td>位于服务站大厅一侧，以自助终端提供各类服务的自助办理，社区居民可以在进行身份认证后，办理业务或查询信息，试点初期设置自助终端 2 台，其中一台以政务服务为主，另一台以社会化商业服务为主
本区域预留了 1 台自助终端的位置和线路，用于将来的扩展</td><td rowspan="5">42.03</td></tr>
<tr><td>社区商务服务区</td><td>设置 2 个工作位，设置工作人员两名。接受社区商务服务平台上的人工下单、查询、以及运维中产生的事务跟进等</td></tr>
<tr><td>服务站厅</td><td>用于办事人员暂时休息、等候以及必要的缓冲场地</td></tr>
<tr><td>便民咨询接待台</td><td>由居委设置，位于服务站大厅内</td></tr>
<tr><td>智慧社区宣传栏</td><td>用图、表、文字内容展示智慧社区有关的各类信息，以墙面和电子显示屏为主（与家庭服务中心共用）</td></tr>
<tr><td rowspan="2">智慧家庭体验区兼多功能室</td><td>体验区</td><td>安装与智慧家庭户内配置的相关设备，用于展示智慧家庭的应用情况。同时可作为小型会议、培训、交流等的工作地</td><td rowspan="2">40.23</td></tr>
<tr><td>设备间</td><td>服务站的网络和服务器的设备所在地，位于智慧家庭体验区内分隔的独立区域。</td></tr>
<tr><td colspan="2">健康服务区</td><td>配置健康检查仪器，可为社区居民提供常规体检项目服务，产生的个人健康档案数据可与网上医疗系统对接，实现数据分析、远程医疗等应用</td><td>21.8</td></tr>
<tr><td colspan="2">互助服务区</td><td>基于智慧家居云平台上的社区邻里互助模块，在服务站提供现实的交流平台，也可提供社区居民上网办理服务，设置 2 个工作人员工作位，可供义工使用</td><td>40.12</td></tr>
</table>

自助服务区服务时间：受限于装修设计，在居委下班后，可以由商务服务区的工作人员延迟下班的模式下，将自助服务区服务时间延长到晚上 21:00 左右。

2.2　服务站一层平面图

服务站一层图如图 1 所示。

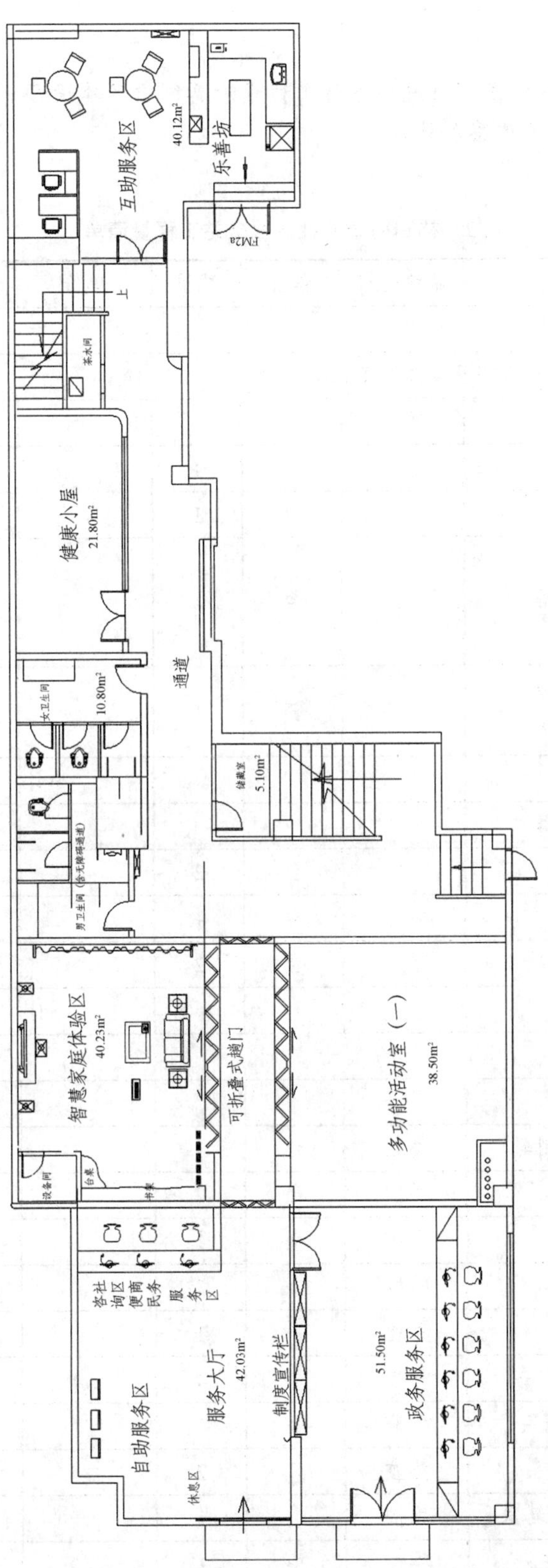

图 1　林和街华新社区智慧社区服务站一层平面布置图

3 服务站建设预算

本部分对项目中服务站建设的内如进行工程量清算给出了建设预算，经费预算用表格表达，可以让预算更简单便于观察和计算。

内容展示如表 2 所示。

表 2 林和街智慧社区服务站工程量清单

序号	设备	品牌规格	单位	数量	单价	综合合价	备注
1	服务站建设费用						
1.1	服务站大厅（自助服务及商业服务区）						
1.1.1	专用设备						
（1）	AGM 政务一体机		台	1			
（2）	ATM 商业自助终端		台	1			
（3）	自助照相终端		台	1			预留信息插座与电源
（4）	LCD 显示终端（含计算机）		套	1			
					小计		
1.1.2	办公家具电器						
（1）	计算机		台	2			
（2）	打印机		台	1			
（3）	电话机		台	2			
					小计		
1.2	智慧家庭展示区						
1.2.1	专用设备						
（1）	多媒体互动控制器	乔控	台	1			
（2）	影音控制器	乔控	台	2			
（3）	空调控制器	乔控	个	1			
（4）	智能家居网关	乔控	个	1			
（5）	信号中继器	乔控	个	1			
（6）	2 路双向智能开关	乔控	个	4			
（7）	1 路双向智能开关	乔控	个	1			
（8）	IP 半球型摄像头	乔控	只	2			
（9）	无线人体感应探测器	乔控	个	1			
（10）	无线紧急按钮	乔控	个	1			

续表

序号	设备	品牌规格	单位	数量	单价	综合合价	备注
（11）	PAD	乔控	台	1			
（12）	便携式遥控器	乔控	台	1			
（13）	彩 E 终端	乔控	台	2			
					小计		
1.2.2	办公家具电器						
（1）	55″液晶电视		台	1			
（2）	专业功放（红外遥控）		台	1			
（3）	音箱		套	1			
（4）	高清播放器（红外遥控）		台	1			
（5）	窗帘		套	1			
（6）	窗帘导轨及电机		套	1			
（7）	电动窗帘控制器		个	1			
（8）	触控一体机		台	1			
（9）	个人计算机		套	1			
（10）	柜式空调		台	1			
（11）	沙发茶几		套	1			
					小计		
1.3	互助服务区						
1.3.1	办公家具电器						
（1）	计算机		台	2			
（2）	打印机		台	1			
（3）	电话机		台	2			
1.4	健康小屋						
1.4.1	专用设备						
（1）	居民健康小屋一体机		套	1			
（2）	健康小屋家庭服务系统（基础版）		套	1			
（3）	卫生信息交换系统（基础版）		套	1			
（4）	家庭智能终端应用软件		套	1			
1.4.2	办公家具电器						
（1）	计算机		台	2			
（2）	打印机		台	1			

续表

序号	设备	品牌规格	单位	数量	单价	综合合价	备注
（3）	电话机		台	2			
1.5	建设费用合计						
2	服务站装修费用						
2.1	装修及强弱电配套		平方米	144			按每平方 1 200 元计算
3	年运营费用						
3.1	人员平均工资福利		人/年	12			
3.2	网络、电话	10M 对等	月	12			
3.3	房租、管理费、水电	144 m^2	元/平方/月	144*120			
3.4	站内宣传费、耗材等		元/月	12			
年运营费合计							
4	便民平台开发						
4.1	便民、互助服务平台开发（基础版）	定制	套	1	2 000 000.00		

4 主要设备说明

主要设备的说明，包括项目涉及设备的产品介绍、产品特点，标准功能及使用场景、服务内容等各方面的介绍。

内容展示如下：

4.1 政务服务自助终端

4.1.1 产品介绍

公众服务自助终端（以下简称“自助终端”）为智能化便民服务体系的前端，是智慧城市的重要组成部分，作为政府服务的前端延伸，为居民提供包括政务服务、公用事业服务以及家庭服务等内容，可部署在街道政务服务中心、社区服务工作站、地铁站等网点，方便居民就近使用。其特点包括：

（1）自助。居民自助获取服务指南、服务申请、结果查询相关服务。对于适合自助操作的服务事项提供表单填写、在线申请、回执打印等服务。

（2）易用。交互界面简单友好，自助流程规范清晰，终端操作方便易用。终端屏幕提供多点触控、手写输入等用户体验，只需一个手指就能完成所有操作。

（3）智能。提供二代身份证识别、社保卡读写、指纹识别、摄像拍照、羊城通、RFID 传感模块、密码键盘等功能，加入智能化设计元素，终端使用更加便捷化、智能化。其外观和功能如图 2 所示。

4.1.2 产品特点

功能全面：可实现社保卡业务查询、资料打印、指纹采集、以及社保卡个人资料采集、市民网页个人门户水电燃气费话费查询，服务事项查询、电子表单填写、办事自检、自助办理服务事项，如领取养老金资格认证手续、残疾人乘车优惠卡年审、经济适用住房购房资格申请自审、廉租房申请自审、老年人优待证升级（升级后乘车免费）等。

多种卡应用功能：身份证 IC 卡、社保 CPU 卡、逻辑加密卡、非接触式 IC 卡读写功能

图 2 公众服务自动终端

完善的操作界面：符合人体工程学要求的布局，让用户轻松完成业务办理；显示屏幕内嵌手写触摸屏操作平台，满足大众化界面的需求，使电子政务的操作性更为便捷。

打印功能丰富：快捷的热敏打印方式，可通过后台程序方便地打印凭证。打印机具有送纸机构，可防止恶意拉拽，自带 A4 打印功能，方便处理各种业务。

质量稳定可靠：专业设计，确保全年 365 天，每天 24 小时连续工作；结构上区域分割合理，上门使用气弹簧支撑，机脚高度可调并配备滑轮，日常维护安全方便；采用模具压铸成型，外形美观，工艺精良，各功能区域指示清晰，色彩搭配简洁明快，并可根据客户需求设计不同颜色；整体设计抗暴力，防水防尘，支持低温保护功能。

灵活的通信方式：提供 TCP/IP（局域网、广域网 DDN）、ADSL 专线、MODEM 池、GPRS 无线、3G 无线等通信方式。

监控流程实时监控（包括业务流程和设备状态的监控）。

硬件加密：支持加密键盘和硬件加密模块。

远程控制：支持远程状态监控，远程软件更新。

4.1.3 标准功能

自助终端标准功能如表 3 所示。

表 3 自助终端标准功能

序号	模 块	说 明
1	显示模块	17″，支持 1024×768 以上分辨率； 支持多点触控、手势功能； 支持手写输入法
2	输入设备	二代身份证阅读模块
		社保卡读写模块（支持相关社保业务开展）
		羊城通模块（支持相关羊城通业务开展）

续表

序号	模　块	说　明
2	输入设备	IC 卡读写器（探针式读卡、按键式取卡、插拔保护专利，插拔保护专利可让 IC 卡使用次数从 10 万次提高到 70 万次）
		指纹识别模块
		摄像、拍照模块
		密码键盘
		RFID 传感模块
		扫描模块
		USB 模块
3	输出设备	回执打印模块（含条码打印）
		证明打印模块（A4）
		语音输出模块
4	网络模块	有线网络模块，支持 RJ45 接口
		无线网络模块 WiFi（可选 3G），支持 802.11 a/b/g/n

图 3 所示为自助终端的功能简要说明。

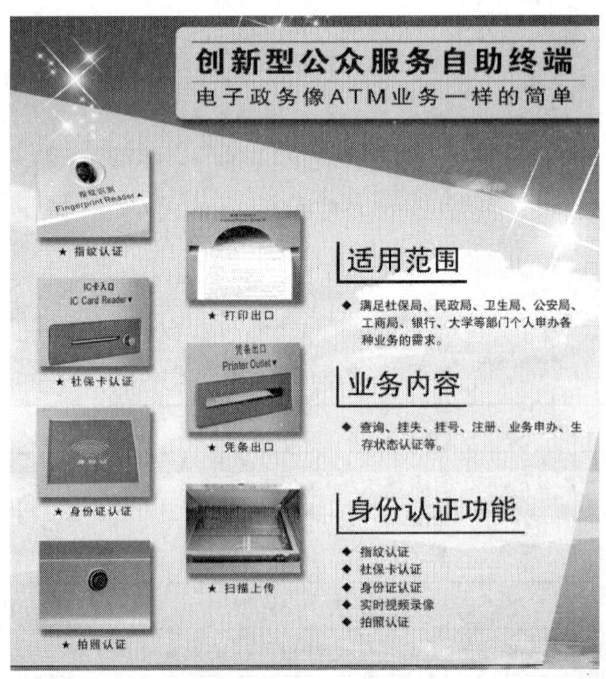

图 3　自助终端简介

4.1.4 使用场景

自助终端使用场景主要包括：

1. 自助查询

方便市民自助查询服务事项、办事结果、参保情况、社保账户信息、公用事业（水、电、煤、气、电话、电视等）信息等。

2. 自助办事

市民利用多点触控支持手写输入、指纹验证、摄像拍照、IC卡读写等功能，根据不同服务事项要求，可方便地填写电子表格、验证生存状态、记录影像资料、读写IC卡等，能方便、快捷地自助以下办理服务事项。

（1）政务办事服务。市民凭身份证或社保卡可自助办理政府服务事项，包括领取养老金资格认证手续、残疾人乘车优惠卡年审、经济适用住房购房资格申请自审、廉租房申请自审、老年人优待证升级（升级后乘车免费）、婚姻登记预约、求职登记、办理社保卡等。

（2）公用事业服务。市民凭身份证或社保卡就可自助办理公用事业服务事项。

（3）家庭服务。市民凭身份证自助办理家庭服务事项，如请保姆、找钟点工、搬家、小孩老人看护等。

4.1.5 服务内容

中智公共服务自助终端作为便捷化公共服务体系的前端，完全符合市委市政府建设以一站（政务服务中心）、一网（四级信息网络）、一台（社区服务管理信息平台）、一库（社区服务管理共享数据库）、一页（市民网页）、一卡（社会保障卡）为核心的服务体系要求。公共服务自助终端部署在一站，运行在一网，以一台、一库为支撑，有机衔接一页、一卡，使市民不出社区就能享受“一站式”服务。

目前自助终端现已实现表4所示服务：

表4　自助终端服务项目

序号	应　用	详细说明
1	服务事项查询	支持多维度（人生事件、服务主题、服务对象、服务部门）服务事项查询
2	社保卡模块应用（与一卡及一页结合）	自助申领社保卡（与一卡结合）
		社保信息查询（与一卡结合）
		水电燃气费话费查询（与一页结合）
3	羊城通模块应用	羊城通余额查询
		残疾人乘车优惠卡年审
		老年人优待证升级（升级后乘车免费）
4	生成认证	领取养老金资格认证手续

自助终端界面如图4～图8所示。

图 4 服务事项查询

图 5 社保卡登录验证

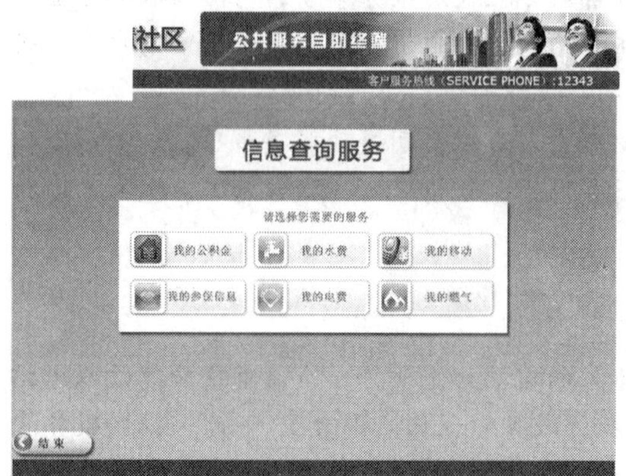

图 6 信息查询服务

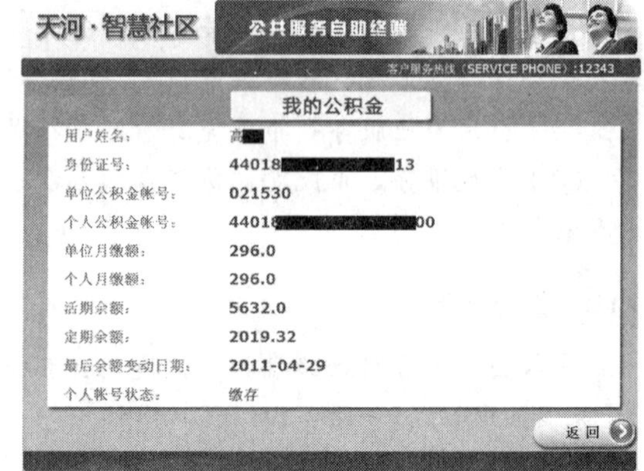

图 7 查询公积金

抄表年月	用水量(吨)	水费(元)	污水处理费(元)	总费用(元)	缴费情况	缴费期限
201012	25	33	20.25	53.25	已缴费	2010-12-10
201102	42	55.44	34.02	89.46	已缴费	2011-02-10
201104	31	40.92	25.11	66.03	已缴费	2011-04-02

图 8 查询水费账单

4.2 ATM 商业自助终端

4.2.1 自助终端功能特点

1. 支撑的业务渠道

（1）支持银联卡交易。

（2）支持存折取款转账（符合老年人使用习惯）。

（3）支持买彩票、订机票、订火车票等便民服务。

2. 金融商务一体机与传统 ATM 对比优势

（1）传统 ATM 的功能较为单一，未来 ATM 向多功能化发展，提高了使用率，为社区带来更多便利。

（2）除传统功能外，还支持航空订票、购买福利彩票、火车票、信用卡还款、手机充值、代缴公共事业费、游戏点卡充值、淘宝支付宝充值以及其他功能。

自助终端机外观如图 9 所示。

4.2.2 ValuePlus 已开通的业务

图 10 所示为目前在自助终端机上已开通的部分业务、入口界面。表 5 为其他业务的开通时间表。

图 9　自助终端机

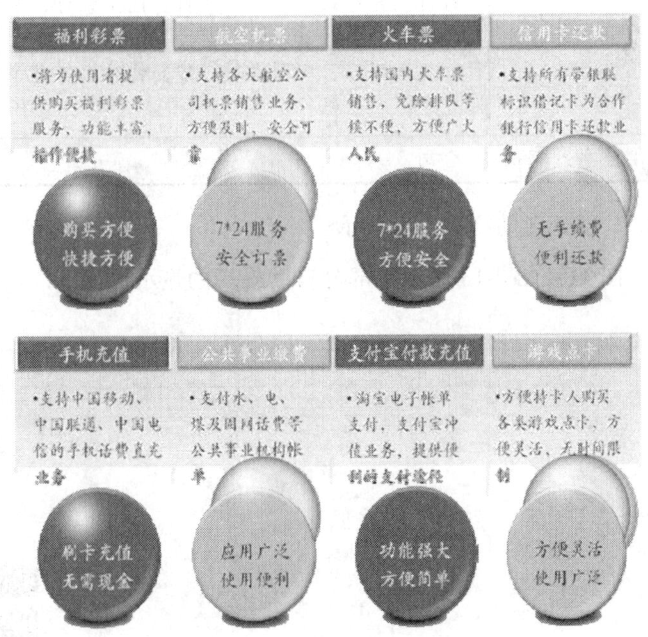

图 10　已开通的部分业务

表 5　广州落地业务时间安排

业务类型	业务覆盖	计划投产时间	备　注
航空机票	全国	已投产	
福利彩票	全国	已投产	
火车票	北京、上海、南京、杭州、苏州、无锡、武汉	2011 年 10 月	需做本地接入
交水费	上海、杭州、重庆、南京、苏州、沈阳、合肥、成都、济南、长沙、昆明、温州、武汉、绍兴、南昌、新余、南宁、宁波	2011 年 12 月	需做本地接入

续表

业务类型	业务覆盖	计划投产时间	备　注
交电费	上海、杭州、重庆、南京、苏州、沈阳、合肥、济南、长春、武汉、深圳、烟台、江西、福州、丹东、浙江全省	2011 年 12 月	需做本地接入
交燃气费	上海、杭州、重庆、南京、苏州、沈阳、郑州、哈尔滨、合肥、成都、南昌、新余、海口、北京（包含供暖费）	2011 年 12 月	需做本地接入
游戏点卡	全国	2011 年 10 月	
手机充值	全国	2011 年 10 月	
信用卡还款	招商银行、工商银行、广发银行、交通银行、中信银行、兴业银行、平安银行、民生银行、宁波银行、上海农商行、重庆农商行、河北银行、上饶银行、建设银行、中国银行、华夏银行、浦发银行、深发展、农业银行	2011 年 12 月	
支付宝付款充值	全国	2011 年 12 月	

4.2.3　部分自助终端界面展示

图 11 ~ 图 2-13 展示了部分自助终端的显示界面。

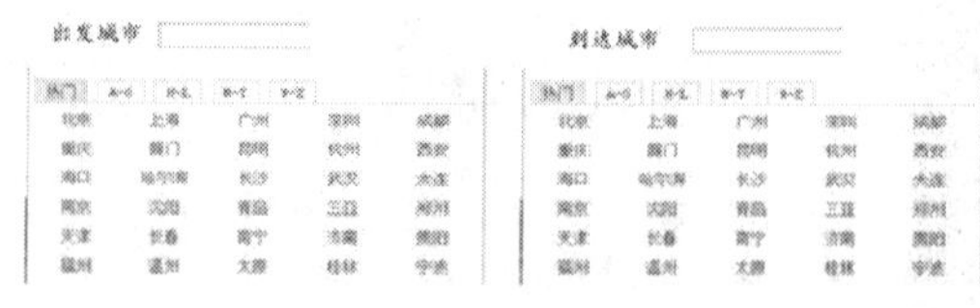

图 11　机票交易画面

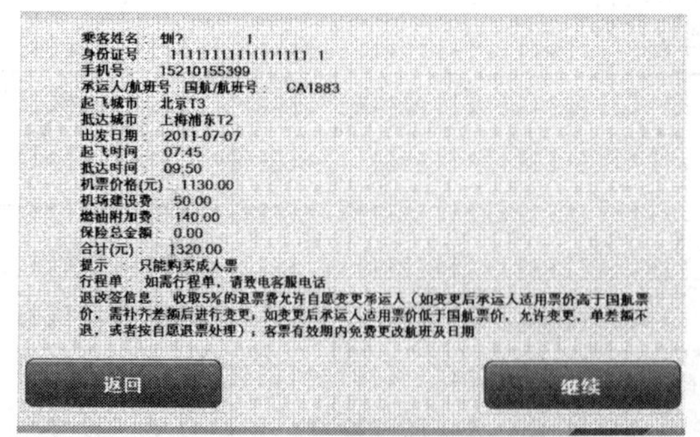

图 12　机票交易界面

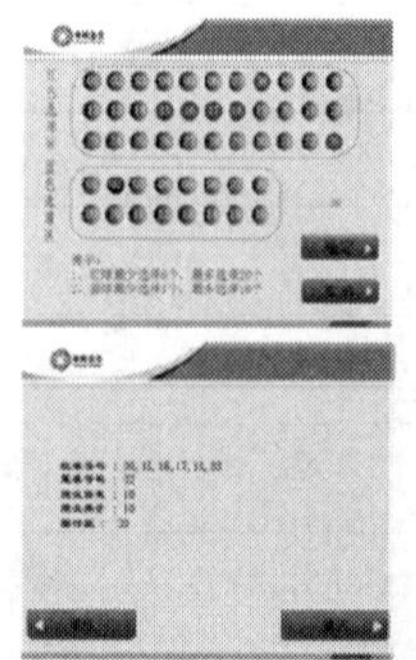

图 13　福利彩票（自行号码）界面

5 其他配套情况

这一部分包含对项目其他情况的说明。

内容展示如下：

5.1 光纤接入

服务站智慧社区需要网络接入，为了保证智慧家庭体验区的效果，至少需要稳定带宽为10 Mbit的光纤资源，区科信局经过协调后，确定了由居委负责协调接入，现处于申请落实期间。

5.2 WLAN 覆盖

电信、移动、联通三家运营商已经确定配合实现对服务站的 WLAN 覆盖，移动与联通的室内线路及 WLAN 天线已安装完毕，电信也将于近日完成。预计 8 月底将三家将全面完成传输线路的接入与调试工作。

案例 2 珠光·御景一号 B 区智能化系统工程施工组织方案

本案例只项目过程管理岗位在实际施工过程中对工程的实施组织计划、质量管理、施工部署及组织管理、部分系统安装及施工的具体阐述，这是施工的依据，内容都十分重要。

其主要框架结构如下：

（1）编制依据。

（2）工程概况。

（3）工程实施组织计划。

（4）工程质量管理。

（5）施工部署及组织管理。

（6）部分系统安装及施工。

（7）质量保证措施。

（8）工期保证措施。

（9）安全生产保证措施。

（10）文明施工措施。

（11）成品保护措施。

（12）工程的培训及售后服务。

本项目内容中涉及质量保证措施，工期保证措施、安全生产保证措施、文明生产保证措施、工程的培训及售后服务在第一章的技术方案中展示过，这里不做重复展示。

1 编制依据

编制依据列出了施工组织设计的指导思想，编制的范围及内容，施工组织设计编制技术的依据等。

内容展示如下：

1.1 施工组织设计的指导思想

“珠光·御景一号B区智能化系统工程”施工组织方案是根据建设方提供的智能化弱电系统设计图，按现行的国家施工验收规程规范、工程质量评定标准、施工操作规程、广东省政府的有关规定，再结合我公司的施工能力、技术准备力量及多年智能化工程的设计施工经验和本工程的具体情况进行编制的。

施工组织方案作为直接指导施工的依据，在保证工程质量、工期、安全生产的前提下，对加强施工管理、有效的调配劳动力、提高施工效率、节约工程成本、保证施工现场的安全文明有积极作用。

施工组织方案一旦经甲方和建设监理公司审核认可后，应在施工过程中严格执行。

1.2 编制范围及内容

（1）本工程施工组织方案是严格按照本智能化工程的要求进行质量策划后编制的，在人员、机械、材料供应、平衡调配、施工方案、质量要求、进度安排等方面统一部署完成。

（2）我公司高度重视本施工组织设计的编制工作，召集曾从事过类似工程工作的技术专家、有关负责人攻克本工程的重点、难点及特殊部位的施工技术，力求方案重点突出，具有呼应性、针对性和可操作性。

（3）本着对建设单位负责和资金的合理使用、对工程质量的高度责任感，针对本工程设计特点和使用功能要求，编制时坚持“确保工程质量优、速度快、造价低、操作性强”的原则。同时保证周边和施工现场有良好环境。

1.3 施工组织设计编制技术依据

《安全防范系统工程程序与要求》（GA/T15—94）；

《安全防范工程通用图形符号》（GA/T74—84）；

《安全防范工程费用概预算编制办法》（GA/T70—84）；

《防盗报警控制通用技术条件》（GB12663—80）；

《入侵探测器通用技术条件》（GB10408.1—89）；

《防盗报警控制器通用技术条件》（GB12663—90）；

《建筑与建筑群综合布线系统工程设计规范》（GB/T 50311—2000）；

《安全防范工程技术规范》（GB50348—2004）；

《民用建筑电气设计规范》((JGJ/T 16—92）；

《自动化仪表安装工程质量检验评定标准》（GBJ131—90）；

《高层民用建筑设计防火规范（2001年版）》（GB 50045—95）；

《建筑电气工程施工质量验收规范》（GB 50303—2002）；

《建筑工程施工质量验收统一标准》（GB 50300—2001）；

《民用建筑隔声设计规范》（GBJ118—88）；

《计算机场地技术条件》（GB2887—1989）；

《电磁兼容性标准》（IEC801）。

2　工程概况

工程概况用简单的文字及项目罗列的形式简单而全面地说明项目涵盖范围，是总概性的、引导性的文字。

内容展示如下：

“珠光·御景一号 B 区智能化系统工程”位于广铁黄沙南站地块，成交楼面地价约 17 276 元/m^2，是目前仅次于亚运城的单价地王。项目总占地面积 261 507 m^2，总建筑面积 497 789 m^2，绿地率大于等于 35%。项目纯板式大户型洋房（B10：314 m^2/B9：369 m^2/B11：478 m^2）、珠光·御景一号还配有酒店 1 个（43 层顶级酒店）、幼儿园 1 间、小学 1 间、商业配套 1 个、消防站 1 个 、变电站 1 个。

根据甲方要求，本次智能化系统工程包括以下十二个项目：

（1）主干管槽建设工程。

（2）机房装修工程及 UPS 供电系统。

（3）计算机网络及综合布线系统。

（4）停车场及一卡通管理系统。

（5）公共部分可视对讲及门禁管理系统。

（6）B9～B11 栋智能梯控系统。

（7）网络视频安防监控系统。

（8）周界电子脉冲防范系统。

（9）电子巡更系统。

（10）园区背景音乐及紧急广播系统。

（11）多媒体信息发布系统。

（12）智慧社区云服务平台。

3　工程实施组织计划

工程实施组织计划通过对工程进度安排，项目管理机构的组建，施工组织机构框图，施工计划等的描述，对整个施工过程实施管理，在施工组织机构框图中还将项目管理人员岗位职责一一列出，明确各人员工作内容。

内容展示如下：

3.1　工程进度安排

根据贵单位对项目建设的总体要求，以及在同类项目建设中的经验，我们按照以下步骤实施的整体思路，提出智能化工程项目建设的实施进度计划。

本工程按甲方发出的开工令日期要求开始施工，并按双方协商确定的预计竣工日期完成和交付全部工程，详细的施工进度计划待我公司进场勘察后，在施工开始时提交。

工程一旦开工，须按以下步骤开展工作：

工程设计部进入现场进行现场勘测，同时材料采购部按照合同进行材料采购，进入工地临时库房。后续材料按工程实际进度制订采购计划。

工程部在工程勘测完毕后组织施工人员进场施工，准备好详细的施工进度计划和工程施工图纸，以及一切工程准备工作。

一旦进场后，将科学地安排施工进度，并积极与业主和土建方取得配合，避免人员安排和工序安排的不合理情况出现。

施工过程中定期召开工程现场会，由项目经理主持，及时调整人员安排，合理安排工程进度。

施工过程中工程项目经理要定期和不定期地抽查工段施工质量，并及时对工程质量和安全生产进行监督，保证工程质量，搞好安全生产。

工程每一阶段完工后，要及时整理工程档案，做好工作总结，为下一阶段打好基础。

工程施工完毕后，及时组织工程验收，做好工程结算工作。

考虑到“珠光·御景一号B区智能化工程”项目建设中的条件准备、设备订货及运输、项目施工等因素，工程实施进度计划按照以上计划编制。项目进度管理按照多专业交叉作业方式进行，以便控制项目实施进度。具体实施进度计划可按照贵单位的要求，在本实施进度计划的基础上调整。

我公司将协同珠光集团有限公司及总承包施工单位，按照项目实施进度计划，对项目建设的各个环节，包括人员组织、技术小组的工作进展、项目建设进度和质量、系统阶段验收等方面，实施全面的管理和监督。并通过项目阶段性总结，报告项目实施情况，调整建设进度，全面保证项目能够高效率、高质量地顺利完成。

3.2 项目管理机构的组建

我公司高度重视本工程的建设，已把“珠光·御景一号B区智能化工程”列为重点工程，采用全新的管理模式，即成立工程项目经理部，实行项目经理负责制。我们将“优质、高效、安全、文明”地建设好本工程，为公司创造良好的社会效益和经济效益，为社会奉献精品。根据本工程的规模和特点，选派思想好、业务精、能力强、能融洽、合作好的具有丰富实践经验的年富力强、颇具开拓精神的管理人员进入项目管理班子。对外适应业主管理的要求，充分发挥公司的经济技术优势和精诚合作的诚意，对内建立健全项目经理、项目副经理、项目经济师、项目技术主管、施工作业班组、设计工程师、施工工程师、材料主管、质检工程师和安全主管等岗位责任制，确保预定目标的最终实践。组织强有力的工程项目经理部，根据本工程的特点，项目管理机构由两个层次组成。

3.2.1 项目管理层——工程项目经理部

按照《建设工程项目管理规范》（GB/T50326—2001）组成的项目经理负责制，对工程进度、质量、安全、文明施工、合同履约全面负责，确保工程按照既定质量、进度目标交付使用。

本工程项目经理部领导班子由项目经理、项目经济师、项目技术主管等组成。

下设：设计工程师、施工工程师、质检工程师、安全主管、材料主管等具体实施项目部的职能。

3.2.2　施工作业层——直接参与施工的作业班组

精选曾施工过多项优质工程并有过施工同类工程经验的各专业班组。

3.3　施工组织机构框图

3.3.1　公司组织机构框图

公司组织机构框图如图 1 所示。

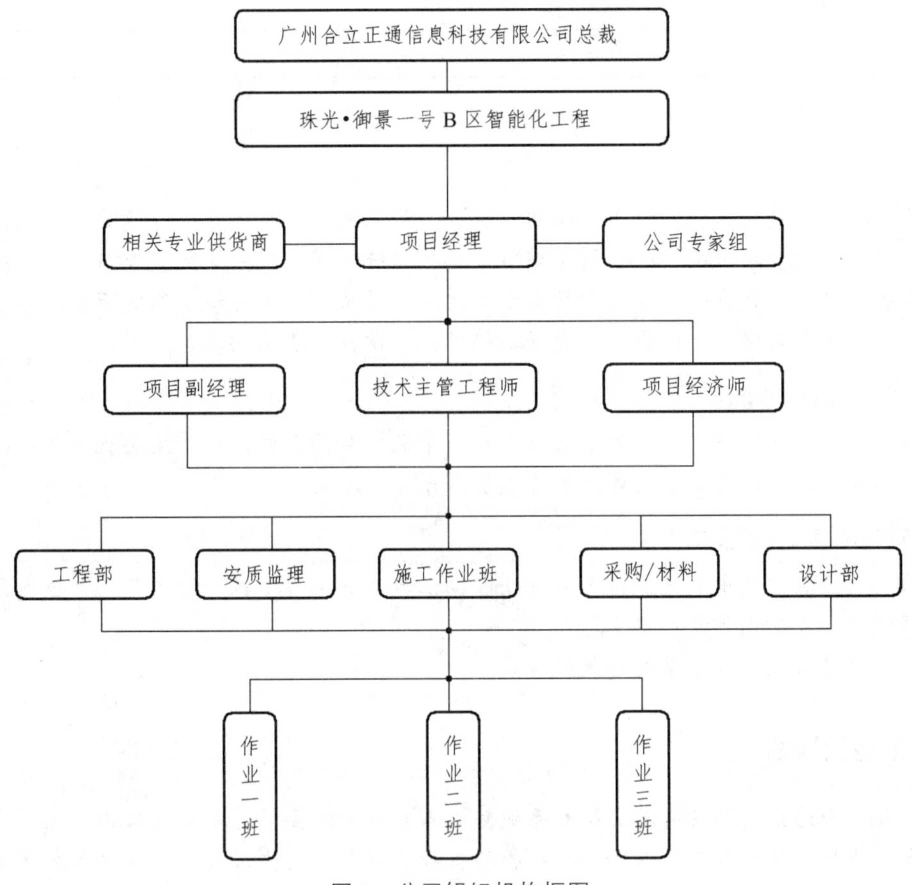

图 1　公司组织机构框图

3.3.2　项目管理人员岗位职责

项目管理人员岗位职责如表 1 所示。

表 1　项目管理人员岗位职责

职　务	职　责
项目经理	负责与工程有关的一切总事务，有权奖罚
项目副经理	负责生产、安全及材料供应，并负责施工项目组的管理协调
项目技术主管	负责项目技术工作，包括质量检查、新技术应用以及文件资料控制、检验试验、纠正预防质量审核等要素的具体实施

续表

职　务	职　责
设计工程师	参与图纸会审、技术交底、编写施工方案，参与质量创优及检查；收集、整理与传递本专业技术资料
施工作业班组	对分管的施工产品质量负直接责任
质检工程师	执行材料、设备、工程产品的质量检验工作，对检验产品负直接责任
材料主管	负责材料采购及验收
安全主管	对安全施工负直接责任

3.3.3 施工组的职责

1. 施工组的职责

提供主干管槽建设工程、计算机网络及综合布线系统、停车场及一卡通管理系统、公共部分可视对讲及门禁管理系统、B9～B11 栋智能梯控系统、网络视频安防监控系统、周界电子脉冲防范系统、电子巡更系统、园区背景音乐及紧急广播系统、多媒体信息发布系统和智慧社区云服务平台所必需的材料和设备。负责线缆的敷设、设备安装及调试。

2. 施工班组提供的文件

智能化系统安装过程中需提供的文件包括：采购产品的合格证件、主要施工机械配备表、设备的使用手册，系统完工后的详细的竣工资料等。

3. 安装规范及工艺要求

各系统的安装过程中必须保证人身安全，保证各系统在科学施工的情况下符合各系统设计书中各项技术要求及相关技术规范。

根据用户建议及时调整系统安装配置。

3.4 施工组织计划

广州合立正通信息科技有限公司对系统施工人员有严格要求，参与施工的工程师是经过培训的弱电工程师，以及有 5 年以上工作经验的工程管理人员及施工人员，此次参加施工的主要工程师都参加过多个类似系统工程的设计和施工，具有设计、安装和调试同类工程三年以上的工作经验。广州合立正通信息科技有限公司还拥有一批质量过硬，经验丰富的系统施工人员，他们是具有 7 年以上建筑智能化行业工作经验的熟练工人。拥有如此高水平的设计施工队伍，对珠光·御景一号 B 区智能化工程来说无疑是有了较高的质量保障。

3.4.1 工程组织

本项目我公司派出以项目组为单位的施工人员组织施工。

本项目岗位素质要求、分工及职责如下。

1. 项目经理

负责工程整体指导工作，定期、不定期检查工程项目进展情况，并根据工程项目的需要，及时调用后备资源支援工作。具有大中型智能化系统工程项目设计、实施经验，技术知识、技能全面，负责组织本工程项目的，设计和现场工程技术。

2. 项目副经理

具有大中型智能化系统工程项目的管理与实施经验，监督整个工程项目的实施，对工程项目的实施进度负责；负责协调解决工程项目实施过程中出现的各种问题。负责与业主及相关人员的协调工作。

3. 工程技术人员

要求具有丰富工程施工经验，作为主要人员参加过大中型智能化系统工程的实施，对项目实施过程中出现的进度等问题，及时上报总指挥。

4. 材料设备管理员

要求熟悉工程所需的材料、设备规格，负责材料、设备的进出库管理和库存管理，保证库存设备的完整。

5. 安全员

要求具有很强的责任心，负责巡视日常工作安全防范以及库存设备的安全。

3.4.2 工作流程

项目组成员应分工明确，责任到人，同时还应发扬相互协作精神，严格按照各项规章制度、工作流程开展工作。

项目实施由项目经理负责组织，由工程技术组、质量管理组、项目管理组、材料管理组共同完成，安全员负责安全监督。设计组提供支援。

在整个实施过程中，以控制工程质量为主，控制工程进度为辅，不断督导检查，以执行标准为设计依据，以工程验收标准为检验依据，保证工程顺利完成，直至工程验收。

3.4.3 规章制度

1. 协调会议通知制度

凡是与智能化系统工程有关的，由业主、监理两方或两方以上参加的协调会议上讨论，必须就有关协调情况及最终答复形成会议纪要以备查，会议纪要送达业主及相关人员。

2. 合同与资料管理制度

凡是与系统工程项目有关的合同文件和资料，由项目经理负责收集、整理、归档、管理，借阅必须经过授权和登记。

3. 验收制度

由业主、有关专家组成验收小组，由验收组长把验收结果填入工程报验单并签字，其他验收人员在此报验单上签名。

4. 项目组工作制度

必须按时上下班，有事必须向项目经理请假。

遇到原则性问题必须及时向上一级领导汇报，并写出相关的书面材料，经上一级领导同意（或提出处理意见）且签字后，方能处理。在重大原则问题处理上，应征得工地总指挥同意且签字后，方可处理。

必须与业主，其他工程施工单位及有关人员建立良好的合作关系，严格遵守业主制定的施工现场管理规定。

5. 材料管理制度

由专人负责材料管理，工程队施工过程中所有材料领取须填写统一的领料单，并由总指挥和专项工程师签字方可领取，剩余材料需及时退回材料管理员处，由管理员统一管理。

6. 安全管理制度

施工过程中所有人员必须戴安全帽，由安全员负责查看和保管安全帽，工程中使用的临时设施如配电设施、库房、休息室等每日由安全员定期定时巡查，及时发现安全隐患，避免安全事故发生。

3.5 项目管理机制

为适应本工程施工需要，在施工现场设立工程项目经理部，实行项目经理负责制。公司各职能部门服务于项目经理部，项目经理负责对工程各生产要素进行优化配置，全权处理与工程有关的一切事务。公司与项目经理部之间除采用电话通信和传真方式外，还将采用计算机网络方式联系。

3.6 施工项目的高效运作机制

3.6.1 明确项目经理部的责、权、利

（1）根据项目经理部的工作实际，具体明确每个项目管理人员的责、权、利，使全体管理人员有条不紊，紧张有序地开展工作，从而较大幅度提高项目经理部的工作效率。有效促进管理整体实力的强化，使项目管理班子有更多的精力和时间来分析运筹较为复杂的环节，做到项目整体一盘棋。

（2）项目经理全权处理本工程施工过程中的一切事务，并享有人事组织权、劳动力选择权、材料采购权以及资金使用权。

（3）项目经理部设本工程资金专用账户，项目上的一切开支由项目经理签字后方能支付，项目经理有权奖罚管理人员及施工班组。

（4）为加强竞争机制，本项目部的管理人员均受聘于项目经理，并与项目经理签订工作合同，项目经理有权按合同要求解聘不称职的管理人员及施工班组。

（5）项目所需的材料、机械设备、周转材料由项目经理部按工程进度自行配制。

（6）项目经理部在施工中实行全面质量管理。组织好各工种、各专业的施工协调配合，实现决策准、指挥灵、落实快的工作方针。确保工程按照既定质量、进度目标交付使用。

3.6.2　树企业形象，创工程精品

市场需要精品，用户需要精品。精品工程是由施工管理的全过程及各分部分项工程质量精细的程序组成的。同时职业道德也是精品工程不可分割的重要部分。为此本项目将建立“职业道德考核机制”，并在项目中大力推广和运用，具体做法是将考核标准具体落实到人头并与他们的收入直接挂钩，以形成自觉抵制施工质量和材料质量的以次充好、偷工减料、弄虚作假等不良行为，实施用户满意工程。

3.7　保证施工项目高效运作的措施

（1）由项目经理部处理施工现场一切事务。

（2）组织强有力的项目班子，由项目经理选用思想好、业务精、能力强、善合作、服务好的管理人员进入项目管理班子。

（3）建立健全项目技术、内业、材料、质量、安全等岗位责任制，定期对各专业进行考核。对项目经理、业主认为不称职的管理人员及施工班组立即更换。

（4）强化激励与约束机制，制定业绩评比、奖罚办法，定期组织项目经理部管理人员会议，检查工作质量。

（5）定期召开现场办公会，重点解决项目的资金、质量、速度等难题，以确保资金为前提，带动项目各项工作的高效运转。

（6）每周召开由项目经理主持的班子碰头会，对本周工作进行总结，对下周的工作进行协调安排。

（7）实行劳动用工管理，选用组织能力强，技术水平高，能打硬仗的作业队伍，树立连续作战的精神，确保工期按时完成。

（8）在施工中实施目标考核，并针对本项目制定“工程项目管理责任目标考核与奖惩办法”，以推动项目整体管理水平的提高，激发全体管理人员的工作责任心与积极性。

（9）工程资金由项目经理直接支配。

（10）项目经理部应加强对项目职工的素质教育，强化敬业精神，提高工作技能。鼓励参战人员艰苦创业，同时提高其福利待遇，让他们以旺盛的精力积极投入工程建设。

（11）项目经理部应加强同业主、设计院、监理及分包单位的联系，及时解决工程中的重点、难点问题，保证工程有条不紊地进行。

3.8　工程施工准备

3.8.1　施工技术准备

组织有关人员熟悉施工图纸和有关技术资料，勘察工地现场，充分了解和掌握系统设计意图、功能特点，做好技术交底工作。组织举行专题技术培训、讨论会，学习有关安全知识，增强质量意识。

3.8.2　主要施工机械设备

主要施工机械设备如表 2 所示。

表 2　主要施工机械设备

序号	名　称	规格型号	单位	数量
1	万用表	YX-960TR	台	6
2	测线仪	3N	套	2
3	接地电阻测试仪	YAII	台	1
4	绝缘电阻摇表	500V	台	1
5	电视信号发生器	PM5518-TN	台	1
6	电视信号场强仪	DS1150B	台	1
7	示波器	SS-0012	台	1
9	手提电脑	华硕	台	2
10	台式电脑	P4	台	1
11	数码相机	柯达	台	1
12	A3 打印机	HP	台	1
13	无线对讲机	G2000	对	6
14	切割机	RJ45	台	2
15	打线工具	CI-CAT	把	4
16	剥线器	CPT	把	10
17	人字梯	2 m	把	2
18	穿线器		条	5
20	冲击钻	—	把	3
21	手枪钻	3 ~ 10 mm	把	2
22	手提角磨机	—	把	1
23	台钻	3 ~ 20 mm	台	0
24	电焊机	10 KVA	台	0
25	电缆盘架	30 m	个	2
26	移动配电箱	10 k，380 V/220 V	个	2
27	管闸、板牙	16 ~ 32 mm	套	3
28	照明灯具	—	套	5
29	劳动防护用具	—	套	5
30	工程用车	—	辆	1

3.8.3　劳动力计划安排

根据工程设计，实施及项目管理经验，我公司组建组织机构并配备相关人员。设项目经理、项目副经理、项目经济师、技术主管、设计工程师、工程技术人员、质量管理工程师、材料管理员、安全员等。

设计部：按系统的情况配备相关技术工程师，共配备 2 名设计工程师，负责本工程设计工作。

工程技术组：配备 3 名技术工程师，负责本工程施工工作，管理工程队。

项目经济组：配备一名项目经济师，负责项目预决算及验收工作。

质量管理组：配备 1 名质检员，从质量管理角度予以负责。

材料设备管理组：配备 1 材料管理人员。

安全员：配备 1 名负责监督安全生产。

项目组详细人员配备清单如表 3 所示：(不含普工)

表 3　项目组详细人员配备

序号	姓名	职称	专业	经验年限	拟担任职务或承担工作内容
1	林××	项目经理	计算机应用与维护	9 年	项目经理
2	陈××	项目经理	计算机科学与技术	9 年	项目副经理
3	戴××	项目经理	计算机科学与技术	9 年	技术总监
4	吴　×	系统设计工程师	计算机技术与应用	8 年	设计工程师
5	何××	智能建筑弱电工程师	农业资源与环境	6 年	设计工程师
6	吴××	技术工程师	水电维修	6 年	技术工程师
7	吴××	技术工程师	楼宇智能化技术	6 年	技术工程师
8	黄××	技术工程师	水电	6 年	技术工程师
9	刘××	工程师	土木工程	5 年	项目经济师/质检员
10	范××		测控技术与仪器	3 年	采购
11	梁××		给排水工程	2 年	材料管理员
12	刘××		施工技术安全管理	2 年	安全员

3.8.4　临时平面图

根据工程的施工特点，对施工区布置临时设施，如仓库、现场办公用房、工人换衣、休息房等。其平面图如图 2 所示。

1）仓库（由业主安排地点）

需要 15 m^2 用于现场急用的线缆及部分设备的临时储藏。

2）现场办公用房、休息房（由业主安排地点）

大约需要 15 m^2 左右，配备计算机、打印机、照明、电话等办公设备。

3）现场临时设施

现场施工用电主要是用于照明及设备调试，其电源由业主负责解决，在临时用电线路上装我方电表搭接，费用为施工方支付。

安装施工用水量很少，主要在业主施工用水管取。

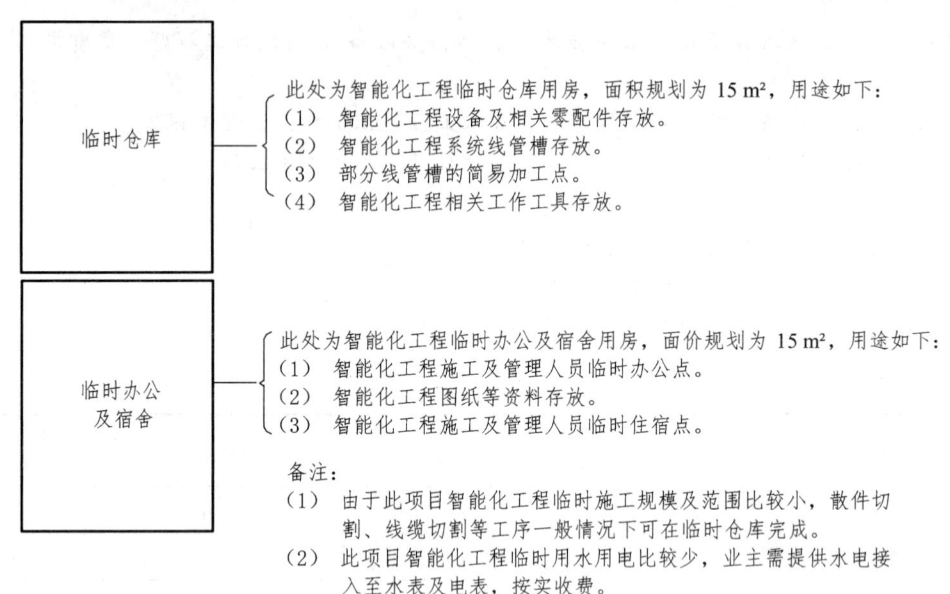

图 2　临时用地平面图

3.8.5　临时用地表

临时用地表如表 4 所示。

表 4　临时用地

用　途	面积/m^2	位　置	需用时间
临时仓库	15	业主指定	6 个月
临时办公及宿舍	15	业主指定	6 个月
合　计	30	业主指定	6 个月

3.9　材料组织与管理

本工程系统材料有主材、辅材之分。按工程施工工艺特点及进度计划安排，工程前期主要是辅材的进场，工程后期则主要是主材的进场，设备安装及阶段验收等。

由于主材、辅材使用性质不同，进场时间不同，因此需要区别对待，分别组织管理。

3.9.1　仓库设置

为加强工程物料管理，特此请求建设单位协助提供房间作临时仓库堆放设备器材用，位置靠近工地附近，要求通风、干燥适宜、水电供应、防盗安全设施齐全。

结合《仓库物品管理制度》，做好物料的入库、发放、盘点登记等工作。

3.9.2　设备采购、生产与入库

工程辅材及主要施工工具将按计划，自开工之日起便陆续就地采购进场入库，并配合大楼平面分割、初装过程投入使用。

程主材设备器材及附件，将根据工程的实际进度，经对综合技术应用环境会审、验收，确

认合格后，开始陆续采购储备、发货入库。

3.9.3　设备器材发放进场

设备材料的发放要具备完整的手续，须经相应主管领导签字同意后方可登记发放。

4　工程质量管理

工程质量管理部分通过对组织工作、进度控制、项目实施、风险管理、质量控制、项目文档这几个方面的管理的描述来实现。

内容展示如下：

工程管理的成功与否是实现时间目标与质量目标的关键。另外，也只有工程管理的成功，才能充分发挥人力与物力的优势，同时依据多年的工程管理经验，全面计划、组织、协调、审核，避免技术失误、工程超支、工期延误等问题，按照合同保质、保量地竣工验收。

当签订合同后，我公司将参照国际ISO9001标准管理模式展开以下管理工作：

4.1　组织工作管理

组织工作重要的是建立强有力的管理组织机构。我公司会成立专项管理组织、包括：工程组、技术组、外部协调组和项目办公室，分别对项目实施、工程设计、采购、合同、成本控制、设备及物资供应及文档等进行管理。

4.2　进度控制管理

主要由经验丰富的项目经理领导项目组进行进度控制，包括设计、施工进度、材料设备供应、成本控制管理及满足各种需要的进度计划的检查，施工方案的制定与实施，以及设计、施工各方面计划的协调，经常性地对计划进度与实际进度进行比较，并及时调整计划等。

4.3　项目实施管理

（1）我公司应拥有对项目进行中正常操作的决定权。

（2）我公司根据项目计划来衡量、跟踪和评估项目的进展情况及投资状况。

（3）同用户的项目经理一起解决有关项目计划与项目进度的偏差。

（4）适时地审阅项目任务、项目计划和人力资源，做好项目变化控制。

（5）同用户项目经理一起组织项目例会并审阅项目进程，负责会议记录的编写、汇签、发放及存档工作。

（6）准备例行项目状态报告，对项目中潜在的风险进行分析及解决，或提请回领导讨论。

4.4　风险管理

（1）保证项目中运用的技术可靠性、先进性。

（2）保证项目管理的组织严密性，工程设计、施工、管理的严谨性。

（3）确保及时获得项目进程中所需的各种信息。

（4）充分估计人的因素。

（5）确保项目人员所需的技能。

（6）事先安排好项目所需的辅助设施。

（7）保证最程度的误差损失。

（8）保证明确的责任分配原则。

4.5 质量控制管理

我公司除了选用：

《1 kV 及以下配线工程施工及验收规范》GB50258—96；

《电气装置接地施工及验收规范》GB50169—92。

除用以上技术规范进行质量控制以外，还以国外相应的规范要求对设计质量、施工质量、材料和设备质量进行管理、要求、控制。在任何方案中都有专家来确保方案的可行性及先进性。组织与项目有关的政府机关的质检、验收、签证工作。

质量是工程的生命。为此，我公司贯穿工程全过程，在关键位置设立严格的 QC 质量监控点，抽查、全检并举。监控点及保证措施主要包括：

（1）隐蔽工程施工。大楼土建、初装阶段预留预埋时，由建设单位委托水电安装单位完成。我司工程人员对预留预埋管进行穿线施工。

（2）设备采购。主要设备器材采取提前订货、保险运输等措施，从材料供应上确保工程进度和质量。

（3）设备领用。主要设备器材及附件出库发放，须配有相关产品合格证书、使用说明、安装手册、保维单等齐全资料。若设备残损或配套器材、资料不齐全，施工员有权拒领并及时向上反映。

（4）阶段验收、检查。分阶段按建设单位要求，会同各有关单位进行抽查检验，发现问题及时整改，并将结果反馈至相关单位。

（5）确定施工界面。与队友密切协作，配合施工，积极推进。

4.6 项目文档管理

我公司将采用严格的国际文档管理体系 ISO9001 标准，严格文档管理要求，对工程项目文档进行明细管理。具体包括：客户原始资料、合同、项目分级计划、项目进度、项目投资、项目预算、项目设计、施工、验收的标准、依据和规范、项目工程记录、信息控制制度、文件收发记录、文件存档、会议记录管理、相关票据管理等。

5 施工部署及组织管理

施工部署及组织管理部分，可以讲解关于工程总体布置，施工技术准备，施工准备，项目怎样做好多方面配合工作，怎样做好于土建施工单位的配合工作。

内容展示如下：

5.1 工程总体布置

1）本工程的施工指导方针

本工程作为公司的重点工程，公司将以顾客的需求为关注焦点，利用本公司的优势和修建类似工程积累的丰富经验，以质量为中心，强化管理，以一流的技术、一流的服务，创名牌精品工程、用户满意工程，使质量体系得以有效运行。本工程指导方针是：

（1）狠抓质量、工期、安全以及文明施工的目标管理。

（2）对工程所用的材料、构配件、机械设备进行优化配置。

（3）对项目管理人员采取优化组合。

（4）项目所需资金实行专款专用。

（5）强化工程质量的过程控制和监督管理。

（6）积极推广新技术、新工艺。

（7）合理有效地降低工程造价和客户投资。

（8）工程从开工到竣工以及维修服务全过程按 ISO9000 质量体系运行。

（9）强化文明施工管理，创“文明安全工地”。

2）施工组织安排

（1）进场后积极做好前期的准备工作。

（2）在施工过程中，积极协调和解决各专业在交叉施工中存在的问题，为施工顺利进行创造良好的条件。

3）做好设备单机和总调试

5.2 施工技术准备

（1）本工程开工前将组织好图纸会审，尽量将变动设计的资料及早落实解决，以利加工订货和组织施工。

（2）根据本工程材料品种和规格较多的特点，及时提出加工订货数量，指派专人落实货源和供货日期。

（3）随施工进度做好分阶段的施工组织设计和分项施工方案，并在施工前做好审批和交底工作。

（4）检查核对各专业设备安装图纸有无矛盾，并考虑好施工时交叉衔接的方法，通过熟悉图纸明确场外制备工程项目，确定与单位施工有关的准备工作。

5.3 施工准备

（1）按施工平面图做好现场临设。

（2）按平面图位置布置好材料、设备。

5.4 做好多方面配合工作

1）施工项目做好与客户的配合措施

（1）客户在工程上起主导作用，为客户服务是本公司永远追求的目标。本公司将在整个工程施工过程中，全面了解客户的需求，掌握为客户服务的内容，达到为客户服务的效果和目的，最终实现工程项目的综合目标。

（2）有构成工程实体的成品、半成品、设备、材料、器具，均主动向客户提交产品合格证或质保书。

（3）编制的施工组织设计、分部分项施工方案、月进度计划等文件及时提交给客户方，以便客户方及时进行审查。

（4）在施工全过程中，严格按照经客户批准的“施工组织设计”进行工程质量管理。

（5）积极邀请客户对工程施工过程进行检查，各分部分项工程的验收工作提前通知客户，对提出的问题督促各分包商坚决整改，绝不姑息。

（6）对图纸中未有明确的部位和做法，与客户取得一致意见，征得设计院的同意后，及时通知客户，以技术核定单形式加以确定，不得擅自处理。

2）施工项目做好与监理的配合措施

（1）监理公司的介入体现了建设工程的进步，我公司将积极配合监理工程师履行他们的所有职责和权力。

（2）根据工程图纸编制的施工组织设计，及时将分部分项施工方案、月进度计划等文件提交给监理工程师，以便监理工程师及时进行审查，也使监理工程师能对工程施工总体及时掌握和调整。

（3）在施工全过程中，严格按照“施工组织设计”进行工程质量管理。在施工项目自检和专检的基础上，接受监理工程师验收和检查，并按照国家及行业标准的要求，予以整改。

（4）认真听取监理对工程施工过程的意见和要求，严格执行例会纪要所形成的决议。

（5）积极配合监理对工程施工过程进行检查，施工各分部、分项的验收工作提前通知监理，对提出的问题坚决整改，绝不姑息。

（6）对图纸中未明确的部位和做法，一定要与监理取得一致意见，以技术核定单等形式确定下来，不得擅自处理。

（7）对所有进入现场使用的设备、主要材料等，应主动向监理工程师提交产品合格证或质保书，对按规定需进行物品检测的材料，应主动递交检测结果报告。

（8）严格执行“上道工序不合格，下道工序不施工”的原则，使监理工程师能顺利开展工作。对可能出现的工作意见不一致的情况，经执行监理工程师指导后予以磋商统一，在现场质量管理工作中，维护好监理工程师的权威性。

3）施工项目做好与设计院的配合措施

（1）参加施工图会审，协助业主向设计院提出建议，完善设计内容和设备选型。

（2）在施工中，及时会同雇主、设计院按照总进度与整体效果要求，进行部位验收、中途质量验收和竣工验收等。

（3）会同设计院、业主一起参加材料设备等的选型、选材和订货，参加新材料的定样采购。

（4）在施工过程中发现设计不完善之处，应及时将信息向设计院反馈，并协助设计院妥善处理。

（5）积极配合设计院对施工过程的监督检查并提供方便，以确保设计意图在施工中得到圆满实现。

4）做好与土建施工单位的配合措施

为了保证本工程整体施工质量和工期要求，在施工中，我们将主动做好与土建施工单位的配合工作，并采取以下措施。

（1）开工前明确规定相互的配合协调关系和施工的范围、工期、安全、文明施工等要求，明确双方的职责。杜绝发生纠纷，影响工程进度 。

（2）进入现场后，服从统一安排，统一平衡调配，分阶段安排综合进度计划，并互为对方提供工作面创造施工条件。

（3）参加协调会，并及时解决交叉施工中存在的问题，密切与总包和其他专业施工单位的关系，共同按规定完成施工生产任务。

（4）在施工组织上服从管理，所有进场材料按总包的施工总平面设计定点堆放。

（5）施工期间的工序穿插，应在碰头会上提出意见及建议，服从统一安排。

（6）验收土建单位已施工预留、预埋完的安装工程管线，并对存在的问题及时进行处理。

（7）设备进场安装前提前告诉土建施工单位，以便为设备安装留出施工面，确保设备准确按时就位。

（8）共同拟定施工成品、半成品的自身保护和互相保护制度，组成成品保护小组，消除交叉污染和成品损伤。

（9）做好与土建施工单位的交接管理，在工序交接时有各有关单位负责人进行检查，并记录备案。

6　部分系统安装及施工

本环节对项目涉及的机房、网络及综合布线系统、公共部分对讲机门禁系统、监视系统、背景音乐系统等子系统的施工进行详细描述，这部分的内容是直接指导施工行为的文字表述。

内容展示如下：

6.1　机房施工

6.1.1　天花施工工艺的要求

铝合金吊顶以上的空间及屋顶应清理干净，防止灰土通过吊顶落入机房内。

1）隐蔽式装配吊顶材料及构造处理

隐蔽式装配吊顶，在构造作法上，基本上可分为四个层次，即：吊杆悬挂、龙骨安装、基层固定、饰面处理。

2）检查结构及设备施工情况

吊顶施工前，应对照吊顶设计图，检查结构尺寸是否则同建筑设计相符。

（1）结构是否有需要处理的质量问题。如钢筋混凝土的蜂窝麻面，有无超过规范所规定的要进行处理的裂缝等结构上的遗漏问题。因为上述这些问题，都要进行处置。如若不处置，对吊顶施工会有影响。

（2）设备管道是否安装完毕，如果是特殊情况交叉施工，对于某些部位应进行妥善安排，但对大多数工程部位来说，大面积的交叉施工不宜提倡。

3）放线

放线主要是弹好吊顶标高线，龙骨布置线和吊杆悬挂点。标高线一般是弹到墙面或柱面，龙骨及吊杆的位置则弹到楼板上。

吊杆的间距是根据龙骨的断面及使用的荷载综合确定。由于本工程是使用非标准龙骨及配件，则龙骨的断面及吊杆，均应经过受力计算后方能确定。

4）固定吊杆

吊杆的选择应根据吊顶的形式灵活处置，用钢筋或型钢一类的型材。

5）量度假天花自楼板吊下的距离

根据这一距离裁截丝杆长度，上部焊接上一个小角钢，小角钢与丝杆用膨胀螺丝固定于天花楼板上。丝杆下部跟天花龙骨的吊挂件连接，吊挂件同主龙骨相连。

6.1.2 活动地板

在计算机中心各房间的工程技术设施中，活动地板是一个非常重的组成部分，机房地面用600 mm × 600 mm 防静电架空活动地板连白色高压胶板面，在施工时，按如下步骤施工：

在敷设防静电活动地板前，首先检查地面基础是否符合要求。计算机房活动地板以下的建筑地面又称为真地板。活动地板与真地板之间的空间作为静压箱，在其中敷设电缆、桥架。对真地板有较高的要求，如必须进行防潮处理，否则活动地板及其下面的线缆受潮、发霉，降低电缆的绝缘电阻，以致影响计算机系统的正常运行。真地板还要进行防尘处理。通常可采用水磨石地面，或者是处理较好的水泥地面。要求真地板表面平整、光洁、不允许有明显的坡度和不平。这样才能有效地保证活动地板铺设的平直。

随后按板块尺寸在地面上弹出墨线，形成地板铺设的安装方格网，并在墙面标出地板高度线。在施工前应检查地板是否有基地体开裂等缺陷、表面贴层与基板是否脱胶。然后按设计图纸要求和房间面积清点标准地板块数和收边地板块数，以及横梁、支角套数。准备工作就绪后、即可施工。

6.1.3 机房防雷

防雷接地工程包括接地装置、防雷引下线及避雷带的安装。施工采用标准为《电气装置安装工程接地装置施工及验收规范》（GB50169—92）。

1）接地装置

（1）按照设计图尺寸位置要求，将底板内两条结构主筋焊接连通，并与所经桩台及柱内的有关钢筋焊接（不同标高处利用两根竖向结构上下贯通），并将两根主筋用油漆做好标记，便于引出和检查。

（2）所有焊接处焊缝应饱满并有足够的机械强度，不得有夹渣、咬肉、裂纹、虚焊、气孔等缺陷，焊接处的药皮敲净后作防腐处理。

（3）每一处施工完毕后，应及时请质检部门进行隐蔽工程检查验收，合格后方能隐蔽，同时做好隐蔽工程验收记录。

2）引下线安装

利用建筑钢筋做引下线时，钢筋截面一定要满足设计要求。

钢筋的连接要满足规范要求，如建筑施工采用埋弧焊工艺，可不作处理，否则要进行接地跨接，搭接长度不应小于跨接钢筋直径的 6 倍。

3）避雷带

本工程避雷带采用 30 mm×3 mm 铜带。

（1）支架安装：在土建屋面结构施工时，应配合预埋支架。所有支架必须牢固，灰浆饱满、横平竖直。

（2）避雷带安装：将铜带调直，避雷线安装时应平直、牢固，不得有高低起伏和弯曲现象，距离建筑物应一致。在建筑物的变形缝处应做防雷跨越处理。

4）电气接地施工方法

目前，根据《住宅设计规范》（GB50096—1999），接地制主要采用 TT、TN-C-S 或 TN-S 接地方式，并进行总等电位连接。

（1）高/低压变配电房设备的接地系统，在房间内周围设置一条水平接地环型带，规格应符合设计要求。

（2）开关柜、配电屏（箱）、电力变压器及各种用电设备、因绝缘破损而可能带电的金属外壳、电气用的独立安装的金属支架及传动机构、插座的接地孔，均应以专用接地（PE 线）支线可靠相连，PE 线应与接地装置连通并作重复接地。

（3）当 PE 线采用单芯绝缘导线时，按机械强度要求，截面不应小于规范要求。

6.2　网络及综合布线系统（含梯控布线）

6.2.1　安装施工的基本要求

（1）必须按照我国发布的综合布线系统工程验收规范等有关规定进行施工和验收。由本公司综合布线系统认证工程师在场指导施工。

在施工时，应结合客观条件和实际需要，参照我国现行规范的规定执行。我们将遵守产品供应商综合布线系统《安装指南》的有关规定，如电缆/光缆弯曲半径、电缆/光缆成端及机柜注意事项、保护接地及信号接地的有关规定。

电缆在线槽中应正确排列。最多 20 根一束，最多每隔 5 m 绑扎固定于线槽。

在绑扎双绞线时用力要适度，绑扎带的张力不能太大，否则将影响系统的串扰指标（近端串扰衰减 NEXT，和等效远端串扰衰减 ELFEXT）。

双绞线成端时，应尽量保持双绞线的绞合，开绞长度不应超过 13 mm。

所有的金属部件必须接保护地，以保障人身安全。

弱电地（数据通信的工作地）与强电地应分开，直到建筑物的集中接地点。

如在施工中遇到规范没有规定的内容时，应根据工程设计要求办理。

（2）在整个安装施工过程中必须重视工程质量，按照施工规范的有关规定，加强自检、互检和随工检查。工程管理人员必须认真负责，加强技术监督和工程质量检查，力求消灭因施工质量低劣而造成的隐患。所有随工验收和竣工验收的项目和内容均应按工程验收规定办理。

（3）由于本工程中综合布线系统只有屋内的建筑物主干布线子系统，屋内部分除按综合布线系统工程施工及验收规范执行外，还应符合《市内通信全塑电缆线路工程施工及验收技术规范》（YD 2001—92）和《电信网光纤数字传输系统工程施工及验收暂行技术规定》（YDJ 44-89）等的要求。

（4）在综合布线系统工程安装施工时，力求做到不影响房屋建筑结构强度，不破坏内部装修美观的要求，不发生降低其他系统使用功能和有碍于用户通信畅通的事故，务必达到综合布线系统工程的整体质量优良。

综合布线系统采用屏蔽措施时，应保证有良好的接地系统，可单独设置接地体，接地电阻≤4 Ω；采用联合接地体时，接地电阻≤1 Ω。综合布线系统所用屏蔽层必须保持连续性，并保证线缆的相对位置不变，屏蔽层的配线设备端应接地。各层配线架应单独布线到接地体，信息插座的接地利用电缆屏蔽层与各楼层配线架相连接，工作站弱电设备的金属外壳与专用接地体单独连接。采用钢管或金属桥架敷设线缆时，钢管之间、桥架之间、钢管与桥架之间应做可靠连接，并做跨接地线。综合布线系统有关的有源设备的正极或金属外壳，干线电缆屏蔽层均应接地。若同层内有均压环（高于 30 m 及其以上，每层都应设置）时，应与之连接，使整个建筑物的接地系统组成一个笼式均压网。良好的接地可以防止突变的电压冲击对弱电设备的破坏，减少电磁干扰对通信传输速率的影响。

6.2.2 槽道、暗管的验收和设备的安装

1）验收标准

槽道（桥架）是综合布线系统工程中的辅助设施，它是为敷设缆线服务的，一般用于缆线路由集中且缆线条数较多的段落。必须按技术标准和规定施工。

（1）槽道（桥架）的规格尺寸、组装方式和安装位置均应按设计规定和施工图的要求。封闭型槽道顶面距天花板下缘不应小于 0.8 m，距地面高度保持 2.2 m，若槽道下不是通行地段，其净高度可不小于 1.8 m。安装位置的上下左右保持端正平直，偏差度尽量降低，左右偏差不应超过 50 mm；与地面必须垂直，其垂直度的偏差不得超过 3 mm。

（2）在设备间和干线交接间中，垂直安装的槽道穿越楼板的洞孔及水平安装的槽道穿越墙壁的洞孔，要求其位置配合相互适应，尺寸大小合适。在设备间内如有多条平行或垂直安装的槽道时，应注意房间内的整体布置，做到美观有序，便于缆线连接和敷设，并要求槽道间留有一定间距，以便于施工和维护。槽道的水平度偏差每米不超过 2 mm。

（3）槽道与设备和机架的安装位置应互相平行或直角相交，两段直线段的槽道相接处应采用连接件连接，要求装置牢固、端正，其水平度偏差每米不超过 2 mm。槽道采用吊架方式安装时，吊架与槽道要垂直形成直角，各吊装件应在同一直线上安装，间隔均匀、牢固可靠，无歪斜和晃动现象。沿墙装设的槽道，要求墙上支持铁件的位置保持水平、间隔均匀、牢固可靠，不应有起伏不平或扭曲歪斜现象。水平度偏差每米不大于 2 mm。

（4）为了保证金属槽道的电气连接性能良好，除要求连接必须牢固外，节与节之间也应接触良好，必要时应增设电气连接线（采用编织铜线），并应有可靠的接地装置。如利用槽道构成接地回路时，须测量其接头电阻，按标准规定不得大于 $0.33\times10^{-3}\ \Omega$。

道穿越楼板或墙壁的洞孔处应加装木框保护。缆线敷设完毕后，除盖板盖严外，还应用防火涂料密封洞孔口的所有空隙，以利于防火。槽道的油漆颜色应尽量与环境色彩协调一致，并采用防火涂料。

2）建筑物内暗管的验收标准

（1）线管配线有明配和暗配两种。明配管要求横平竖直、整齐美观。暗配管要求管路短，畅通、弯头少。

（2）线管的选择，按设计图选择管材种类和规格，如无规定时，可按线管内所穿导线的总面积（连外皮），不超过管子内孔截面积的 70% 的限度进行选配。

（3）为便于管子穿线和维修，在管路长度超过下列数值时，中间应加装接线盒或拉线盒，其位置应便于穿线。

管子长度每超过 40 m，无弯曲时；

长度每超过 25 m、有一弯时；

长度每超过 15 m、有两个弯时；

长度每超过 10 m、有三个弯时；

（4）线管的固定、线管在转弯处或直线距离每过 1.5 m 应加固定夹子。

（5）电缆线管的弯曲半径应符合所穿入电缆弯曲半径的规定。

（6）凡有砂眼、裂缝和较大变形的管子禁止使用于配线工程。

（7）线管的连接应加套管连接或扣连接。

（8）竖直敷设的管子，按穿入导线截面的大小，在每隔 10～20 m 处，增加一个固定穿线的接线盒（拉线盒），用绝缘线夹将导线固定在盒内，导线越粗，固定点之间的距离越短。

（9）在不进入盒（箱）内的垂直管口，穿入导线后，应将管口作密封处理。

（10）接线盒或拉线盒的固定应不少于三个螺丝。

（11）连线盒与管子的连接应加杯梳。

（12）接线盒或拉线盒应加盖。

（13）线管的分支处应加分线盒。

3）设备安装

综合布线系统工程中设备的安装，主要是指各种配线接续设备和通信引出端。在安装施工时，应根据选用设备的特点采取相应的安装施工方法。

（1）机架、设备的排列位置和设备朝向都应按设计安装，并符合实际测定后的机房平面布置图的要求。

（2）机架、设备安装完工后，其水平度和垂直度都应符合厂家规定，若无规定时，其前后左右的垂直度偏差均不应大于 3 mm。要求机架和设备安装牢固可靠，如有抗震要求时，必须按抗震标准要求加固。各种螺丝必须拧紧，无松动、缺少和损坏，机架没有晃动现象。

（3）为便于施工和维护，机架和设备前应预留 1.5 m 的过道，其背面距墙面应大于 0.8 m。相邻机架和设备应互相靠近，机面排列平齐。

（4）建筑物（群）配线架如采用双面的落地安装方式时，应符合以下规定：

① 缆线从配线架下面引上时，配线架的底座与缆线的上线孔必须对应，以利缆线平直顺畅引入架中。

② 各个直列上下两端的垂直倾斜误差不应大于 3 mm，底座水平误差每平方米不应大于 2 mm。

③ 跳线环等设备部件装置牢固，其位置横竖、上下、前后均应平直一致。

④ 接线端子应按标准规定和缆线用途划分连接区域，以便连接，且应设置标志，以示区别和醒目。

（5）如采用单面配线架（箱），且在墙壁安装时，要求墙壁必须坚固牢靠，能承受机架质量。其机架（柜）底距地面距离宜为 300～800 mm，也可视具体情况而定。接线端子应按标准规定和缆线用途划分连接区域，并应设置标志，以示区别与醒目。

此外，在干线交接间中的楼层配线架一般采用单面配线架（箱），其安装方式都为墙壁安装，要求也与前述相同。

（6）在本建筑内使用的小型配线设备和分线设备宜采用暗敷方式，其箱体埋装在墙内。为此，房屋建筑施工时，在墙壁上需按要求预留洞孔，先将箱体埋装墙内，综合布线系统施工时装设接续部件和面板，这样有利于分别施工。

（7）机架设备、金属钢管和槽道的接地装置应符合设计施工及验收标准规定，要求有良好的电气连接，所有与地线连接处应使用接地垫圈，垫圈尖角应对向铁件，刺破其涂层，必须一次装好，不得将已使用过的垫圈取下重复使用，以保证接地回路通畅无阻。

（8）接续模块等接续或插接部件的型号、规格和数量，都必须与机架和设备配套使用，并根据用户需要配置，做到连接部件安装正确、牢固稳定、美观整齐、对号入座、完整无缺；缆线连接区域划界分明，标志完整、清晰，以利于维护和日常管理。

（9）缆线与接续模块等接插部件连接时，应按工艺要求标准长度剥除缆线护套，并按线对顺序正确连接。如采用屏蔽结构的缆线时，必须注意将屏蔽层连接妥当，不应中断，并按设计要求做好接地。

信号引出端（即信息插座）安装方法应根据工艺要求，结合现场实际条件选择。如在地面安装时，盒盖应与地面齐平，要求严密防水和防尘；在墙壁安装时，要求位置正确，便于使用。

6.2.3 施工中需要注意的几个问题

良好的安装质量可以使布线系统在其工作周期内始终保证良好工作状态和稳定的工作性能，尤其对于高性能的通信线缆和光纤，安装质量的好坏对系统的开通影响尤其显著，因此在安装线缆的施工过程中，要严格遵守 EIA/TIA569 规范标准。

五类线布放注意事项：

（1）由于五类线缆的外径略粗，为了避免线缆的缠绕（特别是在弯头处），在管线设计时一定要注意管径的填充度，一般内径 20 mm 的线管以放 2 根五类线为宜。

（2）桥架设计合理，保证合适的线缆弯曲半径。上下左右绕过其他线槽时，转弯坡度要平缓，重点注意两端线缆下垂受力后是否还能在不压损线缆的前提下盖上盖板。

（3）放线过程中要注意对拉力的控制，对于带卷轴包装的线缆，两头至少各安排一名工人，把卷轴套在自制的拉线杆上，放线端的工人先从卷轴箱内预拉出一部分线缆，供合作者在管线另一端抽取，预拉出的线不能过多，避免多根线在场地上缠结环绕。

（4）拉线工序结束后，两端留出的冗余线缆要整理和保护好，盘线时要顺着原来的旋转方向，线圈直径不要太小，用废线头固定在桥架、吊顶上或纸箱内，做好标注，提醒其他人员勿动勿踩。

（5）在整理、绑扎、安置线缆时，冗余线缆不要太长，不要让线缆叠加受力，线圈顺势盘整，固定扎绳不要勒得过紧。

闭路监控系统电缆、公共广播系统双绞线电缆各需独立施工班组进行施工，分别遵循相关行业的电缆施工标准。电缆路由使用独立管槽。有线电视同轴电缆的布放与分支放大器的安装工作同步进行。

6.3 公共部分对讲及门禁系统

6.3.1 系统设计和安装要求

1）设计要求

（1）对讲语音清晰。

（2）拨叫准确、操作简便。

（3）主机控制盘对使用者拨出的地址有明确显示。

（4）主机控制盘应设在住宅单元入口门外。壁挂式可视分机中心距地宜为 1.5m。

2）安装要求

（1）系统连接电缆（线）宜穿管保护并暗敷。

（2）对主机、总接线盒、户内机（或保护器）等在安装前应先确定其合适的安装位置.各设备安装应端正整齐，各用户房间的安装位置及高度应统一。

（3）施工布线、接线、设备安装等要严格遵守有关施工安装规程，并做好校线、线路复查、调试等工作。

（4）读卡器应安装在靠门处，并有足够空间，且高低位置合适，以方便人员刷卡。

（5）读卡器用螺钉固定在墙上。

（6）读卡器材的安装应使读卡器与控制器之间的电缆连接方便。

6.3.2 电缆敷设

（1）必须按图纸进行敷设，施工质量应符合《电力工程电缆设计规范》的要求。

（2）施工所需的仪器设备、工具及施工材料应提前准备就绪，施工现场有障碍物时应提前清除。

（3）根据设计图纸要求，选配电缆，尽量避免电缆的接续。必须接续时应采用焊接方式或采用专用接插件。

（4）电源电缆与信号电缆应分开敷设。

（5）敷设电缆时尽量避开恶劣环境。如高温热源和化学腐蚀区域等。

（6）远离高压线或大电流电缆，不易避开时应各自穿配金属管，以防干扰。

（7）有强电磁场干扰环境（如电台、电视台附近）时，应将电缆穿人金属管，并尽可能埋入地下。

（8）穿管前应将管内积水、杂物清除干净，穿线时宜涂抹黄油或滑石粉，进入管口的电缆应保持平直，管内电缆不能有接头和扭结，穿好后应做防潮、防腐等处理。

（9）两固定点之间距离不得超过 1.5 m。

（10）线缆应从所接设备下部穿出，并留出一定余量。

（11）缆端做好标志和编号。

6.3.3 系统调试

（1）对系统所管理的设备配置、人员权限、操作方式等进行设定。如单元门监视、人员信息录入、门禁设定、自动读取卡信息、自动读入卡号等。

（2）在联网的系统中通过软件对控制器进行设置，如增加卡、删除卡、设定时间表、级别、日期、时间、布/撤防等功能的设置；在控制器独立工作时，可通过控制器面板进行以上编程。

（3）实时或定时读取存放于现场控制器中的事件数据。

（4）按各种方式查询系统参数和事件记录，可按部门、日期、人员名称、门禁名称等方式查询。

6.4 视频监控系统

6.4.1 电缆敷设

必须按图纸进行敷设，施工质量应符合《电力工程电缆设计规范》的要求。

施工所需的仪器设备、工具及施工材料应提前准备就绪，施工现场有障碍物时应提前清除。根据设计图纸要求选配电缆，尽量避免电缆的接续。必须接续对应采取焊接方式或采用专用接插件。电源电缆与信号电缆应分开敷设。敷设电缆时尽量避开恶劣环境。如高温热源和化学腐蚀区域等。远离高压线或大电流电缆，不易避开时应各自穿配金属管，以防干扰。有强电磁场干扰环境（如电台、电视台附近）时，应将电缆穿人金属管，并尽可能埋入地下。穿管前应将管内积水、杂物清除干净，穿线时宜涂抹黄油或滑石粉，进入管口的电缆应保持平直，管内电缆不能有接头和扭结，穿好后应做防潮、防腐等处理。两固定点之间距离不得超过 1.5 m。应从所接设备下部穿出，并留出一定余量。缆端做好标志和编号。

6.4.2 设备的安装

1）摄像机的安装

（1）应满足监视目标视场范围要求，并具有防损伤、防破坏能力。安装的高度：室内距离地面尽可能不低于 2.5 m；室外距离地面不低于 3.0 m。

（2）电梯厢内的摄像机应安装在电梯厢门左侧（或右侧）上角，并应能有效监视电梯厢内乘员。

（3）各类摄像机应保持牢固、绝缘隔离，注意防破坏。

（4）摄像机在安装前，应逐个通电检查和粗调。调整对焦面、电源同步等性能，待处于正常工作状态后方可安装。

（5）经功能检查、监视区域的观察和图像质量达标后方可固定。

（6）在高压带电的设备附近安装摄像机时，应遵守带设备的安全规定。

（7）摄像机信号导线和电源导线应分别引入，并用金属管保护，不影响摄像机的转动。

（8）摄像机配套装置（防护罩、支架、雨刷等设备），安装时应保证其灵活牢固。

（9）摄像机宜安装在监视目标附近不易受到外界损伤的地方，安装位置不应影响附近现场人员的工作和正常活动。安装高度室内以 2～2.5 m 为宜，室外以 3.0～10 m 为宜。电梯轿厢内的摄像机应安装在电梯厢的顶部。摄像机的光轴与电梯厢的两个面壁成 45°，并且与电梯天花板成 45° 俯角为宜。

2）监视器的安装

（1）监视器安装在固定的机架和机柜上，小屏幕监视器也可安装在控制台操作柜上。当安装在柜内时，应有通风散热措施，并注意电磁屏蔽。

（2）监视器的安装位置应使屏幕不受外来光直射，当有不可避免的光照时，应有避光措施；监视器的外部可调节部分，应便于操作。

3）电视监控系统的监控台（主控台）安装

（1）控制台正面与墙的净距应不小于 1.2 m，侧面与墙或其他设备的净距，在主要走道不小于 1.5 m，次要走道不小于 0.8 m；机架背面和侧面距离墙的净距不小于 0.8 m。监控室内电缆理直后从地槽或墙槽引入机架、控制台底部，再引至各设备处。所有电缆应成捆绑扎，在电缆两端留适当余量，并标示明显的永久性标记。

（2）控制台位置应符合设计要求，应安放竖直，台面水平。

（3）台内插件和设备的接触应可靠、牢固，内部接线应符合设计要求，无扭曲脱落现象；附件应完整无损伤，台面整洁无划痕。

6.4.3 系统的调试

1）调试前的准备工作

电源检测。接通控制台总电源开关，检测交流电源电压；检查稳压电源上电压表读数；合上分电源开关，检测各输出端电压，直流输出极性等。确认无误后，给每一回路通电。

线路检查。检查各种接线是否正确。用 250 V 兆欧表对控制电缆进行测量，线芯与线芯、线芯与地绝缘电阻不应小于 0.5 MΩ；用 500 V 兆欧表对电源电缆进行测量，其线芯间、线芯与地间绝缘电阻不应小于 0.5 MΩ。

接地电阻测量。监控系统中的金属护管、电缆桥架、金属线槽、配线钢管和各种设备的金属外壳均应与地连接，保证可靠的电气通路。系统接地电阻应于小 40 Ω。

2）摄像机的调试

闭合控制台、监视器电源开关，若设备指示灯亮，即可闭合摄像机电源，监视器屏幕上便会显示图像。

调节光圈（电动光圈镜头）及聚焦，使图像清晰。

改变变焦镜头的焦距，并观察变焦过程中图像清晰度。

遥控云台，若摄像机静止和旋转过程中图像清晰度变化不大，则认为摄像机工作正常。

6.5 背景音乐系统

6.5.1 电缆敷设

（1）必须按照施工图纸的要求，并与现场实际情况相结合进行线缆敷设。

（2）其余注意事项详见线缆施工规范。

（3）特别要求：线缆的选用一定要按照图纸上设计的线缆进行敷设，杜绝私自更改线缆的型号。

6.5.2 设备安装

1）前端设备安装

（1）前端扬声器的安装应符合本工程布点设计的规定。

（2）根据声场设计及现场情况确定广播扬声器的高度及其水平指向和垂直指向，并应符合下列规定：

① 广播扬声器的声辐射应指向广播服务区；

② 当周围有高大建筑物和高大地形地物时，应避免由于广播扬声器的安装不当而产生回声。

（3）广播扬声器与广播传输线路之间的接头必须接触良好，线色一定要分清正负，禁止截断传输线路，应该挫开剥皮最后用热缩管处理后再用防水胶布裹好。

（4）广播扬声器的安装固定必须安全可靠。安装广播扬声器的路杆、桁架、墙体、棚顶和紧固件必须具有足够的承载能力

（5）广播扬声器安装完毕后，应对扬声器表面进行清洁。室外广播扬声器应注意雨、雪防护。

（6）广播扬声器安装完毕后，应逐个广播分区进行检测和试听。

2）后端设备安装

（1）后端设备的安装应该在前段设备安装之前进行，以便前端设备安装好后进行广播扬声器的检测和试听。

（2）合理摆放后端机柜，既要兼顾整个控制室的美观，还要便于值班人员操作。

（3）根据设备的重量从下往上摆放，设备与设备之间的间隙一定要均匀。

（4）设备与设备之间的连接线一定要整齐有序地绑扎在机柜的走线架上。

6.5.3 系统的调试

（1）线路检查。对所有线路的接线进行检查，确保无短接、断路、错接。

（2）电源检查。确定设备输入电压符合设备的使用电压。确定设备均属于关机状态情况下，为设备供电。

6.6 停车场管理系统

6.6.1 停车场管理系统的部件安装

1）入口读卡机的安装

对感应式读卡机要防止周围环境对读卡机的影响。

2）车辆检测器的安装

车辆检测器检查感应线圈上是否有车辆通过。当车辆通过感应线圈时，车辆检测器能发出车辆到达信号和车辆离开信号。

3）感应线圈的制作

（1）感应线圈。

感应线圈由多股铜芯绝缘软线组成，铜线的截面积要求大于 1.5 mm^2。

两条长边的理想间距为 1000 mm。

感应线圈的周长与圈数的关系：

周长＞10 m	线圈圈数 2 圈；
6 m＜周长＜10 m	线圈圈数 3～4 圈；
周长＜6 m	线圈圈数 4 圈。

（2）馈线。

感应线圈的头尾部分绞起来作为馈线，每米至少 20 绞。

馈线长度自线圈至检测器接线端子，最好不要超过 100 m，并应尽可能短，馈线过长会使线圈的灵敏度降低。

（3）感应线圈的埋设。

感应线圈应埋在车道的中间，距车道边 300 mm，将长边对准车辆运行方向，并尽可能防止周围的电磁场干扰。

线圈槽应足够大于线圈尺寸，以免放入线圈时影响线圈的几何形状和尺寸。

线圈的四个角应切成 45°，以减少槽壁对线圈的损坏，线圈在槽内放设应层叠敷设。

槽宽：4 mm；槽深：30～50 mm；　槽底部 150 mm 范围内无金属物。

线圈槽应使用黑环氧树脂混合物或热沥青树脂或水泥进行封填。封填应在调试完成后进行。

4）控制器的安装

控制器要安装在防风雨的地方。

控制柜安装固定螺栓直径应符合设备要求，不小于 M8，固定牢固，垂直误差不大于 3 mm，箱体小于 500 mm 时误差不大于 1.5 mm。

5）电动挡车器的安装

挡车器由金属机箱、马达、变速器、动态平衡器、控制器、挡杆等组成。

安装前应在指定位置打好 150 mm 高的水泥地台，并预埋 4 支 M12×140 mm 的金属膨胀螺栓。

车道宽度大于 6 m 时，可在两侧同时相向安装两台挡车器。

挡车臂应在挡车器功能调试完毕后再安装。

6.6.2　停车场管理系统的调试

1）系统部件调试

（1）读卡机的调试。

入口读卡机的调试流程如图 3 所示。

具体调试内容应参照产品技术资料，但应重点检查：

① 读卡功能，对卡的有效性进行判断：当卡有效时，指令挡车器抬起横杆；当卡无效时，向系统发出报警。

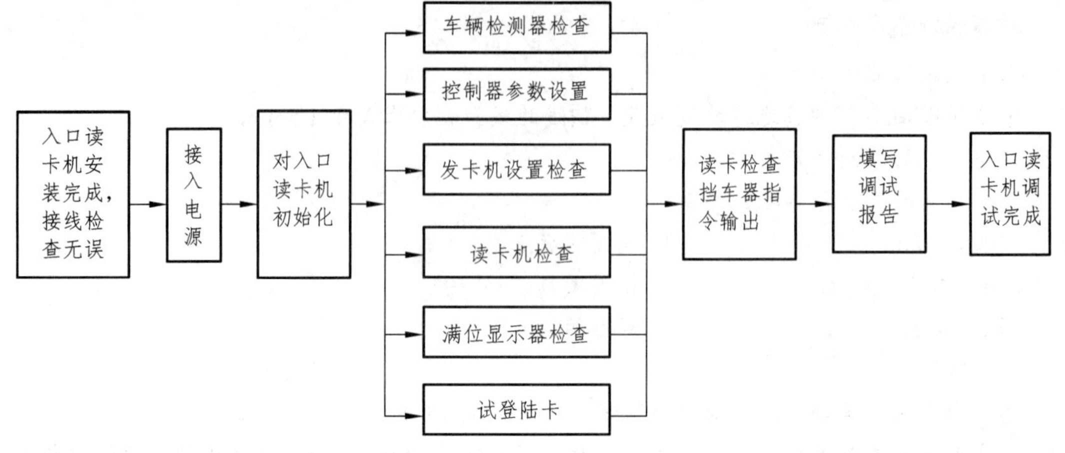

图 3　入口读卡机调试流程

② 发卡功能，检查有无磁卡和显示屏的显示是否相符，出卡功能调试，如互锁功能（防止卡的流失）；发卡是否准确，有无卡住、一次吐几张卡等现象。

（2）出口读卡机调试。

出口读卡机调试流程如图 4 所示。

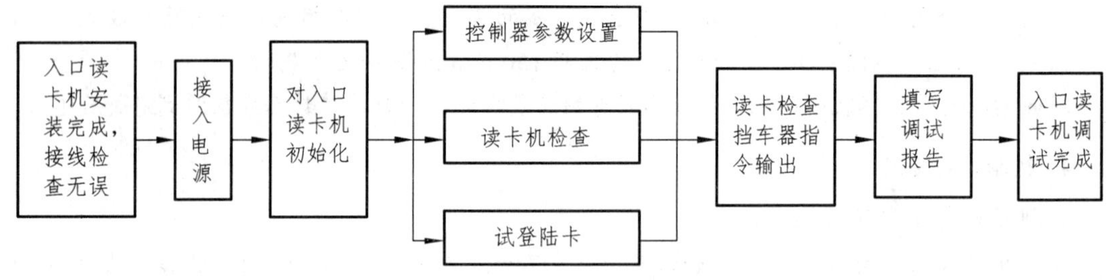

图 4　出口读卡机调试流程

具体调试内容应参照产品技术资料，调试内容与入口读卡机基本相同。

2）控制器的调试

（1）控制器的电源调试。

（2）控制器各种控制模式调试。对卡的有效性判断：当卡有效时，指令挡车器抬起横杆；当卡无效时，向系统发出报警。

（3）控制器接受指令功能的调试：接受来自计算机的指令，以及通过键盘进行就地操作。

（4）对挡车器控制作用的调试。

3）电动挡车器的调试

砸车系统调试，在横杆下落过程中检测器碰到阻碍时，能自动将横杆台起，避免横杆砸坏车辆。

4）车辆检测器的测试

用一辆车或一根铁棍压在感应线圈上以检测感应线圈的反应。

调试工作完成后将感应线圈槽用符合环保要求的环氧树脂、热沥青树脂或水泥进行封填。

5）管理中心的调试

管理中心调试流程如图 5 所示。

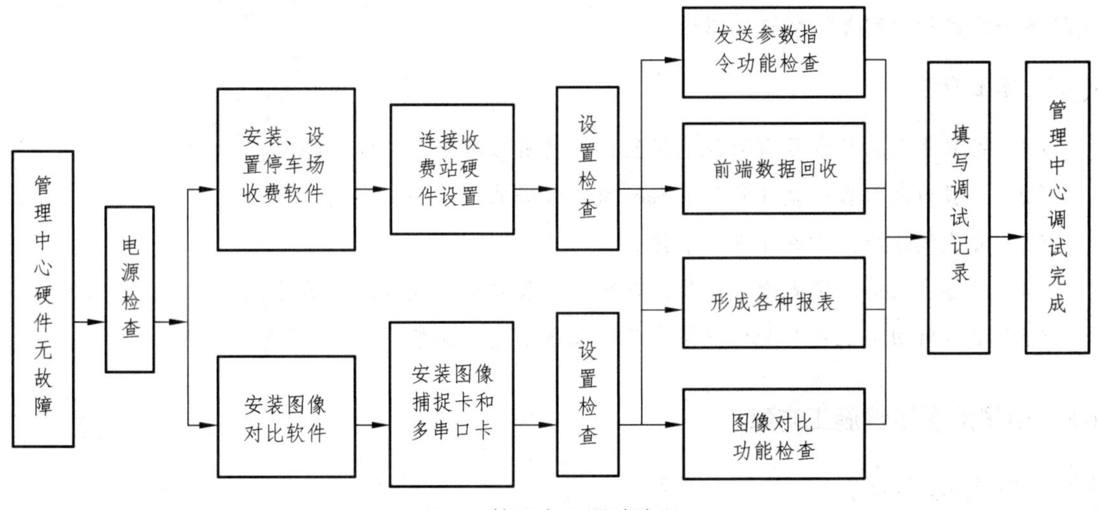

图 5 管理中心调试流程

6）系统软件调试

（1）高级授权卡对操作卡的发行功能，以及对系统的查询、报表管理、备份数据等所有操作的调试。

（2）在操作人员的权限内的操作卡功能的调试。

（3）系统的设置功能调试。

（4）收费功能的调试。

（5）车辆图像对比系统功能的调试。

（6）“反折返”功能的调试。

（7）系统查询、统计功能的调试。

（8）数据维护功能的调试。

7）管理中心系统调试

（1）对系统的入口管理站、出口管理站和收费站管理功能的调试。

（2）停车和收费等状况的日报、月报、年报表功能调试。

（3）各种票卡的数据库，包括贵宾卡、首长卡、固定用户卡等持有人的个人资料的调试。

6.7 信息发布系统

6.7.1 施工准备

（1）技术交底，落实具体责任。

（2）熟悉、审查施工图纸。

（3）勘察、核对现场，记录与施工图不符合的地方并商讨处理办法。

（4）编制分项施工计划。

（5）材料设备准备。

6.7.2 施工流程

图纸深化设计→图纸审核→管线敷设→线缆编号→设备进场及安装→线路测试→调试→完善标签→试运行→完善提交竣工图纸。

6.7.3 施工方法

（1）安装于人们日常习惯的视觉位置，并具有防损伤、防破坏能力。

（2）一般为嵌入式或壁挂安装，也可做支架安装，但要求美观。

（3）管线敷设应注意避开强电干扰。

（4）设备安装前一定要检查包装，确定外包装完整无损再进行拆封。

（5）安装时由专业技术人员严格按照安装手册进行安装。

6.8 电子巡更系统施工方案

6.8.1 终端设备安装

（1）安装前应按图纸核对巡更点的位置及数量，并读取巡更点的ID码。

（2）巡更点的安装高度应符合设计或产品说明书的要求，如无特殊说明一般安装高度为1.4 m。对于离线式系统，巡更点应安装于巡更棒便于读取的位置。

（3）对于离线式巡更点，安放时可以用钢钉、固定胶、或直接埋于水泥墙（感应型巡更点），埋入深度应小于5 cm，巡更点的安装应与安装位置的表面平行。感应型巡更点的读取距离一般在10～25 cm之间，只要巡更棒能接近即可。

（4）安装巡更点的同时，应记录每个巡更点所对应的安装地点，所有的安装点应与系统管理主机的巡更点设置相对应。

6.8.2 机房设备安装

（1）设备在安装前应进行检验，设备外形尺寸、设备内主板及接线端口的型号、规格应符合设计规定，备品备件齐全。

（2）设备安装应牢固、紧密，紧固件应做防锈处理。

（3）安装的设备应按图纸或产品说明书要求接地，其接地电阻应符合设计要求。

（4）安装系统软件的计算机硬件配置不应低于软件对计算机硬件的要求。

（5）安装系统软件的计算机操作系统应符合系统软件的要求。

（6）按照软件安装说明书和帮助安装软件。

6.8.3 系统调试

（1）运行巡更系统管理软件，进行初始化设置。

（2）按照图纸对巡更点进行读取操作，确认巡更棒读取数据正常有效。

（3）在巡更系统主机上对巡更棒读取的数据进行读入、数据查询、修改、打印等测试。

6.9 主干管槽施工方案

6.9.1 线槽施工

（1）桥架间连接板两端要有铜芯接地线，并与接地端的镀锌扁钢相连，最小截面不小于 4 mm^2，或全长安装大于 4 mm×25 mm 镀锌接地扁铁。

（2）桥架安装时应做到安装牢固，横平竖直，沿桥架水平走向的支架间距 1.5～3 m，垂直安装支架间距不大于 2 m，吊支架左右偏差应不大于 10 mm，高低偏差不大于 5 mm。

（3）桥架与支架间螺栓、桥架连接板螺栓固定无遗漏，螺母位于桥架外侧，铝合金桥架与钢支架固定时，要有互相间绝缘的防电化腐蚀措施。

（4）支架用膨胀螺栓固定时，选用螺栓适配，连接紧固，防松零件齐全。

（5）桥架转弯处的弯曲半径不小于桥架内电缆最小弯曲半径（$r=100$）。

（6）桥架不宜与下列管道平行敷设，当无法避免时，桥架位置应符合下列规定，或采取相应措施。

① 桥架应在具有腐蚀性液体管道上方；

② 桥架应在热力管道下方；

③ 易燃易爆气体比空气重时，桥架应在管道上方；

④ 易燃易爆气体比空气轻时，桥架应在管道下方。

（7）水平敷设的电缆，首尾、转弯及 5～10 m 处桥架内设电缆卡子固定，敷设于垂直桥架内的电缆卡子固定点间距应为 1 m。

（8）应详细填写隐蔽工程记录并归档。

6.9.2 线管施工

1）施工方法要点

（1）检查进场的金属管道，金属管应符合设计文件的规定，表面不应有穿孔、裂缝和明显的凹凸不平，内壁应光滑，不允许有锈蚀。在易受机械损伤的地方和在受力较大处直埋时，应采用足够强度的管材。

（2）管煨弯可采用冷煨和热煨法，管径 20 mm 及其以下可采用手扳煨管器，管径 25 mm 及其以上使用液压煨管器。

（3）箱体装应牢固平整，开孔整齐并与管径项吻合，要求一管一孔不得开长孔，铁制盒、箱严禁用电气焊开孔。

（4）在配管时，根据实际需要长度，对管子进行切割。管子的切割可使用钢锯、管子切割刀或电动切管机，严禁用气割。管子和管子的连接，管子和接线盒、配线箱的连接，都需要在管子端部进行套丝。套丝时，先将管子在管钳上固定压紧，然后再套丝，套完后应立即清扫管口，将管口端面和内壁的毛刺锉光，使管口保持光滑。管路敷设应牢固通畅，禁止做拦腰管或绊脚管；管子进入箱盒处顺直，在箱盒内露出的长度小于 5 mm。

（5）在敷设时，应尽量减少弯头，每根管的弯头不应超过 3 个，直角弯头不应超过 2 个，并不应有 S 弯出现。金属管的弯曲一般都用弯管进行。先将管子需要弯曲部位的前段放在弯管器内，焊缝放在弯曲方向背面或侧面，以防管子弯扁，然后用脚踩住管子，手板弯管器，便可得到所需要的弯度。暗管管口应光滑，并加有绝缘套管，管口伸出部位应为 25～30 mm。

（6）金属管连接应牢靠，密封应良好，两管口应对准。套接的短套管或带螺纹的管接头的长度，不应小于金属管外径的 2.2 倍。金属管的连接采用短套接时，施工简单方便；采用管接头螺纹连接则较美观，可保证金属管连接后的强度。

金属管进入信息插座的接线盒后，暗埋管可用焊接固定，管口进入盒内的露出长度应小于 5 mm。明设管应用锁紧螺母或带丝扣管帽固定，露出锁紧螺母的丝扣为 2～4 扣。

（7）金属管的暗设应符合下列要求：

① 预埋在墙体中间的金属管内径不宜超过 50 mm，楼板中的管径宜为 15～25 mm，直线布管 30 mm 处设置暗线盒；

② 敷设在混凝土、水泥里的金属管，其他基应坚实、平整、不应有沉陷，以保证敷设后的线缆安全运行；

③ 金属管连接时，管孔应对准，接缝应严密，不得有水泥、砂浆渗入。管孔对准、无错位，以免影响管、线、槽的有效管理，保证敷设线缆时穿设顺利；

④ 金属管道应有不小于 0.1% 的排水坡度；

⑤ 建筑群之间金属管的埋设深度不应小于 0.7 m；在人行道下面敷设时，不应小于 0.5 m；

⑥ 金属管内应安置牵引线或拉线；

⑦ 金属管的两端应有标记，表示建筑物、楼层、房间和长度。

（8）管路应做整体接地连接，采用跨接方法连接。

（9）过路部分采用镀锌钢管直埋施工。

（10）应详细填写隐蔽工程记录并归档。

6.10 设备安装

设备在安装前应进行检验，设备外形尺寸、设备内主板及接线端口的型号、规格符合设计规定，备品备件齐全。具体要求如下。

（1）设备安装应牢固、紧密，紧固件应做防锈处理。

（2）安装的设备应按图纸或产品说明书要求接地，其接地电阻应符合设计要求。

（3）安装系统软件的计算机硬件配置不应低于软件对计算机硬件的要求。

（4）安装系统软件的计算机操作系统应符合系统软件的要求。

（5）按照软件安装说明书和帮助安装软件。

7 质量保证措施

根据我国国家标准 GB/T6583—93 和国际标准 ISO8402—86，质量的定义是“反映产品或服务满足明确或隐含需要能力的特征和特性的总和”。其中“产品或服务”的质量即建设好工程、达到质量设计标准。公司及现场项目经理应严格遵照国家有关的工程质量法规、规范进行安装，认真按照国家规定的工程质量检测程序把好质量关，并提供全方位的维修服务。

7.1 施工项目质量控制措施

7.1.1 施工项目质量控制阶段

施工项目质量控制可分为施工前的控制（施工准备阶段的质量控制）、施工过程中的控制和施工后的控制。

7.1.2 施工准备阶段的质量控制

施工准备阶段的质量控制包括技术准备、物质准备、组织准备、施工现场准备。技术准备包括熟悉和审查项目图纸；对项目建设地点的自然条件、技术经济条件进行调查分析；编制项目施工图预算和施工预算；编制项目施工组织设计。物质准备包括设备材料订购和加工准备；施工工具准备，施工办公用品的准备等。组织准备包括建立项目组织机构；集结施工队伍；对施工队伍进行入场教育等。施工现场准备包括生产、生活临时设施的准备；"五通一平"的准备；制定施工现场管理制度；组织机具材料进场；准备好各种施工记录表格。

7.1.3 施工过程中的质量控制

施工过程中的质量控制策略是全面控制施工过程中，重点控制工序质量。具体措施有：工序交接有检查；质量预控有对策；施工项目有方案；技术措施有交底；图纸会审有记录；材料进场有合格证；隐蔽工程有验收；设计变更有手续；质量处理有复查；成品保护有措施；质量文件有档案；施工记录有签字；行使质检有否决。

7.1.4 施工后的质量控制

施工后的质量控制是指在施工完成后，对产品的质量控制，其具体工作内容有：组织联运试车；准备竣工验收资料，组织自检和初步验收；按规定的质量评定标准和办法，对完成的分项、分部工程单位工程进行质量评定；组织竣工验收。

7.2 施工项目质量控制具体内容

（1）审核有关技术证明文件。

（2）审核开工报告，并经现场核实。

（3）审核施工方案、施工组织设计和技术措施。

（4）审核有关材料、半成品的质量检验报告。

（5）审核反映工序质量动态的统计资料或控制图表。

（6）审核设计变更、修改图纸的技术核定书。

（7）审核有关质量问题的处理报告。

（8）审核有关应用新工艺、新材料、新技术、新结构的技术鉴定书。

（9）审核有关工序交接检查，分项分部工程质量检查报告。

（10）审核并签署现场有关技术签证、文件等。

（11）现场质量检查。

（12）开工前检查是否具备开工条件，能否连续正常施工，能否保证工程质量。

（13）工序交接检查。对于重要的工序或对工程质量有重大影响的工序，在自检、互检的基础上，还要组织专职人员进行工序交接检查。

（14）隐蔽工程检查。凡隐蔽工程均应检查认证后方可掩盖。

（15）分项、分部工程完工后，应经检查认可，签署验收记录后，才可进行下一项目施工。

（16）成品保护检查。检查成品有无保护措施，或保护措施是否可靠。

（17）施工操作质量的检查。应经常深入现场，巡视检查施工操作质量。

（18）充分利用目测法、实测法、实验法进行现场质量检查。目测法可归纳为看、摸。

（19）严格把好材料质量关。优选供货厂家，确保供货质量；对于工程中的主要设备材料，进场时必须具备正式的出厂合格证或材质化验单；新材料的应用，必须通过试验和鉴定。

（20）认真、严格地做好各项施工记录。定期请质检站人员到工地监督工程质量，并按照质检站人员意见进行调整、安装；不定期请甲方工地专业代表到工地检查工程质量，发现问题及时处理、纠正。

（21）建立以项目经理为首的现场质量检查保证体系，参与工程的全过程。专职质检员每天必须在工地巡视，现场抽样检测工程质量是否达到设计和规范要求，发现质量隐患应及时纠正，并向项目经理汇报备案。

7.3 安装工程质量达优的保证措施

（1）严格按照施工图及会审纪要，技术变更通知等技术文件进行施工。

（2）严格按照国家颁发的有关“规程”“规范”及市质检站颁发的“建筑设备安装质量核查要点及有关技术标准”进行施工。

（3）建立以项目经理负责、质检部门监督检查、专业工程师和专业技术人员为核心的岗位责任制

（4）原材料、加工件、设备等必须具备合格证、技术说明书、材质证明等，杜绝使用“三无”产品，把好进货渠道关，进场材料必须经专职质量人员验收合格后方可使用。

（5）坚持“三检”制度，对存在的质量隐患及质量通病应立即进行整改及根除。

（6）按施工阶段划分，适时邀请市质检站等监督部门会同设计单位、建设单位、工程监理单位对施工质量进行检查、监督。

（7）做好隐蔽工程的检查验收，隐蔽工程必须经专职质量安全检查员和甲方代表、监理工程师检查认可后并在隐蔽资料上签字后，方可进行隐蔽。

（8）设备安装的外露部分，除了保证规范规定外，还必须注意外形尺寸的美观。

（9）制定半成品的保护制度，责任落实到人头，严格执行值班保护制度。

（10）坚持向班组人员进行施工技术交底，教育全体职工增强质量意识和竞争意识，建立工程质量与职工工资、奖金挂钩的分配制度，动员全体项目人员、施工人员为争创优良工程而共同奋斗。

（11）建立安装工程施工记录、资料保证措施。

（12）建立以项目经理为首的建筑质量、安全保证体系，配置专职质量安全检查员；

（13）专职质量安全检查员必须每天在施工现场巡视，随时做好施工记录，施工记录包括：

① 常用记录：开工、停工、竣工报告，中间交工验收说明书，分部、分项、单位工程质量检验评定表、施工质量自检表、工程竣工验收证明等；

② 设备安装施工记录：设备开箱检查记录、设备安装隐蔽记录、各种仪器仪表检验调试记录、设备及配件合格证、材质证明书等。

（14）施工现场工长必须每天填写施工日志，根据每天的工作内容，及时、准确、认真地填写，并且，总结可能出现的安全质量隐患，及时提醒施工操作人员注意。

8 工期保证措施

为了按时保质保量地完成工程目标，应采取如下控制方法和保证措施。

8.1　施工工期控制方法

确定施工项目总进度控制目标和各分项工程进度控制目标，并编制其进度计划表。在施工过程中，不断比较进度计划与实际计划的偏差，并及时采取措施调整其偏差；同时，协调与影响施工进度有关的其他单位、部门和工种的关系。

8.2　施工工期安排及保障措施

本工程开工及完工时间根据建设单位的安排以及总承包施工单位的施工进度而定。工程一旦开工，须按以下步骤开展工作：

（1）材料采购部按照合同进行材料采购，并进入工地临时库房。以后按工程实际进度制订采购计划。

（2）项目组做好一切工程准备工作（如搭建临时设施，备齐机具）。

（3）一旦进场，需科学安排施工进度，并积极与土建方取得配合，避免人员安排和工序安排出现不合理的情况。

（4）施工过程中定期召开工程现场会，由总指挥和弱电工长参加，及时调整人员安排，合理安排工程进度。

（5）施工过程中工程总指挥及工长要定期和不定期地抽查工段施工质量，并及时对工程质量和安全生产进行监督，保证好工程质量，搞好安全生产。

（6）工程每一阶段完工后，要及时整理工程档案，做好工作总结，为下一阶段打好基础。

（7）工程施工完毕后，及时组织工程验收，做好工程结算工作。

8.3　计划开、竣工日期和施工进度计划

详见《珠光·御景一号 B 区智能化系统工程施工计划》。

9　安全生产保证措施

安全生产是施工项目重要的控制目标（质量、成本、工期、安全）之一，也是衡量施工项目管理水平的重要标志。施工现场安全管理的重点是控制人的不安全行为和物品的不安全状态，即除加强职工安全意识和进行安全知识教育外，还应采取以防为主的措施，消除一些潜在的不安全因素。

9.1　安全生产组织管理体系及职责

成立安全生产（施工）领导小组，由项目经理担任组长，技术主管担任副组长：

组员：工程技术人员，质检人员。

项目经理和技术主管负责工程整体安全管理和协调工作，负责施工人员、设备，施工过程等安全。

安全员负责施工技术安全。

9.2 安全防范重点

1. 资料记录保存安全性

2. 事故控制点

（1）2 m 以上的高处坠落事故。
（2）触电事故。
（3）物体打击事故。
（4）设备机具伤害事故。

3. 控制点的管理

（1）制度健全无漏洞。
（2）检查无差错。
（3）设备无故障。
（4）人员无违章。

9.3 安全措施

1. 保证系统运行安全

（1）在系统调试交接时，帮助业主建立系统的文档管理，将完整的完工图纸、设计文档、操作、维护手册、设备清单等保存完整，以便备查。

（2）保证在系统使用过程中，所产生记录保存的安全性，以便发生异常事故时备查。

2. 保证施工实施安全

（1）施工人员进入施工现场前，进行安全生产教育，并在每次调度会上，都将安全生产放到议事日程上，做到处处不忘安全生产，时刻注意安全生产。

（2）施工现场工作人员必须严格按照安全生产、文明施工的要求，积极推行施工现场的标准化管理，按施工组织设计，科学组织施工。

（3）施工人员应正确使用劳动保护用品，进入施工现场必须戴安全帽，高处作业必须拴安全带。严格执行操作规程和施工现场的规章制度，禁止违章指挥和违章作业。

（4）施工用电、现场临时电线路、设施的安装和使用必须按照建设部颁发的《施工临时用电安全技术防范》（JGJ46—88）规定操作，严禁私自拉电或带电作业。

（5）使用电气设备、电动工具应有可靠保护接地，随身携带和使用的工具应搁置于顺手稳妥的地方，防发生事故伤人。

（6）施工用的高凳、梯子、人字梯、高架车等，在使用前必须认真检查其牢固性。梯外端应采取防滑措施，并不得垫高使用。在通道处使用梯子，应有人监护或设围栏。

（7）在竖井内作业，严禁随意蹬踩电缆或电缆支架；在井道内作业，要有充分照明；安装电梯中的线缆时，若有相邻电梯，应加倍小心注意相邻电梯的状态。

（8）安全生产领导小组负责现场施工技术安全的检查和督促工作，并做好记录。

9.4 坚持安全管理六项原则

（1）管理生产同时管安全。安全寓于生产之中，并对生产发挥促进与保证作用，安全管理与生产管理的目标和目的，是完全一致、高度统一的。

（2）坚持安全管理的目的性。安全管理的内容是对生产中的人、物、环境因素状态的管理，有效地控制人的不安全行为和物品的不安全状态，消除和避免事故。

（3）必须贯彻预防为主的方针。安全生产的方针是“安全第一，预防为主”。

（4）坚持“四全”动态管理。安全生产过程中必须坚持全员、全过程、全方位、全天候的动态安全管理。

（5）安全管理重在控制。对生产因素状态的控制，应当是安全管理的重点。

（6）在管理中发展、提高。在安全管理过程中，不断地总结管理、控制的办法与经验，指导新变化出现后的管理，从而使安全管理上升到新的高度。

9.5　安全管理措施

1. 落实安全责任、实施责任管理

坚持安全责任制，切实做到谁施工谁负责；建立以项目经理为首的安全生产领导组织和各级人员安全生产责任制，明确各级人员的安全责任，安全责任落实到具体操作人员头上；定期检查安全责任落实情况，及时补救可能出现的失误。

2. 进行安全教育与训练

进行安全知识教育，使操作者了解、掌握生产操作过程中潜在的危险因素及防范措施；进行安全技能训练，使操作者掌握安全生产技能，获得完善化、自动化的行为方式，减少操作中的失误现象；进行安全意识教育，使操作者自觉坚持实行安全操作。

3. 安全检查

建立安全检查制度，成立由第一责任人为首的安全检查组织，确定安全检查的目的、步骤、方法，安排检查日程。凡存在安全隐患的部位要立即进行整改，并经专职质量安全检查员或工长复查后方可操作。

4. 作业标准化、规范化

制定作业标准，明确规定操作程序、步骤，尽量使操作简单化、专业化，使作业标准尽量减少操纵者的精神负担，尽可能用专用工具代替徒手操作。定期实行内部作业标准考核制度，对多次纠正偏向，不符合标准的、有安全隐患习惯的操作人员，应调离其工作岗位。

5. 生产技术与安全技术的统一

生产技术与安全技术两者的实施目标虽各有侧重，但工作目的完全统一在保证生产顺利进行、提高效益这一共同的基点上。生产技术、安全技术的统一，体现了安全生产责任制的落实，符合了“管生产同时管安全”的管理原则。施工项目中的分项工程在施工进行之前，应把该项工作的操作要点、要求向作业人员进行充分的技术交底（包括安全技术和生产技术），对重点部位、有隐患部位做到有交代、有检查，对特殊部位做到有书面交底，有专人负责。

6. 正确对待事故的调查与处理

事故是违背人们意愿且又不希望发生的事件。一旦发生事故，必须用严肃、科学、认真、积极的态度，处理好已发生的事件，尽量减少损失；同时，采取有效措施，避免同类事故的重复发生。

10 文明施工措施

为实现现场文明施工，贯彻“强化管理、落实责任、严肃法规、消灭违章”的要求，要求进入现场的施工队伍均应按照标准化工地的要求进行。

施工人员必须遵守业主制定的有关施工现场管理制度。

进入施工现场的有关人员（含施工人员、管理人员、技术人员）必须戴好安全帽，佩带工作卡。

注意施工现场环境卫生，严禁在施工现场吸烟和用火，勿随地吐痰。

施工中的废弃物要及时打扫，做一层，清一层，做到活完场清，保持现场整齐、清洁、道路畅通。

所有施工人员进入施工现场必须自觉遵守现场管理及有关部门规定，遵守各项规章制度，穿戴整齐，正确使用各种劳动保护用品，工作中要团结协作，互相帮助。

施工现场要有严格的分片包干和个人岗位责任制。

施工人员在工地期间不许打架、喝酒、旷工等。

现场办公室要保持清洁、空气清爽，图纸、餐具、衣物等应整齐有序。

项目副经理负责施工场地文明卫生检查和督促工作，并按文明施工要求对施工人员进行考核。

11 成品保护措施

如果对已完成品不采取妥善的保护措施，则可能造成成品损伤，以致影响质量。因此必须做好成品保护，并经常检查其质量。

成品保护措施有：

（1）护：采取保护措施。

（2）包：实施包裹，避免损伤或污染。

（3）盖：实施遮盖，避免人为破坏。

12 工程的培训及售后服务

12.1 用户培训

12.1.1 对受训人员的要求

接受培训的人员必须具备一定文化素质，管理人员要具有一定专业技术知识。建议一些关键系统或部门由两人或两人以上负责。

12.1.2 培训目的

使业主能对整个系统全面了解，熟悉日常维护工作，有能力处理一般性问题，并消除系统因使用或操作不当而引起的故障，减少突发故障的发生。

12.2 培训内容

培训内容可分为面向操作人员的培训和面向管理人员的培训两类。前者注重实际操作，后者偏重系统整体结构、功能和管理等。

12.2.1 面向操作人员的培训

其内容主要包括：

各子系统的理论基础原理结构；

主要设备、器件的作用安装位置；

维护规程及简单故障判定排除；

竣工图的查阅和修改。

12.2.2 面向管理人员的培训

其内容主要包括：

系统总体结构及各子系统相互间的关系；

系统重要参数的设定和修改；

竣工图的查阅。

12.2.3 培训过程的组织管理

其内容主要包括：

制定各子系统的培训内容和计划；

对培训内容和计划进行审查、确认；

根据业主的要求，在实施过程中进行必要的调整。

12.3 工程售后服务方案

工程实施单位应严格遵循标书及合同的规定，如向业主提供系统最终验收合格之日起两年的免费质量保修期，质量保修期内免费更换损坏的设备和 24 小时免费服务响应，免费维护期内提供 24 小时免费服务响应和有偿更换损坏的设备（价格以市场价为准）。在保修期之后，考虑到设备维护的连续性，建议业主与公司签订三年有偿维护期的维护合同，以确保该系统的正常运行所必需的技术支持和管理支持。维护期的费用由双方协商解决。有偿维护期内提供 24 小时收费服务和有偿更换损坏的设备。

保修期内或保修期后的服务项目将包括：

12.3.1 服务响应

服务响应时间为 24 h，系统一般故障在 12 h 内排除。

12.3.2 保修期限

系统保修期为二年；终身维护（保修期外只收取成本费用）。

12.3.3 定期维护保养

公司将根据系统特点及经验提出建议与业主协商，对部分关键设备进行定期上门维护保养。

12.3.4 现场排除故障或技术指导

应业主要求，公司负责派遣专业工程技术人员及时前往现场解决用户的各种问题。

如果业主的系统操作人员有所变动，公司负责进行培训。

公司将优先保证用户的备件供应，并可负责为用户安装更换。

12.4 紧急异常情况的及时处理

经验表明，任何实际的系统，在运行过程都难免出现某些紧急异常情况，公司应具有处理这类突发事件的能力，建立紧急异常情况的处理保障体系。

在工程项目保修期负责条款以及保修期后的维护合同中对这类紧急异常情况的处置做出明确规定。

建立并保存完整的系统文档。

公司在系统调试交接时，应提供完整的完工图纸，软、硬件文档，操作、维护手册，设备清单等，并帮助业主建立系统的运行、管理和维护文档，以便在发生故障时能及时提供资料，迅速找到并排除故障，将损失减至最小。

案例 3 大庆联想科技城智能化系统

1 概 述

1.1 项目背景

1.1.1 基本情况

项目位置：联想科技城一期项目，选址位于新阳路以南、原 301 国道以东、八一农垦大学以西、新风路以北。

项目概况：联想科技城一期占地面积约 11 万平方米，场内三通一平基本已经完成。

建筑规模：联想科技城一期总建筑面积 46 万平方米，其中地上面积 37 万平方米，地下 9 万平方米。其中，商业 4 万平方米（3C 及主力店）、总部基地（办公）5 万平方米、商业街 6.8 万平方米、住宅公寓 19.8 万平方米、娱乐城 1.2 万平方米、地下车库 9 万平方米（包含人防 1.2 万平方米）。

1.1.2 定位及配套

主要建设包括云计算中心、移动互联中心、物联网中心、创业孵化中心、总部基地、青年创富中心、体验式 3C数码广场、物联网型购物中心、物联网型商业步行街、数字家庭住宅、高档会所等（见表 1）。

表 1　项目配套

部位	名　称		面积约/m²	物业类型
地上	总部基地（办公楼）		50 000	销售及持有
	地上商铺（含售楼处）		70 000	销售
	娱乐城		12 000	持有
地上	3C 数码及主力店		40 000	持有
	公寓及住宅		198 000	销售
	地上总面积		370 000	
地下	地下商业街	商铺	26 000	销售
		道路		
	商业街地下车库车位		8 600	持有
	住宅地下车库车位		26 000	销售
	地下一层超市（北侧大商业地下）		12 000	
	地下二层人防兼车库（北侧大商业地下）			
	地下一层网吧（娱乐城地下）		50 000	持有
	地下面积			
总建筑面积			460 000	

1.2　需求分析

1.2.1　目标客户分析

根据大庆联想科技城的定位和设施配套，大庆联想科技城的购买者应该是具备以下特征的时尚精英：

（1）是个有冲劲的人，时尚品位生活的先锋。

（2）是个会理财的人，会赚钱、懂投资的青年成功人士。

（3）是个有追求的人，对生活和事业的追求有更高的目标。

（4）是个有个性的人，对家居生活有个性化的需求。

（5）是个有品位、会享受的人，这类人士对购买产品和服务有更高的要求。

1.2.2　建设方需求

在房地产市场竞争激烈背景下，社区文化、品牌建设方面的投资和努力也许是保证楼盘开发持续成功的关键。如能持续提升品牌价值，其持续销售可能性及商业效果必然得到保证。要提升楼盘品牌，就要求楼盘本身有创新元素和吸引消费者的卖点。

追求最高的投资性价比，能获得良好的回报和长期效益。

1.2.3　物管需求

大庆联想科技城总共 13 栋公寓楼，2458 户，按照平均每户 2.5 人计算，整个社区常住人口约在6145人左右，在大庆市区属于尖端的综合性商业小区。其物业管理的重要需求如下：

（1）物管与业主之间建立良好的沟通桥梁，可缓和两者之间矛盾，提高业主满意度。

（2）借助电子社区信息化等手段，提高对业主的服务水平。

（3）增强社区内人身和财产的高度安全以及对灾害和突发事件的防御能力。

（4）确保最大限度地节省日常运行费用，包括减少工作人员、节省能源消耗。

（5）重新建立完善和科学的管理机制，提高社区的整体管理水平

1.2.4 住户需求

（1）需要一个便捷、快乐、享受、舒适的生活环境。

（2）人身及财产安全、个人私密得到可靠的保障。

（3）社区出入管理应安全、便捷，并体现业主的尊贵。

（4）住户与物业管理应有良好的沟通渠道，确保服务到位。

1.3 设计思路

首先，根据大庆联想科技城的定位，大庆联想科技城智能化系统以“给建筑配上翅膀，让用户体验飞起来”为设计思路，整个智能化系统设计包括公共智能化、家居智能化、云计算服务平台几大部分，以实现以下目标：

（1）通过智能家居系统让房子聪明起来，让住户体验前缘的时尚数字生活；

（2）通过云计算系统和云应用服务将社区的服务送到家，住户可把家装在电脑或手机里；

（3）通过公共智能配套让住户享受安全、便捷、舒适的和谐社区生活。

其次，大庆联想科技城的智能化系统建设应达到国内先进水平，并有突出的亮点或卖点，以供售楼策划进行品牌宣传，并对楼盘销售带来良好的效益。

再次，智能化系统建设应以人为本，既帮助物业管理和服务提高工作效率和降低资源成本，又要满足住户安全、便捷、快乐、舒适、享受的时尚品位生活需求。

1.4 设计原则

为了大庆联想科技城智能化系统工程建成后的良好运行和发挥最大的功能和效益，系统的建设应该遵循以下原则：

1.4.1 可靠性

具备在规定的条件下和规定的时间内完成本技术文件规定功能的能力。具备长期和稳定工作的能力。

1.4.2 实用性

具备完成工程中所要求功能的能力。能满足国内外有关规范的要求，并且实现容易，操作方便。

1.4.3 先进性

在满足可靠性和实用性前提下采用目前的先进技术，为今后发展创造条件。

1.4.4　开放性

遵循开放性原则，提供符合国际标准的软件，硬件，通信，网络，操作系统和数据库管理系统等诸接口与工具，使系统具备良好的灵活性、兼容性、扩展性和可移植性。

1.4.5　经济性

采用在国内同类系统中性价比高者，充分考虑其经济性，包括系统本身的价格（系统建设，技术服务和培训）以及系统运行后经济效益预算的可能收益。

1.5　设计依据

为了保证大庆联想科技城智能化系统工程的质量，本工程的设计和建设将严格遵循以下标准与规范：

《智能建筑设计标准》（GB/T 50314—2000）；
《智能建筑工程质量验收规范》（GB 50339—2003）；
《建筑与建筑群综合布线系统工程设计规范》（GB/T 50311—2000）；
《安全防范工程技术规范》GB50348—2004）；
《民用建筑电气设计规范》（JGJ/T 16—92）；
《安全防范工程程序与要求》（GA/T 75—94）；
《自动化仪表安装工程质量检验评定标准》（GBJ131—90）；
《高层民用建筑设计防火规范（2001 年版）》（GB 50045—95）；
《建筑电气工程施工质量验收规范》（GB 50303—2002）；
《建筑工程施工质量验收统一标准》（GB 50300—2001）；
《民用建筑隔声设计规范》（GBJ118—88）；
《计算机场地技术条件》GB2887—1989）；
《电磁兼容性标准》（IEC801）；
大庆联想科技城设计图纸及有关资料。

1.6　工程范围

本次大庆联想科技城智能化工程主要分为以下几个部分：

1.6.1　公共智能化

- 闭路电视监控系统
- 可视对讲门禁系统
- 电梯呼叫系统
- 背景音乐
- 智能停车场管理系统
- 一卡通管理及门禁系统
- 电子信报箱
- 综合布线系统
- WIFI 无线社区覆盖

- 三表集抄系统
- 防雷系统
- UPS 系统
- 电子巡更系统
- 通信网络系统
- 大屏幕显示及信息发布系统
- 楼宇自控系统

1.6.2 家居智能化

- 彩色可视对讲系统
- 智能家居网关及终端系统
- 灯光智能控制系统
- 窗帘智能控制系统
- 智能影音控制系统
- 空调智能集中控制系统
- 家庭视频监控系统
- 家庭安全报警系统
- 多媒体多屏互动系统

1.6.3 云计算系统

- 管理服务器
- 云服务器集群
- 云计算系统管理中心
- 云终端

1.6.4 智能家居远程服务平台

- 远程控制系统
- 远程安防系统

2 公共区域智能化部分

2.1 综合布线系统

2.1.1 系统概述

以高性能综合布线系统支撑，建成一个多用途的办公自动化系统、周密可靠的安全防范系统，能适应日益发展的办公业务电子化要求的现代化智能楼盘。从而对大楼的电气、防火防盗、监控、计算机通信等实施按需控制，实现与外界的资源共享的信息交流。

本项目采用先进、成熟、可靠实用的六类结构化布线系统，将社区内的计算机通信系统、建筑公共智能化系统统一布线、统一管理，使本社区成为能满足未来高速信息传输的、灵活的、易扩充的智能社区。

通过信息端点规划定位和PDS布线支撑，使大楼获得相当健全的“信息公路”网络体系，借助计算机网络服务的强有力工具，提高调度、管理效率与水平。也为该建筑群提供了良好的内部环境和畅通的对外联络设施。

2.1.2 系统设计

综合布线系统有利于多种网络拓扑结构的应用，实行结构化综合布线方式，以达到高度智能化及节省投资的目的。结构化综合布线结构如图1所示。

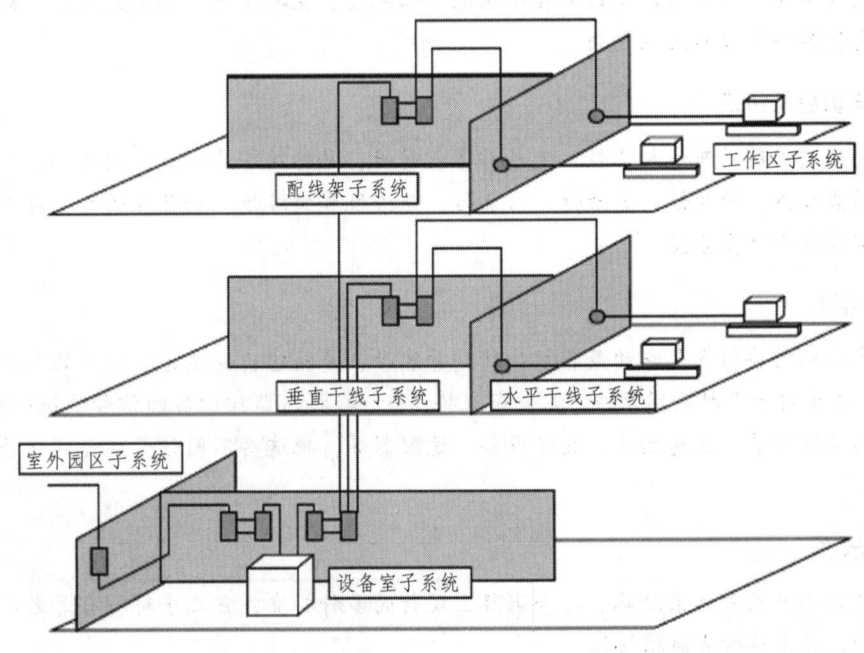

图1

这次设计一方面为大庆科技城的智能化系统提供一个开放、灵活、先进、可扩展的线路基础，另一方面需根据建筑各部分功能的差异性，在布线时要有所侧重。

1. 工作区子系统

工作区子系统使用单位插座面板，插座里采用的是拆装灵活的模块。通过插座既可以引出电话线，也可以连接数据终端及其他弱电设备。信息插座和电源可安装在墙上、柱子上，也可安装于地板上。

2. 水平子系统

水平线缆将干线线缆延伸到用户工作区。采用的是六类4对非屏蔽双绞线。这种线缆可在100 m范围内保证500 Mb/s传输速率以及千兆以太网的应用，能够满足各种带宽信号的传输。

3. 管理子系统

该子系统实现对水平子系统和垂直干线子系统中双绞线的终接、收容、管理等。它是连接水平子系统的中枢。在本系统中采用南京普天公司的光纤配线架和六类铜缆配线架。配线架放置在19″标准机柜中。

4．垂直干线子系统

干线子系统由连接主设备间与各管理间的主干线缆构成。主干线缆采用满足万兆传输速率的室外单模光缆，具有铝铠装保护。支持万兆以太网应用，同时又可向下兼容目前的 1 G、100 Mbps、10 Mbps 以太网应用，光缆采用增强型 50 μm 纤芯系列，配备光接插件。

5．设备间子系统

设备间子系统（总配线间）设置在小区的中心机房，主要由光纤总配线架、布线机柜等设备组成，它把各个管理间互联起来。

2.1.3 系统功能及特点

综合布线同传统的布线相比较，有着许多优越性，是传统布线所无法比及的。其特点主要表现为它的兼容性、开放性、灵活性、可靠性、先进性和经济性，而且在设计、施工和维护方面也给人们带来了许多方便。

1．兼容性

综合布线的首要特点是它的兼容性。所谓兼容性，是指它自身是完全独立的与应用系统相对无关，可以适用于多种应用系统。综合布线将语音、数据与监控设备的信号线统一规划设计，采用相同的传输介质、信息插座、交连设备、适配器等，把这些不同信号综合到一套标准的布线中。

2．开放性

该系统采用开放式体系结构，符合国际上现行的多种标准，它几乎对所有著名厂商的产品都是开放的，并支持所有通信协议。

3．灵活性

该系统采用标准的传输线缆和相关连接硬件，模块化设计，所有通道都是通用的，而且每条通道可支持终端、以太网工作站及令牌网工作站。所有设备的开通及更改均不需改变布线线路，组网也可灵活多变。

4．可靠性

该系统采用高品质的材料和组合压接的方式构成一套高标准的信息传输通道，所有线缆和相关连接件均通过 ISO 认证，每条通道都要采用专用仪器测试链路阻抗及衰减率，以保证其电气性能。应用系统全部采用点到点端接，任何一条链路故障均不影响其他链路的运行，从而保证了整体系统的可靠运行。

5．先进性

该系统采用光纤和双绞线混合布线方式，极为合理地构成一套完整的布线。所有布线均采用世界上最新通信标准，链路均按 8 芯双绞线配置。6 类双绞线的数据最大传输率可达到 1 000 Mb/s，对于有特殊需求的用户可把光纤引到桌面。干线语音部分采用电缆，数据部分采用光缆，为同时传输多路实时多媒体信息提供足够的余量。

6. 经济性

虽然综合布线初期投资比较高，但由于综合布线将原来相互独立、互不兼容的若干种布线集中成为一套完整的布线体系，统一设计、统一施工、统一管理，省去了大量的重复劳动和设备占用，使布线周期大大缩短。另外，综合布线系统使用简单、方便，维护费用低，可以满足数据、语音和多媒体应用的需求，具有很高的性价比。

2.1.4　系统主要配置（见表 2）

表 2　综合布线系统主要配置

设备名称	单位	数量	配置说明
六类 24 位 RJ45 插座（1U）	个	120	
理线架（1U）黑色	个	120	
6 类 RJ45-RJ45 非屏蔽跳线（1 m）灰	条	128	
12 口光纤配线架 SC 口	个	32	
SC 单芯单模光纤尾纤（1 m）	条	96	
SC 光纤适配器	个	384	
SC-LC 双芯单模光纤跳线（2 m）	对	64	
光纤熔接	点	384	
12U 网络机柜	台	44	
23U 网络机柜	台	13	

2.2　计算机网络系统

2.2.1　系统概述

计算机网络系统为大楼管理、办公、运营等业务提供网络通信平台。系统包括局域网、服务器、无线局域网、广域网连接、网络管理系统五大部分。

根据对各类组网技术的分析，大楼计算机网络系统的构建采用千兆以太网技术最为合适，整个网络在总体结构上分为 3 层：核心层、汇聚层及接入层，在拓扑结构上采用星形结构，主干网采用万兆以太网技术，构建一个万兆主干、千兆到桌面的高带宽网络系统。

2.2.2　系统设计

计算机网网络中心位于总部基地大楼负一层计算机机房内，在智能公寓楼 1、16、26 层设置 1 个楼层分设备间，一共设置 57 个楼层分设备间，整个网络在总体结构上分为三层：核心层、汇聚层及接入层，在拓扑结构上采用环形结构，主干网采用万兆以太网技术，构建一个万兆主干、千兆入户的高带宽网络系统。系统结构如图 2 所示。

1. 局域网系统

在总部基地大楼负一层计算机机房设置 2 台核心交换机，核心交换机采用模块化路由交换机，具有大交换容量及高转发速率，采用全冗余配置，包括管理模块、电源、风扇等冗余，以保证整个网络核心的可靠性。配置 2 块单模 10G 级光纤接口模块，用于连接设备间汇聚层交换

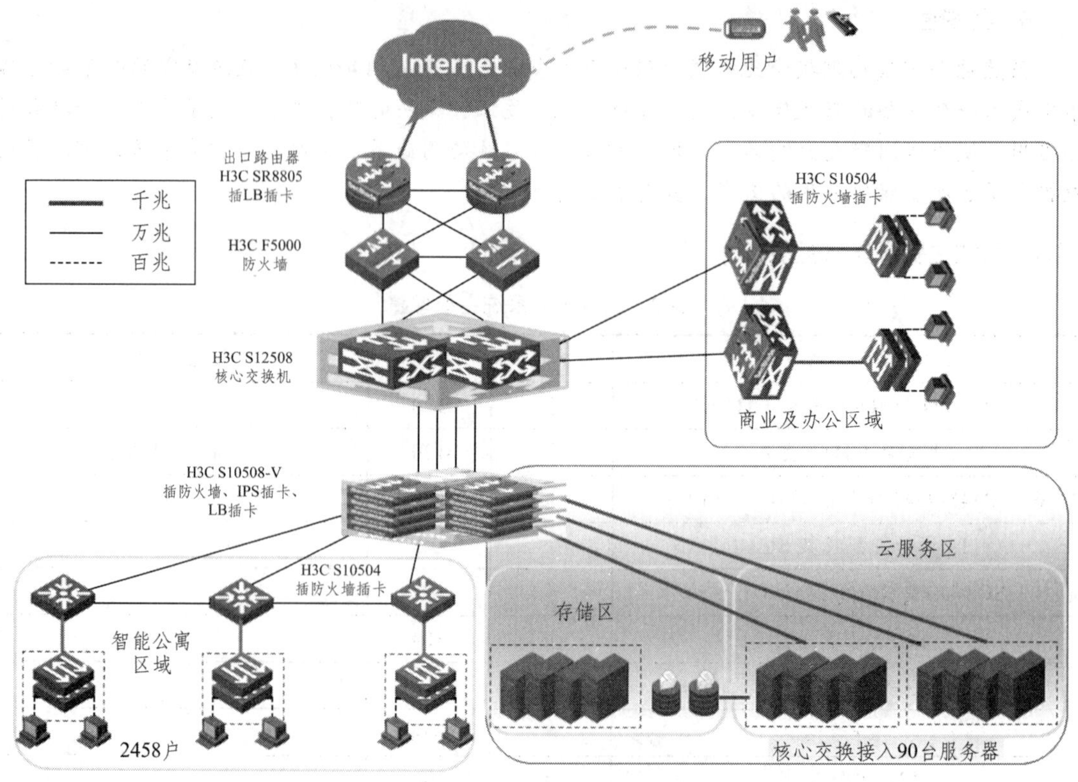

图 2　计算机网络系统结构示意图

机，项目共设置 6 台汇聚交换机。汇聚交换机采用模块化路由交换机，具有大交换容量及高转发速率，采用全冗余配置，包括管理模块、电源、风扇等冗余，以保证整个网络核心的可靠性。配置 48 块单模 1G 级光纤接口模块，连接各楼层接入交换机，组成网络主干链路。核心交换机配置 2 块 48 口千兆电口（RJ45）模块，用于连接工作站和服务器等设备。

接入交换机采用智能化可堆叠以太交换机，支持线速交换性能和高速上联，每台交换机具有 24/48 个 1 000/100/10 Mb/s 以太端口为用户提供接入，配置 1 端口千兆光纤模块用于连接汇聚交换机，实现支路千兆互连。此外，为接入交换机配置 POE 电源，方便向下挂的 WLAN 无线接入点供电，根据使用计算机的数量和分布情况，本方案一共设置了 81 台智能化可堆叠接入交换机。

大楼计算机网络上主机多、应用广，为便于网络运行，提高网络寻址效率，同时在划分上做到简单易管理，可以按照层次分配原则，将 IP 地址按一定规律及具体情况进一步划分，满足整个办公楼信息服务的需要。

根据网络用户的位置、作用、部门或者根据网络用户所使用的应用程序和协议来划分虚拟局域网（VLAN），基于交换机的 VLAN 能够为局域网解决冲突域、广播域、带宽等问题。

2. 无线局域网

略。

3. 广域网系统

略。

4. 网络管理系统

略。

2.2.3 系统功能及特点

1. 高带宽

支持数据、话音、视像多媒体的传输，在技术上采用先进的千兆位以太网技术，提供千兆主干和百兆到桌面的网络带宽，以适应大量数据和多媒体信息的传输，既要满足目前的业务需求，又要充分考虑未来的发展。

2. 可靠性

采用清晰的星型结构网络拓扑设计，选择模块化的网络产品，以及交换引擎、电源、链路等冗余备份。

3. 开放性

尽量采用符合国际工业标准的、比较成熟的技术，兼顾网络技术的发展方向，选择结构化、可扩充、多用途的网络产品，支持多种通用网络协议。

4. 易扩展

选用可堆叠、模块化、可扩展的产品，随着网络的不断发展及网上应用的不断扩展，系统应可以随时增加网络设备或模块来扩展整个网络。

5. 安全性

广域网出口设置有硬件防火墙设备，负责过滤网络传输数据，并通过划分 VLAN、路由策略、定制 ACL 等手段保证内部网络安全。

6. 易管理

利用网络管理软件对整个计算机网络系统进行统一管理和维护，网管软件能够提供图形化的界面来设置、诊断和维护网络中的所有网络设备，良好的网络管理对整个网络的正常运转和高效使用具有重大意义。

7. 高性能

网络设备具备全线速的二、三层交换处理能力，支持端到端 QoS 服务质量控制、负载均衡、策略路由等。

8. 应　用

提供高带宽数据传输及实现网络资源共享，满足办公大楼的各项业务管理系统（如 OA、DB、MIS 系统）和各种网络信息服务（如 WEB、E-MAIL 服务）的应用。

2.2.4 系统主要配置（见表 3）

表 3　计算机网络系统系统主要配置

大楼设备间	核心交换机	接入交换机	汇聚交换机	路由器	防火墙	无线 AP
网络中心	2	—	2	2	2	1
A-1	—	10	1	—	—	1

续表

大楼设备间	核心交换机	接入交换机	汇聚交换机	路由器	防火墙	无线 AP
A-3	—	2		—	—	1
A-4	—	3	1	—	—	1
A-5	—	2		—	—	1
B-2	—	6		—	—	1
B-3	—	6		—	—	1
B-4	—	6		—	—	1
B-5	—	8		—	—	1
B-6	—	6		—	—	1
B-7	—	8		—	—	1
B-8	—	6		—	—	1
B-9	—	6		—	—	1
A-7		10				1
其他						3
合计	2	78	2	2	2	16

2.3 数字网络可视对讲系统

2.3.1 系统概述

数字网络可视对讲系统以管理中心为核心，通过联网总线和微处理器系统将整个小区有机连接起来，采用独立、双向的数据传输通道，小区的内部建立了一个初步的数字化局域网。系统具备一般可视对讲系统的可视、对讲、呼叫、密码开锁等功能。

可视对讲系统不仅通过与来访者对话来确认访客的身份，还可以通过图像看清来访者的面貌。这不仅方便了住户和来访者，也给管理中心和业主之间的沟通带来了极大的便利。

2.3.2 系统设计

数字网络可视对讲系统分为三层网络结构。第一层（底层）：家庭控制网络；第二层（中层）：小区管理服务局域网；第三层（上层）：宽带广域网。第一层网是以智能终端机和家庭内部总线构成的智能家居控制系统。第二层是由智能终端机、单元主机、围墙机、管理机构成的小区局域网，第二层网又通过（光纤）路由器连接到第三层宽带广域网。也可以实现由第一层家庭内部直接通过家庭宽带网络连接到 INTERNET 网络，实现带宽上的一个补充。

数字网络可视对讲系统主要由计算机、小区管理机、门口主机、主机控制器、室内分机、电源、电锁以及其他信号类产品组成，主要对公寓内的首层、地下车库电梯出入口处、小区控制中心等主要位置设置可视对讲门口机、可视对讲管理机等设备。

（1）小区管理主机：一般情况下，一个小区使用 1 台管理主机。可根据实际需要，小区可配置多台管理机。若小区很大（千户以上）建议将小区做分期或分片区管理，每个期或区设置 1 台主管理机单独管理，各个期或片区再通过局域网互联，这样会使整个系统更稳定可靠。

（2）小区门主机、单元门主机：一般按每个小区门口及每个单元门口各配置一个，与主机控制器联合使用。若一个单元由多门口构成，则可每个单元可按多门口配置主机。

（3）家庭智能终端：一般为按每户配置 1 台。每户配置 1 台家庭智能终端。

（4）别墅门口机：原则上为一栋别墅配置一台，也可以根据具体情况进行选配。

2.3.3　系统功能及特点

1. 户户对讲功能

用户室内机不仅可以和门口机、围墙机、管理机进行可视对讲，而且还可以和其他用户室内机进行户户可视对讲。在通话过程中用户可以手动开启或关闭本站视频传出。

2. 远程开锁功能

用户可通过室内分机按钮远程控制单元门禁开锁，为已经确认身份的来访者放行。

3. 信息发布功能

系统可以具有信息发布功能，既可以发布文本信息（例如小区的停水停电信息），也可以发布图片资料（宣传或广告图片），即可以单发（一次对单个用户发送信息），也可以多发（一次同时对多个用户发布信息）。

4. 家庭留影、留言功能

用户在出门前可以通过智能网关预先留影、留言，家人回来后可以打开观看。当门口机呼叫分机时，用户不在家，终端机可自动启动语音应答留言或电话呼叫转移功能。

5. 家庭娱乐（扩展功能）

电子相框：数字家庭智能网关具有 USB 和 SD 卡接口，用户可以将拍摄的数码照片显示在家庭智能网关超大的电子屏幕上。

6. 在线升级功能（扩展功能）

为了保证用户使用系统的应用效果，系统具有在线自动升级功能。系统的升级补丁及版本升级均通过网络自动更新，使得系统的维护更加方便。

7. 防病毒功能（扩展功能）的防止病毒的入侵

2.3.4　系统主要配置（见表 4）

表 4　数字网络可视对讲系统配置

序号	名称及说明	单位	数量
1	彩色数字终端机	台	1
2	大堂数字门口机	台	13
3	数字单元副门口机	台	12
4	彩色数字终端机	台	2458
5	8 口交换机	台	46
6	16 口交换机	台	138
7	24 口交换机	台	6
8	系统电源 UPS	个	698
9	楼栋设备机柜	个	与网络共用

2.4 一卡通管理系统

2.4.1 系统概述

小区通过“一卡通”智能管理系统的运用，可以提高物业管理的效率，减少物业管理人员，成为各住宅小区走向科学化、智能化管理的良好途径。在小区里，无论是住户、小区员工或是管理人员只要持有一张感应式IC卡就可以完成停车场车辆进出缴费，或作为小区出入口、单元楼大门和信报箱的钥匙。

根据大庆科技城的实际情况，我们采用IC卡为通用传播介质，将车辆出入管理系统、门禁管理系统、电子信报箱系统等集成在一起，业主通过一张IC卡就可以方便使用上述各个系统。

2.4.2 系统设计

一卡通系统以感应式IC卡技术为核心，将车辆出入管理系统、门禁管理系统、电子信报箱系统等集成在一起。通过中心管理服务器对其进行相应的授权、查询、充值、备份等。系统结构如图3所示。

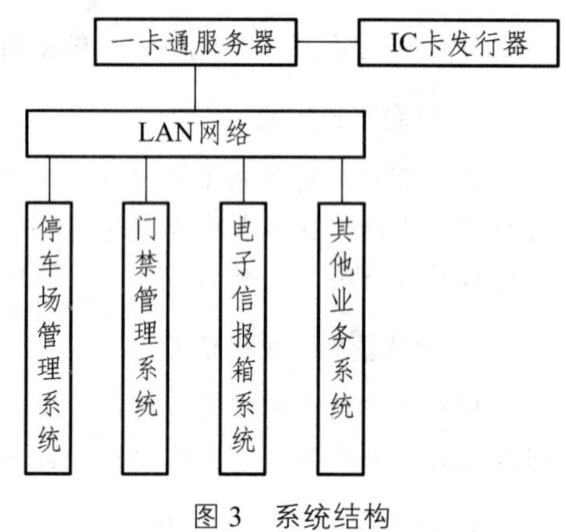

图3 系统结构

2.4.3 系统功能及特点

“一卡通”就是在同一张卡上，实现多种不同功能的智能管理。本小区的IC卡归纳起来完成两大功能：识别与交易。

1. 系统功能

（1）集中管理：将各个子系统集中管理起来，共享数据，实现一卡通。

（2）IC卡发行：根据用户需要自主发行IC卡。

（3）权限设置：可设置每张卡的不同权限，方便物业管理。

（4）挂失处理：当IC卡遗失或者被盗时，系统可挂失或以黑名单处理，确保安全，减少损失。

（5）充值消费：IC卡充值后可进行停车场管理缴费及其他IC卡应用消费。

2. 系统特点

1）适用多种应用

利用IC卡的多扇区特性，实现每个扇区对应每个系统的应用，分别应用于车辆出入管理系统、一卡通门禁管理系统以及电子信报箱系统。每个扇区独立使用，各系统之间互不干扰。

2）加密性好

卡与读写器之间采用双向验证机制，即：卡片在处理前与读写器进行3次相互认证，通信过程中所有的数据都加密。此外，卡中各扇区都有自己的密码和访问条件。

3）防冲突结构

多张卡同时处于感应区时，允许同时处理工作范围内的多张卡，有传输密码保护，防止信号截取。

4）动态读取和写入

在与某张卡通信过程中，其他卡可进入或离开感应区域。

5）快速防冲突协议

每增加一张卡对整个处理过程仅增加 1 ms。

6）安全性

（1）双方之间三个通讯识别（IS/IECDIS9689-2）。
（2）带重放破坏保护的射频信道上进行数据加密。
（3）支持每个扇区（每种应用）设定个人密匙。
（4）多种应用场合设有密匙。
（5）独一无二的卡的序号。
（6）系统配置加密狗。

2.4.4　系统主要配置（见表 5）

表 5　一卡通管理系统配置

序号	名称及说明	单位	数量	备注
1	管理计算机	台	1	
2	管理软件	套	1	
3	软件狗	个	1	
4	IC 卡发行器	套	1	
5	RS485 卡	套	1	
6	系统管理卡	张	3	根据用户选配数量
7	IC 卡	张	0	根据用户选配数量

2.5　门禁管理系统

2.5.1　系统概述

当业主进入小区大堂和地下室电梯厅时，只需刷卡即可开门，充分体现高科技带给业主的便利性，同时也有效地保护了小区业主的生命和财产安全。

系统还可以通过给感应卡设定多级密码来赋予持卡人不同的权限，住户使用一张卡就可以出入单元楼大门、小区停车场，使住户的居住更加方便和安全，小区管理更为高效。

2.5.2　系统设计

系统在小区每栋单元楼首层出入口和地下车库出入口各设置门禁管理系统，没有经过授权的单元楼门禁系统不允许其他单元的 IC 卡访问。

采用数字型 IP 网络门禁控制设备，没有传输距离的限制，使得系统运行更加可靠。系统结构图如图 4 所示。

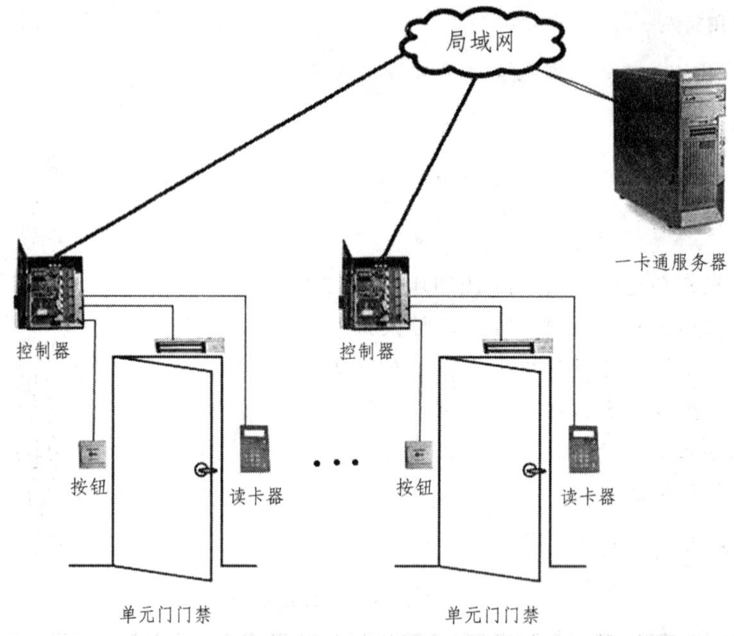

图 4　门禁管理系统

2.5.3　系统功能及特点

（1）能有效杜绝闲杂人员随便进入单元，有效保护住户的安全。

（2）由于 IC 卡的唯一性，系统具备良好的安全性能。

（3）门禁系统的感应卡采用非接触式感应 IC 卡，感应灵敏，使用寿命长。

（4）对所有持卡人进行分级管理，根据其身份确定出入的通行权限。

（5）对各类非正常通行进行实时记录，以备查询。

（6）门禁控制器在与管理主机失去联系的异常情况下，仍可独立工作。

2.5.4　系统主要配置（见表 6）

表 6　门禁管理系统配置

序号	设　备	单位	数量	备注
1	门禁管理软件	套	1	包含在一卡通软件
2	IP 网络门禁控制器	台	22	每单元楼 1 台
3	嵌入式 IC 卡读写器	台	44	每单元出入口 1 台
4	电锁	把	44	
5	出门按钮	台	44	

2.6　智能停车场管理系统

2.6.1　系统概述

车辆出入管理系统是大庆科技城项目中一卡通系统中的重要组成部分，它与一卡通系统结合，对小区内外进出的车辆进行统一管理。

车辆出入管理系统采用了IC卡读卡技术，使得住户的车辆进、出停车场实现刷卡进出；并对临时车辆进行收费管理。同时采用了车位显示系统，把车主指导到有空余车位的停车区位，方便车主停车。

2.6.2　系统设计

从博学大街进入小区设有3个车辆出入口，从新阳路进入小区设有1个车辆出入口。在每个车辆出口处设计一进一出IC卡读卡装置并带有车位显示功能的车辆出入管理系统，该系统具备IC卡读卡功能、车辆图像对比功能及车位显示功能。

系统将岗亭中的工作站与服务器的专线连接，以确保数据的准确性，并通过联网进行图像对比，杜绝偷车/盗车的事件发生。在保证车主车辆安全的同时，也极大地方便了车主的使用，只需携带一张卡片即可。

车辆出入管理系统主要控制两种卡的出入：中心已登记的卡和临时卡（指临时发出的卡）。住户可以买断小区内的车位，也可以租用车位，小区管理中心可以对住户所持IC卡的有效时间进行设定，按时间期限的不同，可分为月卡、季卡、长期卡。

（1）中心已登记和许可的卡：通过读卡器识别后将信号传送到通道控制器，通道控制器根据信号打开道闸，并根据车辆探测器探测到的车辆进出状态来决定道闸的开/关。

（2）临时卡：控制器只允许自助进入而不允许自助出场。进场时，中心工作站记录持有该卡的车辆进场时间，当持该卡车辆要求出场时，控制器向出口岗亭的管理员发出提示，由管理员核对进出图像后收费，然后开闸放行。系统示意图如图5所示。

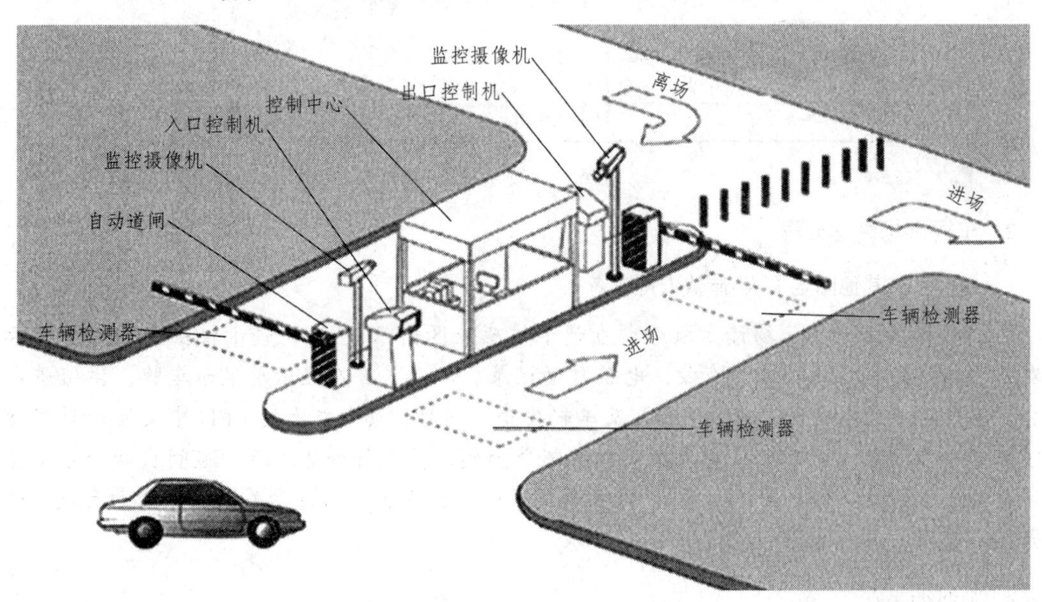

图5　车辆出入管理系统

2.6.3　系统原理

1. 车辆入场管理流程

1）月卡（或其他固定卡）、储值卡持有者

司机将车驶至读卡机前，在读卡机感应区出示IC卡，读卡机立即可感应到卡片并发出“嘀”

的一声。如读卡有效，道闸自动升起（也可设为操作员确认开闸），同时岗亭管理计算机自动核对、记录，并显示车牌，读卡机中文电子显示屏显示："欢迎入场"或卡上剩余金额，并发出提示音。司机开车入场，进场后道闸自动关闭。如读卡有误，中文电子显示屏亦会显示原因，如"金额不足""此卡过期"等，道闸不会开启。

2）临时泊车者

司机将车驶至读卡机前，值班人员通过键盘输入车牌号，进行车牌预置（也可不预置车牌）。司机按动位于读卡机盘面的出卡按钮取卡（也可操作员手工发卡或电脑出卡）。卡片出卡即读或在读卡机感应区读卡，感应过程完毕，读卡机发出"嘀"的一声，中文显示屏显示欢迎信息，并同步发出语音。司机将卡取至手中后，道闸自动开启，司机开车入场，进场后道闸自动关闭。

入场示意图如图 6 所示。

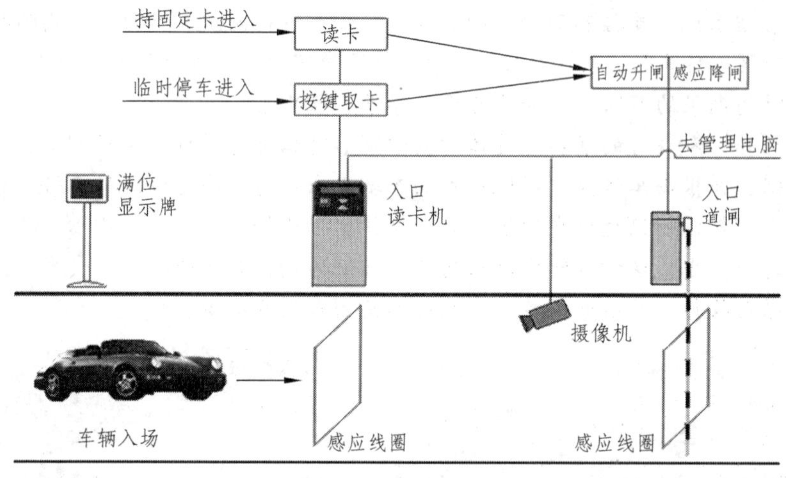

图 6　入场示意图

2. 车辆出场管理流程

1）月卡（或其他固定卡）、储值卡持有者

司机将车驶至车场出场读卡机旁，在读卡机感应区出示 IC 卡，读卡机立即可感应到卡片并发出"嘀"的一声。如读卡有效，电脑自动记录、扣费，并在显示屏显示车牌，供值班人员与真实车牌对照，以确保"一卡一车"及车辆安全。同时，读卡机上的 LED 中文显示屏滚动显示字幕"一路顺风"或此次收费金额及卡上剩余金额，并进行语音提示。道闸自动升起（也可设定为按电脑键盘'回车键'开闸），司机开车离场，出场后道闸自动关闭。如读卡无效，读卡机会显示原因，并进行语音提示。

2）临时泊车者

司机将车驶至车场出场收费处，将卡交给值班员。值班员在临时卡计费器的感应区扫卡，收费计算机根据收费程序自动计费。计费结果显示在电脑显示屏及读卡机盘面的 LED 显示屏上，同时作语音提示。司机付款，值班人员确认无误后，按确认键，计算机自动记录收款金额。道闸开启，车辆出场，出场后道闸自动关闭。

说明：如未配置临时卡计费器，司机可直接在出口读卡机上读卡，读卡机 LED 显示屏会显示此次收费金额并进行语音提示，同时管理计算机也会显示收费金额及此卡的相关资料。

出场示意图如图 7 所示。

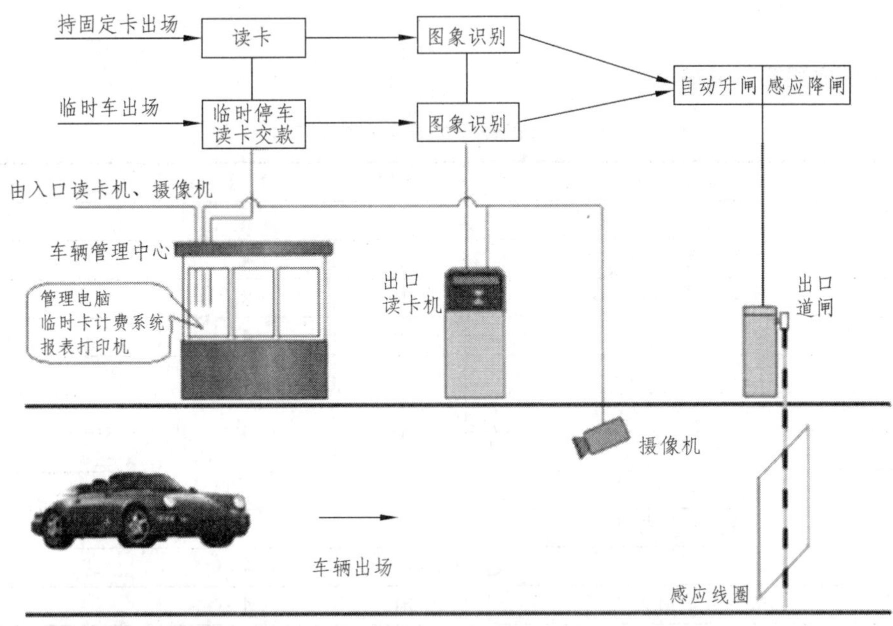

图 7　出场示意图

3. 车位显示

车辆行驶至车辆出入口处，车位显示屏会显示停车场内的剩余车位数量，如有剩余车位，司机可通过以上流程进入停车场。如停车场内车辆已满，LED 显示屏会提示“车位已满”，司机另行寻找停车位。

2.6.4　系统功能及特点

车辆出入管理系统具有以下主要功能：

（1）入口的基本功能：IC 卡读写功能、住户自助通行、临时车 IC 卡自动发卡、自动道闸防砸车功能、对讲功能、卡信息和欢迎语中文显示、读卡自动摄像功能，实现住户不用停车无阻通行。

（2）出口的基本功能：管理计算机收费记录、临时卡自动计费、IC 卡读写功能、住户自助通行、自动道闸防砸车功能、对讲功能、卡信息和欢送语中文显示、读卡自动摄像功能，实现住户不用停车无阻通行。

（3）车辆出入时自动记录汽车图像，并在汽车外出时，根据所持卡记录自动显示汽车图像，实现车辆进出图像对比功能，健全车辆防盗机制。

（4）车辆出入全智能逻辑自锁控制系统，严密控制持卡者进、出场的行为符合“一卡一车”的要求。

（5）具有防抬杆、全卸荷、光电控制、带准确平衡系统的高品质挡车道闸。

（6）高可靠性和适应性的数字式车辆检测系统 。

（7）压力电波和地感双重防砸车装置，可保证车辆在闸杆下停留，闸杆不会落下，或即使杆轻碰到车辆道闸也会停止动作并自动启杆。

（8）与现有的射频卡、IC 卡、ID 卡、人工派单等管理模式全兼容。

（9）可与其他系统进行数据共享，从而方便停车场内车辆查询和数据共享。

（10）车位显示功能。

2.6.5 系统主要配置（见表 7）

表 7 智能停车场管理系统配置

序号	设备名称	单位	数量	备注
入口设备				
1	捷利数字直杆道闸	台	4	
2	数字式车辆检测器	台	8	
3	入口控制机（含以下）	套	4	
3.1	控制系统（PLC）	套	4	
3.2	中文电子显示屏			
3.3	语音提示			
3.4	机箱			
4	IC 卡出卡机	台	4	
出口设备				
1	捷利数字直杆道闸	台	4	
2	数字式车辆检测器	台	4	
3	入口控制机（含以下）	套	4	
3.1	控制系统（PLC）	套	4	
3.2	中文电子显示屏			
3.3	语音提示			
3.4	机箱			
人工图像对比系统				
1	强光抑制彩色摄像机	个	8	
2	全自动光圈镜头	个	8	
3	聚光灯	个	8	
4	视频捕捉卡	个	4	
岗亭设备				
1	管理计算机	台	4	
2	停车场管理软件（含人工图像对比软件）	套	4	
3	RS485 通信卡	个	4	
4	电源控制箱	台	4	
5	软件狗	套	4	
区位显示系统				
1	系统处理器	套	4	
2	区位处理器	套	4	
3	方向判别器	台	4	
4	车辆检测器	套	8	
5	车位显示屏	个	4	
6	管理软件	套	1	

2.7　电梯召唤系统

略。

2.8　闭路监控系统

2.8.1　系统概述

IP数字自动化系统应该说是跨学科跨行业的系统工程，以功能要求的不同可分为以下几个部分：

（1）前端图像采集、声音采集、报警采集设备和编码系统。

（2）网络传输系统。

（3）数字化管理平台系统（包括控制、显示、记录部分）。

摄像采集部分是IP数字自动化系统的前沿部分，是整个系统的“眼睛”，它把内容变为图像音频信号，传送到中心服务器上，摄像和声音部分的好坏及它产生的图像信号质量将影响到中心视频监控的质量。摄像机采集到视频信号后，直接输送到后端处理。

报警采集设备在前端的非法越过和非法闯入时，马上启动摄像机跟踪和在监控中心通过声音和图像提示值班人员注意和处理。

传输部分是系统的数字图像信号和数字控制信号的通道。

视频管理平台系统主要用于统筹和管理视频，是整个视频图像系统的核心部分。通过视频图像的平台系统，可以实现对所有集成到本平台的视频图像进行有效的细化管理。

2.8.2　系统设计

IP数字自动化系统是由前端部分、信号传输和监控中心的图像显示控制存储三个部分组成（见图8）。

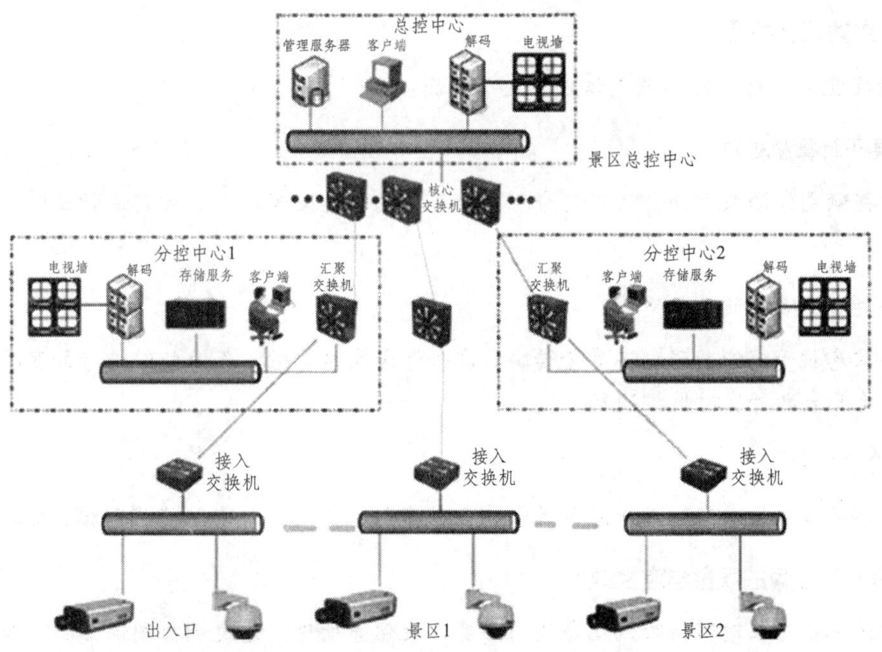

图8　数字视频监控系统结构原理图

1．前端部分

前端部分包括采集的所有监控设备。根据楼宇系统的监控情况，前端部分一般包括摄像机（半球摄像机，专用摄像机，球机等），报警系统，本地存储设备或者其他数字设备。

2．信号传输部分

该系统的数字信号采用万兆光纤专网传输到监控中心。

3．监控中心的图像控制存储部分

本方案采用集中式架构，在现有和重新建设的系统网络内，所有的前端视频、音频采用数字编码设备转化成数字信号，上传到中心的服务器进行对前端的音视频数据进行存储和转发、并且实现 VOD 点播。

前端所有的音视频信号通过网络线路传到监控中心；在监控中心配置一台或者多台视频浏览工作站，用于给值班人员监控视频画面和提示报警显示信息，以便及时处理监控情况；存储服务器、视频浏览工作站、网络摄像机经过网络交换机组成一个网络；各区域的所有视频图像和报警信息上传到监控中心的指挥中心服务器，进行统一整合管理。在办公室人员可以根据其所具备的权限浏览和管理相关的监控画面和其他功能。在本系统网络外，工作人员可以通过内部网、专网、公网（公网浏览需要服务器有广域网 IP）浏览监控画面并进行管理。

大概每路视频占用带宽 6M（推荐使用），在账号权限的允许下，可以保证各业务单位浏览流畅的监控画面。

在该系统内还可以通过电子地图快速定位到现场的具体位置，通过设置虚拟镜头可以实现“全景尽收眼底”，通过用户权限管理可以实现责任到位、数据保密，通过调用球机预置点可以实现监控跟踪快速移动物体的功能。

2.8.3　系统功能及特点

IP 数字化系统功能及特点包括以下几个方面：

1．便于计算机处理

由于视频图像的数字化，可以充分利用计算机的快速处理能力，对其进行压缩、分析、存储和显示。

2．适合远距离传输

数字信息抗干扰能力强，不易受传输线路信号衰减的影响，而且能够进行加密传输，因而可以在数千千米之外实时监控现场。

3．检索方便

在数字视频监控系统中，利用计算机建立的索引，在几分钟内就能找到相应的现场记录。

4．提高了图像的质量与监控效率

利用计算机可以对不清晰的图像进行去噪、锐化等处理，通过调整图像大小，借助显示器的高分辨率，可以观看到清晰的高质量图像。

5. 管理、维护简单

数字视频监控系统主要由电子设备组成，集成度高，视频传输可利用有线或无线网络。这样，整个系统是模块化结构，易于安装、使用和维护。

2.8.4 系统主要配置（见表 8）

表 8　闭路监控系统配置

设备名称	单位	数量	配置说明
彩色摄像机	台	80	地下车库
彩色半球摄像机	台	24	大堂
彩色电梯半球摄像机	台	41	电梯桥箱内
车牌摄像机	套	8	车行出入口
高速智能快球	台	38	园区景观、商业区
网络视频存储服务器	台	3	监控中心机房
企业级硬盘	台	40	监控中心机房
34″ 监视器	台	2	监控中心机房
21″ 监视器	台	16	监控中心机房
电视墙柜、操作台	套	1	监控中心机房

2.9 电子巡更系统

2.9.1 系统概述

电子巡更系统的巡逻签到功能可以起到监督管理和保护人民生命财产安全的作用。但对这种巡逻的管理也很重要，失责可能造成严重的损失。无线电子巡更系统就是这样一个巡逻电子签到系统。它融入最前沿的科学技术，忠实地履行巡逻管理的职责。与传统的签到方式比较，具有极大的优势，是传统签到方式的必然替代方法。

2.9.2 系统设计

长期以来，怎样对各种巡查工作进行有效的监督管理一直是各行业管理工作中的重点和难点，如物业管理、保安巡更管理等安全巡逻管理，巡查人员是否按规定路线，在规定的时间内，巡查了规定数量的巡查地点，管理人员很难对此进行监督管理。电子巡更系统是实现这种监督管理最有效的、最科学的、技防与人防协调一致的工具。且有助提高巡逻、维护等工作人员的责任心，积极性。系统将根据小区格局和物业管理的实际需求在小区的出入口、大堂、主要通道、电梯厅、楼层走廊、停车场等场所设置巡更点，从而完成对整栋小区保安巡查等方面的综合管理，及时消除隐患，防患于未然。

系统原理如图 9 所示。

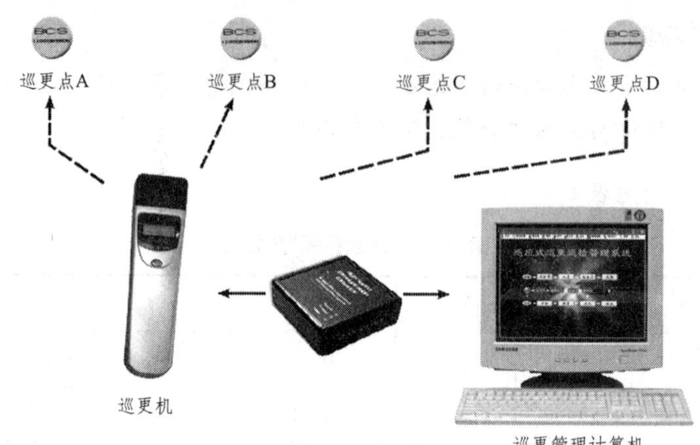

图 9　电子巡更系统原理图

2.9.3　系统功能及特点

（1）确保巡更到位。

（2）合理的巡更部署。

（3）合理的任务分配。

（4）提供工作考核依据。

2.9.4　系统主要配置（见表 9）

系统主要由感应巡更器、感应巡更点、管理软件、通信设备、管理计算机等组成。在小区出入口、大堂、主要通道、电梯厅、楼层走廊、停车场等公共场所设置巡更点。具体点位设置届时与物业管理单位协商确定巡更路线后另行部署。

表 9　电子巡更系统配置

设备名称	单位	数量	配置说明
管理计算机	台	1	管理中心配置
管理软件	套	1	管理中心配置
智能巡检器	个	8	管理中心配置
智能通讯座	个	2	管理中心配置
巡更钮	个	500	根据实际需求设置点位

2.10　背景音乐系统

略。

2.11　远程抄表系统

2.11.1　系统概述

本项目是商业、娱乐、居住综合楼，合计 2458 户，要求每户水表、电表、气表进入远程集中抄表系统，在物业管理中心即可抄到各计量点的数据。

2.11.2　系统设计

1. 系统结构

直读式集抄系统由四级网络组成，从下至上分别是读数转换层、中继/供电层、数据集中层和管理层（见图 101）。

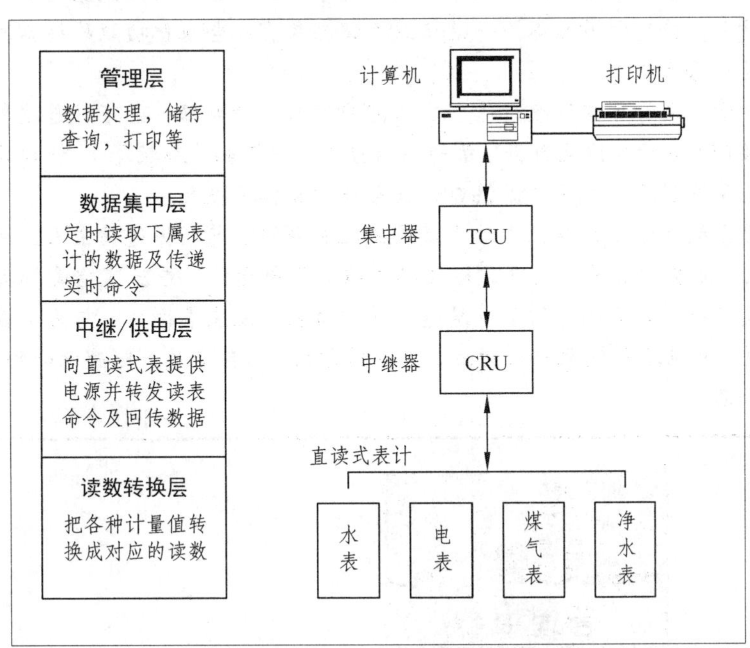

图 10　直读式集抄系统结构框图

1）读数转换层

读数转换层的作用是把各种计量表上计数器的显示值转换成与其对应的读数，并传送给上层设备。该层的主要设备是各种直读式远传计量表。

2）中继/供电层

中继/供电层的作用有两个：一是向下属的直读式表计提供可控的工作电源；二是对通信线路上的信息进行中继。该层的主要设备是中继器（CRU）。

3）数据集中层

数据集中层的作用是定时读取和储存下属各表计的数据及传递实时操作命令。该层的主要设备是集中器（TCU）。

4）管理层

管理层的作用是对整个系统所采集的数据进行处理、储存，并提供查询、打印等功能。该层的主要设备是计算机、打印机等。通过管理层还可以将 ENMS 系统的数据提供给其他管理系统使用。

2. 直读式集抄系统的工作原理

投入运行后，系统进入“待命”状态，此时只有集中器和中继器处于工作状态，可以随时接收来自管理中心的命令。如果集中器接收到来自上层的操作命令，或者集中器内预设的定时抄表时间到，系统即进入“工作”状态，此时中继器先接通各直读表的电源，然后就可根据操作命令执行各项操作了。如果连续 15 min（此时间可设置）内没有新的操作，则系统自动返回“待命”状态。

在日常情况下，管理层电脑不干预系统的运行，由集中器根据预先设定的时间和次数对其下属表计进行抄表，并对所抄数据按一定格式存储在具有掉电保护功能的存储器中。集中器的定时抄表次数至少每天 1 次。

根据需要，管理层计算机可随时读取集中器中所储存的数据；也可以通过集中器实时地对任一表计进行操作（如读取抄表数据、执行通断控制、设置相关参数等）。管理层计算机对所读取的数据做进一步处理后，向用户提供查询服务及输出各种报表。

直读式集抄系统在组成结构上类似于集散式控制系统，其数据通信由上、中、下三个层次组成（见图 11）。上层通信是指集中器与主站电脑之间的通信，中层通信是指集中器与其下属中继器（或采集终端）之间的通信，下层通信是中继器（或采集终端）与其下属直读表之间的通信。这三层通信在物理结构上相互独立，对通信方式、传输介质、传输速率的要求各不相同，下面分别予以介绍。

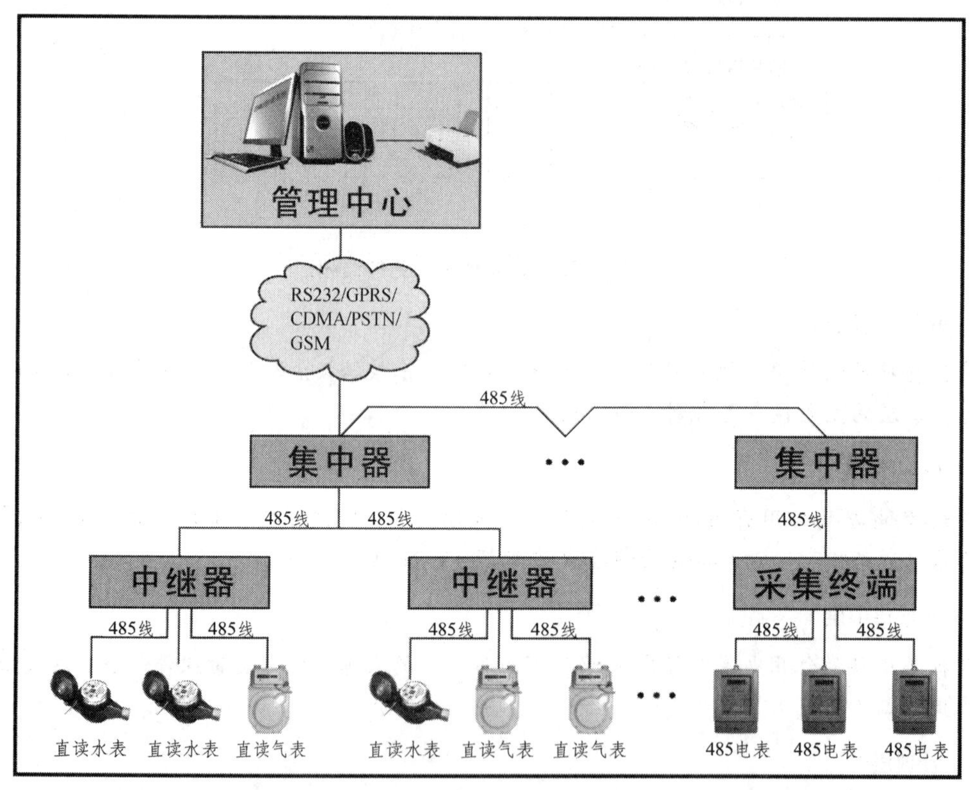

图 11　直读式集抄系统结构图

1）上层通信

如前所述，上层通信是指集中器与主站计算机之间的通信。该层通信的主要特点是数据量较大，传输距离可能很远。如图 12 所示，在实际工程项目中，上层通信经常采用的方式有 RS232、电话网、GPRS、RS485、局域网等。

（1）RS232 串行通信方式。

如图 12（a）所示，这是最简单也是最常用的方式，用一根 RS232 串行电缆将集中器的 RS232 口与计算机的 RS232 口连接起来即可。这种方式适用于集中器与主站计算机距离很近的场合，该距离应当小于 15 m。这种通信方式的传输速率较高，误码率很低，可靠性较高。

（2）电话拨号通信方式。

如图 12（b）所示，当主站电脑与集中器相距较远时，可采用这种方式。主站计算机和集中器各自通过调制解调器（MODEM）与电话网连接，从理论上讲，只要通电话的地方，都可采用此方式，因此它的传输距离不受限制。这种通信方式的可靠性会受电话网传输质量的影响。

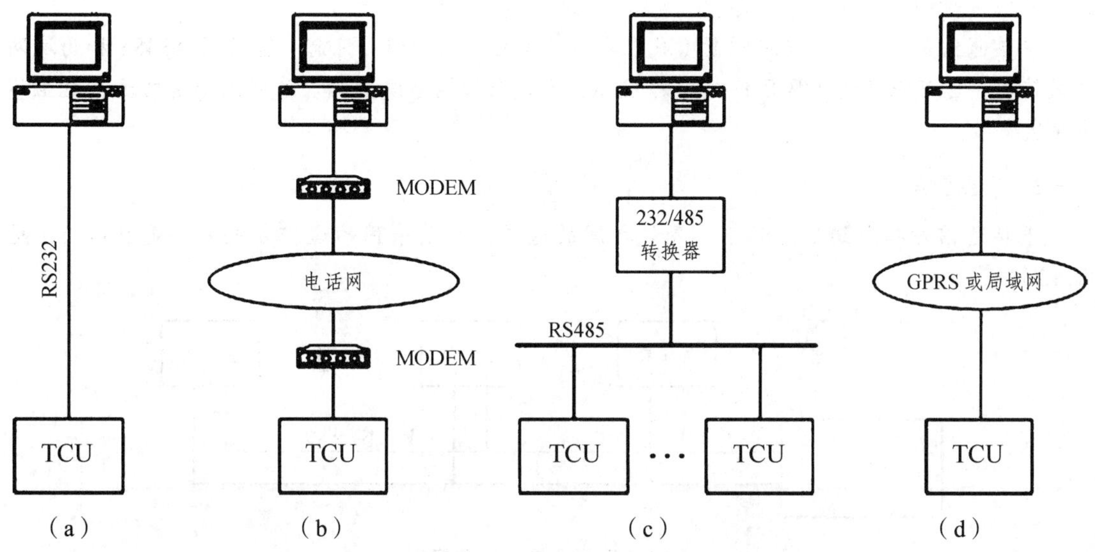

图 12　系统上层通信方式

（3）GPRS 通信方式。

如图 12（d）所示，当主站计算机与集中器相距很远，并且无法采用电话拨号或者电话距离太远布线费用太高，可采用这种方式。

（4）RS485 串行总线通信方式。

如图 12（c）所示，当主站电脑与集中器之间有一定距离，并且一个项目中有多台集中器时，可采用这种通信方式。该方式要求集中器具有上行 RS485 通信接口，主站电脑也通过一个 RS232/RS485 转换器与串行总线相连。在理论上，电脑与集中器间的最大距离可达到 1200 米，如增加中继器则还能延长传输距离。这种方式的另一个特点是可以连接多台集中器（最多 255 台），因此适用于比较大型的项目。这种通信方式的传输可靠性较高，传输速率也较高。

（5）局域网通信方式

如图 12（d）所示，随着网络技术的飞速发展，网络的触角已伸展到我们周围。“宽带接入”成为新建小区的亮点，集抄系统与网络的连接也就势在必行。近年来随着无线通信网络的发展，GPRS 通信方式也可用于集抄系统的上层通信。

这几种通信方式各有特点，应根据项目的具体情况选用，以期达到最佳效果。表 10 综合了这几种方式的情况，供读者参考。

表 10　上层通信方式

通信方式	传输距离	可靠性	系统费用	适用范围
RS232	≤15 m	高	低	近距离，单 TCU 结构
电话拨号	电话网所及处	较高	中	远程，有电话网处
RS485	≤1200 m	高	中	中近距离，多 TCU 结构
局域网	视网络规模	高	高	距离不限，有局域网处，多 TCU
GPRS	GSM 覆盖处	高	中	距离不限，有 GSM 网络处

2）中层通信

中层通信是指集中器与中继器（或采集终端）之间的通信。目前一般采用 RS485 和局域网方式较多，也可以通过小区已经铺设的 GPRS 方式来传输系统数据。其特点如前所述，这里不再重复。

3）下层通信

下层通信是指中继器与其下属表计之间的通信。目前采用的通信方式主要是 RS485（见图 13）。

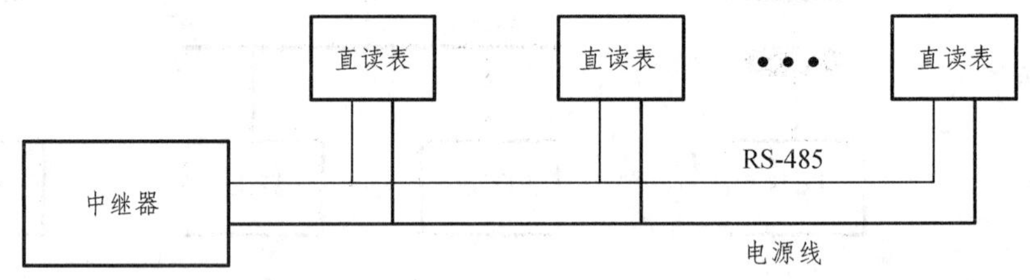

图 13　下层通信连接示意图

从图 13 中可见，中继器的下行通信接口通过 RS485 总线与直读表连接，同时中继器所提供的直流电源通过另一对导线与直读表连接。按照目前设计，考虑到中继器电源的容量，一台中继器所能连接的直读表数为≤100 个。

为方便系统的组成及供电，往往在每栋楼或每个楼道配置一台中继器，以连接整个单元各层的直读表。RS485 总线通信是一种比较成熟的通信方式，无论传输速率还是可靠性都很高。

2.11.3　系统功能及特点

（1）费用管理：费用的统计、查询、备份、报表、收费单的生成。
（2）三表管理：不需设置表底数、表常数。
（3）小区管理：设置小区有关参数。
（4）用户管理：管理和控制每户的用量及结算方式等。
（5）事务日志：系统工作情况的保留、查询。
（6）分级管理：可以设定不同的管理操作人员及其权限。
（7）实时抄表：实时抄取任一表计当前数据及状态。
（8）自动校时：定时抄表时自动校正系统内装置的时间。
（9）数据保留：系统或某设备断电时，数据长期保留。

（10）可按编号、地址、姓名、电话等信息查询用户资料。

（11）对用户每月的用量进行统计并计算出金额。

2.11.4　系统主要配置（见表 11）

表 11　远程抄表系统配置

设备名称	单位	数量	配置说明
集中器	台	6	
中继器	台	15	
采集器	台	120	
水表	只	2 458	楼栋水表间
电表	块	2 458	楼栋电表间
气表	块	2 458	楼栋气表间

2.12　大屏幕显示及信息发布系统

2.12.1　系统概述

多媒体大屏幕显示及信息发布系统在小区信息管理中起到重要作用，系统可实时发布的各种信息、通知等，还可以播放娱乐视讯节目、宣传广告等。大屏幕显示及信息发布系统的建设既提升了小区的形象，又增加物业与住户沟通的信息纽带。

2.12.2　系统设计

大屏幕显示及信息发布系统包括 LED 大屏幕显示系统（见图 14）和 LCD 信息发布系统（见图 15）两部分。

在 3C 数码及主力店、娱乐广场内的大空间区域分别设置室内 LED 全彩大屏幕显示系统，在总部基地顶端、两个休息广场、商业步行街朝向城市干道的一侧分别设置室外 LED 全彩大屏幕显示系统。各个区域的大屏幕显示系统归入中控室进行管理，将全部 LED 进行联网控制，各屏幕可各自播放不同的视频节目，需要时可同时播放相同的视频节目。

在总部基地的首层电梯厅设置 42″ 网络 LCD 液晶显示屏，利用小区局域网组成系统，实施十分方便。中控室可进行信息发布，同时也可播放媒体广告。

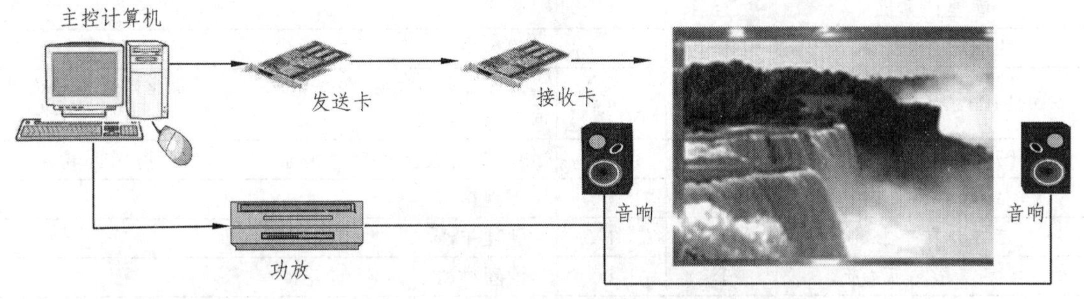

图 14　LED 显示屏系统结构图

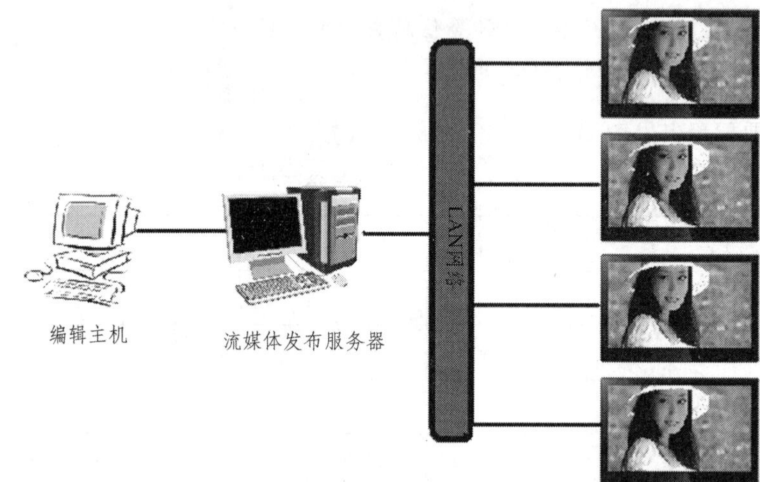

图 15　数字型 LCD 信息发布系统结构

LED 大屏幕显示的分辨率远远低于 42″ LCD 显示设备，因此，两套系统相对独立运行，不会影响各自的显示效果。

2.12.3　系统功能及特点

多媒体 LED 大屏幕显示及信息发布系统实现下列功能：

（1）集中管理，支持同时播放相同内容，也可各自播放不同内容。

（2）可播放各种通知、信息、公告等。

（3）LED 可实时显示当前温度、湿度环境情况等。

（4）可实时显示视频图像。

（5）可播放视频信息。

（6）使用专用节目编辑播放软件，可通过键盘、鼠标等不同的输入手段编辑、增加、删除和修改文字、图形、图像等信息。

（7）可编排存于控制主机或服务器硬盘的信息、节目播放顺序与时间，实现一体化交替播放，并可相互叠加。

2.12.4　系统配置（见表 12）

表 12　大屏幕显示及信息发布系统配置

设备名称	单位	数量	配置说明
管理计算机	台	1	管理中心
LED 控制软件	套	1	管理中心
户外 P10 全彩 LED 显示屏	套	4	总部基地顶端、两个休息广场、商业步行街朝向城市干道的一侧
户内 P7.6 全彩 LED 显示屏	套	2	3C 数码及主力店、娱乐广场内的大空间区域
编辑控制主机	台	1	管理中心
流媒体发布主机	台	1	管理中心
数字信息发布系统	套	1	管理中心
42 寸 LCD 网络发布一体机	台	4	总部基地的首层电梯厅

2.13　智能信报箱系统

2.13.1　系统概述

智能信报箱是高档住宅小区、公寓写字楼、机关单位和其他需要信报、单据流转场所的理想选择，是对传统产品的更新换代产品。其适应智能化物业管理的需要，更好地保证了业主信件、各种快件资料的完整性和保密性。

依据大庆科技城智能项目规划需求，本项目总共设计 13 栋现代智能高楼住宅小区，将容纳 2000 户业主，依本项目建设高档住宅生活小区、智能化小区的理念，本次系统将按照每栋住宅楼实际户数，设计智能信报箱系统。

2.13.2　系统设计

智能信报箱集成了智能识别及自动控制系统，实现了信报箱的自动开启功能以及与门禁系统的“一卡通”，用户不必再携带信报箱钥匙。智能信报箱采用模具化制造，工艺考究、外观豪华，既方便用户又装点楼宇，是现代住宅小区、商务楼的理想配套设备。考虑到大庆联想科技城项目以科技创新、追求现代时尚生活，建设智能化小区为追求目标，本系统采用了智能化信报箱代替了传统模式的信报箱，大大提升了小区智能化形象其外观如图 16 所示。

图 16　智能信报箱

2.13.3　系统功能及特点

（1）自动开箱：用户刷卡或者输入密码，通过身份认证识别后，控制系统自动打开信报箱的电动锁，自动弹开信箱门。

（2）一卡通：在使用射频识别门禁系统的楼宇，门禁系统或停车场使用的射频（IC 或 ID 卡）都可以注册为智能信报箱的钥匙卡，扩展小区一卡通功能。每一用户的信箱可以最多设置 6 张卡，方便住户家人随时开箱。

（3）密码开箱：智能信报箱设置了键盘，用户可在键盘上输入设定的密码实现密码开箱。每个用户可以单独设置一组4至8位的开箱密码。管理员在管理菜单上可以设置用户能否自行修改开箱密码的权限。

（4）箱号管理：智能信报箱控制系统可按用户的需要，现场设置箱号，箱号可以设置为与房号完全一致。

（5）人性化本地管理：不必与其他系统联网。管理员通过刷管理卡或输入管理密码可进入管理菜单，管理员通过键盘可以实现对智能信报箱的全部操作及用户信息管理，查询用户的开箱记录，设定用户开箱方式、箱门数、系统日期时间、用户使用时段、修改用户密码和设置用户卡以及应急开门等功能。

（6）计算机管理（联网管理）：可通过RS485总线将所有信报箱控制器联网到物业管理处的监控电脑，也可与门禁系统联网，通过计算机实现删除用户卡片、增加用户卡片、删除管理员卡片、增加管理员卡片、修改管理员密码、设置开箱时间、设定日历等操作，以及实时监控用户开箱信息，还可以随时查询开箱的历史记录。

（7）通过计算机发布物业管理信息、公众信息或各类广告信息到箱楣的LED显示屏，每个用户开箱时都能看到（根据用户要求定制）。

（8）集成接口：提供开放的接口协议和预留系统接口，方便以后系统升级和数字社区系统的连接。

（9）断电保护：配置后备电源，在停电时系统仍可连续工作48 h以上。完全断电以后系统信息可保存长达10年以上。

（10）应急开箱：在设计信报箱和电控锁时已充分考虑好应急开箱方案，一旦箱内断线或电锁故障，可由管理员打开应急开箱锁进行手动开箱。

（11）多种开箱方式：可以设置多种开箱方式，有刷卡开箱、输入密码开箱、刷卡后再输入密码开箱、刷卡或输入密码都可以开箱（系统默认）。

（12）美观节能：极低的待机功耗（≤5 W），宽LCD显示屏，中控面板贴可更换。安全可靠无噪声。

2.13.4 系统主要配置（见表13）

系统主要由智能中控系统、不锈钢智能型豪华箱格、电控磁力锁等组成。在每栋住宅楼大堂适当位置装置一套智能信报箱。

表13 智能信报箱系统配置

设备名称	单位	数量	配置说明	备 注
智能中控系统	套	13	每栋住宅大堂配置	含：中央智能逻辑处理器读卡器，显示器后备电源等及软件
不锈钢智能型豪华箱格	户	2458	按照每栋住宅大楼实际户数配置	含：应急开门装置、走线槽，智能控制机构板等。
电控磁力锁	把	2458	按照实际户数配置	智能信箱专用电控锁

2.14　机房 UPS 供电系统

2.14.1　系统概述

UPS 系统即不间断电源系统。它是一种含有储能装置，以逆变器为主要元件，稳压稳频输出的电源保护设备。在计算机和网络系统应用中，主要起两个作用：一是应急使用，防止电网突然断电而影响正常工作，给计算机系统造成损害；二是消除市电网上的电涌、瞬间高电压、瞬间低电压、暂态过电压、电线噪声和频率偏移等“电源污染”，改善电源质量，为计算机系统提供高质量的电源。

2.14.2　系统设计

USP 系统主要由 UPS 主机及蓄电池组成。艾默生 APM 系列 UPS 的单机的 MTBF 大于 250 000 h，根据实际需要，设计时遵循以下思想：

（1）UPS 用于保护重要负载，因此电路设计、器件选用、技术指标各方面都应留有足够的安全系数。

（2）不间断供电：UPS 的负载受到三重保护，如果主电源停电，它可由电池供电，如果电池耗尽，或者 UPS 发生故障，还有旁路电源供电。

（3）配置后备 60 min 的蓄电池。在操作过程中，发生市电停电或 UPS 故障，UPS 切换到电池供电或切换到旁路供电，但是 UPS 输出电源始终是连续的、不间断的。对于用电负荷而言，UPS 系统所提供的电源始终是连续的、不间断的。

（4）停电保持时间：60 min。

2.14.3　系统功能及特点

1. USP 主机解决的问题

（1）市电断电（空气开关跳闸，电子配电盘故障）：零电压持续两个周波以上。

（2）电压浪涌（大型设备关闭或雷击引起）：电压高于 110% 额定值，持续一个或多个周波。

（3）波形下陷（大型负载设备突然启动、电网切换）：电压低于 80%～85% 额定值，持续一个或多个周波。

（4）高压尖脉冲（由闪电、电子开关的工作，电焊设备、静电放电等引起）：电压峰值高达 6000 V，持续时间一般为 0.5～5 个周波。

（5）瞬间高压（由雷电、电子开关的工作、电焊设备、静电放电等引起）：电压峰值高达 20 000 V，持续时间为 0.5～5 个周波。

（6）谐波干扰（由电动机、继电器、广播设备、无线通信设备、微波通信设备、电焊机等产生的 RFI、EMI）。

（7）频率漂移（小水电，发电机造成）。

（8）持续高、低压（由电力变压器的调节能力差引起，负载重时电压降低）。

2. UPS 电池组

由若干个电池串联或电池组并联而成，其容量大小决定了维持放电（供电）的时间。UPS 的功能有以下两点：

（1）当市电正常时，将电能转换成化学能储存在电池内部。

（2）当市电故障时，将化学能转换成电能提供给逆变器或负载。

2.14.4 系统主要配置（见表 14）

表 14 UPS 供电系统配置

序号	名称及说明	单位	数量
1	NXE-20KVA UPS 主机	台	2
2	NXR-40KVA UPS 主机	台	2
3	汤浅 NP65-12	台	200
4	C-20 电池柜	台	4
5	C-32 电池柜	台	4

2.15 楼宇 BA 系统

楼宇 BA 系统包括：

（1）新风系统。

（2）空调暖通系统。

（3）中水处理系统。

（4）给排水系统。

（5）热水系统。

（6）照明系统。

（7）电梯监控系统。

（8）机电设备监控系统。

2.16 弱电防雷系统

本项目暂时不考虑设计弱电防雷系统，主要有以下几个方面的原因。

（1）大庆地区每年平均雷雨天气较少，并且该地区常年干燥（土壤和空气），弱电系统受雷击影响较少。

（2）本项目高层建筑居多，高层建筑本身设计有防雷系统，对弱电系统有一定的防护作用。

（3）本项目弱电系统主干线路基本采用光纤传输，光纤本身具备抗雷击影响，而且系统线路大部分在地下室敷设，管槽做好接地，可大大减低系统受雷电影响的可能。

（4）本项目地下室面积较大，基本覆盖整个园区，地下室覆盖区域无法制作单体防雷地极进行泄流保护，没有良好的地极，实施防雷系统基本没有意义。

3 家居智能化系统

3.1 系统架构（见图 17）

3.2 彩色可视对讲系统

公共智能化系统已包括本系统设计，详见第 2 章“公共智能化部分”。

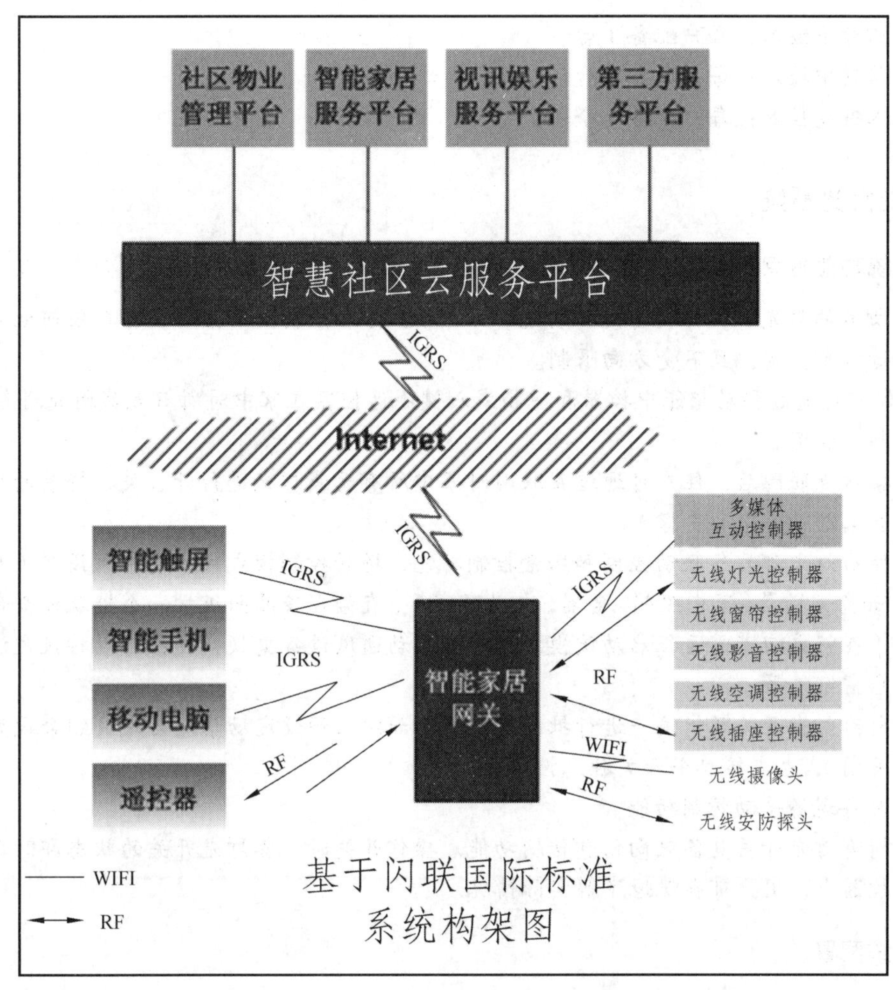

图 18　基于闪联国际标准系统架构图

3.3　智能家居网关及终端系统

3.3.1　系统功能特点

（1）灯光控制：无线化、多路、场景控制，结合灯光控制器。

（2）窗帘控制：无线化、多路、场景控制，结合窗帘控制器。

（3）家电控制：以智能影音控制器或空调控制器作为间接设备，通过无线的接口，组成网络家电系统，实现家用电器的集中控制。

（4）安全报警：具备家庭报警主机功能，支持无线安防设备接入。

（5）视频监视：具备视频监控主机功能，支持 IP/WIFI 摄像机接入。

（6）情景定制：根据客户需求，由客户自定义情景，一键控制情景。

（7）通信功能：家居网关具备 WIFI 路由通信功能，为家庭提供 WIFI 网络覆盖。

3.3.2　系统配置

（1）智能家居网关：每户配备 1 台。

（2）信号中继器：每户配备1台。

（3）移动中控器：每户配备1台。

（4）八键遥控器：每户配备1个。

3.4 智能灯光系统

3.4.1 系统功能特点

（1）所有的灯光开关均具备遥控功能，采用RF传输控制技术，用户可在任何地方通过无线方式进行灯光控制，且不受方向限制。

（2）住户可通过移动智能中控器和便携式八键小遥控器在家中对所有无线灯光进行开、关、场景的控制、管理。

（3）接入互联网后，住户可通过互联网对家中所有无线灯光进行开、关、场景的控制、管理（需智能家居服务平台支撑）。

（4）所有灯光都具备联动控制和场景控制功能，场景控制模式可按需求预设定（及由用户自定义）。如离家场景（家中照明、电器、电动窗帘等，直接在液晶面板按一个键就能全部关闭）、回家场景（在将要回家前远程启动该模式，即可启动通风设备更换空气，自动按设定温度开启空调，开启窗帘）等。

（5）所有灯光开关既能统一进行批处理控制（如纳入预设定场景或自定义组合设置后可自动启动或关闭），也支持单个开关独立控制。

（6）具备现场手动控制功能。

（7）所有灯光开关具备双向信息传输功能。操作开关时，各灯光开关的状态即时反馈于移动智能中控器上，用户可直观地了解实际情况。

3.4.2 系统配置

（1）单路大功率触摸屏式开关：根据户型及装修实际情况，每户配备2个。

（2）双路触摸屏式开关：根据户型及装修实际情况，每户配备3个。

3.5 智能窗帘系统

3.5.1 系统功能特点

（1）所有的窗帘控制器均具备遥控功能，采用RF传输控制技术，用户在任何地方通过无线方式进行灯光控制，且不受方向限制。

（2）住户可通过7″移动智能中控器和便携式八键小遥控器在家中对所有窗帘控制器进行开、关、场景的控制、管理。

（3）接入互联网后，住户可通过互联网对家中所有窗帘控制器进行开、关、场景的控制、管理（需智能家居服务平台支撑）。

（4）所有窗帘控制器都具备联动控制和场景控制功能，场景控制模式可按需求预设定（及由用户自定义）。如离家场景（家中照明、电器、电动窗帘等，直接在液晶面板按一个键就全部关闭）、回家场景（在将要回家前远程启动该模式，即可启动通风设备更换空气，自动按设定温度开启空调，开启窗帘）等。

（5）所有窗帘控制器既能统一进行批处理控制（如纳入预设定场景或自定义组合设置后自动启动或关闭），也支持单个开关独立控制。

（6）具备现场手动控制功能。

（7）所有窗帘控制器具备双向信息传输功能。操作窗帘时，各窗帘控制器的状态即时反馈于7″移动智能中控器上，用户可直观地了解实际情况。

3.5.2　系统配置

窗帘控制器：根据户型及装修实际情况，每户配备2个。

3.6　智能影音系统

3.6.1　系统功能特点

1. 控制码学习和存储

（1）通过中控器界面，组织学习并存储家电设备的红外码。

（2）通过中控器界面，组织编辑家电设备的RS-232码并存储。

2. 影音控制

（1）通过红外延长线发射红外指令，控制影音设备（TV、功放、播放器、投影等）。

（2）通过RS-232串口发送控制指令，控制影音设备（功放、播放器、投影等）。

（3）双向433MHz RF收发，电流检测工作状态功能。

（4）使用万能芯片，能控制红外通信的主流影音等家电设备。

3. 数据配置

（1）可与中控器通信进行数据配置。

（2）数据同步可以采用Wifi、LAN和串口进行配置。

3.6.2　系统配置

智能影音控制器：每户配备1个。

3.7　智能空调系统

3.7.1　系统功能特点

（1）通过学习并存储空调设备的红外码进行控制。

（2）实时状态显示。

（3）实时信息状态显示。

（4）遥控控制。

（5）手动控制。

（6）电流检测功能。

（7）有线红外功能。

（8）数据上传下载功能。

（9）数据存储功能。

（10）停电自动切断功能。

（11）注册功能。

3.7.2 系统配置

智能空调控制器：每户配备 1 个。

3.8 视频监控系统

3.8.1 系统功能特点

（1）本地视频监控：用户可通过移动智能中控器、计算机，实时观看家中的情况，并保存图像。

（2）远程视频监控：用户可使用手机、计算机，通过摄像头实时观看家中的情况（需智能家居服务平台支撑）。

（3）定时视频监控：通过定时视频设置，系统将按照设置时间段，定时向用户发送定时监控的图像彩信。

3.8.2 系统配置

彩色红外一体化摄像机：每户配备 1 台。

3.9 安全报警系统

3.9.1 系统功能特点

（1）本地报警：一旦有情景触发，可通过家庭网关实现本地声光报警。

（2）远程报警：一旦有情景触发，可通过平台向社区保安中心、用户手机报警，同时联动视频监控系统抓拍图像和录像，并将现场图像以彩信方式发送给用户手机（需智能家居服务平台支撑）。

（3）布撤防：可通过便携小遥控器、中控器实现本地布撤防，也可通过手机、计算机远程布撤防或查看工作状态。

3.9.2 系统配置

（1）燃气探测器：每户配备 1 个。

（2）紧急按钮：每户配备 1 个。

（3）人体红外探测器：每户配备 1 个。

（4）便携小遥控器：每户配备 2 个。

（5）接警中心主机及软件：保安中心配置 1 套。

3.10 多媒体多屏互动系统

3.10.1 系统功能特点

（1）多屏互动终端设备及用户的识别。

（2）多屏互动终端设备及用户的鉴权管理。

（3）多屏互动终端设备及用户的自动发现。

（4）多屏互动终端设备及用户之间的信息互传及互联机制。

（5）支持多屏互动共享应用。

（6）支持多屏互动推送应用。

（7）支持多屏互动书签及位移应用，支持多屏互动播放控制应用。

3.10.2 系统配置

多媒体互动主机：每户配备 1 台。

4 云计算中心

4.1 概 述

云计算机系统是面向各个行业 IT 基础架构端到端的云计算解决方案，对桌面、应用和用户数据进行统一管理、统一存储、统一计算，并向云终端交付 Windows 虚拟桌面和应用的云计算服务。

云计算系统的核心价值。

（1）高安全、易管理：终端系统高效集中管理，同时保障数据安全。

（2）绿色节能：比传统计算机能耗降低 90%。

（3）高性能：支持各种高清多媒体应用。

本云计算系统能够满足高清点播、高清游戏、渲染、动画制作、电子商务等应用的要求。

4.2 系统设计

云计算系统架构包括以下 4 个部分（见图 18）：

（1）管理服务器：管理服务器支持域管理/DHCP/DNS/存储文件服务和云管理中心。

（2）云服务器集群：提供基于 Windows2008R2 展示虚拟化 RDS 服务的服务器集群。

（3）云计算系统管理中心：集中管理服务器群、用户、终端、安全策略。

（4）云终端：连接虚拟桌面系统或应用虚拟化系统，应用本地显示器、键盘、鼠标操作远程虚拟桌面。

本系统基于微软 Windows Server 2008R2VDI 架构的远程桌面服务。RDS（Remote Desktop Services，远程桌面服务）使得以下要求成为可能：在一个位置运行程序或整个桌面，而在另一个位置对它进行控制。有了 RDS，我们可以安装和管理基于会话的桌面和应用程序、基于虚拟机的桌面，而它们都位于数据中心的中央服务器上。屏幕显示会发送到用户，而用户的客户端计算机则向服务器发送键盘和鼠标事件。在使用远程桌面服务时，管理员可以将整个桌面环境提供给用户，也可以只提供单独的应用程序和数据。在用户看来，这些程序是无缝集成的——界面、感觉和行为都和本地程序并无二异。

本系统主要利用了远程桌面服务中提供的远程桌面连接代理和远程桌面会话主机角色服务。

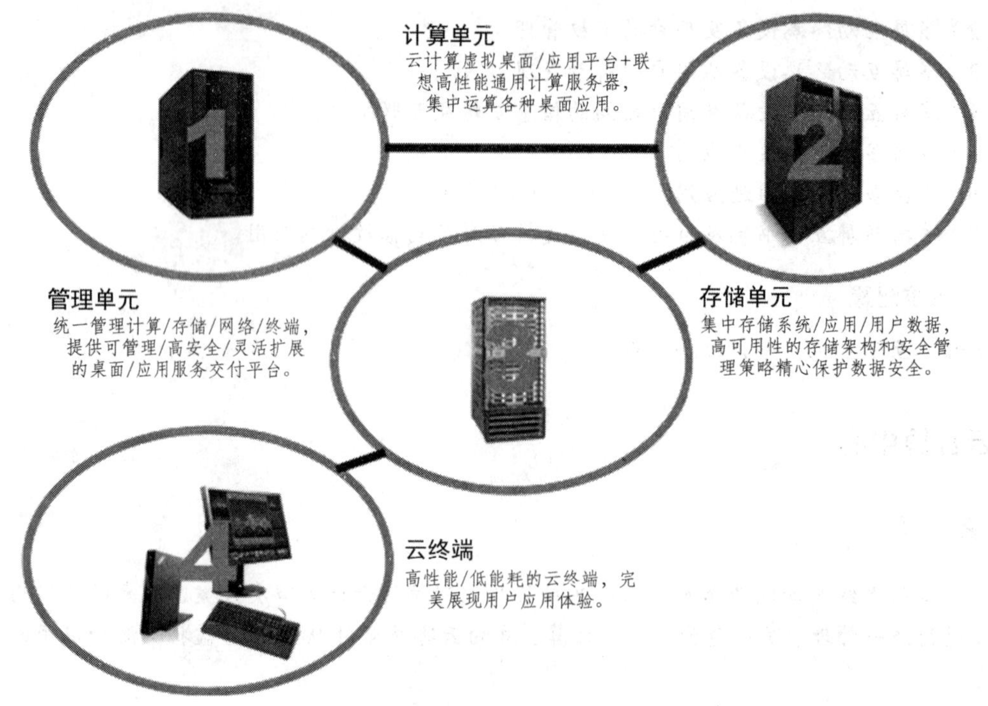

图 F-19　云计算系统架构

远程桌面连接代理负责将接入请求动态分配到不同的远程桌面服务器上，起到负载均衡的作用。

远程桌面会话主机（RD 会话主机）服务器是托管远程桌面服务客户端使用的基于 Windows 的程序，或完整的 Windows 桌面服务器。用户可连接到 RD 会话主机服务器来运行程序、保存文件，并使用该服务器上的网络资源。

4.3　系统功能及特点

本云计算系统对比传统基础 IT 架构具备高安全、易管理、绿色节能和高性能应用三大特点，可有效提高桌面系统的管理效率和大幅降低桌面系统维护成本。

4.3.1　高安全、易管理

1. 自动快速部署

系统充分为管理员设想，强调系统易用性设计（EOU design），特别是在规模部署系统时，可实现模块化自动部署完成系统组件的安装和配置，平均 100 min 即可完成对管理服务器和云服务器的系统部署。

为了实现对整体系统的统一管理，需要部署完善的服务组件包括：

1）基础服务功能

（1）DHCP（IP 地址管理服务）。

（2）域名解析服务（DNS）。

（3）域管理服务（AD）。

（4）数据库服务（SQL Server）。
（5）Web 服务（IIS Server）。
（6）文件服务器（File Server）。
（7）远程桌面服务。
（8）远程桌面会话主机（Remote Desktop Session Host）。
（9）管理控制台（Management Console）。
（10）Windows 系统资源管理器（WSRM）。
（11）远程桌面连接代理（Remote Desktop Connection Broker）。
（12）远程桌面授权（Remote Desktop Licensing）。

2）集中管理工具

集中管理的系统架构设计大大提升了管理员对大量服务器和终端的统一管理能力，本系统通过 WEB 界面可轻易完成服务器、终端、用户、安全权限 4 个模块的统一管理，整个系统的统一管理是通过 6 个管理工具实现的：

（1）用户管理：包括创建、编辑、删除用户；创建、编辑、删除用户组，加入用户组和管理用户组应用策略等功能，实现用户的统一管理。

（2）服务器管理：包括服务器性能检测，服务器自动均衡负载，服务器集群参数设置，服务器性能阈值保护和定时开关机等功能，并配合慧眼统一管理多台服务器，动态协调计算资源，智能降低系统功耗。

（3）终端管理：包括发现、编辑、删除、激活、休眠、重启终端，升级终端固件；创建、编辑、删除终端组，加入终端组和应用用户组-终端组关联策略等功能，实现终端的统一管理和安全策略。

（4）会话管理：包括对建立的虚拟桌面会话进行状态监测，虚拟桌面应用进程监测，向用户发送消息和中断会话连接，实现对虚拟桌面会话的统一管理。

（5）安全组策略管理：安全组策略是云终端系统安全管理的核心，它包括创建、编辑、删除组策略，用户密码原则管理，实现对授权用户使用授权终端登陆授权服务器的统一安全策略。

（6）管理系统设置：系统设置中有两大功能保证系统的可用性，它提供所有系统策略的导入导出，必能监测所有服务组件运行是否正常，方便管理员及时发现系统故障并能在最短的时间将系统恢复正常。

2. 桌面便捷管理

云计算系统为学校提供了便捷的桌面管理方式，通过共享云服务器的强大计算资源，为每个人提供自己的桌面，每个用户使用自己的显示器、键盘、鼠标，用户体验与使用独立的电脑没有差异。

新的应用软件只需要在云服务器上安装后就可以立刻使用，比传统应用软件部署更方便和高效。

管理员也需要对操作系统和应用软件作打补丁和升级等日常维护工作，在云计算系统上只需要对服务器上安装的操作系统和应用软件进行统一升级，就能让用户使用到最新功能和最安全的桌面应用服务。比传统电脑的操作系统补丁、应用软件安装等工作的维护时间减少 80%以上。

3. 安全管理策略

云计算系统从以下四个方面支撑IT基础架构的系统安全性：

1）集中防病毒防黑客

对比传统桌面电脑，虚拟云终端系统的操作系统/应用/用户数据都在服务器上，管理员只需要在服务器上集中部署安全软件，保护好机房里的服务器就能实现对整个桌面系统的安全保护，无论从安全管理的级别还是便捷程度比传统桌面电脑都有大幅提升。

2）用户数据统一存储与管理

用户的数据被统一存储在后台的服务器或者存储上，用户可以看到自己的数据或者系统管理员指定的共享数据，数据的安全权限得以妥善的管理。用户数据也不会因为终端硬件损坏，或者用户的误操作导致用户数据丢失，大大提高了用户数据的安全性。

3）用户授权管理

管理中心从用户组/终端组/服务器集群组和安全组策略的严格授权，确保了只有授权用户，使用指定终端，连接制定服务器，登陆授权桌面和使用授权应用的全程用户授权管理机制。将桌面可信安全级别提升到了国际标准B2级。

4）U盘使用管理

病毒和木马，以及非授权的应用软件安装和非授权的数据复制往往是通过U盘或者移动硬盘等外部数据存储设备传播和进行的。管理中心能够限制指定服务器上用户对U盘和移动硬盘的使用原则，对于保密级别较高的系统环境，可以轻易地禁止USB存储设备的使用，避免以上安全风险的发生。

4. 桌面快速登录

由于操作系统全都部署在服务器上，用户从终端开机到登录到自己的桌面最快仅需要20 s，对比传统计算机动辄1～2 min的登陆时间，时效性明显提高，而且不会出现软件装得越多启动时间越慢的情况，大大提高了使用者的工作效率。

5. 终端易维护

云终端是真正意义的云计算零终端，其硬件结构相对简单，没有传统计算机的X86CPU、大容量内存、硬盘、外插卡等设备，硬件故障率很低，使用寿命也较长，基本不需要日常的维护，大大减少了管理员硬件维修的工作量。

6. Windows 7用户体验

Windows Server 2008 R2展示虚拟化RDS服务，为每个用户提供Windows 7的用户体验，绚丽的桌面界面和快捷方便的功能，大大提升了使用者的工作效率。

4.3.2 绿色节能

本系统基于云计算的架构设计，充分运用了统一资源管理和资源灵活交付的原则，从而大幅降低了系统能耗，是最先进的低碳绿色IT技术，它具体体现在：

1. 系统智能节能管理

系统以统一资源管理和计算资源灵活交付的原则设计了多项系统智能节能管理策略，包括服务器自动均衡负载，服务器定时开关机，桌面会话超时退出，终端超时自动休眠等机制，帮助管理员至少再节省 30% 的系统功耗。

2. 超低功耗的终端设备

云终端平均工作能耗仅为 7 w，约为普通台式计算机的 3%，甚至比一个节能灯泡的功耗还要低。

4.3.3 高性能

云计算系统具备卓越的多媒体应用体验，桌面虚拟化通信协议和对服务器/终端硬件对多媒体应用的特殊优化，实现了上述高性能的视频应用体验。其中包括：

1. 高性能服务器

云计算服务器采用了 CPU + GPU 通用计算平台，优化了针对多媒体类应用的性能加速，保证云服务器能向终端交付各种应用体验。

2. 高性能通信协议

云服务将“应用快照”以最快的速度传送到云终端（包括普通应用界面和多媒体应用），从而能向终端交付流畅的高清多媒体。高性能通信协议（LXT）能够向终端交付大于 24 帧/s 的高清视频，比标准 RDP < 10 帧/秒的视频体验要好得多。

3. 高性能云终端

云终端是一个高度集成的嵌入式云计算“零”终端产品，它使用了高度集成 CPU + GPU 中央芯片，能够快速地展现从服务器上传送过来的“应用快照”，特别是专门对多媒体应用的特殊优化，保证了云终端能够流畅地播放高清媒体。

4.4 系统主要配置（见表 15）

表 15　云计算系统配置

序号	项目	数量	备注
1	服务器系统	86 台	管理服务器、云计算集群服务器、云计算中心服务器、AD 服务器、邮件服务器、应用服务器
2	SAN 存储系统	1 套	138T 容量、光存储网络、备份系统
3	云终端	1000 套	

5 智能家居远程服务平台

5.1 概　述

针对大庆联想科技城的定位，我们为大庆联想科技城提供一套更适合时尚精英的智能家居远程服务系统。

智能家居远程服务系统是一套综合的服务管理操作平台，它是每个业主远程管理的“管家”，为业主提供远程家居控制功能和远程安防控制功能等服务接口。

远程服务系统建成以后，业主在任意有互联网的地方通过计算机、手机等设备连接到互联网，登录远程服务系统的个人应用平台，通过平台认证后，即可对家中的灯光照明、窗帘、空调、家庭影院电器和安防设备等进行远程管理和控制。

5.2 建设目的

远程服务系统上线后，可以为住户带来如下效果：

（1）把家“装”在计算机或手机里。

（2）随时随地掌控家中所有的灯光、窗帘、影音等电器设备。

（3）享受前沿的时尚数字生活。

（4）远程安防，掌控家中的安防设备，提升安全级别。

5.3 系统设计

远程服务系统包括远程家居控制、远程安防控制两大功能。

本系统基于 Web 开发技术，用户可在任意有互联网的地方通过计算机、手机等多种设备连接到互联网，登录远程服务系统的个人应用平台，通过平台认证后，即可对家中的所有可控电器设备、安防设备进行操作。同时，用户在家中时可通过各种远程视讯服务的接入，感受现代化高科技所带来的特有享受。

系统结构如图 19 所示。

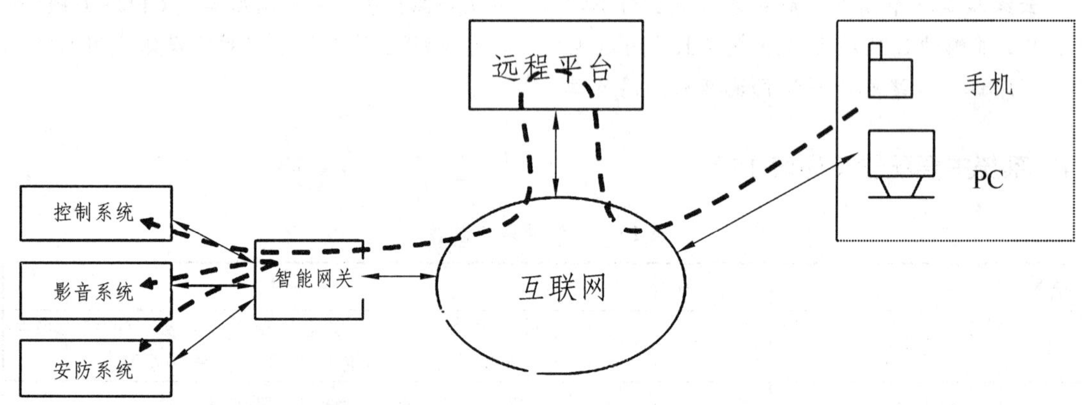

图 19　智能家居远程服务平台

5.4 系统功能及特点

5.4.1 远程控制系统

（1）用户可以在任意地方通过计算机、手机等多种设备连接到互联网，登录远程服务系统的个人应用平台，通过平台认证后即可对家中的灯光照明、窗帘、空调、家庭影院等电器设备进行操作；

（2）用户可以在任意地方通过 PC 机、手机等多种设备用同样的途径对家中所有安防设备进行操作；

（3）用户可在任意地方通过 PC 机、手机等多种设备，对已预设好的场景进行远程控制；

（4）用户可在任意地方通过 PC 机、手机等多种设备，查看家中可控电器设备的开关状态。

5.4.2 远程安防系统

本远程智能安防系统是利用门磁和红外探测器等安防装置，感应到家中异常现象，如门窗开启、烟雾、燃气泄漏等，通过鸣响警号、拨打预设电话、短信/彩信等方式进行报警。

（1）支持红外线探测器、门窗磁、烟雾感应器、煤气探测器、紧急按钮等安防终端设备。

（2）能够通过个人平台、智能手机客户端和遥控器等方式进行安防系统的布防、撤防。

（3）能够通过个人平台、智能手机客户端等对安防系统进行总体设置、防区设置、预警提醒设置、报警设置等。

（4）出现异常情况，安防系统可以通过网络向平台发送报警信息、自动拨打预设电话报警、向用户发送报警短信或彩信。

（5）能够通过计算机、手机等远程进行灵活的全布防、全撤防以及带情景的布撤防操作。

（6）支持远程通过个人平台、智能手机客户端等查看告警、监视历史信息。

6 智慧社区云服务平台

6.1 概 述

智慧社区云服务平台聚合智慧家庭物联服务、视讯服务、社区商业服务和社区物业服务等专业服务资源，为智慧家庭提供一站式多元化服务，并为下一步融合更多的社会化服务留下接口。

智慧社区云服务平台将作为社区服务的聚合平台，使用云计算技术，提供基于 PaaS、SaaS 的应用服务。这些应用服务可以是政府服务、其他第三方服务供应商提供应用服务。

智慧社区云服务平台同时考虑提供物联平台，将智能社区和家居的各类智能信息终端进行物联，构成应用服务的普及计算环境，能够支持设备间的互联互通。

6.2 系统实现架构（见图 20）

6.3 系统功能及特点

6.3.1 智能家庭信息终端统一管理

平台支持各类智能家庭信息终端（智能触屏、多媒体互动控制器、智能家居网关、手机等）进行信息的互联互通，提供以下功能：

（1）智能家庭信息终端的识别。

（2）智能家庭信息终端的鉴权管理。

（3）智能家庭信息终端的自动发现。

（4）智能家庭信息终端之间的信息互传及互联。

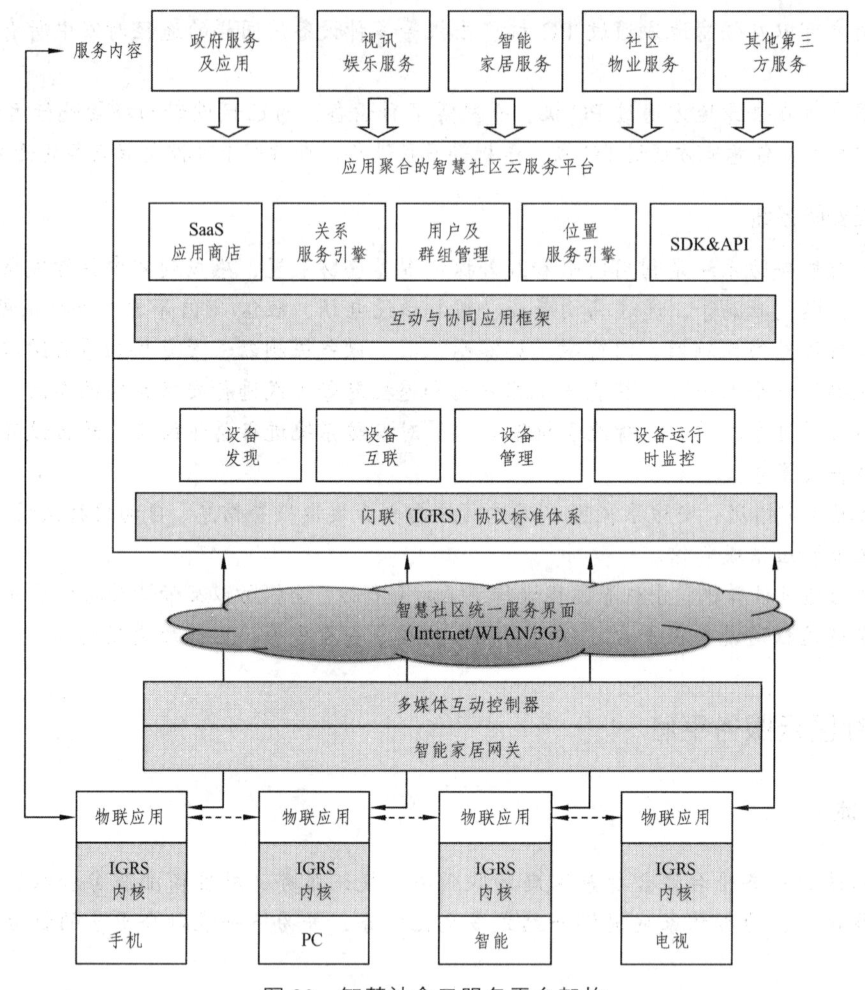

图 20　智慧社会云服务平台架构

6.3.2　服务接入及发布方式的聚合及统一管理

（1）完成移动互联网上的各种第三方服务以统一的形式接入。

（2）提供完整的应用服务的注册、审核、发布、跟踪统计、注销等管理流程。

（3）应用服务提供的内容可以调用平台提供的基础功能，面向不同的信息终端进行信息推送和发布。

6.3.3　提供各类支付形式的聚合

平台支持多种支付手段。

6.3.4　政府服务的输送级服务信息的推送

与电子政务平台对接，将各项服务功能针对电视、手机、智能触屏等各种用户终端进行界面适配，并具备将平台处理结果推送到手机、智能触屏等用户终端设备的能力。

6.3.5　服务供应商的统一管理

管理服务供应商信息、信誉度、交易、服务跟踪、反馈、用户评价等相关信息。

6.3.6　多屏互动终端设备的统一管理

支持各类多屏互动信息终端进行互联互通，通过其信令交互系统实现各独立视频业务中的终端交互，该平台提供以下功能：

（1）多屏互动终端设备及用户的识别。

（2）多屏互动终端设备及用户的鉴权管理。

（3）多屏互动终端设备及用户的自动发现。

（4）多屏互动终端设备及用户之间的信息互传及互联机制。

（5）支持用户的在线注册。

（6）支持多屏互动视讯业务终端容量大于10万，具有良好的扩展性，可根据终端数目的增加进行集群扩容。

（7）具有良好的信令转发吞吐性能。在典型网络环境下，多屏互动视讯业务终端之间的信令交互响应时间小于1 s。

（8）支持多屏互动共享应用。

（9）支持多屏互动推送应用。

（10）支持多屏互动书签及位移应用，支持多屏互动播放控制应用。

6.3.7　智慧社区云服务平台提供的服务内容

提供的服务分为以下几个大类：

（1）电子政务服务。

（2）视讯娱乐服务。

（3）家居安防服务。

（4）家居控制服务。

（5）通信服务。

（6）物业管理服务。

预留以下各种服务的接口：

（1）家居视频服务。

（2）社区综合服务，包括但不限于：

① 水电煤等代收代缴服务；

② 社区卫生服务；

③ 老年关怀服务；

④ 家政服务。

（3）其他智慧互动应用服务（智慧旅游、智慧医疗、智慧教育等）。

6.3.8　其他服务接口

平台要求开放第三方服务接口，支持物流配送、社区商圈、智能厨房、社区卫生服务功能、家政服务、老人关爱、电子围栏、电子购物、金融服务、新鲜直送、虚拟旅游、互动游戏、远程教育等服务接入，满足业务协同和数据交换以及产业链的发展需求。并提供如下支持：

（1）要求提供SDK开发包。

（2）要求提供相关的服务接入协议。

（3）要求提供第三方服务开发的技术支持。

第三章　售后工作岗位案例

一、岗位介绍

售后工作管理包括两部分的岗位：一部分是工程施工过程中的岗位；一部分是指项目已经完成，进行系统维护等的工作岗位。涉及的岗位主要有：工程施工管理、设备安装、系统调试、系统维护、设备维修、工程监理、工程结算等。

二、岗位职责

（一）工程施工管理

（1）遵守国家政策、法令、法规和企业规章制度。

（2）全面履行、实施公司与建设单位签订的工程承包合同。

（3）主持编制项目管理实施方案，主持或参与编审施工组织设计并组织实施。

（4）贯彻落实公司的质量方针、管理方针，组织实施公司的体系文件，制订并落实奖罚措施，且对质量目标、管理目标、指标进行考核。

（5）组织项目部运行控制，应急准备和响应，根据内外部检测结果，持续改进项目部环保和安全。

（6）主持召开生产协调会，协调、解决施工中的技术、质量、工期、安全等问题。

（7）负责项目工程款回收工作，办理工程款拨付手续，编制项目资金使用计划。

（8）协助公司机关组织做好工程索赔工作，办理工程结算，确保企业资金的正常运转。

（9）做好项目部内部管理，建立健全内部岗位责任制。

（10）按有关规定及时上报各种报表，自觉接受各业务部门的监督、检查。

（11）负责综合管理体系的实施。

（二）设备安装

（1）主要负责设备安装工作。

（2）服从项目负责人的工作安排。

（3）负责审核施工单位场地临时施工用电、用水方案。

（4）参与对施工单位提交的《施工组织设计》中安装工程内容的审核，提出审核意见。

（5）参与组织施工图水电部分的自审、会审和技术交底。

（6）参与协调水、电、气、弱电系统及综合管线的设计与评审。

（7）组织安装方面专业技术方案的讨论评审。

（8）做好安装工程的成本、质量、安全、进度控制。

（9）负责对施工单位上报的安装类甲供材料进行审核、签证。

（10）负责对进场的安装类甲供材料的数量进行验收。

（11）组织检查、监督施工单位、监理单位安装工程竣工验收资料的整理。

（12）办理安装工程移交。

（三）系统调试

（1）负责智能化系统设备的安装、检验、现场调试工作。

（2）负责设备出厂功能调试及测试。

（3）负责现场指导培训及设备维护。

（4）调试前做好施工技术交底。

（5）调试完后做好记录文档，交接给售后维护部门。

（6）负责处理客户反馈信息，对在产品保质期内有故障的，及时处理解决。

（7）配合工程进行完工验收。

（四）系统维护

（1）负责现场工程设备的例行巡检、维护保养、设备检修等工作，完成相应的文档及记录。

（2）按照工程部工作安排，对公司所辖项目的消防、监控、门禁智能、停车场道闸等弱电系统进行周期性巡检。并配合现场工作人员进行日常（三级）保养，并将检查、日保情况报告管理处主任、工程主管、汇总上报工程部经理。

（3）在现场发现设备性能恶化时，及时向负责人报告，并听候调度指挥，协助进行设备调测，同时在设备台账上做设备性能劣化记录。

（4）当所负责的设备发生故障时，应随时接受和执行来自上级的设备操作指示。

（5）积极提出相关设备维护的合理化建议，并在认可后负责实施。

（6）对所有收集的故障告警信息进行故障关联、故障定位分析，制定故障处理方案，上报工程主管审批。

（7）故障处理完毕后，对所有故障处理过程记录备案，并将相关的故障处理结果进行反馈。

（8）按公司、工程部的指派，参与新项目弱电工程系统的接管验收，协助新项目工程部门的组建，并对口进行现场的传、帮、带培训工作。确保新项目弱电工程系统的正常运行。

（9）根据公司工程部节能降耗的工作计划，在工程部、工程维修中心统一协调下，协助项目管理处实施整改方案。

（10）负责管理好自己的工具、物资。

（11）完成领导交办的其他工作。

（五）设备维修

（1）负责所属区域设备故障的维修工作。

（2）制订、完成预防性维护保养工作；以达到降低产品报废率，减少维修费用，降低停机工时的目的。

（3）维修人员必须服从领导安排，负责好公司设备的机械维修工作，按《维修流程记录单》及时做好问题诊断与维修，维修人员必须凭《设备维修记录单》进行维修，完成后将维修记录台账，并每月交维修记录到行政备案。

（4）按设备保养手册和设备说明书制订《年度设备保养计划》以及建议，并按计划实施保养工作，填写每月《设备保养记录》。

（5）维修主管根据库存情况提交备件采购申购表，操作人员和维修人员无申购权限，有需要报主管申购。

（6）依照《设备保养细则》和《设备安全操作规范》来指导和监督操作工完成常规保养工作，检查设备保养情况。

（7）做好日常设备的检点工作，及时发现问题，处理隐患，查看使用中设备日常保养情况，查看操作设备运转记录本上设备运转检点部分的填写。

（8）做好预防性保养、维护工作，降低本区域停机工时及设备原因造成的报废量。

（9）维修人员在未确认设备故障原因时，不可随意解体设备。

（10）设备维修责任人，必须对承包范围内设备的维修质量和维修速度负全部责任，确保及时有效处理，在额定工作日内完工。

（11）如遇设备搬迁、安装、调试和外协维修等工作，则必须全程跟踪，详细记录。

（12）值班时间内若发生设备故障，按接到报修单后应按生产任务缓急依次修理。

（13）监督禁止员工私拆维修（设备保养作业除外）。

（14）维修人员在设备维修中要注重安全，要警示相关人员注意安全，修理期中下班时间要保持区域整洁，断电断气，确保安全。

（六）工程监理

（1）遵守公司各项规章制度。

（2）按照国家标准及公司的质量规定，对工艺流程、工艺质量进行严格把关，对隐蔽工程进行严格的验收，并认真填写验收记录。

（3）以客户满意程度为衡量自己工作的标准。在工作中注意言行举止，在客户面前树立公司的良好形象。

（4）具有良好的服务意识，秉承“没有不好的客户，只有不好的服务”原则，与客户进行认真的流与沟通。

（5）监督落实公司各项规章制度的执行情况，并及时将规章制度落实情况向工程部经理反映。

（6）负责协调客户、设计师、项目经理之间的关系，及时处理与解答施工中出现的各种问题。

（7）监督施工进度，检查项目进展情况，保证工程按期竣工。

（8）施工队进场前，协调、联系并与客户、设计师及项目经理施工技术交底，安排施工工队进场，并填写技术交底记录。

（9）在施工过程中，对客户提出的实际变更及增减工程项目，工程监理应及时与设计师、项目经理、客户联系，共同办理工程的变更，并让客户签字确认。

（10）如遇特殊情况，工程项目需延期，应主动通知客户并细心解释，经双方协商后，共同办理工期延长手续。

（11）工程工期过半（木工收口），主动联系客户、项目经理及设计师进行工程验收，验收合格后，请客户填写《工程验收单》，负责落实工程款结算。

（12）严格进行工期控制，积极协助办理工程竣工及尾款的催交工作

（七）工程结算

（1）认真学习贯彻执行国家及建设行政管理部门制订的法规规定及定额标准和费率。

（2）配合工程部经理做好单位工程成本核算，定期到工程项目部，做好工程用料、人工费的分析，结合工程项目开展定额分析活动，核定各种资源消耗情况，对工程预算情况提出建议和意见，并及时反馈给公司领导。

（3）熟悉公司各项目部施工图纸，熟悉施工现场，了解工程合同和协议书，配合项目人员编制施工形象、进度计划，按生产进度计划做好每个生产阶段的施工结算，及时向公司领导反映工程经济运行情况。

（4）熟悉单位工程的有关基础材料及施工现场情况，了解采用的施工工艺和方法。

（5）掌握并熟悉各项定额及取费标准的组成和计算方法。参与在建项目的预算和竣工后的结算工作，审核在建项目已完工程月度用款计划和月度付款额。

（6）掌握市场价格信息，编制施工结算，对工程造价做出评价分析。

（7）协助财务部对工程项目的进行成本核算。

（8）经常深入现场，对设计变更及现场工程施工方法更改材料价差，以及施工图预算中的错算，漏算等问题，能及时做好调整方案。

（9）根据施工图预算开展经济活动分析，进行两算对比，协助班组搞好经济核算。

（10）做好工程项目造价文件汇总和存档工作，对已竣工决算完成的工程项目进行经济指标分析。

（11）建好公司预结算及进度报表台账，填报有关报表。

（12）在竣工后，协助有关部门编制竣工结算。

（13）及时完成领导交办的其他任务。

三、岗位职业能力要求（见表 3-1）

表 3-1　对应职业能力分析表

序号	编号	工作任务	职业能力内容
1	2-1	故障处理	1. 详细了解单系统及整体拓扑结构 2. 了解设备的配置及性能 3. 了解故障，分析判断故障原因，处理故障
2	2-2	系统设备具体优化	1. 具备单系统设备基础知识 2. 熟练各系统的设备连接 3. 熟练掌握各系统的工作环境及使用状态 4. 熟悉各单系统设备参数及性能

续表

序号	编号	工作任务	职业能力内容
3	2-3	调试配置设备	1. 熟悉系统集成应用产品性能 2. 会调试配置系统集成应用产品 3. 会验证及功能测试方法
4	2-4	安装更换测试设备	1. 准备工具及材料 2. 安装环境的准备 3. 熟练使用测试工具 4. 编码标识设备 5. 按公司流程回收报废设备
5	4-1	排除故障（硬件、软件）	1. 了解设备的配置及性能 2. 了解故障，分析判断故障原因，处理故障 3. 会使用排除故障的排查工具或方法
6	4-2	设备安装调试	1. 熟悉子系统产品的配置及性能 2. 验证效果 3. 调试配置
7	4-3	巡检设备	1. 明确巡检的范围、内容，制定或修订巡检表格， 2. 制定巡检计划（自定或根据客户要求确定巡检计划） 3. 安巡检表格巡查，并编写巡检报告 4. 发现问题，处理问题（或上报问题）
8	7-1	图纸修改	1. 熟悉 CAD 设计工具 2. 熟悉 Visio 设计工具
9	7-2	验收文档	1. 熟悉验收流程 2. 熟悉 office 办公软件
10	7-3	培训资料	1. 编写验收培训资料 2. 熟练讲解各个系统的使用方法及注意事项 3. 熟悉 office 办公软件
11	14-1	文档整理	1. 竣工文档、图纸整理 2. 验收文档整理
12	17-1	认识各类计算机常见设备	1. 懂各类计算机及其常见外设设备 2. 会使用计算机及其常见外设设备 3. 能独立拟定计算机及其外设设备的配置需求
14	17-3	计算机操作系统与常用软件安装与配置	1. 懂计算机操作系统及其常用软件 2. 会根据用户需求进行安装与配置 3. 能熟练完成 PC 操作系统及其常用软件的安装与调试
15	17-4	PC 常见故障处理	1. 懂 PC 常见故障问题及其处理方法和技巧 2. 会根据用户诉求解决 PC 故障并及时汇报公司 3. 能熟练并快速解决 PC 故障
16	17-5	PC 维护	1. 懂 PC 常用维护方法和技巧 2. 会根据用户需求和公司要求进行 PC 维护工作 3. 能独立完成指定 PC 的维护和调查工作

四、案例介绍

通过以下说明材料能够让客户快速熟悉项目的功能设计、过程设计、配置情况、详细操作步骤、功能实现、项目应用等。

案例　广东岭南职业技术学院“车联网教学沙盘”说明材料

1　功能设计

功能设计部分通过图片、列表、流程演示的方式展示车联网的应用，并通过实践快速学习嵌入式、RFID、Zigbee、图像处理等技术，为车联网应用的学习，打下坚实的基础。

1.1　概　述

“教学沙盘”集合了无线通信技术、物联网射频识别（RFID）技术、传感器技术、嵌入式网关技术等先进技术，按照百度地图的标准比例，对岭南学院的校园外观建设进行微缩设计，在微缩模型内部装置了无线传感器网络以及相关控制功能，将车联网中的RFID车辆识别、车位引导、车位管理、智能应用等技术融入其中（见图1）。平面设计体现岭南科技中心、教学楼及学院部分建筑物，同时在微缩模型内部装置了无线控制器、报警探测器、无线摄像机、智能控制网关及以及相关智能化控制功能（如沙盘的灯光、学校道路环境、岭南学院环境等进行整体控制）。

图1　车联网演示模型效果图

1.2　功能列表

1.2.1　技术设计

“教学沙盘”按一定的比例对岭南学院的校园外观建设进行全景微缩，体现校园车联网的设计理念，设计构造包括校园风光，含教学楼、科技中心与校园道路、岭南学院相关实景（停车场、科技中心、广场及教学宿舍楼、小汽车等，见图 2）；在微缩模型内部装置了无线传感控制器以及相关控制功能，“教学沙盘”集合了无线通信技术、物联网射频识别（RFID）技术、传感器技术、嵌入式系统技术、分布式云计算技术等。

图 2　车联网演示模型内部效果图

1.2.2　实现功能

“教学沙盘”展现车联网中的视频监控、车辆循环、语音控制、图像处理、车辆识别、远程控制、无线网络的配置、LCD 显示、停车位管理、智能化控制及无线传感网通信等多种功能与应用场景，提供开发接口或者开放源代码，可以通过创新项目进行拓展项目开发、创新应用项目开发。

具体实现功能包括：

- RFID 读卡识别
- RFID 车辆识别
- 车位引导
- 车位显示
- 车辆循环
- 车辆违法报警
- 车辆语音识别控制
- 车辆温湿度监测
- 车辆光照度检测
- 车位管理实时监测
- 智能灯光控制
- 智能开车控制
- 智能视频监控

- 智能手机端、PC 端智能控制
- 车辆温湿度源代码开发
- 车辆光照度源代码开发
- 车位 LED 屏源代码开发
- 车辆继电器源代码开发
- 车联网创新应用场景源代码开发
- 智能应用开发板及联动开发
- 智能安卓系统界面设计与开发
- 互联互通性应用与设计

1.3　演示流程

（1）RFID 读卡识别演示：驱动演示模型小车，通过 RFID 卡，小车沿着轨道运动，到达读卡位置后，直接读卡，道闸开启，小车通过，并最终停在起始位置。如图 3、图 4 所示。

图 3　车辆读卡演示

图 4　车辆启动演示

（2）VIP 停车区演示：小车通过 VIP 停车区时，RFID 自动识别，开启道闸通过，实现不停车的车辆识别通过。小车最后停在指定位置。如图 5，图 6 所示。

图 5　VIP 停车区车辆演示

图 6　VIP 停车区车辆通过演示

（3）一般停车区演示：下达语音命令“小杰，开车”，车辆通过语音识别，自动启动，当车辆离开车位后，LED 车位屏幕显示的车位数量自动加 1。小车沿着预定路径运行，最后回到预定位置。如图 7、图 8 所示。

图 7　一般停车区

图 8　一般停车区车辆驱动演示

（4）车辆非法停车与报警功能演示：当车辆在非法停车位置停车时，系统会马上发出报警，并通过 LCD 屏幕显示相关报警信息，同时引导车辆至前方区域停车。如图 9、图 10 所示。

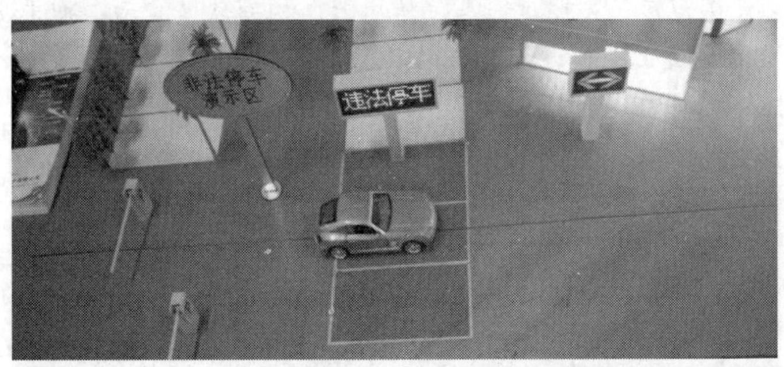

图 9　违法停车模型演示

图 10　模型车位显示与引导演示

（5）沙盘模型智能应用功能演示：通过触摸面板、智能手机端、计算机应用软件，直接实现控制建筑物模型的灯光、启动车辆、视频监控等相关功能。如图 11 所示。

图 11　模型智能应用演示效果

（6）车辆传感器（温湿度、光照度、车位传感器）相关数据演示：通过设置不同环境参考，使采集到的数据相应随之变化。通过计算机的物联网浏览器，可以实时的查看到这些变化，并通过 LED 屏幕实时显示出来。如图 12 所示。

图 12　模型车辆传感数据现场效图

（7）车联网相关教学实验演示：包含车联网场景设计案例、温湿度、光照度、车位传感器、LED 开发屏幕与联动控制效果。如图 13 所示。

2　教学设计

在本案例的教学设计部分根据项目功能要求，对教学设置的教学列表、试验指导，以及对应课程进行了介绍。

图 13　模型车联网教学演示图

内容展示如下：

2.1　概　述

“教学沙盘”作为车联网方面的一个实训平台，可以让学生通过实物感受车联网的各种功能与应用，并通过教学项目来学习嵌入式、无线控制器、无线网络等技术。

2.2　教学列表

沙盘教学实践教学项目包括如下内容：

- 车辆循环控制实验
- 温湿度数据采集实验
- 光照采集实验
- 车辆违法报警实验
- 摄像头实时控制实验
- 电子道闸控制实验
- ZIGBEE 通信实验
- RFID 读卡识别实验
- 模型智能化控制实验

- 车辆温湿度源代码开发实验
- 车辆光照度源代码开发实验
- 车位 LED 屏源代码开发实验
- 车辆继电器源代码开发实验
- 车联网创新应用场景设计开发实验
- 智能应用开发板及联动实验
- 智能安卓系统界面设计与开发实验
- 车位管理监测与驱动实验
- 智能灯光控制实验
- 智能开车控制（含语音识别）实验
- 智能手机端、PC 端智能控制实验

2.3 实验指导与课程

2.3.1 支持课程

- 传感器检测与开发
- 安卓系统界面设计与开发
- 智能应用系统安装与调试
- 智能应用系统基础编程开发
- 物联网应用概论

2.3.2 实验指导列表

单片机基础实验

【实验 01】IAR EW 开发环境设置	【实验 11】串口实验——串口控制 LED 开关
【实验 02】仿真器 CC DEBUGGER 的安装使用	【实验 12】串口实验——串口设置并显示时钟
【实验 03】基础 IO 实验——流水灯	【实验 13】SPI 实验——片外 SPI Flash 的读写
【实验 04】基础 IO 实验——按键控制流水灯	【实验 14】SPI 实验——点阵式单色 LCD 显示
【实验 05】基础 IO 实验——外部中断控制流水灯	【实验 15】SPI 实验——双机 SPI 通讯
【实验 06】定时计数器实验——T1	【实验 16】AD 实验——读取片内温度
【实验 07】定时计数器实验——T3 中断使用	【实验 17】睡眠定时器实验——中断唤醒
【实验 08】定时计数器实验——T4 UP/DOWN 模式	【实验 18】睡眠定时器实验——定时器唤醒
【实验 09】串口实验——发送字符串	【实验 19】看门狗（Watch Dog）实验
【实验 10】串口实验——接收字符串	

无线基础实验

【实验 01】点对点通信实验——无线电灯控制	【实验 04】发射功率设置实验
【实验 02】无线监听实验——PacketSniffer 使用	【实验 05】频道设置实验
【实验 03】误包率测试实验	【实验 06】应答 ACK 帧实验

ZigBee 协议栈实验

【实验 01】从零开始搭建第一个 ZStack 项目	【实验 07】HomeAutomation 实验
【实验 02】GenericApp 实验—— “Hello World”	【实验 08】SerialApp 实验（串口数据透传）
【实验 03】SampleApp 实验（含组的简单应用）	【实验 09】反向控制协议及其应用实验
【实验 04】SimpleApp 实验（含绑定的简单应用）	【实验 10】ZigBee 网络拓扑实验－星状

车联网教学沙盘实验

【实验 01】车辆循环控制实验	【实验 11】车辆光照度源代码开发实验
【实验 02】温湿度数据采集实验	【实验 12】车位 LED 屏源代码开发实验
【实验 03】光照采集实验	【实验 13】车辆继电器源代码开发实验
【实验 04】车辆违法报警实验	【实验 14】车联网创新应用场景设计开发
【实验 05】摄像头实时控制实验	【实验 15】智能应用开发板及联动实验
【实验 06】电子道闸控制实验	【实验 16】智能安卓系统界面设计与开发
【实验 07】ZIGBEE 通讯实验	【实验 17】车位管理监测与驱动实验
【实验 08】RFID 读卡识别实验	【实验 18】智能灯光控制应用实验
【实验 09】模型智能化控制实验	【实验 19】智能开车控制（语音识别）实验
【实验 10】车辆温湿度源代码开发实验	【实验 20】智能手机端、PC 端智能控制实验

3 沙盘配置

3.1 设备列表

3.1.1 实体仿真沙盘

数量：1；尺寸：长×宽为 2000 mm×3000 mm。

（1）建筑物：模型中的建筑物部分以实体形式表现，外表为透明玻璃，精确勾勒外立面的建筑轮廓饰线和局部构件（见图 14）。

图 14 实体仿真沙盘

玻璃采用仿真玻璃制作，瓦面采用亚加力有机板材制作。

（2）沙盘仿真制作：布置校园交通场景、道路、停车位及装饰物。

（3）沙盘内置自动道闸系统，车辆循环走动（4 个大门、4 个停车场）。

（4）规划校园停车场，实现 RFID 卡读取控制效果，预留车位传感器控制。

LCD 屏幕（4 块）显示当前停车位数量，车辆一进一出可自动在屏幕增减车位数量。

（5）灯光效果：建筑物、道路内置暖色柔和光源，通过电路板控制，预留控制接口。

（6）可以实现沙盘灯光控制、远程（手机）监控、模拟监控系统等效果。

（7）可以实现设备的场景化控制，包括演示场景及自定义场景设置功能。

3.1.2 实体仿真沙盘配套硬件

（1）智能控制设备：智能控制网关、智能控制器、继电器控制器。
沙盘基础设备：网络接口、传感器接口、标准串口、模拟串口、显示接口、电源指示灯、开关、电源模块等）。

（2）监控摄像头 1 个、红外探测器 1 个。

（3）传输模块 1 套、控制模块 2 套 、无线路由器 1 台。

3.1.3 实体仿真沙盘配套软件资源

车联网仿真演示所需要的软件（见图 15）：

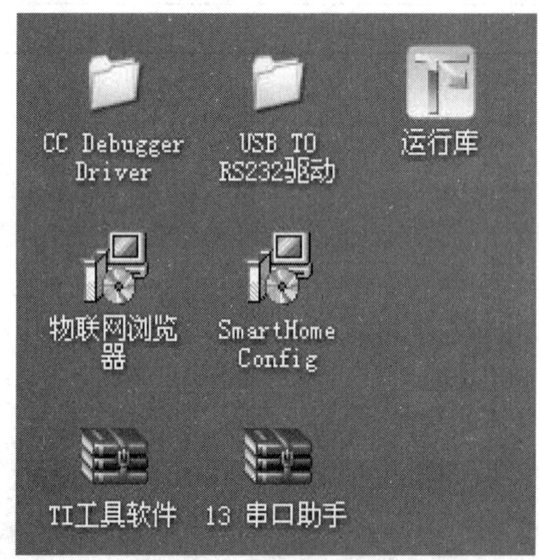

图 15 软件列表

（1）CC Debugger Driver：环境搭建工具的驱动。

（2）USB to RS232：USB 转 RS232 芯片驱动。

（3）物联网浏览器：测试车联网仿真沙盘的软件。

（4）SmartHome Config：PC 端调试软件。

（5）TI 工具软件：烧录授权终端的软件。

（6）串口助手：检测 com 是否运行正常的软件。

3.2　设备参数

3.2.1　车联网实体仿真沙盘

车联网教学沙盘系统的“沙盘”按一定的比例对学校“车联网”的全景进行微缩，在微缩模型内部装置了无线传感器网络，通过无线节点控制各类装置，并且提供开发接口，开放源代码，学生可通过创新项目控制这些装置或设备。

位置：数字家居控制实训室（科 A704）。

尺寸：长 × 宽 = 300 cm × 200 cm × 100 cm。

3.2.2　一体化控制网关（见图 16）

LAN 口具有交换机功能。增加智能家居网关信号器可实现无线控制功能，可同时接入最多 14 个智能家居网关信号器。增加网关数据接口扩展模块可实现有线安防探头接入、数字量输入输出、干节点控制及串行通信扩展、RS485 通信扩展。

图 16　一体化控制网关

3.2.3　智能环境控制器（见图 17）

智能环境控制器可取代传统的灯光开关，同时具有手动操作和无线控制功能。它采用电容式触摸按键，操作方便快捷。支持无线双向通信，可真实反映设备当前状态。工作频率：430 ~ 433 MHz，16 个工作频道；无线功率：≤10 dBm；无线距离（空旷无阻隔）30 m；工作电压：170 ~ 240 V AC，50 Hz；功耗：< 3 W。

图 17　智能环境控制器

3.2.4 高清智能 IPC（见图 18）

传感器类型：1/4" CMOS；最小照度：0.01 Lux @（F1.2，AGC ON）0Lux with IR；日夜转换模式：ICR 红外滤片式；视频压缩标准：H.264/MPEG4/MJPEG；压缩输出码率：32 Kbps ~ 16 Mbps；音频压缩标准：G.711/G.726；最大图像尺寸：640 × 480；存储功能：支持 Micro SD/SDHC 卡（32G）；通信接口：1 个 RJ45 10 M/100 M 自适应以太网口；USB 接口：2 个外置 B 接口（支持 USB 无线）。

图 18 高清智能 IPC

3.2.5 无线组网设备（见图 19）

Wan 口数量（无线路由）：1 个；
Lan 口数量（无线路由）：4 个；
Qos 限速功能：支持；
无线桥接：支持；
天线可拆卸：不支持；
天线增益：5 dbi；
无线传输率：300 Mbps
传输标准：IEEE 802.11b/g/n；
网络协议：TCP/IP 协议；
尺寸：182 mm × 128 mm × 35 mm（L × W × H）。

图 19 无线组网设备

3.2.6 温湿度传感器（见图 20）

SHT1X 系列高精度温湿度传感节点；
同时实现环境的温度与湿度数据的采集；
电源电压：+2.0 ~ +3.6 V；
温度采集精度：可达 ±0.5 °C；
湿度精度：可达 ±3.5% RH；
配备传感器模块程序段。

图 20　温湿度传感器

3.2.7　管理计算机（见图 21）

处理器：型号 Intel 赛扬双核 J1800，主频 2000 MHz，三级缓存 1 MB，核心数/线程：双核心/双线程内存容量：2 GB，内存类型：DDR3 1600 MHz，最大支持容量：8 GB

硬盘容量 500G，硬盘转速 5400 转显卡类型：集成显卡芯片：nVIDIA GeForce GF800 屏幕规格：19.5 英寸屏幕比例 16∶9 背光技术 LED 背光输入设备：鼠标有线鼠标键盘有线键盘前（侧）面接口 USB 接口 USB2.0＋USB3.0 音频接口耳机输出接口，麦克风输入接口读卡器 6 合 1 读卡器后部接口视频输出 HDMI 后部音频接口耳机/麦克风二合一接口 RJ45 网口

图 21　管理计算机

3.2.8　光照度传感模块（见图 22）

- 采用 ROHM 原装 BH1750FVI 芯片
- 电源电压：3～5 V
- 光照度范围：0～65535 lx
- 传感器内置 16 bit AD 转换器

图 22　光照度度传感模块

- 直接数字输出，无复杂计算
- 不区分环境光源，接近于视觉灵敏度分光特性
- 1 lx 的高精度亮度测定
- 配备传感器模块程序段

3.2.9　车联网创新开发平台相关设备（见图 23）

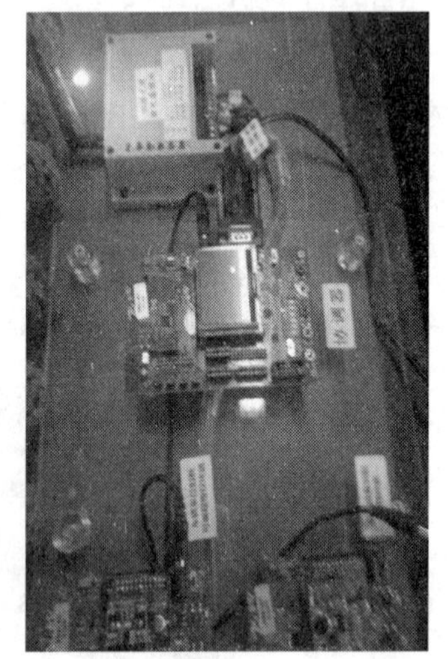

图 23　车联网创新开发平台相关设备

主芯片 CC2530256 技术参数：

- Flash 容量：256 KB
- 工作频率：2.4 ~ 2.4835 GHz
- 传输速率：< 250 Kb/s
- 通信协议标准：IEEE 802.15.4
- 天线接口：2.4G SMA 接口鞭状天线与 M2M 数据网关、无线 Zigbee 传感网关集中通信控制
- 电源电压：+ 4.5 ~ + 5.5 V
- 具有信号输出指示，单路信号输出，低电平有效

五、总结

计算机应用技术（系统集成方向）工作案例介绍了售前工作岗位、项目过程管理岗位、售后工作岗位三大部分岗位遇到的相关案例。在介绍各岗位以前，首先对各部分涉及的具体岗位职责进行了简单的说明，让学生在学习案例之前能够了解案例中对各岗位的职责的要求。岗位职业能力的列举使得各岗位能力要求更具体，让学生站在“岗位——岗位能力要求——岗位案例借鉴”的角度更深刻地理解系统集成工作案例。

第四章　传感器与检测技术实验指导

一、IAR EW 开发环境设置

【实验目的】

IAR EW 集成开发环境支持多达 35 种以上的 8 位/16 位/32 位的 ARM 结构处理器。因此，我们需要对其进行必要的设置，使之适应我们将要进行的 CC2530 单片机的开发。

本实验的目的是让学生了解如何用 IAR 打开、新建项目，熟悉 IAR 编译环境。

【实验设备】

- 计算机（安装 WinXP 操作系统）
- IAR Embedded Workbench for 8051 8.10

【实验功能】

如何打开已有 IAR 项目；如何新建一个 IAR 工程，针对 CC2530F256 芯片进行配置，以实现基本的编译、下载等操作。

【实验步骤】

1. 打开已有的项目和添加程序文件

（1）进入 IAR EW 集成开发平台。在如图 4-1 所示界面选择 CANCEL。

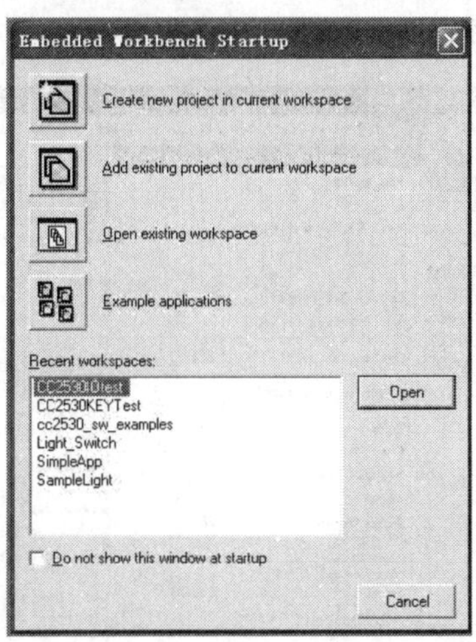

图 4-1

（2）打开已有的 Workspace，如图 4-2 所示。

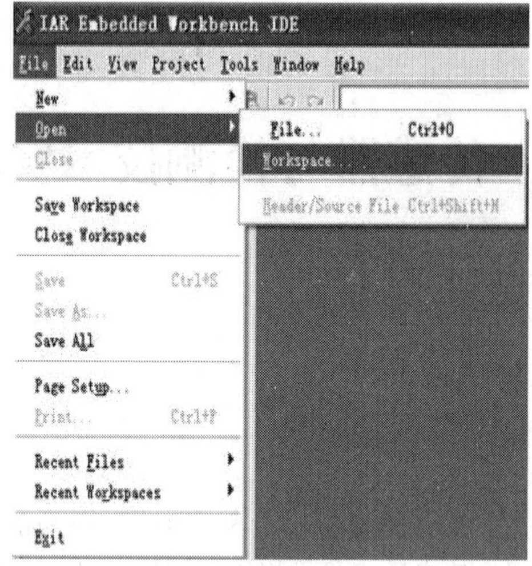

图 4-2

（3）选择打开单片机基础实验中的 CC2530IOTest，如图 4-3 所示。

图 4-3

（4）添加文件，如图 4-4、图 4-5 所示。

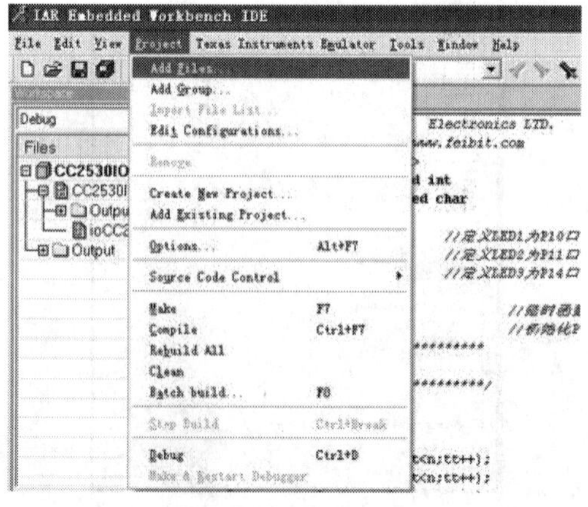

图 4-4

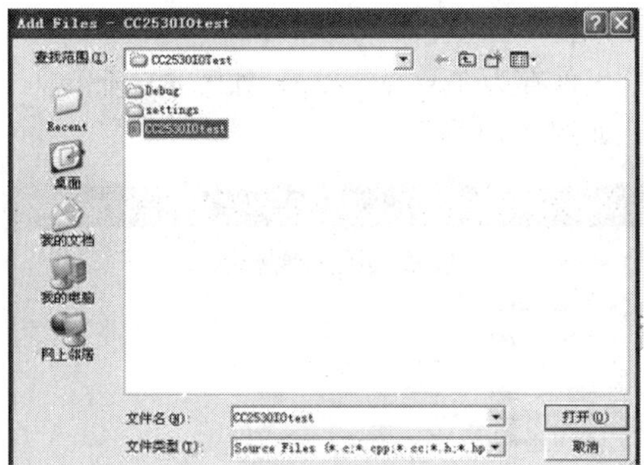

图 4-5

（5）点击保存即可。

2．新建项目和程序文件

（1）新建 Workspace，如图 4-6 所示。

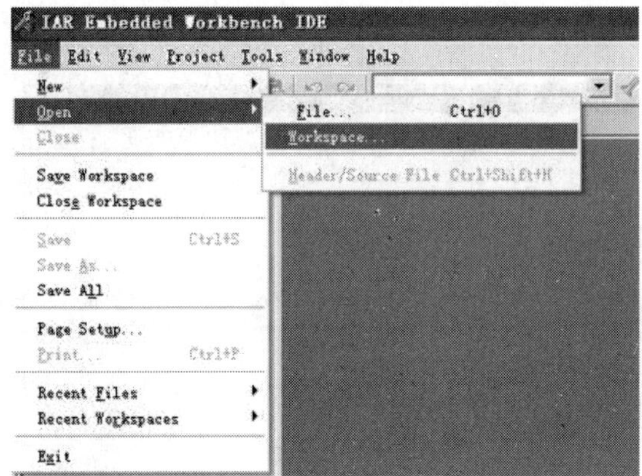

图 4-6

（2）创建 Project（项目），如图 4-7 所示。

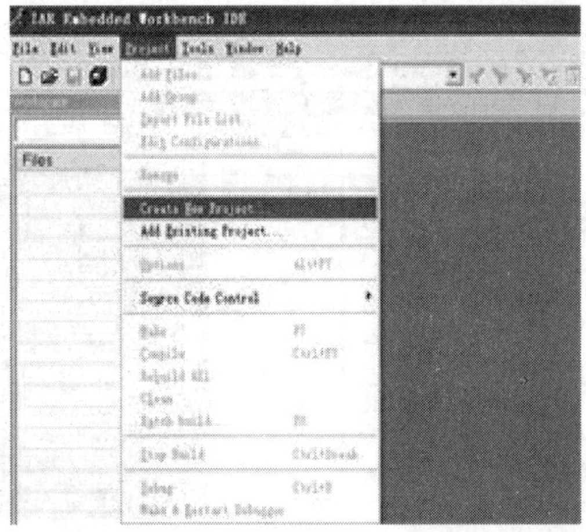

图 4-7

选择 8051，如图 4-8 所示。

保存到指定文件夹。这里保存为 Test/test.ewp，如图 4-9 所示。

（3）添加源程序文件，如图 4-10 所示。

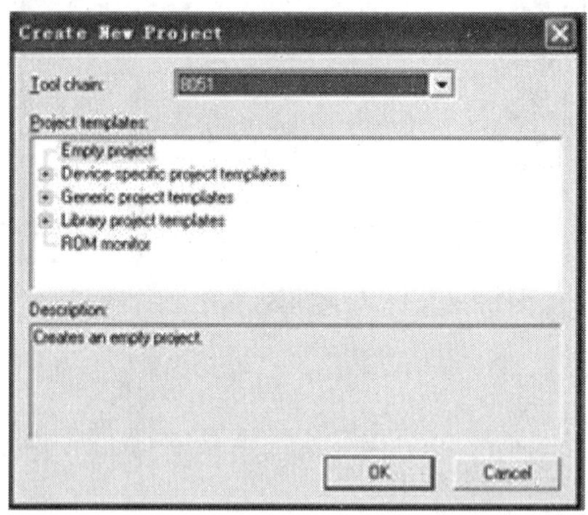

图 4-8

图 4-9

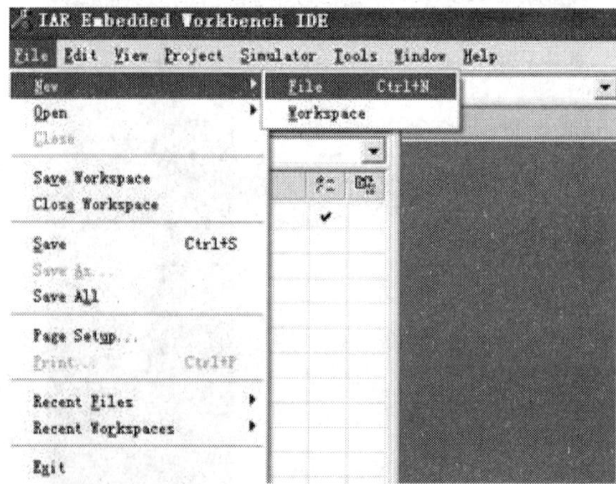

图 4-10

保存源程序文件为 test，如图 4-11 所示。

图 4-11

（4）将源程序文件添加进项目中，如图 4-12 所示。

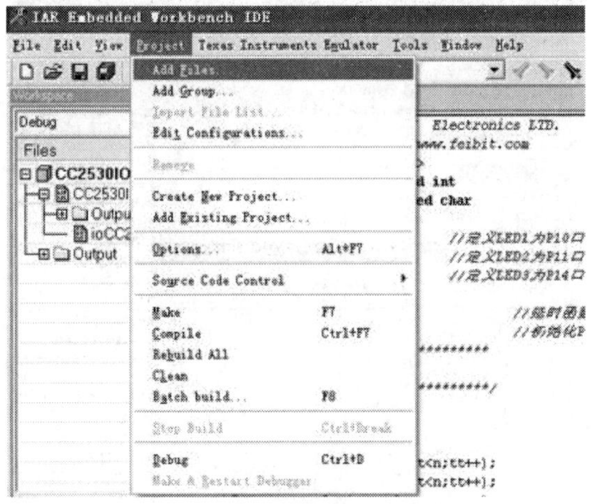

图 4-12

选择 test.c，如图 4-13 所示。

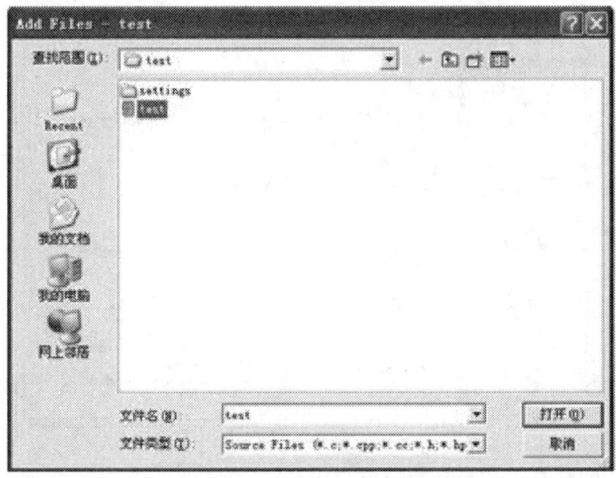

图 4-13

点击保存。可以看到左边 Workspace 栏的内容发生了变化，如图 4-14 所示。

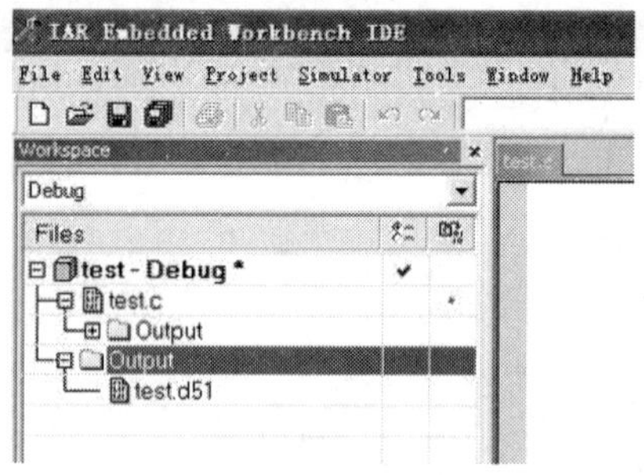

图 4-14

此时输入源代码进行编程。点击💾即可。

3. 设置工程选项参数

按图 4-15、图 4-16 所示设置工程选项参数。

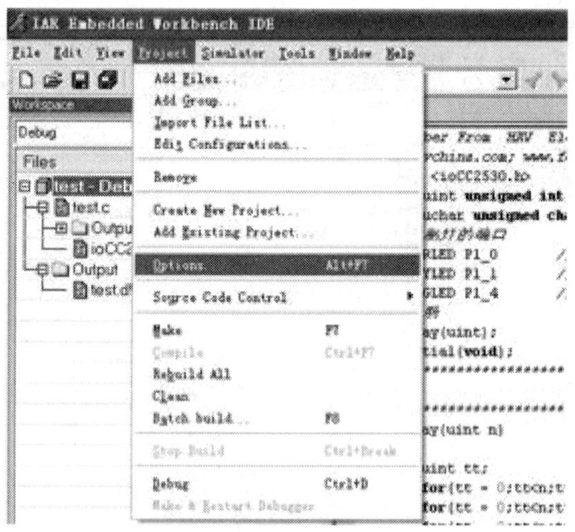

图 4-15

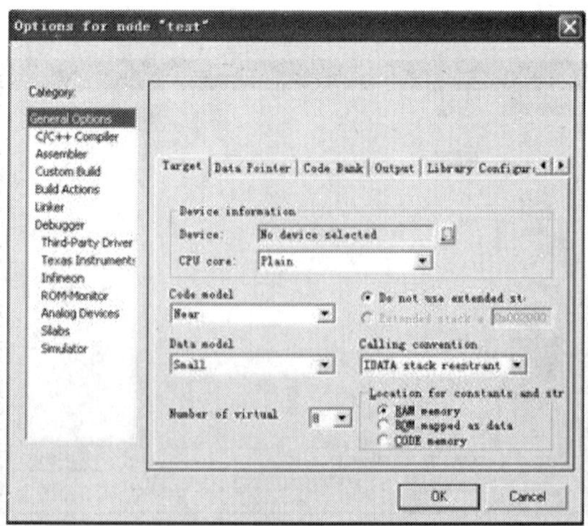

图 4-16

1）设置 General Options 项

在 Target 标签下，Device 栏选择“Texas Instruments”文件夹（见图 4-17）下 CC2530.i51. Data model 栏下拉菜单选择“Large”。

设置 DataPointer 标签，如图 4-18 所示。

图 4-17

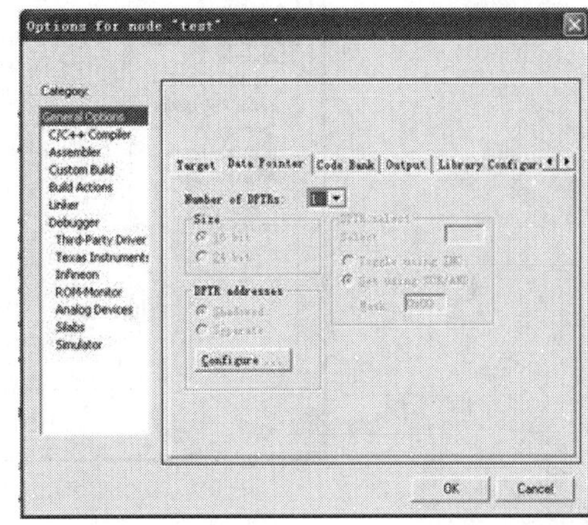

图 4-18

设置 Stack/Heap 标签，XDATA 栏内设置为“0x1FF”，如图 4-19 所示。

2）设置 Linker 项

Output 标签：设置输出文件名及格式（Output file）为“test.hex”。勾选“Allow C-SPY-specific extra output file”（见图 4-20）。

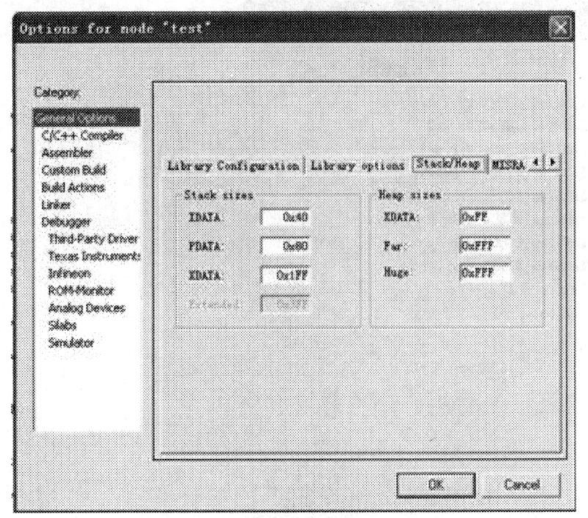

图 4-19

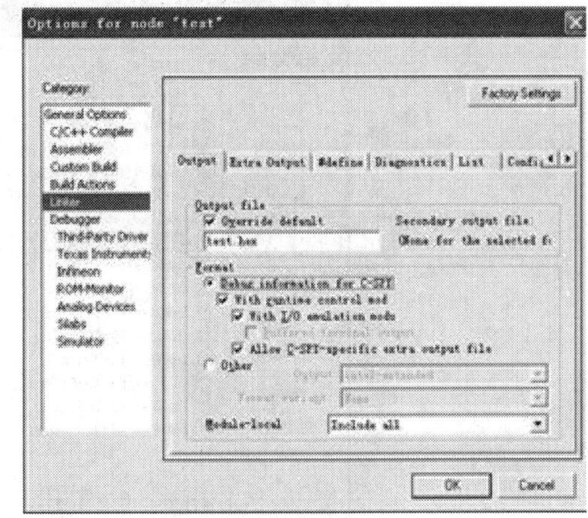

图 4-20

注意：如果需要生成.hex 文件供 SmartRF Flash Programmer 抄写，就需要在 Format 选项勾选“Other”项。如图 4-21 所示。

Config 标签：设置 Linker command file 栏，勾选“Override default”，设置为“$TOOLKIT_DIR$\config\lnk51ew_cc2530.xcl”（见图 4-22）。

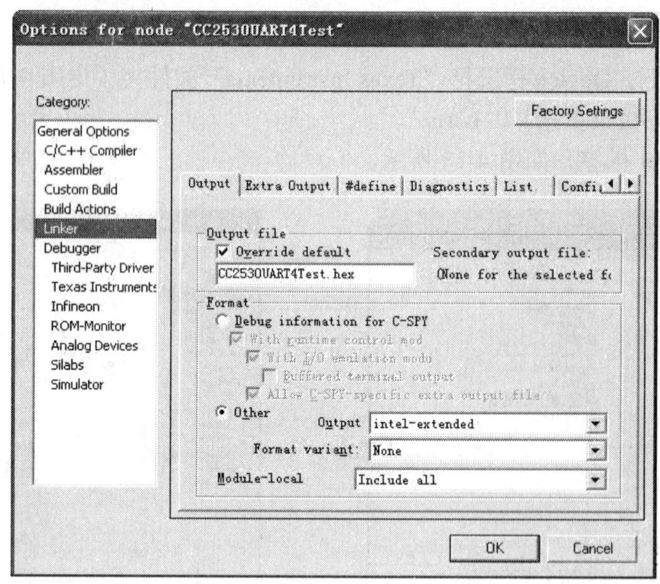

图 4-21

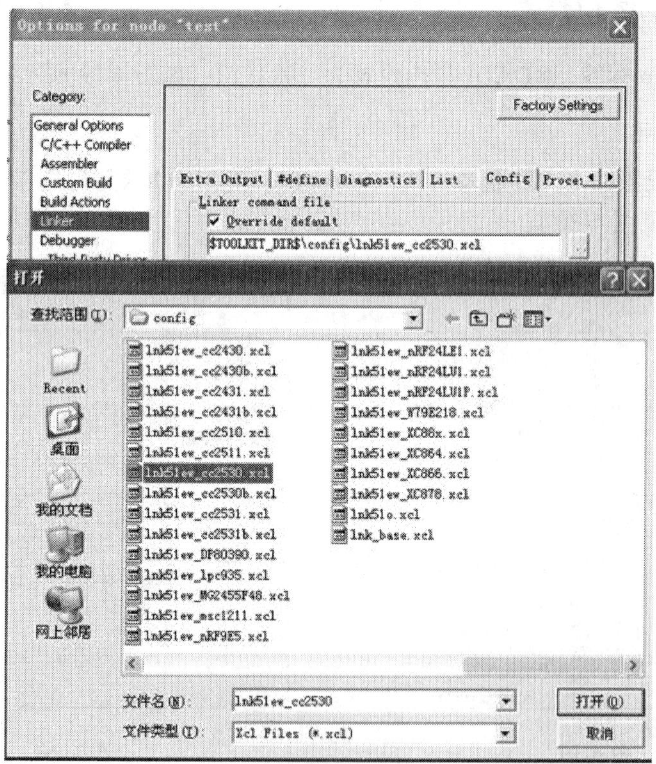

图 4-22

3）Debugger 项

Setup 标签下 Driver 栏设置为“Texas Instruments”（见图 4-23）。

点击菜单下方 OK 完成参数设置，接下来我们就可以编译源程序文件了。

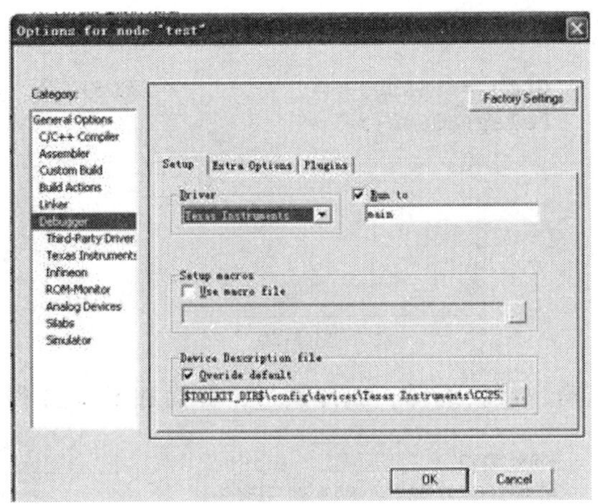

图 4-23

4. 编译和连接

编译，按功能键“F7”或者使用工具栏图标。此时将弹出保存 Workspace 的界面（见图 4-24）。

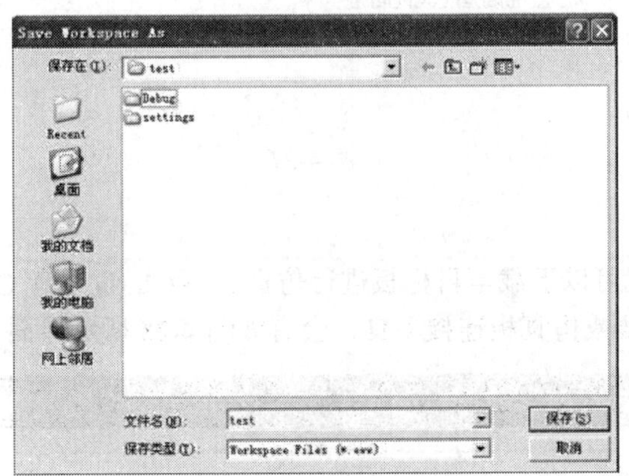

图 4-24

设置好 Workspace 名称，点击保存(S)即可开始编译。编译信息将会显示在屏幕下方，包括“Warning”和“Error”。

编译信息显示程序出错时会报“Error”，如图 4-25 所示。

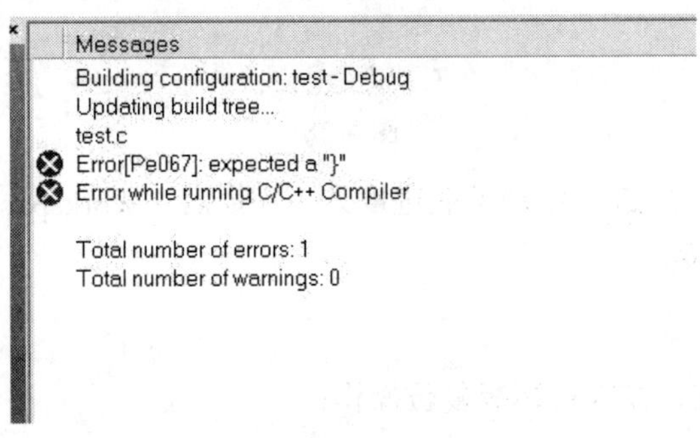

图 4-25

同时在源程序文件界面下也用⊗符号标识出来（见图 4-26）。

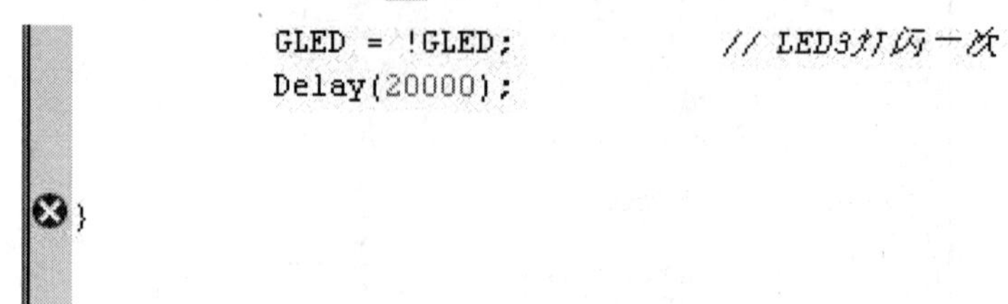

图 4-26

根据提示信息修改正确，重新编译，编译通过，界面如图 4-27 所示。

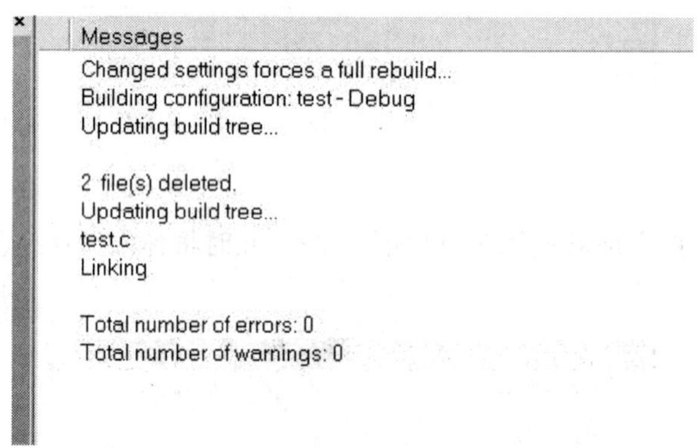

图 4-27

5. 程序下载

程序编译完成后，就可以下载至目标板进行仿真了，点击 或者 Ctrl + D 键进行程序加载。如果此时没有连接仿真器或仿真板连接不良，会有如图 4-28 所示界面弹出。

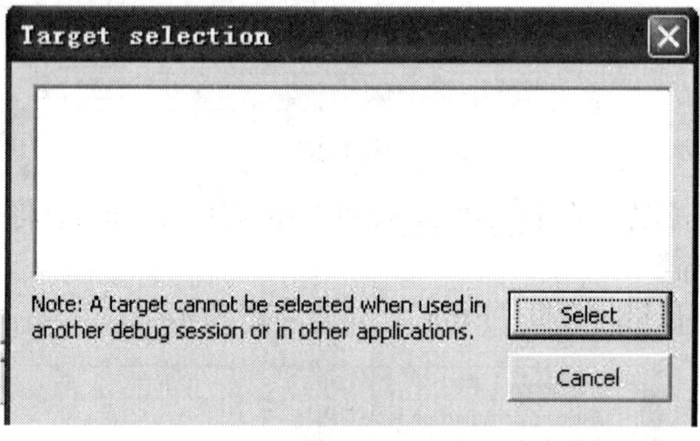

图 4-28

检查仿真器，重新点击 ，出现下载进度条，完成后，Workspace 上方出现 DEBUG 工具栏 。

6. 仿真调试

Reset 按钮，控制目标板复位操作；

Break 按钮；

Step Over 按钮；

Step Into 按钮；

Step Out 按钮；

Next Statement 按钮；

Run to cursor 按钮；

Go 按钮；

Stop Debugging 按钮。

二、仿真器 CC DEBUGGER 的安装与使用

【实验目的】

CC Debugger 支持 TI 公司除 CC1010 和 CC430 之外的所有 RF 的仿真调试和程序下载。

PC 端调试开发平台支持 TI 公司 SmartRF Flash Programmer、SmartRF Studio 和 IAR 公司的集成开发环境 IAR Embedded Workbench For C8051。

CC Debugger 是后续所有实验的必备工具，本实验的目的就是让学生初步掌握 CC Debugger 的安装及使用，为以后的实验奠定基础。

【实验设备】

- 2530RF Zigbee 模块 1 块
- 2530 Debugger（CC Debugger）仿真器 1 台
- 2530EB 仿真扩展板 1 块
- USB 连接线 1 条
- DEBUG 线 1 条
- 计算机（安装 WinXP 操作系统）
- 编译软件：IAR Embedded Workbench for 8051 8.10
- 烧写软件：SmartRF Flash Programmer

【实验功能】

在未安装过相关开发工具的电脑上，安装 CC Debugger 驱动及其烧写软件 SmartRF Flash Programmer，并学会用其下载程序。

【实验步骤】

1. CC Debugger 连接前的准备

在连接 CC Debugger 之前，请先确认如下事项：

（1）目标板提供的电压范围应为 1.2 ~ 3.6 V（目标板 DEBUG 插座第二脚）。

（2）工作温度应为 0 °C ~ 85 °C。

（3）如果目标板需要 CC Debugger 供电，则电流需求应小于 200 mA。

（4）PC 端操作系统为：Windows 2000、Windows XP SP2/SP3、Windows Vista（32Bit）、Windows 7（32Bit）。

（5）已安装 IAR Embedded Workbench for 8051 和 SmartRF Flash Programmer。

2. CC Debugger 驱动的安装

初次使用 CC Debugger 时需要安装 USB 驱动，请确保计算机上已安装过下列软件之一：

- IAR Embedded Workbench 8051
- SmartRF Studio
- SmartRF Flash Programmer

以 IAR 为例，USB 驱动文件在 IAR 安装位置\IAR Systems\Embedded Workbench 5.3\8051\drivers\Texas Instruments 文件夹下。

安装好 CC Debugger 的驱动，在 SmartRF Flash Programmer 软件下应能识别为 CC Debugger。如图 4-29 所示。

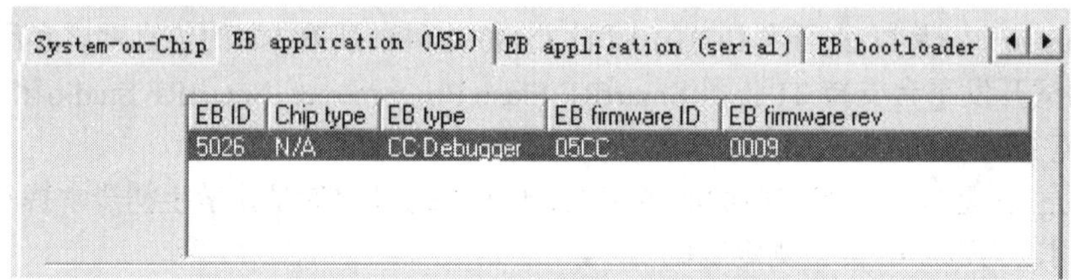

图 4-29

3. CC DEBUGGER 在 SmartRF Flash Programmer 软件环境下的使用

在未连接 CC DEBUGGER 的情况下，启动 SmartRF FlashProgrammer 软件，选中 EB application（USB）选项，界面如图 4-30 所示。

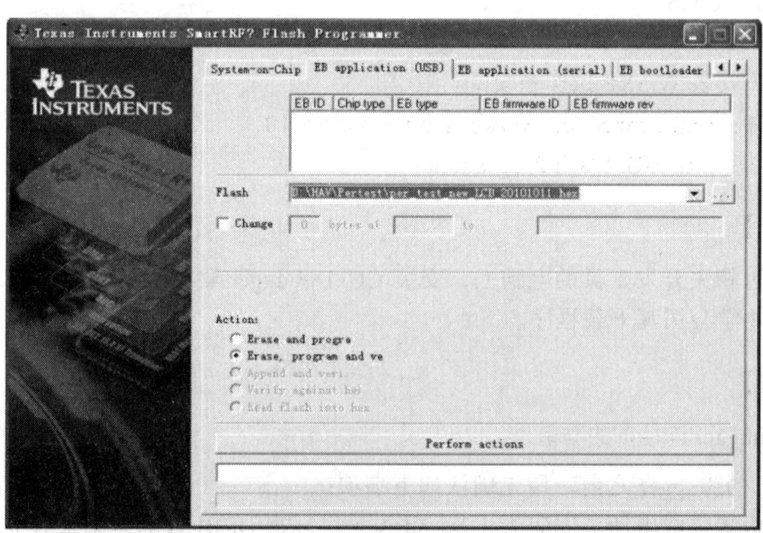

图 4-30

连接 CC DEBUGGER，系统检测 CC DEBUGGER 正常工作，出现如图 4-31 所示界面。

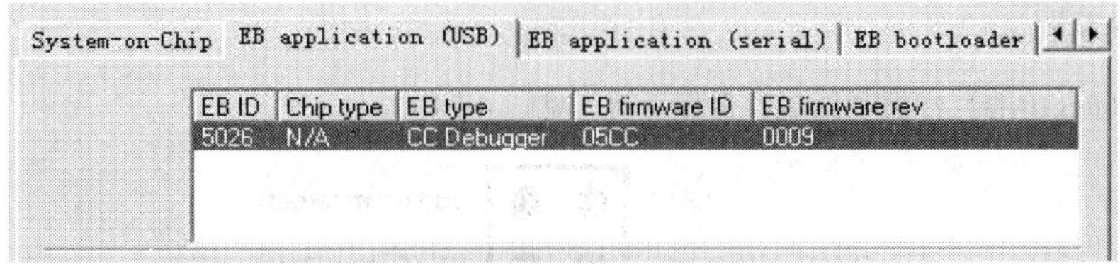

图 4-31

其中 EB ID 5026 为 CC DEBUGGER 的设备 ID 号，Chip type 的值为 N/A 表明未连接或未检测到目标设备。

连接 CC DEBUGGER 到 2530EB 板（安装好 2530RF 和液晶屏），开启 2530EB 电源，按下 CC DEBUGGER 的复位键，此时 CC DEBUGGER 的指示灯应为绿色，PC 端的 SmartRF FlashProgrammer 软件界面如图 4-32 所示。

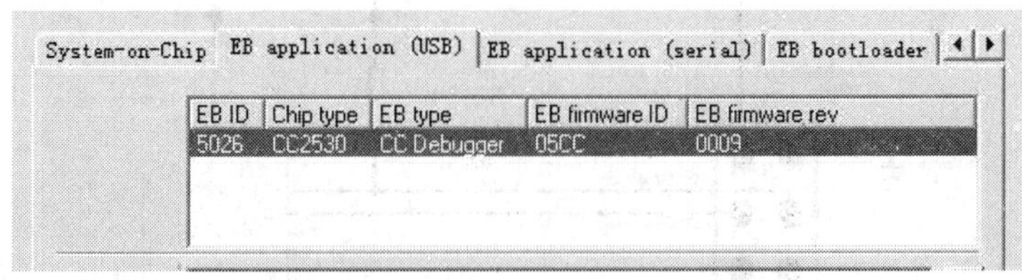

图 4-32

此时表明 CC　DEBUGGER 已检测到 2530RF。

在下载程序之前，请务必切换到 System-on-Chip 栏，否则 CC DEBUGGER 自身的程序将会被改写，导致无法正常工作。如图 4-33 所示。

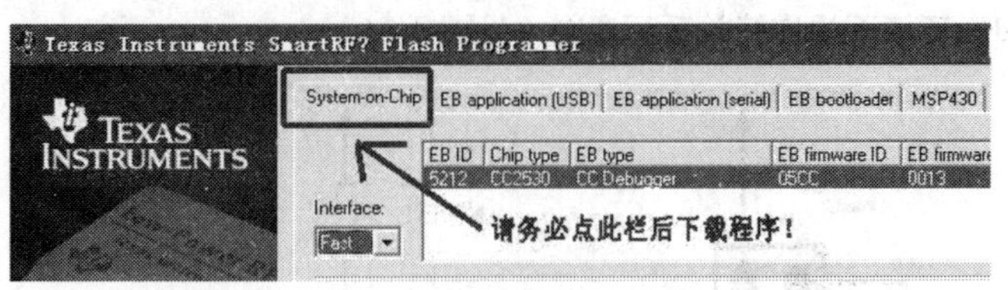

图 4-33

在 Flash 栏内浏览选中想要写入的 HEX 文件，在“Action”栏里选择“Erase，Program and Verify”，然后点击 Perform actions

即可开始下载程序到 CC2530 里了。

【附】 CC Debugger 支持的 PC 端工具软件及其对应的连接关系

1. PC 端工具软件

CC Debugger 支持如下 PC 端工具软件：

- IAR Embedded Workbench 8051；
- SmartRF Studio；
- SmartRF Flash Programmer;
- SmartRF Packet Sniffer；

2. 连接关系图

1）CC Debugger 的目标板调试端口引脚说明（见图 4-34）

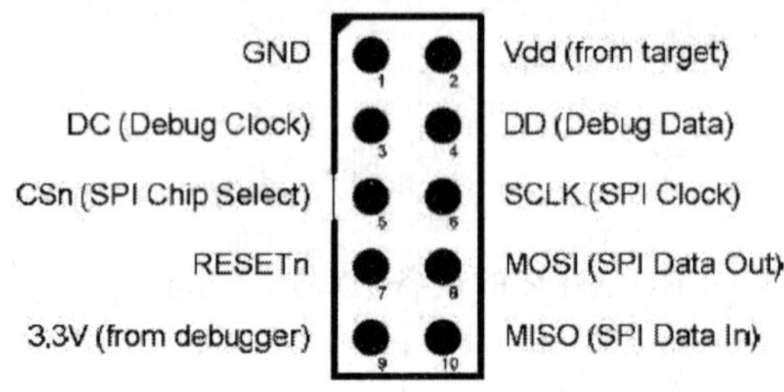

图 4-34

2）IAR Embedded Workbench 8051 环境下的连接关系示意图（见图 4-35）

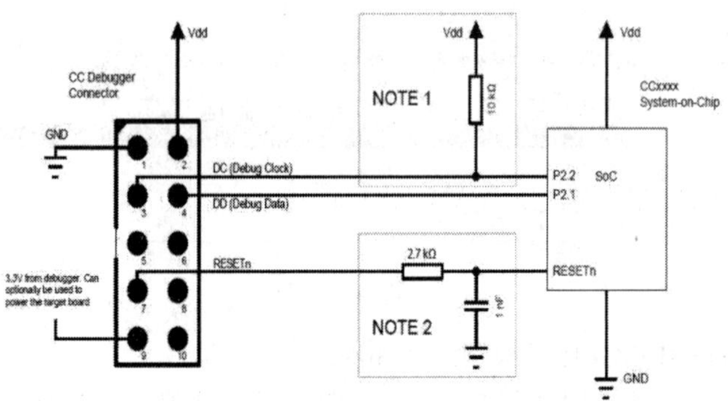

图 4-35

3）SmartRF Studio 环境下的连接关系示意图（见图 4-36）

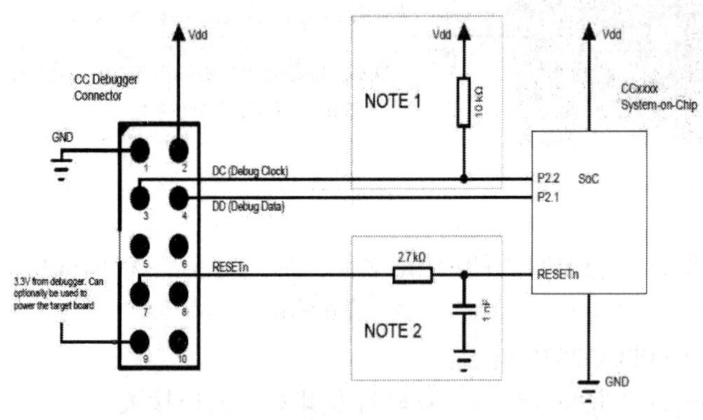

图 4-36

三、基础 IO 实验——流水灯

【实验目的】

掌握用 CC2530 的 IO 口控制外设的方法，本实验的外设为 LED 灯。

采用 P10、P11、P14 口为输出口，驱动 LED1、LED2、LED3 。

【实验设备】

- 2530RF　Zigbee 模块 1 块
- 2530 Debugger（CC Debugger）仿真器 1 台
- 2530EB 仿真扩展板 1 块
- USB 连接线 1 条
- DEBUG 线 1 条
- 计算机（安装 WinXP 操作系统）
- 编译软件：IAR Embedded Workbench for 8051 8.10
- 烧写软件：SmartRF Flash Programmer

【实验功能】

本源程序实现了 3 个 LED 灯循环交替闪烁。

【实验步骤】

项目及程序文件见文件夹“..\CC2530IOTest”，按“（一）IAR EW 开发环境设置”中提到的方法，将程序进行编译、下载，运行后，即可见红、绿、黄三色 LED 交替闪烁。

【代码解析】

实验相关寄存器：

P1、P1DIR 的简单介绍如表 4-1 所示（详细寄存器功能说明请参阅 CC2530 Datasheet.pdf）。

表 4-1　寄存器说明

P1（0X90）	P1[7：0] 可位寻址的 IO 寄存器
P1DIR（0XFE）	P1 口输入输出设置寄存器，0：输入 ，1：输出

实验源程序代码：

```
//By Hiber From      Electronics LTD.
#include <ioCC2530.h>
#define uint   unsigned int
#define uchar unsigned char
//定义控制灯的端口
#define RLED P1_0     //定义 LED1 为 P10 口控制
#define GLED P1_1     //定义 LED2 为 P11 口控制
#define YLED P1_4     //定义 LED3 为 P14 口控制
//函数声明
void Delay(uint);         //延时函数
void InitIO(void);        //初始化 LED 控制 IO 口函数
/*****************************
```

```
//延时
*****************************/
void Delay(uint n)
{
    uint i;
    for(i = 0;i<n;i++);
        for(i = 0;i<n;i++);
        for(i = 0;i<n;i++);
        for(i = 0;i<n;i++);
        for(i = 0;i<n;i++);
}
/****************************
//初始化 IO 口程序
*****************************/
void InitIO(void)
{
    P1DIR |= 0x13;   //P10、P11、P14 定义为输出
    RLED = 1;
    GLED = 1;
    YLED = 1;        //LED 灯初始化为开
}
/***************************
//主函数
***************************/
void main(void)
{
    InitIO();        //初始化 LED 灯控制 IO 口
    while(1)                    //死循环
    {
        RLED = !RLED;                //LED1 灯闪一次
        Delay(10000);
```

四、基础 IO 实验——按键控制流水灯

【实验目的】

掌握按键应用这一常用人机交互方式。

本实验以 LED1、LED2、LED3 灯以及按键 S1 为外设。

采用 P10、P11、P14 口为输出口，驱动 LED1、LED2、LED3，P01 口为输入口，接受按键信号输入（高电平为按键信号）。

【实验设备】

- 2530RF Zigbee 模块 1 块
- 2530 Debugger（CC Debugger）仿真器 1 台
- 2530EB 仿真扩展板 1 块
- USB 连接线 1 条
- DEBUG 线 1 条

【实验功能】

本实验程序实现按键控制 LED 灯：开机按键一次，LED1 灯亮；按键两次，LED3、LED2、LED1 依次闪烁；按键三次，LED1、LED2、LED3 依次闪烁；按键四次，LED1、LED2、LED3 灯灭，如此循环。

【实验步骤】

项目及程序文件见文件夹“..\CC2530KEYTest”，按“（一）IAR EW 开发环境设置”中提到的方法，将程序进行编译、下载，运行后，即可见上述“实验功能”中描述实验现象。

【代码解析】

实验相关寄存器：P1、P1DIR、P0SEL、P0INP、P0、P0DIR。新增寄存器说明如表 4-2 所示。

表 4-2 寄存器说明

P0SEL（0XF3）	P0[7：0]功能设置寄存器，默认设置为普通 IO 口
P0INP（0X8F）	P0[7：0]作输入口时的电路模式寄存器
P0（0X80）	P0[7：0]可位寻址的 IO 寄存器
P0DIR（0XFD）	P0 口输入输出设置寄存器，0：输入，1：输出

实验源程序代码：

```
//2010-09-02 PM
#include <ioCC2530.h>
#define uint   unsigned int
#define uchar unsigned char
//定义控制灯的端口
#define RLED     P1_0      //定义 LED1 为 P10 口控制
#define GLED     P1_1      //定义 LED2 为 P11 口控制
#define YLED     P1_4      //定义 LED3 为 P14 口控制
#define KEY1     P0_1          //定义按键为 P01 口控制
//函数声明
void Delay(uint);       //延时函数声明
void InitIO(void);      //初始化函数声明
```

```
void InitKey(void);                     //初始化按键函数声明
uchar KeyScan(void);                    //按键扫描函数声明

uchar Keyvalue = 0 ;                    //定义变量记录按键动作
uint   KeyTouchtimes = 0 ;              //定义变量记录按键次数
/****************************
//按键初始化
****************************/
void InitKey(void)
{
  P0SEL &= ~0X02;
  P0DIR &= ~0X02;   //按键在 P01 口,设置为输入模式
  P0INP |= 0x02;        //上拉
  }
/*****************************************
//按键动作记录函数
*****************************************/
uchar KeyScan(void)
{
   if(KEY1 == 1)    //高电平有效
  {
    Delay(100);       //检测到按键
    if(KEY1 == 1)
    {
      while(KEY1);    //直到松开按键
      return(1);
    }
  }
  return(0);
}
/****************************
//主函数
****************************/
void main(void)
{
        InitIO();       //初始化 LED 灯控制 IO 口
        InitKey();                  //初始化按键控制 IO 口
        while(1)
        {
```

```
          Keyvalue = KeyScan();            //读取按键动作
          if (Keyvalue==1)
          {
            KeyTouchtimes = KeyTouchtimes+1;      //记录按键次数
          }
             if(KeyTouchtimes ==1)            //第一次按下按键设置 LED1 灯亮
                {
            RLED = 1;
            GLED = 0;
            YLED = 0;
               }
          if(KeyTouchtimes == 2)
//第二次按下按键设置为 LED3,LED2,LED1 倒序流水闪烁
                {
            GLED = !GLED;
            Delay(20000);
            YLED = !YLED;
            Delay(20000);
            RLED = !RLED;
            Delay(20000);
                           }
           if(KeyTouchtimes == 3)

//第三次按下按键设置为 LED1,LED2,LED3 顺序流水闪烁
                {
            RLED = !RLED;
            Delay(20000);
            YLED = !YLED;
            Delay(20000);
            GLED = !GLED;
            Delay(20000);
                 }
          if(KeyTouchtimes == 4)
//第四次按下按键设置为 LED1,LED2,LED3 全部关闭
                {
            RLED = 0;
            GLED = 0;
            YLED = 0;                              //关闭所有 LED
            KeyTouchtimes =0;                     //重置按键次数记录变量
```

五、定时计数器实验——T1

【实验目的】

CC2530 的 Timer1 是一个独立的 16 位的定时/计数器，支持 5 条独立捕获/比较通道，每个通道独立使用一个通用 I/O 口。可用于输入捕获、输出比较和 PWM 功能。

让学生初步学会使用定时器 T1。

本实验以 LED1、LED2、LED3 灯为外设。

【实验设备】

- 2530RF　Zigbee 模块 1 块
- 2530 Debugger（CC Debugger）仿真器 1 台
- 2530EB 仿真扩展板 1 块
- USB 连接线 1 条
- DEBUG 线 1 条

【实验功能】

本实验程序实现定时控制 LED 灯闪烁：每 1 s LED 灯闪烁一次。

【实验步骤】

项目及程序文件见文件夹“..\CC2530T1Test”，按“（一）IAR EW 开发环境设置”中提到的方法，将程序进行编译、下载，运行后，即可见上述“实验功能”中描述的实验现象。

【代码解析】

实验相关寄存器：P1、P1DIR、P1SEL、T1CTL、T1STAT、IRCON。新增寄存器说明如表 4-3 所示。

表 4-3　寄存器说明

寄存器	说明
T1CTL（0XE4）	Timer1 控制寄存器
	[Bit3：Bit2]：定时器时钟分频倍数选择
	00：不分频；01：8 分频；10：32 分频；11：128 分频
	[Bit1：Bit0]：定时器模式选择
	00：暂停； 01：自动重装 0X0000-0XFFFF； 10：比较计数 0X0000-T1CC0； 11：PWM 方式
T1STAT（0XAF）	Timer1 状态寄存器
	Bit5：OVFIF， 定时器溢出中断标志，在计数器达到计数终值时置位 1.
	Bit4：定时器 1 通道 4 中断标志位

续表

T1STAT（0XAF）	Bit3：定时器 1 通道 3 中断标志位
	Bit2：定时器 1 通道 2 中断标志位
	Bit1：定时器 1 通道 1 中断标志位
	Bit0：定时器 1 通道 0 中断标志位
IRCON（0XC0）	中断标志位寄存器

实验源程序源代码：

```
 //2010-09-03 PM
#include <ioCC2530.h>
#define uint     unsigned   int
#define uchar    unsigned   char

#define RLED     P1_0                  //定义 LED1 为 P10 口控制
#define YLED     P1_1                  //定义 LED2 为 P11 口控制
#define GLED     P1_4                  //定义 LED3 为 P14 口控制
uint counter=0;                        //统计溢出次数
uint LEDFlag;                              //标志是否要闪烁
void InitialT1test(void);                  //初始化函数声明
/*****************************
//T1 初始化程序
*****************************/
void InitialT1test(void)
{
   //初始化 LED 控制端口 P1
   P1DIR = 0x13;               //P10 P11 P14 为输出
   RLED = 0;
   YLED = 0;
         GLED = 0;        //灭 LED
   //初始化计数器 1
   T1CTL = 0x05;
    T1STAT= 0x21;  //通道 0，中断有效，8 分频；自动重装模式(0x0000->0xffff)
}
/*****************************
//主函数
*****************************/
void main()
{
```

```
InitialT1test();        //调用初始化函数
while(1)                    //查询溢出
   {
 if(IRCON > 0)
      {
 IRCON = 0;                     //清溢出标志
 counter++;
```

六、串口实验－发送字符串

【实验目的】

让学生初步学会使用 UART0 串口发送数据。

【实验设备】

- 2530RF　Zigbee 模块 1 块
- 2530 Debugger（CC Debugger）仿真器 1 台
- 2530EB 仿真扩展板 1 块
- USB 连接线 1 条
- DEBUG 线 1 条

【实验功能】

从 CC2530 上通过串口不断发送字符串“”到 PC 端，实验使用 UART0，波特率为 38 400。

【实验步骤】

项目及程序文件见文件夹“.. \CC2530UART1Test”，按“（一）IAR EW 开发环境设置”中提到的方法，将程序进行编译、下载，运行，打开串口助手，设置波特率为 38 400，8-N-1。

【代码解析】

实验相关寄存器：P1、P1DIR、P1SEL、CLKCONCMD、CLKCONSTA、U0CSR、U0GCR、U0BAUD（见表 4-4，前面以介绍过的这里不再重复介绍，详细寄存器功能说明请参阅 CC2530 Datasheet.pdf）。

表 4-4　寄存器说明

CLKCONCMD（0XC6）	时钟频率控制寄存器
	Bit7：32K 时钟源选择 0：32K 晶振；1：32K RC 震荡
	Bit6：系统主时钟源选择 0：32M 晶振；1：16M RC 震荡

续表

CLKCONCMD（0XC6）	[Bit5：Bit3]定时计数器时钟选择[2：0] 000：32M；001：16M；010：8M；011：4M； 100：2M；101：1M；110：500K；111：250K
	[Bit2：Bit0]系统主时钟频率选择[2：0] 000：32M；001：16M；010：8M；011：4M 100：2M；101：1M；110：500K；111：250K
CLKCONSTA（0X9E）	时钟频率状态寄存器（只读）
U0CSR （0X86）	UART0 状态和控制寄存器
	Bit7：串口模式选择，0：UART　　　1：SPI
	Bit6：UART 接收使能，0：关　　　1：开
U0GCR （0XC5）	UART0 通用控制寄存器
	[Bit4：Bit0]BAUD-E 波特率设置
U0BAUD （0XC2）	UART0 波特率控制寄存器
UTX0IF （0XEF）	UART0 TX 中断标志位

UART 波特率设定参数表（见表 4-5）：

表 4-5　UART 波特率参数

波特率	BAUD_M	BAUD_E	误差（%）
2 400	59	6	0.14
4 800	59	7	0.14
9 600	59	8	0.14
14 400	216	8	0.03
19 200	59	9	0.14
28 800	216	9	0.03
38 400	59	10	0.14
57 600	216	10	0.03
76 800	59	11	0.14
115 200	216	11	0.03
230 400	216	12	0.03

实验源程序：

```
//2010-09-07 PM
#include <ioCC2530.h>
#include <string.h>
```

```
#define   uint   unsigned int
#define   uchar unsigned char
//定义控制灯的端口
#define RLED    P1_0
#define GLED    P1_1
//函数声明
void Delay(uint);
void initUARTSEND(void);
void UartTX_Send_String(char *Data,int len);
char Txdata[25]=" Electronics";
/*************************************************************
     延时函数
*************************************************************/
void Delay(uint n)
{
    uint i;
    for(i=0;i<n;i++);
    for(i=0;i<n;i++);
    for(i=0;i<n;i++);
    for(i=0;i<n;i++);
    for(i=0;i<n;i++);
}
/*************************************************************
    串口初始化函数
*************************************************************/
void initUARTSEND(void)
{

     CLKCONCMD &= ~0x40;                          //设置系统时钟源为 32MHZ 晶振
     while(CLKCONSTA & 0x40);                     //等待晶振稳定
     CLKCONCMD &= ~0x47;                          //设置系统主时钟频率为 32MHZ


     PERCFG = 0x00;              //位置 1 P0 口
     P0SEL = 0x3c;               //P0_2,P0_3,P0_4,P0_5 用作串口
     P2DIR &= ~0XC0;             //P0 优先作为 UART0

     U0CSR |= 0x80;              //UART 方式
     U0GCR |= 9;
```

```
        U0BAUD |= 59;                   //波特率设为 19200
        UTX0IF = 0;                     //UART0 TX 中断标志初始置位 0
    }
    /****************************************************************
    串口发送字符串函数
    ****************************************************************/
    void UartTX_Send_String(char *Data,int len)
    {
      int j;
      for(j=0;j<len;j++)
      {
        U0DBUF = *Data++;
        while(UTX0IF == 0);
        UTX0IF = 0;
      }
    }
    /****************************************************************
    主函数
    ****************************************************************/
    void main(void)
    {
       uchar i;
           P1DIR = 0x03;                        //P1 控制 LED
```

七、串口实验——串口控制 LED 开关

【实验目的】

通过计算机串口发送指令控制目标板 LED 开关。

【实验设备】

- 2530RF　Zigbee 模块 1 块
- 2530 Debugger（CC Debugger）仿真器 1 台
- 2530EB 仿真扩展板 1 块
- USB 连接线 1 条
- DEBUG 线 1 条

【实验功能】

从计算机上通过串口调试助手发送数据给目标板，并以“#”结束。主程序则将收到的数据分析，执行开关灯的命令。

R1#：红色 LED 开，R0#：红色 LED 关；Y1#：黄色 LED 开，Y0#：黄色 LED 关；G1#：绿色 LED 开，G0#：绿色 LED 关;A1#：所有 LED 开，A0#：所有 LED 关。

实验使用 UART0，波特率为 19200。

【实验步骤】

项目及程序文件见文件夹“..\CC2530UART3Test”，按“(一) IAR EW 开发环境设置”中提到的方法，将程序进行编译、下载，运行，打开串口助手，

设置波特率为 19200，8-N-1。在发送框中输入“R1#”，点击发送后，2530EB 板上的红点将亮起；输出“R0#”，点击发送后，2530EB 板上的红点将灭掉。如图 4-37 所示。

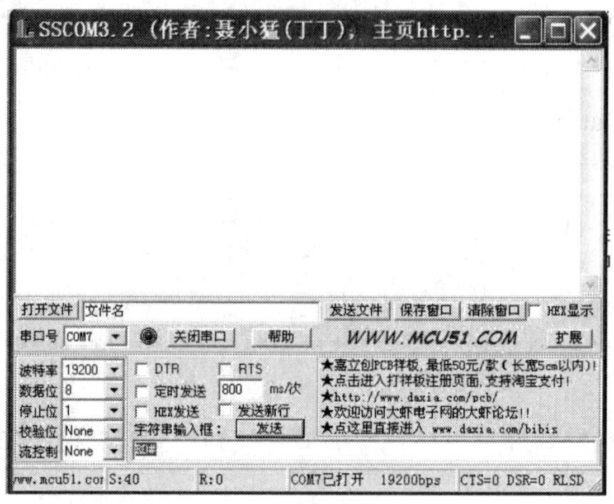

图 4-37

【代码解析】

实验相关寄存器：P1、P1DIR、P1SEL、CLKCONCMD、SLEEPSTA、U0CSR、U0GCR、U0BAUD、U0DBUF。(前面以介绍过的这里不再重复介绍，详细寄存器功能说明请参阅 CC2530 Datasheet.pdf。)

实验源程序：

```
//2010-09-09 PM
#include <iocc2530.h>
#include <string.h>
#define uint unsigned int
#define uchar unsigned char
//定义控制灯的端口
#define RLED    P1_0
#define YLED    P1_1
#define GLED    P1_4
void initUART0(void);
uchar Recdata[3]="000";
uchar RXTXflag = 1;
```

```
uchar temp;
uint    datanumber = 0;
uint    stringlen;
/****************************************************************
串口(UART0)初始化函数:
****************************************************************/
void initUART0(void)
{
CLKCONCMD &= ~0x40;                          //设置系统时钟源为 32 MHZ 晶振
while(CLKCONSTA & 0x40);                     //等待晶振稳定
CLKCONCMD &= ~0x47;                          //设置系统主时钟频率为 32 MHZ
 PERCFG = 0x00;                              //位置 1 P0 口
 P0SEL = 0x3c;                               //P0 用作串口
 P2DIR &= ~0XC0;                             //P0 优先作为 UART0
 U0CSR |= 0x80;                              //串口设置为 UART 方式
 U0GCR |= 9;
 U0BAUD |= 59;                               //波特率设为 19200
 UTX0IF = 1;                                 //UART0 TX 中断标志初始置位 1
 U0CSR |= 0X40;                              //允许接收
 IEN0 |= 0x84;                               //开总中断,接收中断
}
/****************************************
初始化 LED IO 口
****************************************/
void Init_LED_IO(void)
{
   P1DIR = 0x13;                             //P10 P11 P14 为输出
   RLED = 0;
   YLED = 0;
        GLED = 0;                            //灭 LED
}
/****************************************************************
主函数
****************************************************************/
void main(void)
{
 uchar   i;
 Init_LED_IO();
   initUART0();
```

```
    while(1)
    {
        if(RXTXflag == 1)                //接收状态
        {
          if( temp != 0)
          {
            if((temp!='#')&&(datanumber<3))
            {                                        //’ # ‘被定义为结束字符
                                                     //最多能接收 3 个字符
              Recdata[datanumber++] = temp;
            }
            else
            {
              RXTXflag = 3;                          //进入改变小灯的程序
            }
            if(datanumber == 3)RXTXflag = 3;
          temp   = 0;
          }
        }
        if(RXTXflag == 3)
        {
          if(Recdata[0]=='R')
          {
            if(Recdata[1]=='0')RLED = 0;             // R0# 关红色 LED
            else
              RLED = 1;                              // R1# 开红色 LED
          }
           if(Recdata[0]=='Y')
          {
            if(Recdata[1]=='0')YLED = 0;             // Y0# 关黄色 LED
            else
              YLED = 1;                              // Y1# 开黄色 LED
          }
          if(Recdata[0]=='G')
          {
            if(Recdata[1]=='0')GLED = 0;             // G0# 关黄色 LED
            else
              GLED = 1;                              // G1# 开黄色 LED
          }
```

```
            if(Recdata[0]=='A')
            {
              if(Recdata[1]=='0')
              {
                  RLED = 0;
                  YLED = 0;
                  GLED = 0;                               // A0# 关所有 LED
              }
              else
              {
                   RLED = 1;
                   YLED = 1;
                   GLED = 1;                              // A1# 开所有 LED
              }
            }
            RXTXflag = 1;
            for(i=0;i<3;i++)Recdata[i]=' ';               //清除刚才的命令
            datanumber = 0;                               //指针归 0
          }
        }//while
    }
    /*****************************************************************
    串口接收一个字符：一旦有数据从串口传至 CC2530，则进入中断，将接收到的数据赋
值给变量 temp.
    *****************************************************************/
    #pragma vector = URX0_VECTOR
```

八、SPI 实验——点阵式单色 LCD 显示

LCD（液晶显示器）的应用特别广泛，主要作为人机交互界面使用。本例采用 TOPWAY 公司的液晶模块 LM6059BCW（3.5″屏采用 LM240160CCW，代码详见“实验步骤”）。

【实验目的】

了解点阵式单色液晶驱动的实现方法。

【实验设备】

- 2530RF　Zigbee 模块 1 块
- 2530 Debugger（CC Debugger）仿真器 1 台
- 2530EB 仿真扩展板 1 块

- USB 连接线 1 条
- DEBUG 线 1 条

【实验功能】

在液晶模块中间位置显示“www.baidu.com”。

【实验步骤】

项目及程序文件见文件夹“..\CC2530LCDTest”（3.5″屏代码位于：“..\ CC2530_3.5LCDTest”），按“（一）IAR EW 开发环境设置”中提到的方法，将程序进行编译、下载，运行，可在液晶屏上显示“www.baidu.com”。

【代码解析】

实验源程序：

```
//2010-09-12 PM
//By Hiber From Electronics LTD.
//

#include <ioCC2530.h>
#include "LCD.h"
void main()
{
    uchar *pstr = "";
   //初始 LCD
//   HalLcdInit();
   //清屏
//   ClearScreen();
   //延时
//   delay_us(100);
   //输出显示
//   Print8(0,15,"0123456",1);
//   Print8(4,0,"01234567012345",1);

          P0DIR = 0XFF;
          P1DIR = 0XFF;

    ResetLCD();
    initLCDM();
    ClearRAM();
    delay_us(100);
    Print8(0,0,pstr);
```

```
    Print8(8,1,pstr);
    Print8(16,2,pstr);
    Print8(24,3,pstr);

    Print8(20,4,pstr);
    Print8(16,5,pstr);
    Print8(12,6,pstr);
    Print8(0,7,"0123456789012345678901 2");
}
以下是 LCD.h:
#ifndef HAL_LCD_H
#define HAL_LCD_H
#include <ioCC2530.h>
#include <string.h>
#include "HAL_Type.h"

#define L_CS P1_2      //_CS
#define L_RS P1_0      //_RES    hardware reset
#define L_LD P0_0 //A0
#define L_CK P1_5      //SCLK
#define L_DA P1_6      //SI
#define L_BK P0_7      //backlight

extern void ResetLCD(void);
extern void ClearRAM(void);
extern void Print8(uint8 x,uint8 y,uchar *pstr);
extern void delay_us(uint16 s);

//------------  ASCII 字符库-----------------------------------------------------------------
//说明:该字库为 5*7 点阵字符字模库,但字库格式为 8*8 点阵字模数据,第 8 行为行间距,
//       第 6-8 列为字间距。可以使用 6*8 点阵、7*8 点阵、8*8 点阵形式的字符显示
__code const INT8U ASCIITAB[]={
                    0x00,0x00,0x00,0x00,0x00,0x00,0x00,0x00,    /*" "=00H*/
                    0x00,0x00,0x00,0x4F,0x00,0x00,0x00,0x00,    /*"!"=01H*/
                    0x00,0x00,0x07,0x00,0x07,0x00,0x00,0x00,    /*"""=02h*/
                    0x00,0x14,0x7F,0x14,0x7F,0x14,0x00,0x00,    /*"#"=03h*/
                    0x00,0x24,0x2A,0x7F,0x2A,0x12,0x00,0x00,    /*"$"=04h*/
                    0x00,0x23,0x13,0x08,0x64,0x62,0x00,0x00,    /*"%"=05h*/
                    0x00,0x36,0x49,0x55,0x22,0x50,0x00,0x00,    /*"&"=06h*/
                    0x00,0x00,0x05,0x03,0x00,0x00,0x00,0x00,    /*"'"=07h*/
```

```
0x00,0x00,0x1C,0x22,0x41,0x00,0x00,0x00,    /*"("=08h*/
0x00,0x00,0x41,0x22,0x1C,0x00,0x00,0x00,    /*")"=09h*/
0x00,0x14,0x08,0x3E,0x08,0x14,0x00,0x00,    /*"*"=0Ah*/
0x00,0x08,0x08,0x3E,0x08,0x08,0x00,0x00,    /*"+"=0Bh*/
0x00,0x00,0x50,0x30,0x00,0x00,0x00,0x00,    /*";"=0Ch*/
0x00,0x08,0x08,0x08,0x08,0x08,0x00,0x00,    /*"-"=0Dh*/
0x00,0x00,0x60,0x60,0x00,0x00,0x00,0x00,    /*"."=0Eh*/
0x00,0x20,0x10,0x08,0x04,0x02,0x00,0x00,    /*"/"=0Fh*/
0x00,0x3E,0x51,0x49,0x45,0x3E,0x00,0x00,    /*"0"=10h*/
0x00,0x00,0x42,0x7F,0x40,0x00,0x00,0x00,    /*"1"=11h*/
0x00,0x42,0x61,0x51,0x49,0x46,0x00,0x00,    /*"2"=12h*/
0x00,0x21,0x41,0x45,0x4B,0x31,0x00,0x00,    /*"3"=13h*/
0x00,0x18,0x14,0x12,0x7F,0x10,0x00,0x00,    /*"4"=14h*/
0x00,0x27,0x45,0x45,0x45,0x39,0x00,0x00,    /*"5"=15h*/
0x00,0x3C,0x4A,0x49,0x49,0x30,0x00,0x00,    /*"6"=16h*/
0x00,0x01,0x01,0x79,0x05,0x03,0x00,0x00,    /*"7"=17h*/
0x00,0x36,0x49,0x49,0x49,0x36,0x00,0x00,    /*"8"=18h*/
0x00,0x06,0x49,0x49,0x29,0x1E,0x00,0x00,    /*"9"=19h*/
0x00,0x00,0x36,0x36,0x00,0x00,0x00,0x00,    /*":"=1Ah*/
0x00,0x00,0x56,0x36,0x00,0x00,0x00,0x00,    /*";"=1Bh*/
0x00,0x08,0x14,0x22,0x41,0x00,0x00,0x00,    /*"<"=1Ch*/
0x00,0x14,0x14,0x14,0x14,0x14,0x00,0x00,    /*"="=1Dh*/
0x00,0x00,0x41,0x22,0x14,0x08,0x00,0x00,    /*">"=1Eh*/
0x00,0x02,0x01,0x51,0x09,0x06,0x00,0x00,    /*"?"=1Fh*/
0x00,0x32,0x49,0x79,0x41,0x3E,0x00,0x00,    /*"@"=20h*/
0x00,0x7E,0x11,0x11,0x11,0x7E,0x00,0x00,    /*"A"=21h*/
0x00,0x41,0x7F,0x49,0x49,0x36,0x00,0x00,    /*"B"=22h*/
0x00,0x3E,0x41,0x41,0x41,0x22,0x00,0x00,    /*"C"=23h*/
0x00,0x41,0x7F,0x41,0x41,0x3E,0x00,0x00,    /*"D"=24h*/
0x00,0x7F,0x49,0x49,0x49,0x49,0x00,0x00,    /*"E"=25h*/
0x00,0x7F,0x09,0x09,0x09,0x01,0x00,0x00,    /*"F"=26h*/
0x00,0x3E,0x41,0x41,0x49,0x7A,0x00,0x00,    /*"G"=27h*/
0x00,0x7F,0x08,0x08,0x08,0x7F,0x00,0x00,    /*"h"=28h*/
0x00,0x00,0x41,0x7F,0x41,0x00,0x00,0x00,    /*"I"=29h*/
0x00,0x20,0x40,0x41,0x3F,0x01,0x00,0x00,    /*"J"=2Ah*/
0x00,0x7F,0x08,0x14,0x22,0x41,0x00,0x00,    /*"K"=2Bh*/
0x00,0x7F,0x40,0x40,0x40,0x40,0x00,0x00,    /*"L"=2Ch*/
0x00,0x7F,0x02,0x0C,0x02,0x7F,0x00,0x00,    /*"M"=2Dh*/
0x00,0x7F,0x06,0x08,0x30,0x7F,0x00,0x00,    /*"N"=2Eh*/
```

```
0x00,0x3E,0x41,0x41,0x41,0x3E,0x00,0x00,     /*"O"=2Fh*/
0x00,0x7F,0x09,0x09,0x09,0x06,0x00,0x00,     /*"P"=30h*/
0x00,0x3E,0x41,0x51,0x21,0x5E,0x00,0x00,     /*"Q"=31h*/
0x00,0x7F,0x09,0x19,0x29,0x46,0x00,0x00,     /*"R"=32h*/
0x00,0x26,0x49,0x49,0x49,0x32,0x00,0x00,     /*"S"=33h*/
0x00,0x01,0x01,0x7F,0x01,0x01,0x00,0x00,     /*"T"=34h*/
0x00,0x3F,0x40,0x40,0x40,0x3F,0x00,0x00,     /*"U"=35h*/
0x00,0x1F,0x20,0x40,0x20,0x1F,0x00,0x00,     /*"V"=36h*/
0x00,0x7F,0x20,0x18,0x20,0x7F,0x00,0x00,     /*"W"=37h*/
0x00,0x63,0x14,0x08,0x14,0x63,0x00,0x00,     /*"X"=38h*/
0x00,0x07,0x08,0x70,0x08,0x07,0x00,0x00,     /*"Y"=39h*/
0x00,0x61,0x51,0x49,0x45,0x43,0x00,0x00,     /*"Z"=3Ah*/
0x00,0x00,0x7F,0x41,0x41,0x00,0x00,0x00,     /*"["=3Bh*/
0x00,0x02,0x04,0x08,0x10,0x20,0x00,0x00,     /*"\"=3Ch*/
0x00,0x00,0x41,0x41,0x7F,0x00,0x00,0x00,     /*"]"=3Dh*/
0x00,0x04,0x02,0x01,0x02,0x04,0x00,0x00,     /*"^"=3Eh*/
0x00,0x40,0x40,0x40,0x40,0x40,0x00,0x00,     /*"_"=3Fh*/
0x00,0x01,0x02,0x04,0x00,0x00,0x00,0x00,     /*"`"=40h*/
0x00,0x20,0x54,0x54,0x54,0x78,0x00,0x00,     /*"a"=41h*/
0x00,0x7F,0x48,0x44,0x44,0x38,0x00,0x00,     /*"b"=42h*/
0x00,0x38,0x44,0x44,0x44,0x28,0x00,0x00,     /*"c"=43h*/
0x00,0x38,0x44,0x44,0x48,0x7F,0x00,0x00,     /*"d"=44h*/
0x00,0x38,0x54,0x54,0x54,0x18,0x00,0x00,     /*"e"=45h*/
0x00,0x00,0x08,0x7E,0x09,0x02,0x00,0x00,     /*"f"=46h*/
0x00,0x0C,0x52,0x52,0x4C,0x3E,0x00,0x00,     /*"g"=47h*/
0x00,0x7F,0x08,0x04,0x04,0x78,0x00,0x00,     /*"h"=48h*/
0x00,0x00,0x44,0x7D,0x40,0x00,0x00,0x00,     /*"i"=49h*/
0x00,0x20,0x40,0x44,0x3D,0x00,0x00,0x00,     /*"j"=4Ah*/
0x00,0x00,0x7F,0x10,0x28,0x44,0x00,0x00,     /*"k"=4Bh*/
0x00,0x00,0x41,0x7F,0x40,0x00,0x00,0x00,     /*"l"=4Ch*/
0x00,0x7C,0x04,0x78,0x04,0x78,0x00,0x00,     /*"m"=4Dh*/
0x00,0x7C,0x08,0x04,0x04,0x78,0x00,0x00,     /*"n"=4Eh*/
0x00,0x38,0x44,0x44,0x44,0x38,0x00,0x00,     /*"o'=4Fh*/
0x00,0x7E,0x0C,0x12,0x12,0x0C,0x00,0x00,     /*"p"=50h*/
0x00,0x0C,0x12,0x12,0x0C,0x7E,0x00,0x00,     /*"q"=51h*/
0x00,0x7C,0x08,0x04,0x04,0x08,0x00,0x00,     /*"r"=52h*/
0x00,0x58,0x54,0x54,0x54,0x64,0x00,0x00,     /*"s"=53h*/
0x00,0x04,0x3F,0x44,0x40,0x20,0x00,0x00,     /*"t"=54h*/
0x00,0x3C,0x40,0x40,0x3C,0x40,0x00,0x00,     /*"u"=55h*/
```

```
                    0x00,0x1C,0x20,0x40,0x20,0x1C,0x00,0x00,    /*"v"=56h*/
                    0x00,0x3C,0x40,0x30,0x40,0x3C,0x00,0x00,    /*"w"=57h*/
                    0x00,0x44,0x28,0x10,0x28,0x44,0x00,0x00,    /*"x"=58h*/
                    0x00,0x1C,0xA0,0xA0,0x90,0x7C,0x00,0x00,    /*"y"=59h*/
                    0x00,0x44,0x64,0x54,0x4C,0x44,0x00,0x00,    /*"z"=5Ah*/
                    0x00,0x00,0x08,0x36,0x41,0x00,0x00,0x00,    /*"{"=5Bh*/
                    0x00,0x00,0x00,0x77,0x00,0x00,0x00,0x00,    /*"|"=5Ch*/
                    0x00,0x00,0x41,0x36,0x08,0x00,0x00,0x00,    /*"}"=5Dh*/
                    0x00,0x02,0x01,0x02,0x04,0x02,0x00,0x00,    /*"~"=5Fh*/
                    0x00,0xFF,0xFF,0xFF,0xFF,0xFF,0x00,0x00     /*" "=0x60*/
                          };

void SendCmd(uchar Command)
{
    uchar j,bit7;
    L_CK = 1;
    L_LD = 0;
    L_CS = 0;
    for (j = 0; j < 8; j++)
    {
        bit7 = Command & 0x80;
        if (bit7 == 0)
        {
            L_DA = 0;
        }
        else
        {
            L_DA = 1;
        }

        L_CK = 0;
        L_CK = 1;
        Command = Command << 1;
    }

    L_CS = 1;
}
void SendData(uchar DDate)
{
```

```
    uchar j,bit7;

    L_CK = 1;
    L_LD = 1;
    L_CS = 0;

    for (j = 0; j < 8; j++)
    {
        bit7 = DDate & 0x80;
        if (bit7 == 0)
        {
            L_DA = 0;
        }
        else
        {
            L_DA = 1;
        }

        L_CK = 0;
        L_CK = 1;
        DDate = DDate << 1;
    }

    L_CS = 1;
}

uchar ContrastLevel;
void initLCDM(void)
{
    ContrastLevel = 0x38;
    SendCmd(0xaf);
    SendCmd(0x40);
    SendCmd(0xa0);
    SendCmd(0xa6);
    SendCmd(0xa4);
    SendCmd(0xa2);
    SendCmd(0xc8);
    SendCmd(0x2f);
    SendCmd(0xf8);
```

```
    SendCmd(0x00);
    SendCmd(0x81);
    SendCmd(ContrastLevel);
}
void delay_us(uint16 s)
{
    uint16 i;
    for(i=0; i<s; i++);
    for(i=0; i<s; i++);
}
void delay_ms(uint16 s)
{
    uint16 i;
    for(i=0; i<s; i++);
        delay_us(1000);
}
void ResetLCD(void)
{
    P1DIR |= 0xFF;
    L_BK = 1;

    L_RS = 1;
    L_RS = 0;
    delay_ms(10);
    L_RS = 1;
    delay_ms(800);

}
void ClearRAM(void)
{
    uint8 i,j;
    for (i = 0; i < 8; i++)
    {
        SendCmd(i|0xb0);
        SendCmd(0x10);
        SendCmd(0x00);
        for (j = 0; j < 132; j++)
        {
            SendData(0);
```

```
        }
    }
}
void Print8(uint8 x,uint8 y,uchar *pstr)
{
    uchar j;
    uint16 addr;
    SendCmd(y|0xb0);
    SendCmd((x >> 4)|0x10);
    SendCmd(x&0x0f);

    while (*pstr > 0)
```

九、AD 实验——读取片内温度

【实验目的】

让学生了解 AD 口的基本设置及应用。

【实验设备】

- 2530RF　Zigbee 模块 1 块
- 2530 Debugger（CC Debugger）仿真器 1 台
- 2530EB 仿真扩展板 1 块
- USB 连接线 1 条
- DEBUG 线 1 条

【实验功能】

取片内温度传感器为 AD 源，并通过串口显示出来。实验使用 UART0，波特率为 19200。

【实验步骤】

项目及程序文件见文件夹“..\CC2530ADTest”，按“一、IAR EW 开发环境设置”中提到的方法，将程序进行编译、下载，运行，打开串口助手，设置波特率为 19200，8-N-1，可以看到串口上的信息如图 4-38 所示。

【代码解析】

实验相关寄存器：CLKCONCMD、PERCFG、U0CSR、U0GSR、U0BAUD、CLKCONSTA、IEN0、U0DUB、ADCCON1、ADCCON3、ADCH、ADCL（见表 4-6，前面以介绍过的这里不再重复介绍，详细寄存器功能说明请参阅 CC2530 Datasheet.pdf）。

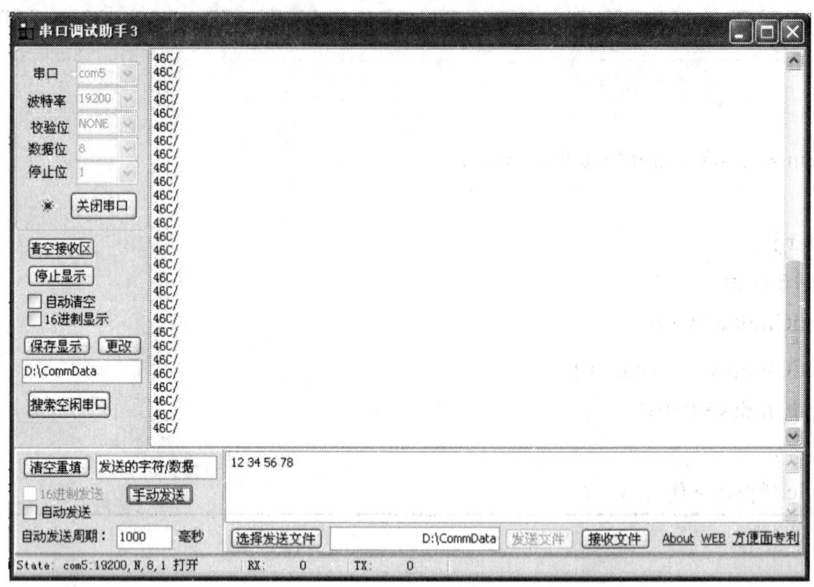

图 4-38

表 4-6 寄存器说明

<table>
<tr><td rowspan="5">ADCCON1（0XB4）</td><td>ADC 控制寄存器 1</td></tr>
<tr><td>Bit7：EOC，ADC 结束标志位
0：AD 转换进行中；1：AD 转换完成</td></tr>
<tr><td>Bit6：ST，手动启动 AD 转换
0：关；1：启动 AD 转换（需要[Bit5：Bit4=11]）</td></tr>
<tr><td>[Bit5：Bit4]：AD 转换启动方式选择
00：外部触发；01：全速转换，不需要触发；
10：T1 通道 0 比较触发；11：手动触发</td></tr>
<tr><td>[Bit3：Bit2]：16 位随机数发生器控制位
00：普通模式 （13x 打开）；
01：开启 LFSR 时钟一次 （13x 打开）；
10：保留位；11：关</td></tr>
<tr><td rowspan="3">ADCCON2（0XB5）</td><td>序列 AD 转换控制寄存器 2</td></tr>
<tr><td>Bit7：Bit6 SREF 选择 AD 转换参考电压
00：内部参考电压（1.25V）
01：外部参考电压 AIN7 输入
10：模拟电源电压
11：外部参考电压 AIN6-AIN7 差分输入</td></tr>
<tr><td>[Bit5：Bit4]：设置 AD 转换分辨率
00：64dec，7 位有效；01：128dec，9 位有效；
10：256dec，10 位有效；11：512dec，12 位有效</td></tr>
</table>

续表

<table>
<tr><td rowspan="1">ADCCON2（0XB5）</td><td>[Bit3：Bit0]：设置序列 AD 转换最末通道，如果置位时 ADC 正在运行，则在完成序列 AD 转换后立刻开始，否则置位后立即开始 AD 转换，转换完成后自动清 0
0000：AIN0；0001：AIN1；0010：AIN2；0011：AIN3；
0100：AIN4；0101：AIN5；0110：AIN6；0111：AIN7；
1000：AIN0-AIN1 差分；1001：AIN2-AIN3 差分；
1010：AIN4-AIN5 差分；1011：AIN6-AIN7 差分；
1100：GND；
1101：保留；
1110：温度传感器；
1111：1/3 模拟电源电压</td></tr>
<tr><td rowspan="4">ADCCON3（0XB5）</td><td>单通道 AD 转换控制寄存器 2</td></tr>
<tr><td>[Bit7：Bit6]：SREF，选择单通道 AD 转换参考电压
00：内部参考电压（1.25 V）；
01：外部参考电压 AIN7 输入；
10：模拟电源电压；
11：外部参考电压 AIN6-AIN7 差分输入</td></tr>
<tr><td>[Bit5：Bit4]：设置单通道 AD 转换分辨率
00：64dec，7 位有效；01：128dec，9 位有效；
10：256dec，10 位有效；11：512dec，12 位有效</td></tr>
<tr><td>[Bit3：Bit0]：单通道 AD 转换选择，如果置位时 ADC 正在运行，则在完成 AD 转换后立刻开始，否则置位后立即开始 AD 转换，转换完成后自动清 0
0000：AIN0；0001：AIN1；0010：AIN2；0011：AIN3；
0100：AIN4；0101：AIN5；0110：AIN6；0111：AIN7；
1000：AIN0-AIN1 差分；1001：AIN2-AIN3 差分；
1010：AIN4-AIN5 差分；1011：AIN6-AIN7 差分；
1100：GND；
1101：保留；
1110：温度传感器；
1111：1/3 模拟电源电压</td></tr>
<tr><td>TR0（0x624B）</td><td>Bit0：置 1 表示将温度传感器与 ADC 连接起来</td></tr>
<tr><td>ATEST（0x61BD）</td><td>Bit0：置 1 表示将温度传感器启用</td></tr>
</table>

本例中将使用上例中的头文件 initUART_Timer.h，并新增头文件 temp.h。

实验源程序如下：

```
//2010-09-12 PM
//By Hiber From      Electronics LTD.
//

#include "ioCC2530.h"
```

```
#include "initUART_Timer.h"
#include "stdio.h"

INT16 AvgTemp;
/******************************************************************
温度传感器初始化函数
******************************************************************/
void initTempSensor(void){
    DISABLE_ALL_INTERRUPTS();                    //关闭所有中断
    InitClock();                                 //设置系统主时钟为 32M
    *((BYTE __xdata*)0x624B)= 0x01;                  //开启温度传感器
    *((BYTE __xdata*)0x61BD)= 0x01;              //将温度传感器与 ADC 连接起来
}
/******************************************************************
读取温度传感器 AD 值函数
******************************************************************/
INT8 getTemperature(void){
   UINT8     i;
   UINT16    AdcValue;
   UINT16    value;

   AdcValue = 0;
   for( i = 0; i < 4; i++ )
   {
     ADC_SINGLE_CONVERSION(ADC_REF_1_25_V | ADC_14_BIT | ADC_TEMP_SENS);
// 使用 1.25V 内部电压,14 位分辨率,AD 源为:温度传感器
     ADC_SAMPLE_SINGLE();                    //开启单通道 ADC
     while(!ADC_SAMPLE_READY());             //等待 AD 转换完成
     value =   ADCL >> 2;                    //ADCL 寄存器低 2 位无效
     value |= (((UINT16)ADCH)<< 6);
     AdcValue += value;                      //AdcValue 被赋值为 4 次 AD 值之和
   }
   value = AdcValue >> 2;                    //累加除以 4,得到平均值
   return ADC14_TO_CELSIUS(value);               //根据 AD 值,计算出实际的温度
}
/******************************************************************
主函数
******************************************************************/
void main(void)
```

```
{
    char i;
        char TempValue[10];

    InitUART0();                                    //初始化串口
    initTempSensor();                               //初始化 ADC
        while(1)
        {
          AvgTemp = 0;
          for(i = 0 ; i < 64 ; i++)
          {
            AvgTemp += getTemperature();
            AvgTemp >>= 1;                          //每次累加后除 2.
          }

            sprintf(TempValue,(char *)"%dC/r",(INT8)AvgTemp);
            UartTX_Send_String(TempValue,4);
            Delay(50000);
        }
}
//initUART_Timer.h
//2010-09-09 PM
//By Hiber From     Electronics LTD.
//

#include <ioCC2530.h>
#define uint unsigned int
#define RLED    P1_0        //定义 LED1 为 P10 口控制
#define GLED    P1_1        //定义 LED2 为 P11 口控制
#define YLED    P1_4        //定义 LED3 为 P14 口控制
// Data
typedef unsigned char        BYTE;

// Unsigned numbers
typedef unsigned char        UINT8;
typedef unsigned char        INT8U;
typedef unsigned short       UINT16;
typedef unsigned short       INT16U;
typedef unsigned long        UINT32;
```

```
typedef unsigned long            INT32U;

// Signed numbers
typedef signed char              INT8;
typedef signed short             INT16;
typedef signed long              INT32;

#define ADC_REF_1_25_V           0x00
#define ADC_14_BIT               0x30
#define ADC_TEMP_SENS            0x0E

#define DISABLE_ALL_INTERRUPTS()(IEN0 = IEN1 = IEN2 = 0x00)

#define ADC_SINGLE_CONVERSION(settings)\
    do{ ADCCON3 = (settings); }while(0)

#define ADC_SAMPLE_SINGLE()\
  do { ADC_STOP(); ADCCON1 |= 0x40;   } while (0)

#define ADC_SAMPLE_READY() (ADCCON1 & 0x80)

#define ADC_STOP()\
  do { ADCCON1 |= 0x30; } while (0)

#define ADC14_TO_CELSIUS(ADC_VALUE)     ( ((ADC_VALUE)>> 4)- 315)

/**************************
系统时钟 不分频
计数时钟 32 分频
**************************/
void InitClock(void)
{
     CLKCONCMD = 0x28;           //时器计数时钟设定为 1M Hz, 系统时钟设定为
32 MHz
     while(CLKCONSTA & 0x40);      //等晶振稳定
}
/****************************
//初始化 LED 控制 IO 口程序
****************************/
```

```
void InitLEDIO(void)
{
    P1DIR |= 0x13;   //P10、P11、P14 定义为输出
    RLED = 0;
    GLED = 0;
    YLED = 0;            //LED 灯初始化为关
}
/****************************
T3 初始化
****************************/
void InitT3(void)
{
  T3CCTL0 = 0X44;          // T3CCTL0 (0xCC),CH0 中断使能,CH0 比较模式
  T3CC0 = 0xFA;            // T3CC0 设置为 250
  T3CTL |= 0x9A;           //启动 T3 计数器,计数时钟为 16 分频。使用 MODULO 模式
  IEN1 |= 0X08;
  IEN0 |= 0X80;            //开总中断,开 T3 中断
}
/****************************************
 串口初始化函数:初始化串口 UART0
****************************************/
void InitUART0(void)
{
   PERCFG = 0x00;                    //位置 1 P0 口
   P0SEL = 0x3c;                     //P0 用作串口

   P2DIR &= ~0XC0;                   //P0 优先作为 UART0
        U0CSR |= 0x80;               //串口设置为 UART 方式
        U0GCR |= 9;
        U0BAUD |= 59;                //波特率设为 19200

   UTX0IF = 1;                       //UART0 TX 中断标志初始置位 1
        U0CSR |= 0X40;               //允许接收
        IEN0 |= 0x84;                //开总中断,接收中断
}
/**********************************************************
```

第五章　无线传感 Zigbee 组网实验指导

一、从零开始搭建第一个 ZStack 项目

【实验目的】

利用 TI ZStack 2.5.1a 协议栈，动手搭建一个最简单的两点通信的应用程序，让学生了解 ZStack 应用程序开发过程、ZStack 软件代码的结构及最基础的通信函数的使用。

【实验设备】

- ZStack 2.5.1a 协议栈
- IAR Embedded Workbench for 8051 8.10
- Source Insight 3.5

【实验功能】

从 TI ZStack 2.5.1a 协议栈中复制需要的文件，搭建一个用户自己的项目，命名为 BeginApp。并且建立 Source Insight 项目用于后续的阅读与编辑。

【实验步骤】

（1）安装 ZStack 2.5.1a 协议栈，并替换其中的 LCD 驱动程序。

（2）复制其中的核心源代码文件到自己的文件夹（BeginApp）中（见图 5-1、图 5-2）。

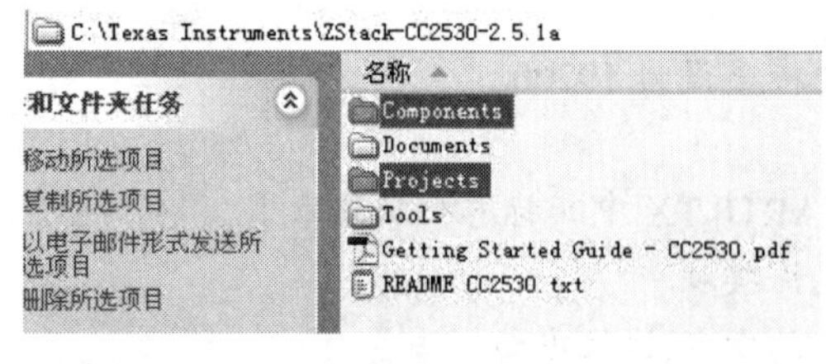

图 5-1

图 5-2

（3）删除其中暂不相关的文件夹。

删除“..\BeginApp\Projects\zstack”下暂不相关的应用（见图 5-3）。

删除“..\BeginApp\Projects\zstack\Samples”下的 SampleApp 和 SimpleApp 例程，保留最简单的 GenericApp，用于项目搭建（见图 5-4）。

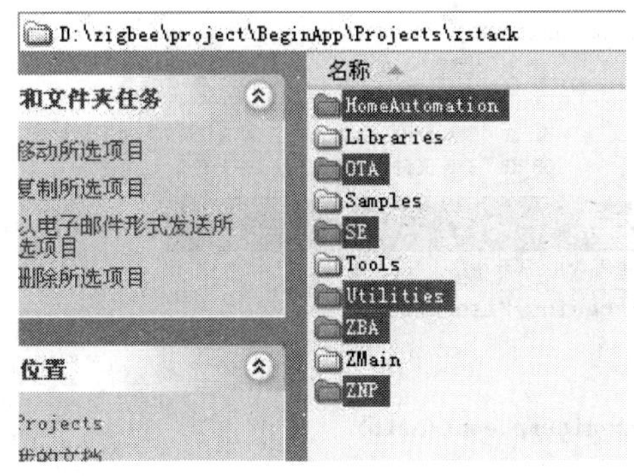

图 5-3

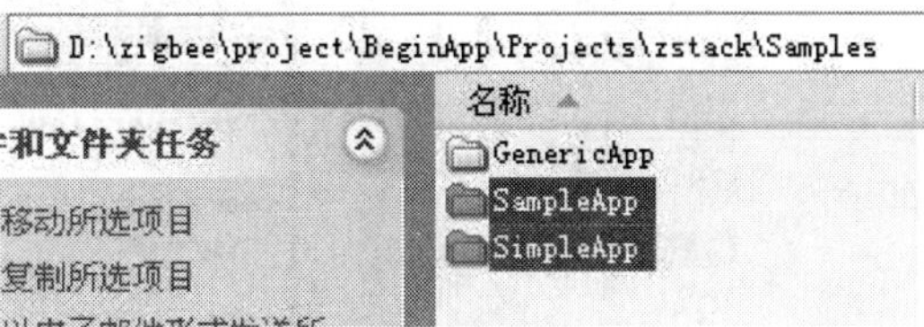

图 5-4

删除“..\BeginApp\Components\hal\target”下的 CC2530USB 和 CC2530ZNP 两个驱动程序（见图 5-5）。

图 5-5

删除“..\BeginApp\Projects\zstack\Samples\GenericApp”下的 CC2531 文件夹（见图 5-6）。

图 5-6

删除“..BeginApp\Projects\zstack\ZMain”下的 TI2530ZNP 文件夹（见图 5-7）。

图 5-7

（4）更改项目名称。

用记事本分别打开 GenericApp.eww、GenericApp.ewd 与 GenericApp.ewp 3 个文件（见图 5-8）。

图 5-8

将所有文件中的 GenericApp 全部替换为 BeginApp（见图 5-9）。

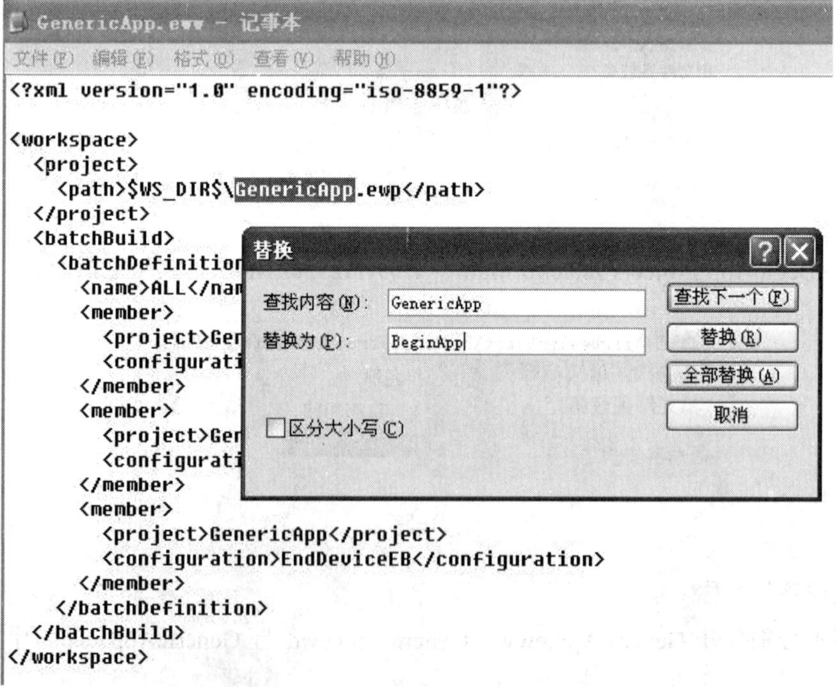

图 5-9

同时文件名也改为 BeginApp（见图 5-10）

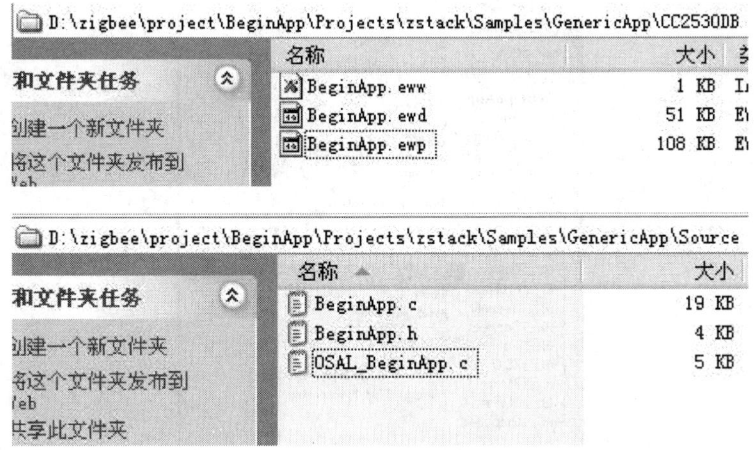

图 5-10

项目文件夹名称也改为 BeginApp（见图 5-11）。

图 5-11

（5）修改源代码，用 4 种同样的方法将应用层三个源代码文件中的内容全部替换为 BeginApp（见图 5-12）

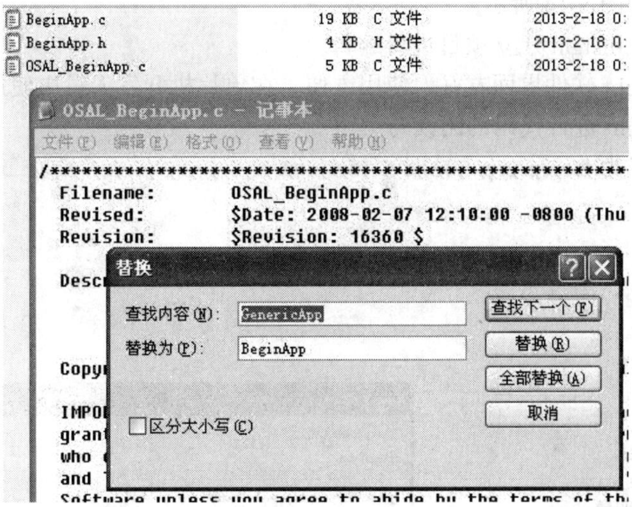

图 5-12

（6）打开新的项目文件，并尝试编译（见图 5-13）。

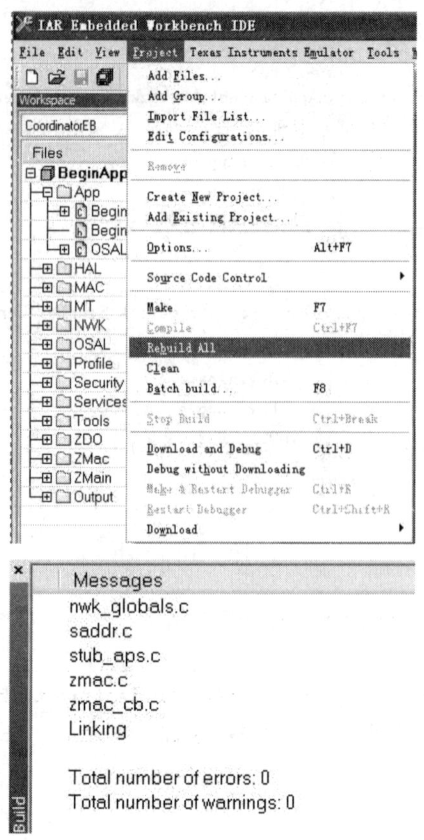

图 5-13

从结果中看到已经成功编译的信息，至此我们自己命名新的项目已经产生，而且删除了不必要文件，使项目文件结构非常清晰（用户应用程序只有 3 个文件），方便以后用 Souce Insight 等工具进行编辑。如图 5-14 所示。

（7）使用 Souce Insight 建立项目进行编辑。

由于 Souce Insight 软件界面友好，使用方便，在单片机开发人员中使用非常广泛，下文介绍如何用 Souce Insight 进行代码的阅读与编写。

（a）新建并命名为 BeginApp（见图 5-15）。

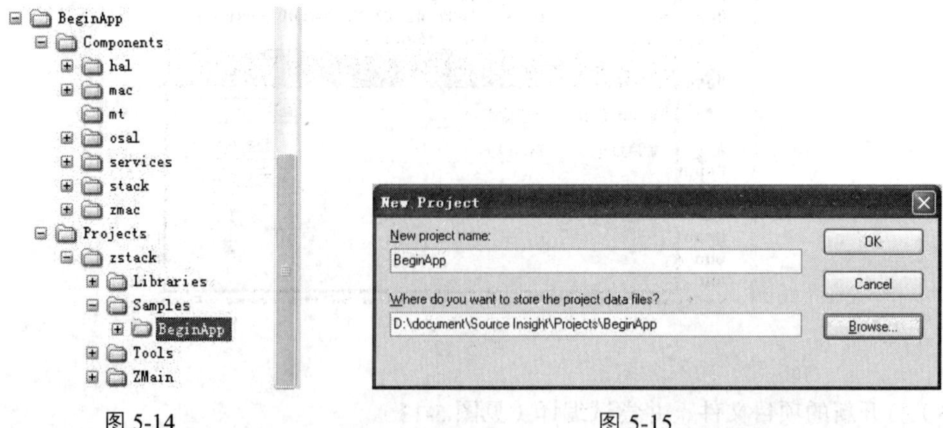

图 5-14　　　　图 5-15

（b）点“Browse”，选择刚刚建立的文件夹（见图 5-16）“D：\zigbee\project\BeginApp\Projects\zstack\Samples\BeginApp”（见图 5-17），点击确定，弹出如图 5-18 所示界面，按图勾选适应选项。

图 5-16

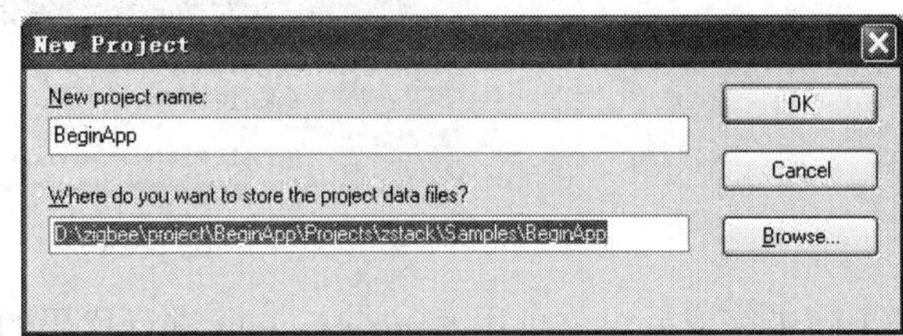

图 5-17

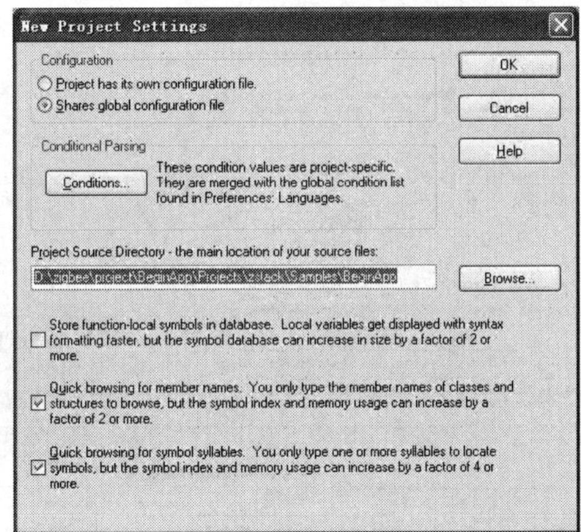

图 5-18

（c）点击“OK”后，添加所有的文件到这个项目中（见图 5-19、图 5-20）

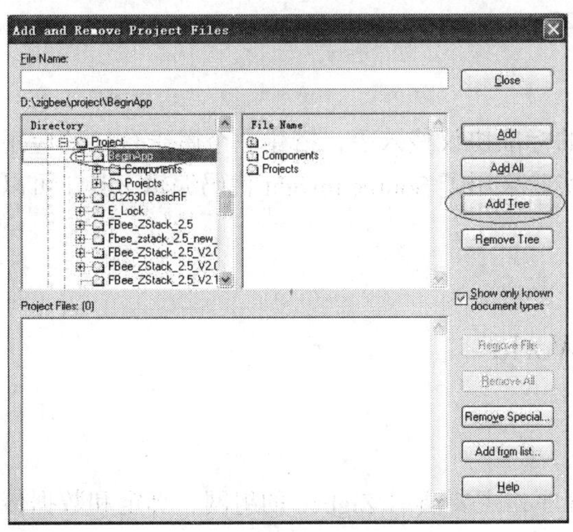

图 5-19

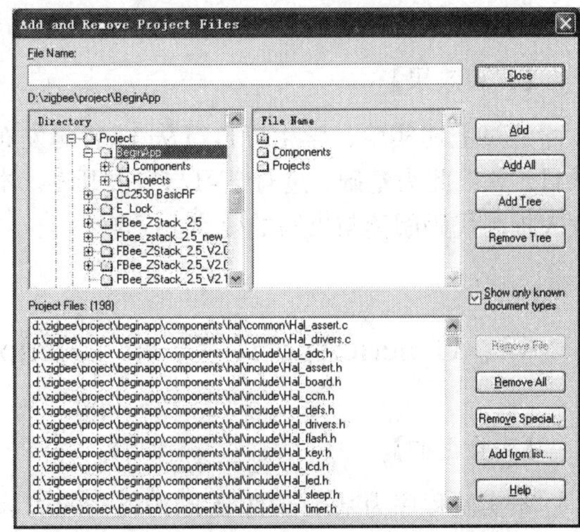

图 5-20

（d）点击“close”，从 project 选择 Synchronize Files 对文件进行同步（见图 5-21）。

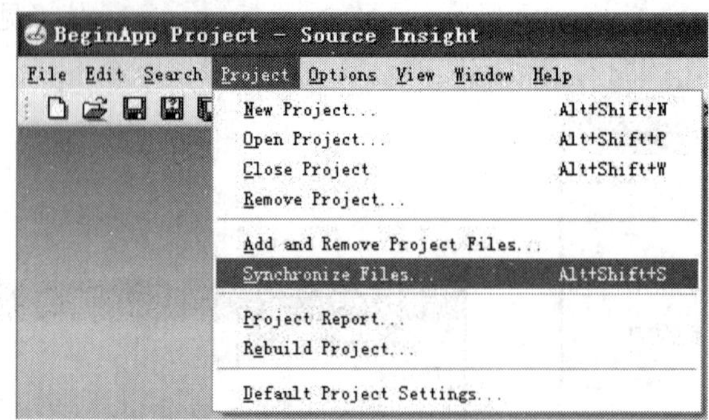

图 5-21

（e）同步完成后，就可用 Source Insight 进行代码的编辑与阅读了（见图 5-22）。

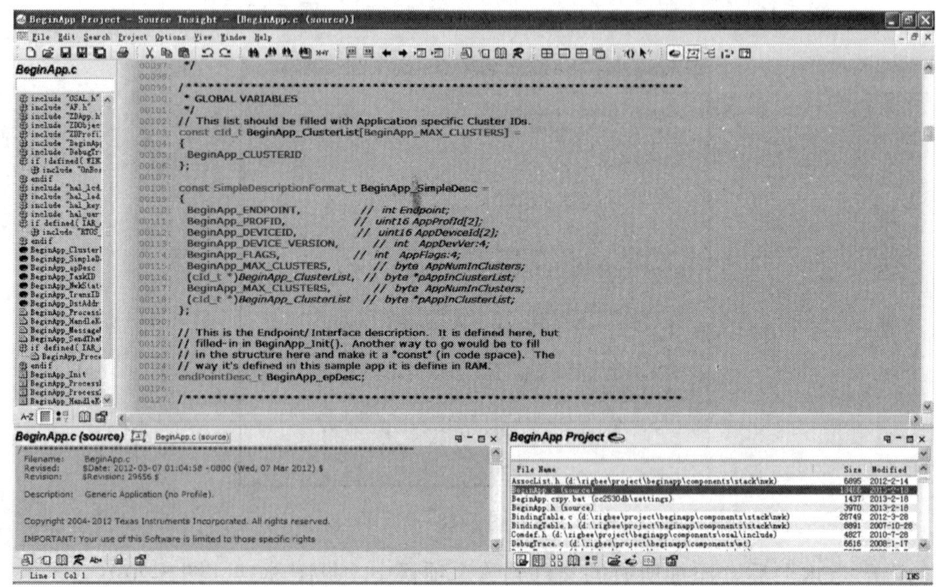

图 5-22

【实验效果】

经过上述实验，学生可自行从 TI 公司发布的标准协议栈入手，搭建一个属于自己的应用项目，并以此为基础，进行学习与二次开发。本实验采用了 Source Insight 代码编辑工具，可以大大提高代码阅读与书写的效率。

二、GenericApp 实验——“Hello World”

【实验目的】

本实验程序为基于 ZSTACK 协议栈的演示程序，主要演示 Zigbee 的组网、绑定和数据传输功能。

【实验设备】

- 仿真扩展板 2530EB　　2 块
- 射频控制板 2530RF　　2 块
- CC 系列仿真器　　1 台
- 扩展板配套液晶显示板　　2 块
- 仿真用电脑　　1 台
- USB 线（A 口转 B 口）　　1 条
- DEBUG 线　　1 条
- 5V1A 电源适配器　　2 个

【实验功能】

两模块互相绑定后传输数据，本实验传输数据为“Hello World”。

【实验步骤】

1. 实验源代码

见文件“..\Projects\zstack\Samples\GenericApp\CC2530DB\ GenericApp.eww”。

2. 编译与下载

双击工程文件“GenericApp.eww”，进入如图 5-23 所示界面。

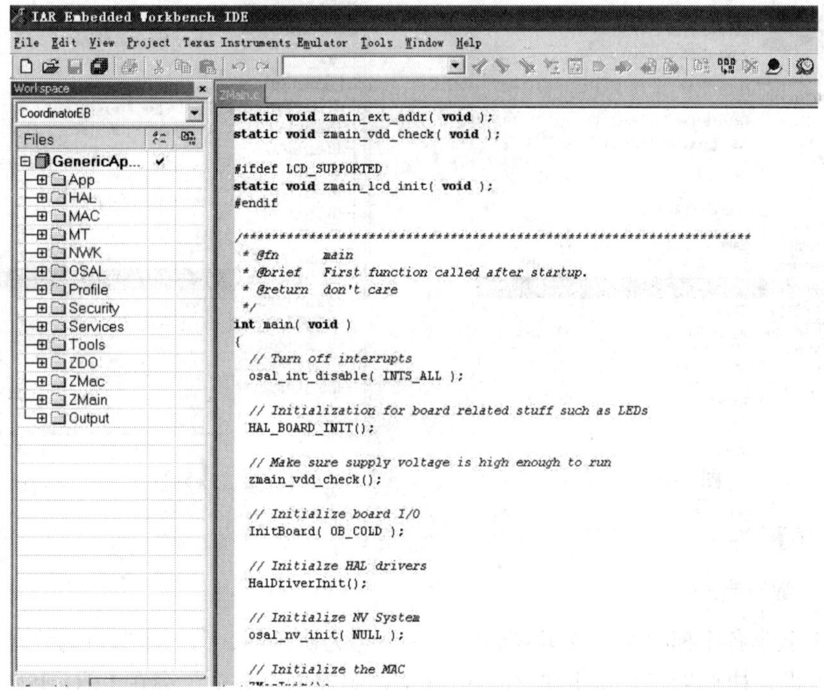

图 5-23

该工程包含 6 个子工程（见图 5-24）。

CoordinatorEB-Pro 为编译协调器（见图 5-25）。

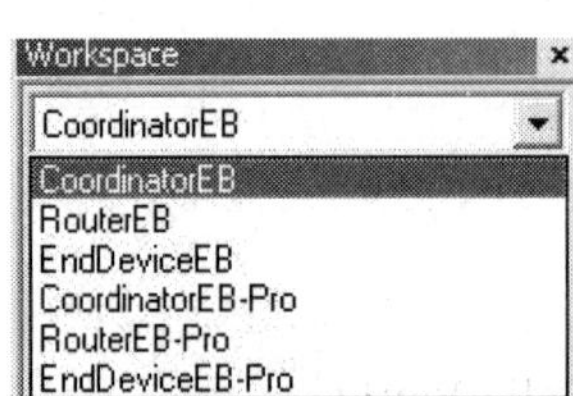

图 5-24

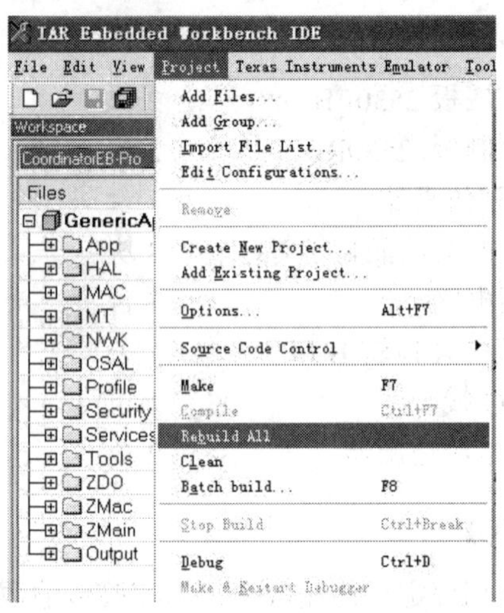

图 5-25

RouterEB-Pro 为编译路由器（见图 5-26）。

Endevice-Pro 为编译路由器（见图 5-27）。

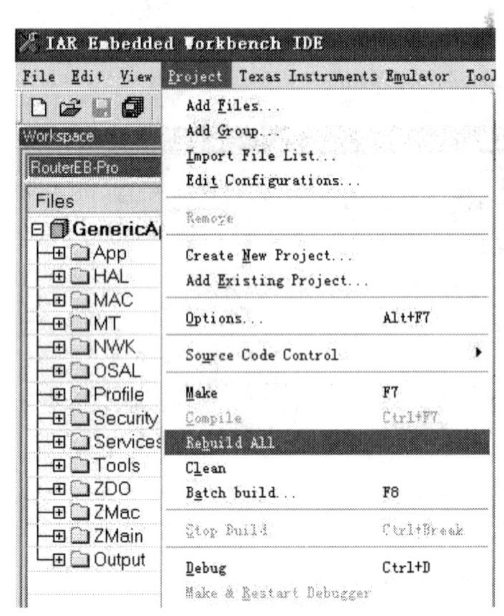

图 5-26

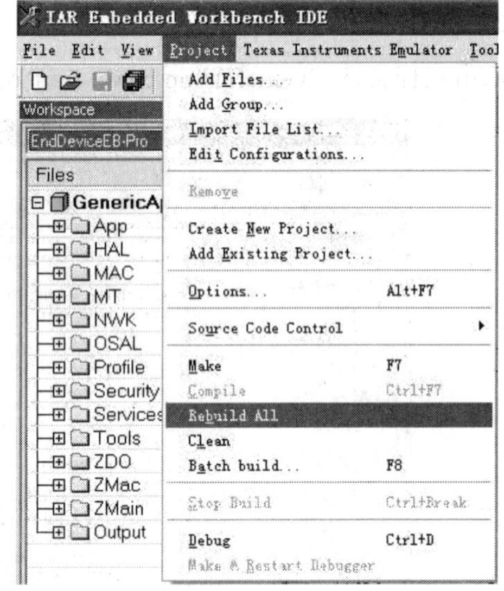

图 5-27

【实验效果】

1. 程序下载及启动

将程序下载到各个模块里，这里我们以一个节点为协调器，另一个节点为终端节点，打开协调器节点电源，协调器将开始组建 Zigbee 网络，组建网络成功，会在 LCD 上显示该节点为协调器节点，如图 5-28 所示。

打开终端节点电源，LCD 上会先显示该节点 64 位 IEEE 地址，然后自动加入网络，成功加入网络后，LCD 显示该节点的 Endevice 和父节点短地址。如图 5-29 所示。

图 5-28

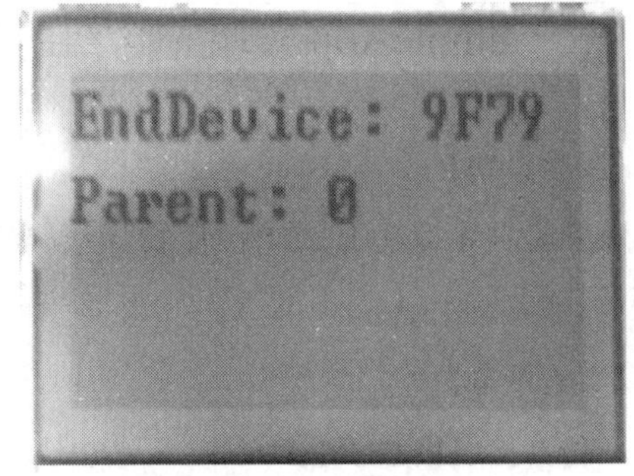

图 5-29

2. 绑定操作

按下协调器节点 U1 的“RIGHT”键，然后再按下终端节点 U1 的“RIGHT”键，协调器和终端节点的 LED1 红色 LED 同时点亮，表明绑定成功。此时两个 LCD 上显示如图 5-30 所示。

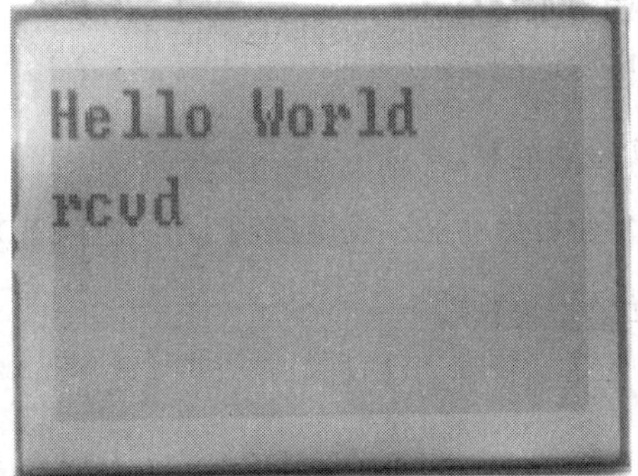

图 5-30

按下终端节点 U1 的“LEFT”键，协调器节点的 LCD 上的显示如图 5-31 所示。

图 5-31

3. 取消绑定

按下节点 U1 的“RIGHT”键，可以取消或者加入绑定。

三、SampleApp 实验（含组的简单应用）

【实验目的】

本实验程序为基于 ZSTACK 协议栈的演示程序，主要演示 Zigbee 的自组网和工作组控制功能。

【实验设备】

- 仿真扩展板 2530EB　　3 块
- 射频控制板 2530RF　　3 块
- 仿真器 CC DEBUGGER　　1 块
- 扩展板配套液晶显示板　　3 块
- 仿真用电脑　　1 台
- USB 转 RS232 串口线　　1 条
- USB 线（A 口转 B 口）　　1 条
- DEBUG 线　　1 条
- 电源适配器　　3 个

【实验功能】

本实验程序功能：按键控制工作组内 LED 模块闪烁。

【实验步骤】

1. 实验源代码

见文件“..\Projects\zstack\Samples\SampleApp\CC2530DB\ SampleApp.eww”。

2. 编译与下载

双击工程文件“GenericApp.eww”，进入如图 5-32 界面。

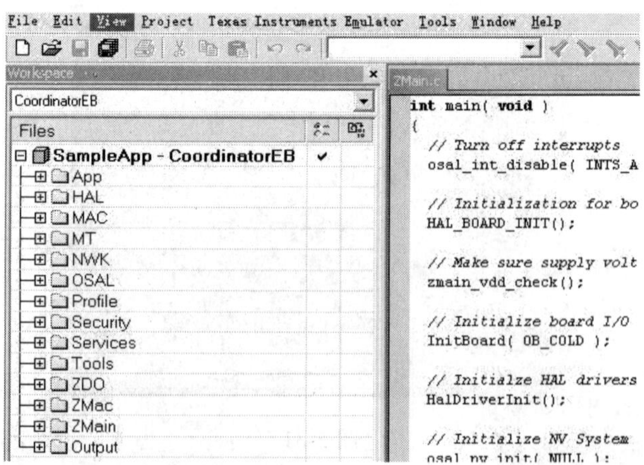

图 5-32

该工程包含八个子工程（见图 5-33）。

CoordinatorEB-Pro 为编译协调器（见图 5-34）。

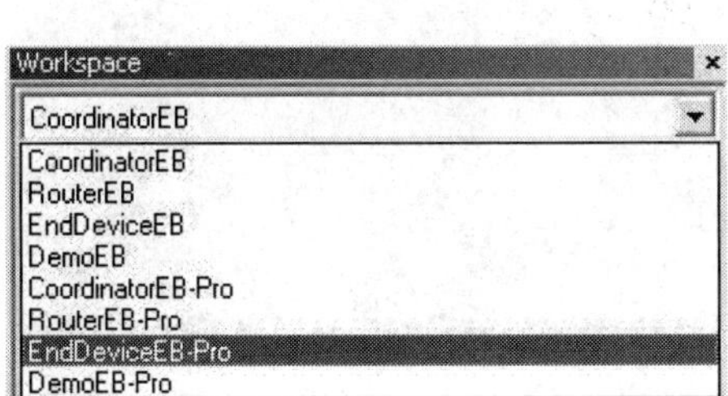

图 5-33

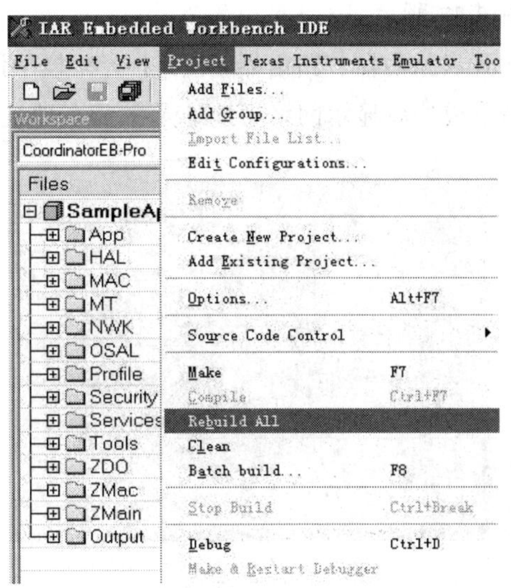

图 5-34

RouterEB-Pro 为编译路由器（见图 5-35）。

EndeviceEB-Pro 为编译终端节点（见图 5-36）。

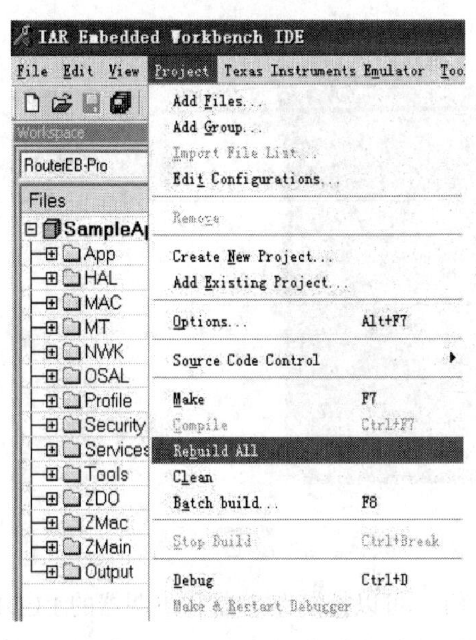

图 5-35

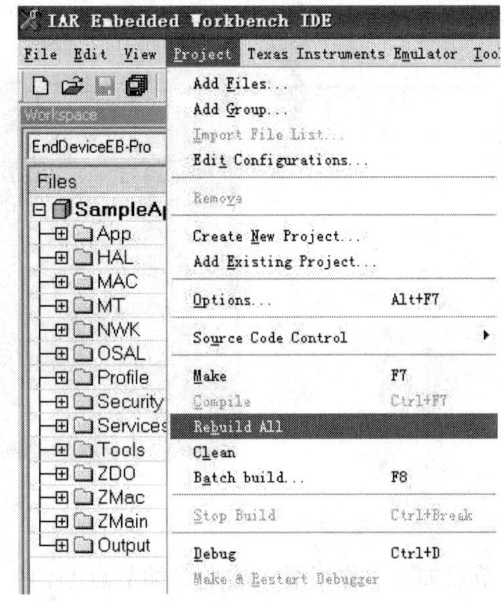

图 5-36

【实验效果】

1．程序下载及实验现象

将程序下载进各自的模块里，这里我们以一个节点为协调器，另一个节点为路由器，还有一个节点为终端节点，首先打开协调器节点电源，协调器 LCD 上会先显示该节点 64 位 IEEE

地址，然后将开始组建 Zigbee 网络，组建网络成功，会在 LCD 上显示该节点为协调器节点，如图 5-37 所示。

开启路由器，路由器 LCD 上会先显示该节点 64 位 IEEE 地址，然后将自动加入网络，加入网络成功后显示网络短地址及父节点地址（见图 5-38）。同时，节点自动加入工作组：

图 5-37

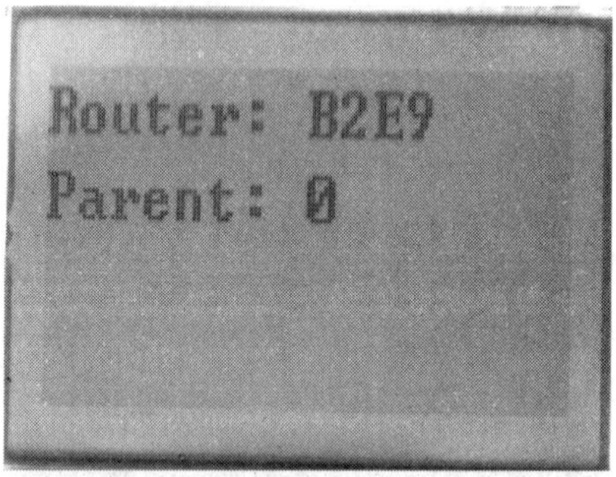

图 5-38

在靠近路由器，远离协调器的地方开启终端节点，终端节点的 LCD 上会先显示该节点 64 位 IEEE 地址，然后将通过路由器自动加入网络，成功后显示网络短地址及父节点地址（见图 5-39）（注：如果终端节点距离协调器也比较近，那么终端节点将可能直接连在协调器上）。同时，节点自动加入工作组。

图 5-39

节点加入工作组后，按下终端节点 U1 的“UP”键，可以控制路由器和协调器的 LED1 红色指示灯闪烁。按下路由器节点 U1 的“UP”键，可以控制协调器的 LED1 红色指示灯闪烁。按下协调器节点 U1 的“UP”键，可以控制路由器的 LED1 红色指示灯闪烁。

2. 退出和加入工作组

终端节点和路由器可以通过按节点 U1 的“RIGHT”键来退出或者加入工作组，节点一旦退出工作组，将不再受组内其他节点的控制，当然也不再能控制工作组内的其他节点。

四、SimpleApp 实验（含绑定的简单应用）

【实验目的】

本实验程序基于 ZSTACK 协议栈的演示程序，主要演示 Zigbee 的自组网和无线传感网络及遥控开关控制等功能。

【实验设备】

- 仿真扩展板 2530EB　　3 块
- 射频控制板 2530RF　　3 块
- 仿真器 CC DEBUGGER　　1 块
- 扩展板配套液晶显示板　　3 块
- 仿真用电脑　　1 台
- USB 转 RS232 串口线　　1 条
- USB 线（A 口转 B 口）　　1 条
- DEBUG 线　　1 条
- 电源适配器　　3 个

【实验功能】

通过绑定的方式建立两个节点之间的通信，通过一个节点控制另一外节点 LED 灯的亮、灭；另外，也可实现由一个节点采集自身芯片温度，发送给另一个协调器节点，并通过电脑串口助手显示。

【实验步骤】

实验源代码见文件“..\ZStack-CC2530-2.5.1a\Projects\zstack\Samples\SimpleApp\CC2530DB\SimpleApp.eww”。

【实验效果】

1. 编译与下载

双击工程文件“SimpleApp.eww”，进入如图 5-40 所示界面。

该工程包含八个子工程，分别对应 Zigbee2007 和 Zigbee Pro 两个协议栈版本下的 SimplecontrollerEB、SimpleswitchEB、SimplecollectorEB、SimpleSensorEB。对应 2 个独立的实验：开关实验（SimplecontrollerEB、SimpleswitchEB）及芯片内部温度传感器采集实验（SimplecollectorEB、SimpleSensorEB）。

2. 开关实验

编译 SimplecontrollerEB-Pro。如图 5-41 所示。

程序下载完成后，点击图标运行程序，节点 LED2 开始闪烁，此时按下 U1 的“UP”键，LED2 熄灭，LED3 闪烁，约 3 s 后，LED3 长亮，节点已被设置为协调器。

程序下载完成后，点击图标运行程序，节点 LED2 开始闪烁，此时若按下 U1 的“RIGHT”键，则 LED2 熄灭，LED3 闪烁，找到并加入网络后，LED3 长亮，节点已被设置为路由器。

编译 SimpleswitchEB-Pro，如图 5-42 所示。

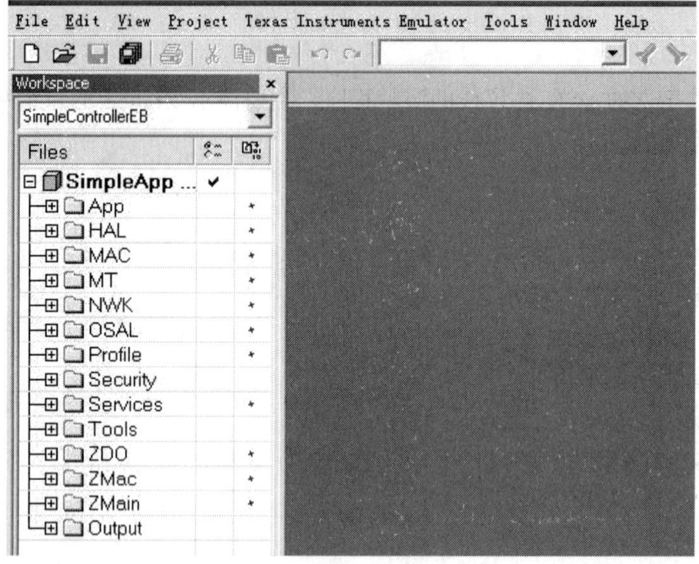

图 5-40

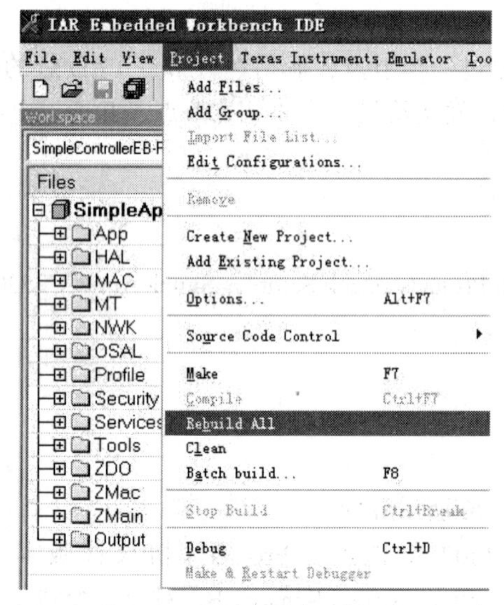

图 5-41

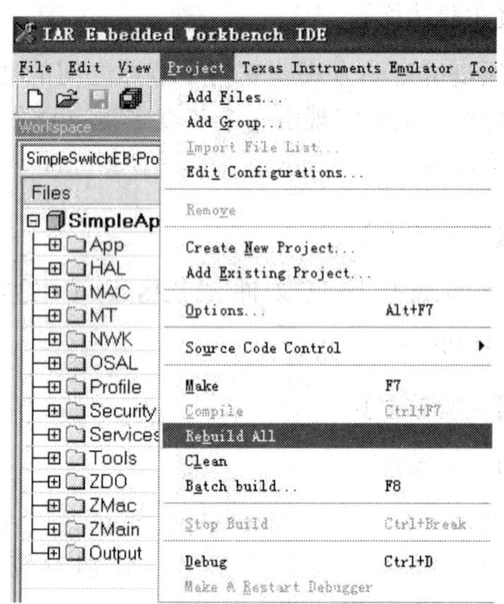

图 5-42

程序下载完成后，点击图标运行程序，节点 LED2 开始闪烁，此时按下 U1 的“UP”键，LED2 熄灭，LED3 闪烁，找到并加入网络后，LED3 快速闪烁，节点已被设置为开关节点。

1）绑定控制

按下协调器的“UP”键，开启允许绑定功能，绑定超时时间为 10 s，按下开关节点的“UP”键加入绑定，此时协调器的 LED1 将闪烁一下表示绑定成功，然后开关节点的 LED1 将快速闪烁。

按下开关节点 U1 的“OK”键，能控制协调器的红色 LED1 亮或灭。长按此键将控制协调器的红色 LED1 闪烁。

2）退出绑定

按下开关节点的“DOWN”键，开关节点将退出绑定。开关节点不再能控制协调器。恢复控制功能需要重新进行绑定操作。

路由器在本实验中只起数据中继作用，这里不再赘述。

3．芯片内部温度传感器采集实验

编译 SimplecollectorEB-Pro，如图 5-43 所示。

下载完成后，点击图标运行程序，节点 LED2 开始闪烁，此时按下 U1 的“UP”键，LED2 熄灭，LED1/LED3 闪烁，约 3 s 后，LED3 长亮，节点已被设置为协调器并已成功建立网络。

程序下载完成后，点击图标运行程序，节点 LED2 开始闪烁，若此时按下 U1 的“RIGHT”键，则 LED2 熄灭，LED1/LED3 闪烁，找到并加入网络后，LED3 长亮，节点已被设置为路由器。

编译 SimpleSensorEB-Pro，如图 5-44 所示。

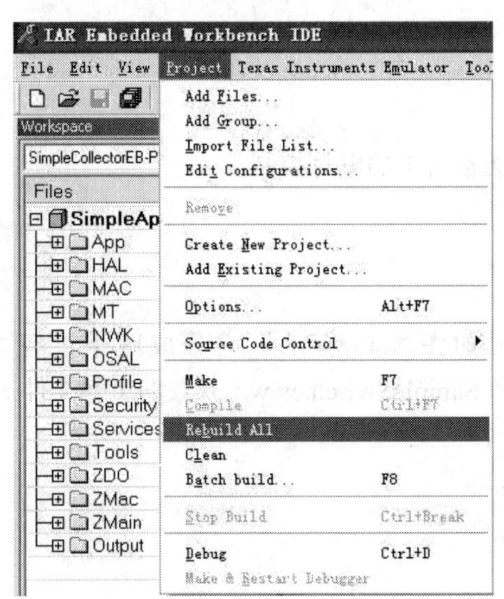

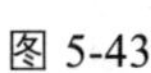
图 5-43

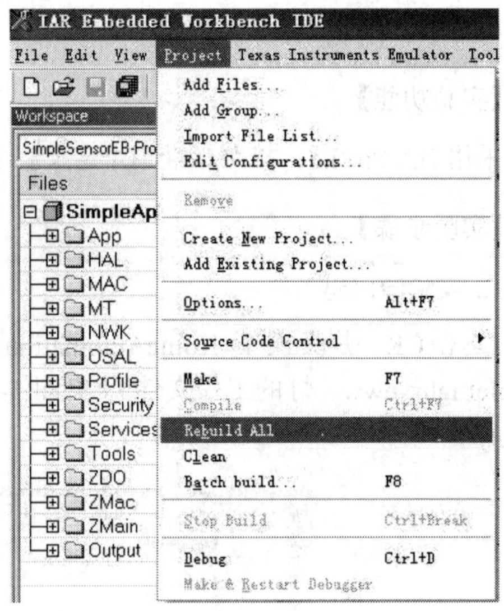

图 5-44

程序下载完成后，点击图标运行程序，按下 U1 的“UP”或者“RIGHT”键，节点被设置成传感器节点，找到并加入网络后，LED3 快速闪烁。

五、HomeAutomation 实验（智能家居）

ZigBee Allianee 针对智能家居专门制定了相应的 Profile（ZigBee Home Automation Public Application Profile），遵循这个 Profile，不同厂家基于 ZigBee 技术开发的产品之间可以进行互操作和相互替换。

ZigBee HomeAutomation Public Application Profile 规定了智能家居中的照明设备、采暖通风空调设备、自动窗帘和报警装置的设计规范。本文的 HomeAutomation Sample 实验就是在这个 Profile 的基础上实现的。

【实验目的】

认识和了解 HA Profile。

【实验设备】

- 仿真扩展板 2530EB　　3 块
- 射频控制板 2530RF　　3 块
- 仿真器 CC DEBUGGER　　1 台
- 扩展板配套液晶显示板　　3 块
- 仿真用电脑　　1 台
- USB 转 RS232 串口线　　1 条
- USB 线（A 口转 B 口）　　1 条
- DEBUG 线　　1 条
- 电源适配器　　3 个

【实验功能】

采用 HA Profile，按照标准 HA 定义，实现智能家居中的电灯控制。

【实验步骤】

1. 实验源代码

Z-STACK 协议栈下 HomeAutomation 文件夹如图 5-45 所示。它分成两个工程文件 SampleLight. eww（灯的工程文件）（见图 5-46）。和 SampleSwitch.eww（开关的工程文件）（见图 5-47）。

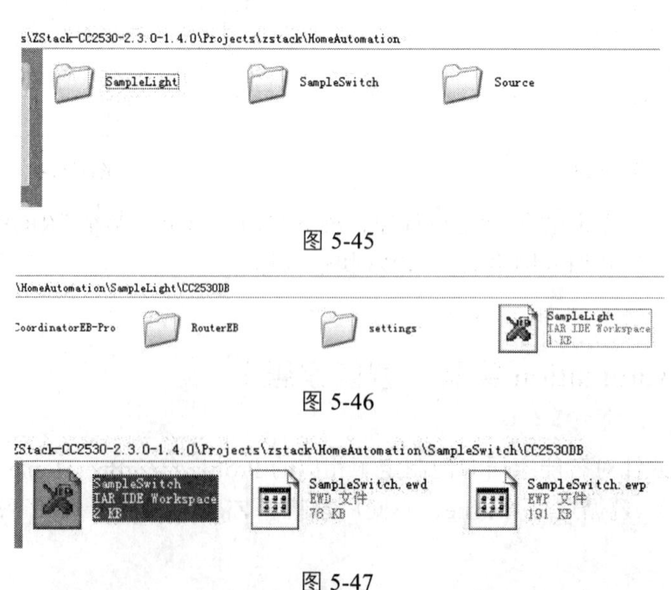

图 5-45

图 5-46

图 5-47

2. 程序编译与下载

双击 SampleLight.eww，进入如图 5-48 所示界面。

该工程包含 6 个子工程（见图 5-49）。

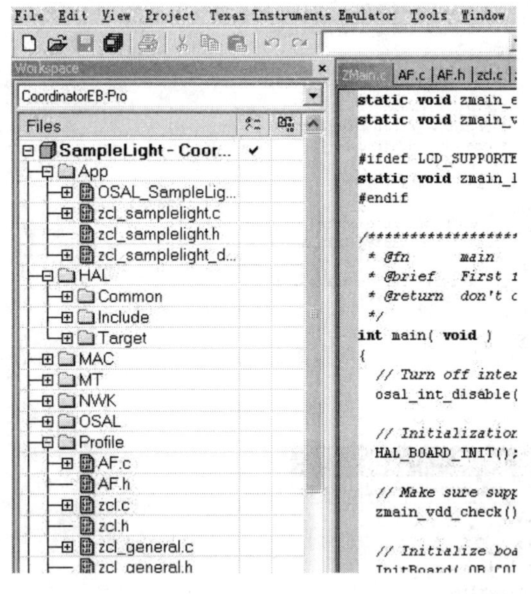

图 5-48

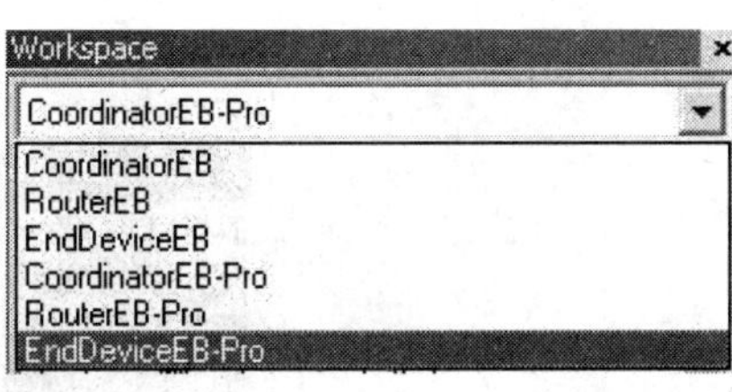

图 5-49

分别对应 Zigbee2007 和 Zigbee Pro 两个协议栈版本下的 CoordinatorEB、RouterEB、EndDeviceEB。

编译 CoordinatorEB-Pro，如图 5-50 所示。

编译 EndDeviceEB-Pro，如图 5-51 所示。

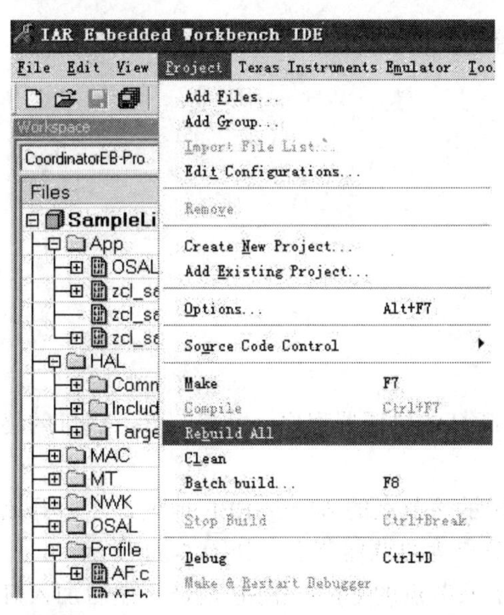

图 5-50

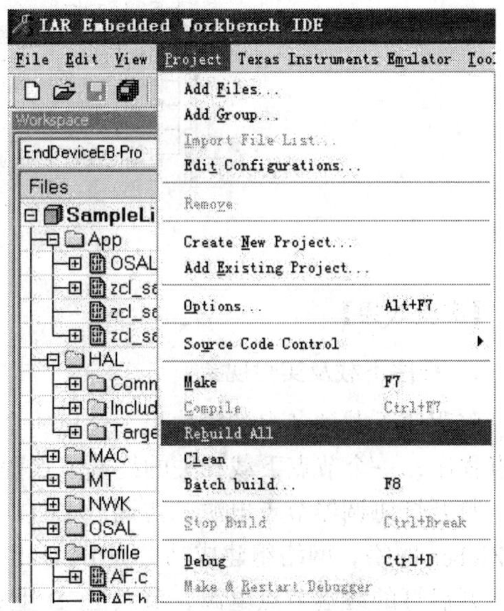

图 5-51

双击 SampleSwitch.eww，进入如图 5-52 所示界面。

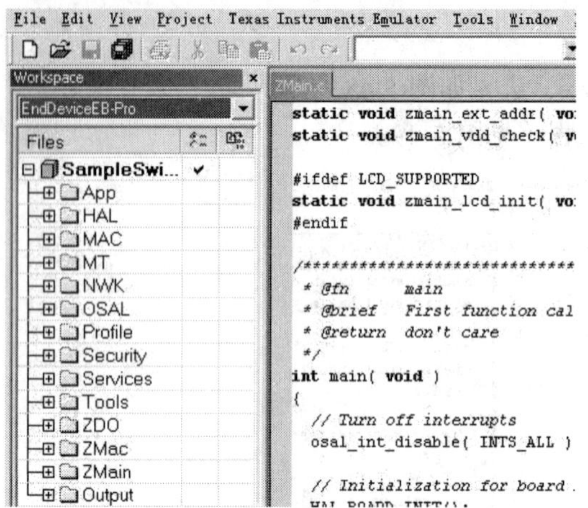

图 5-52

编译 EndDeviceEB-Pro，如图 5-53 所示。

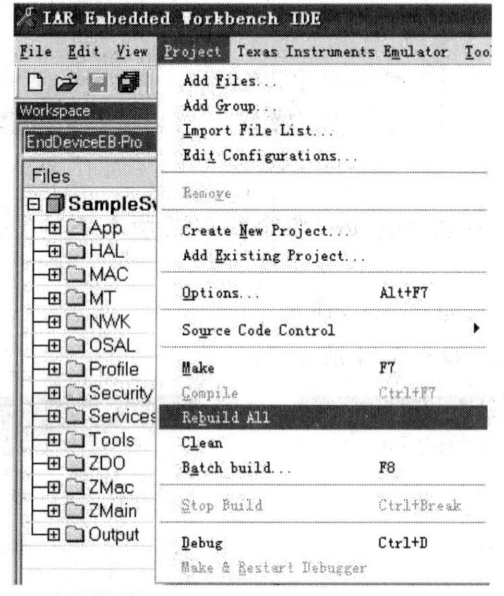

图 5-53

【实验效果】

1. 程序下载及实验现象

将程序下载到各自的模块里，这里一个节点下载灯的协调器程序，一个节点下载灯的终端节点程序，一个节点下载开关的终端节点程序。

打开灯协调器节点电源，协调器 LCD 上会先显示该节点的 64 位 IEEE 地址，然后开始组建 Zigbee 网络，网络组建成功会在 LCD 上显示该节点为协调器节点，如图 5-54 所示。

开启灯的终端节点电源，节点 LCD 上会先显示该节点的 64 位 IEEE 地址，然后加入灯协调器建立的 Zigbee 网络，加入网络成功，会在 LCD 上显示该节点的网络短地址和父节点地址，如图 5-55 所示。

图 5-54

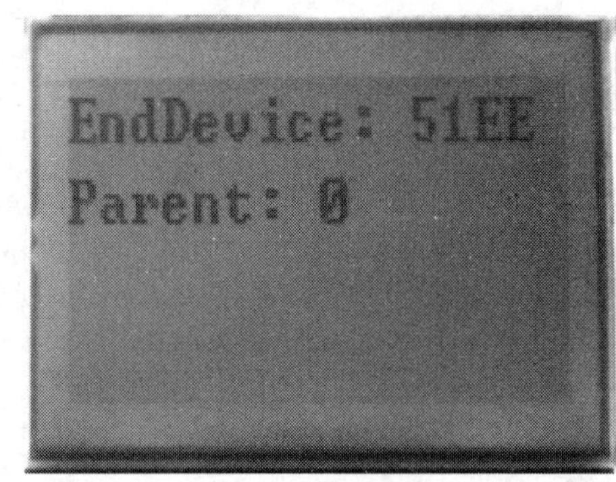

图 5-55

开启开关的终端节点电源，节点 LCD 上上会先显示该节点的 64 位 IEEE 地址，然后将加入灯协调器建立的 Zigbee 网络，加入网络成功，会在 LCD 上显示该节点的网络短地址和父节点地址，如图 5-56 所示。

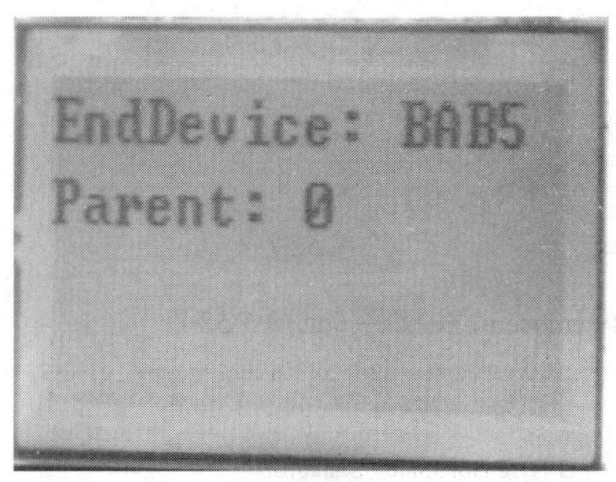

图 5-56

六、继电器控制实验

【实验目的】

实现车联网沙盘应用继电器控制的实验控制效果。

【实验功能】

学习继电器的使用，继电器源代码的开发工作。

【实验步骤】

（1）将继电器用杜邦线连接到仿真器。
（2）仿真器用串口线连接到计算机的 USB 口。
（3）打开 IAR 软件。
（4）选择继电器的 sensordemo.eww 文件，如图 5-57 所示。

图 5-57

（5）点击文件区域的 demosensor.c 文件（见图 5-58）。

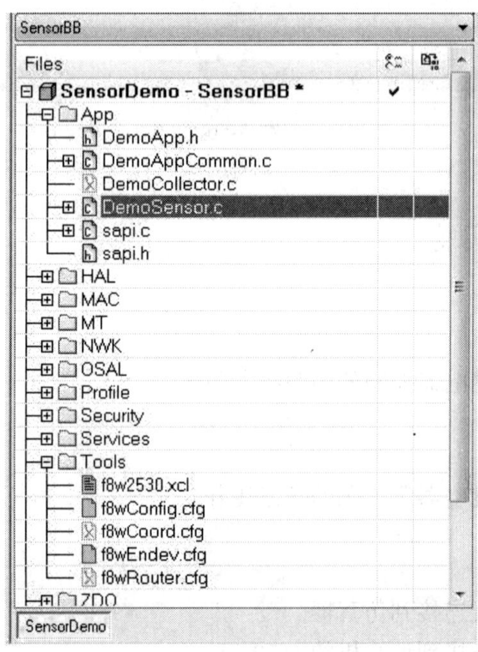

图 5-58

（6）将代码移动至此区域，如图 5-59 所示。

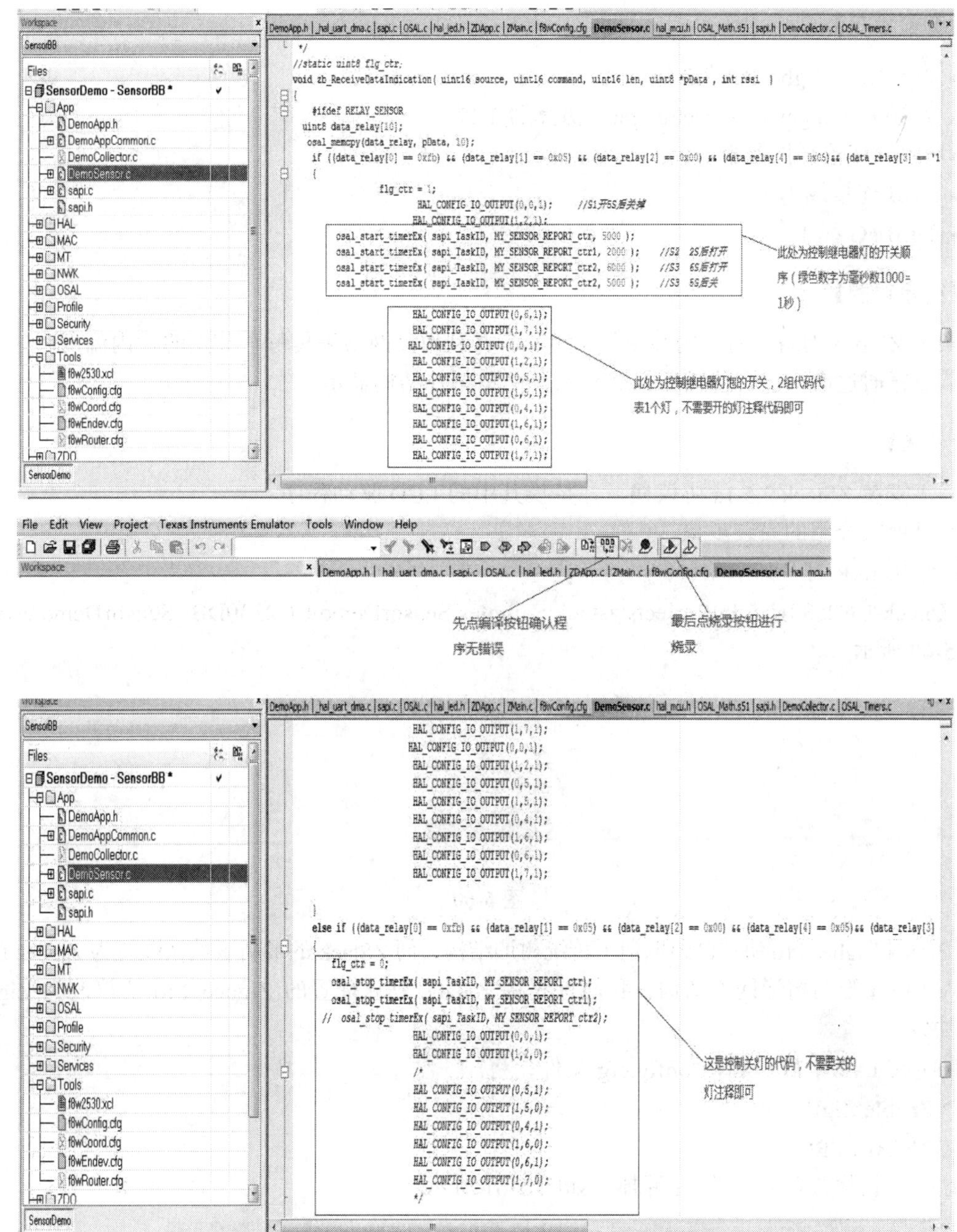

图 5-59

七、Zigbee 网络拓扑实验——星状

【实验目的】

利用 TI ZStack 2.5.1a 协议栈，将协议栈默认的 Zigbee Pro 协议改为 Zigbee 2007，并且配置为星状网络，让学生了解 Zigbee 星状网络的基本概念及其相关使用操作。

【实验设备】

- 2530RF　Zigbee 模块 3 块
- 2530 Debugger（CC Debugger）仿真器 1 台
- 2530EB 仿真扩展板 3 块
- USB 连接线 1 条
- DEBUG 线 1 条

【实验功能】

实现 Zigbee 网络一对三的简单星形网络，并利用该网络采集每个节点的片内温度，汇总到中心节点，通过串口进行传感器数据显示及网络拓扑结构显示。

【实验步骤】

（1）安装 ZStack 2.5.1a 协议栈，并替换其中的 LCD 驱动程序。

参见前文介绍的安装步骤。

（2）用 IAR 打开如下项目：

\ZStack-CC2530-2.5.1a\Projects\zstack\Samples\SensorDemo\CC2530DB\ SensorDemo.eww，如图 5-60 所示。

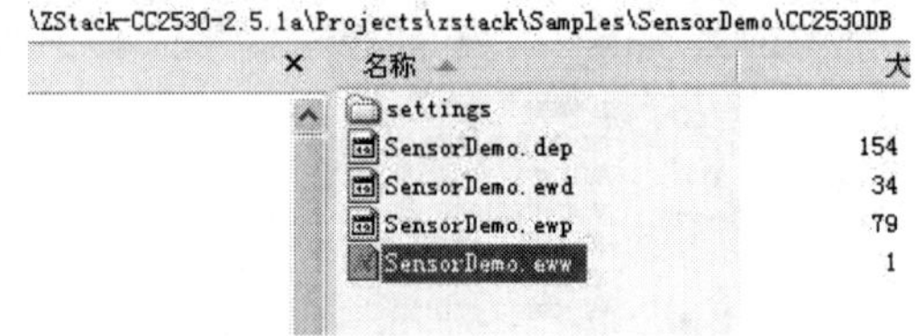

图 5-60

（3）因 Zigbee Pro 协议已经取消了传统树形结构，而 ZStack 的最新版默认配置为 Zigbee Pro。为深入了解星形与树形网络结构，我们首先将 ZStack 默认配置的 Zigbee Pro 协议改为 Zigbee 2007 协议。

（a）在 IAR 中打开 f8wConfig.cfg 文件，将

/* Enable ZigBee-Pro */

-DZIGBEEPRO

这一行删除或者加“//”注释掉，如图 5-61 所示。

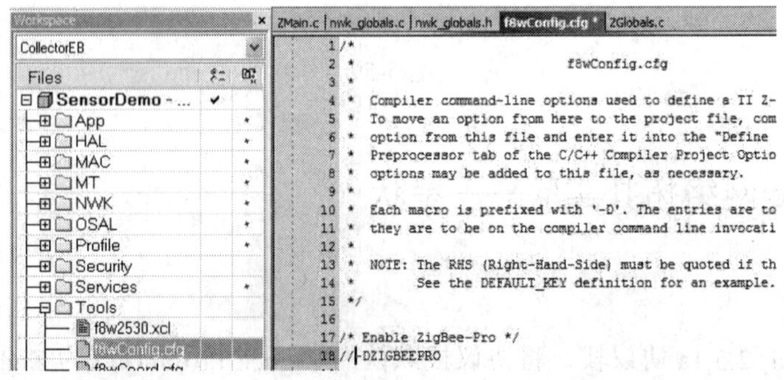

图 5-61

（b）同时关闭 CollectorEB 与 SensorEB 两个项目中的 Zigbee Pro 宏定义（在 ZIGBEEPRO 前加“x”，即可取消该定义）。如图 5-62 所示。

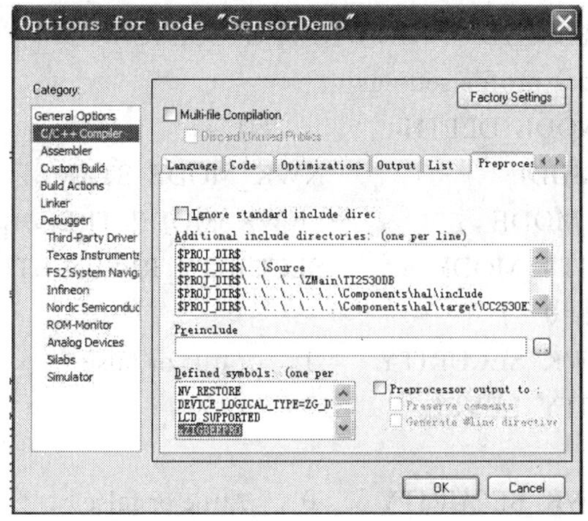

图 5-62

（c）分别将 CollectorEB 与 SensorEB 两个项目对应的库由 Pro 改为 2007。即 EndDevice-Pro.lib 改为 EndDevice.lib（见图 5-63），Router-Pro.lib 改为 Router-.lib（见图 5-64）。

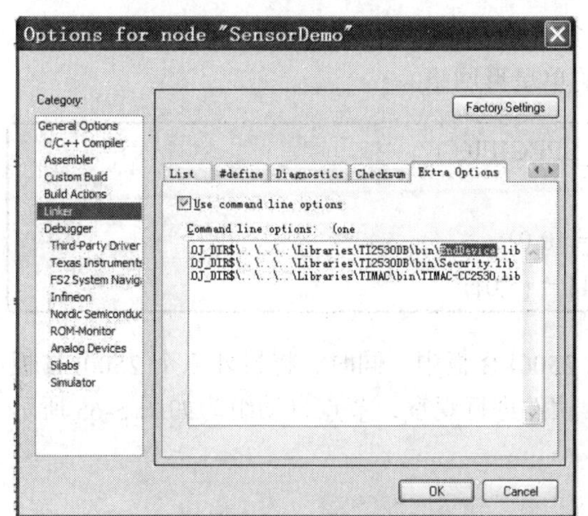

图 5-63

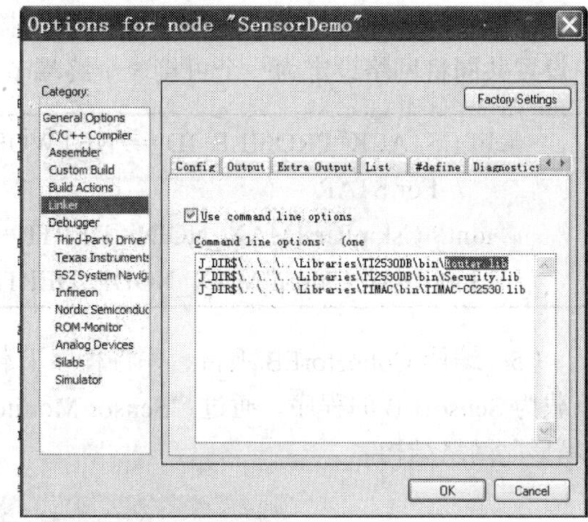

图 5-64

（4）上述更改后，协议栈即为 2007 协议配置，下面将默认的网状网改为星形网络拓扑。

（a）在 nwk_globals.h 文件中将 STACK_PROFILE_ID 定义为 NETWORK_SPECIFIC，即由用户指定网络。

```
#if defined ( ZIGBEEPRO )
  #define STACK_PROFILE_ID        ZIGBEEPRO_PROFILE
#else
//  #define STACK_PROFILE_ID        HOME_CONTROLS
  #define STACK_PROFILE_ID        NETWORK_SPECIFIC
#endif
```

（b）设置最大路由深度为 1，即所有节点不经路由器直接连接协调器，并且将网络模式设为星形。

```
#elif ( STACK_PROFILE_ID == NETWORK_SPECIFIC )
// define your own stack profile settings
    #define MAX_NODE_DEPTH              1
    #define NWK_MODE                 NWK_MODE_STAR
//    #define NWK_MODE                 NWK_MODE_TREE
    #define SECURITY_MODE            SECURITY_RESIDENTIAL
  #if   ( SECURE != 0   )
    #define USE_NWK_SECURITY      1     // true or false
    #define SECURITY_LEVEL        5
  #else
    #define USE_NWK_SECURITY      0     // true or false
    #define SECURITY_LEVEL        0
  #endif
#endif
```

（c）在 nwk_globals.c 文件中，定义协调器最多可接 5 个终端节点，而无路由器，与（b）中设置共同将网络设定为一个可接 5 个终端节点的单星形网络。

```
#elif ( STACK_PROFILE_ID == NETWORK_SPECIFIC )
    // For STAR
  uint8 CskipRtrs[MAX_NODE_DEPTH+1] = {0,0};
  uint8 CskipChldrn[MAX_NODE_DEPTH+1] = {5,0};
```

（5）编译 CollectorEB 项目，并将程序下载至 2500EB 板中。同时，将另外三个 2500EB 板下载为 SensorEB 的程序，通过“Sensor Monitor”软件进行观察，节点自动组为如图 5-65 所示“星形”网络结构。

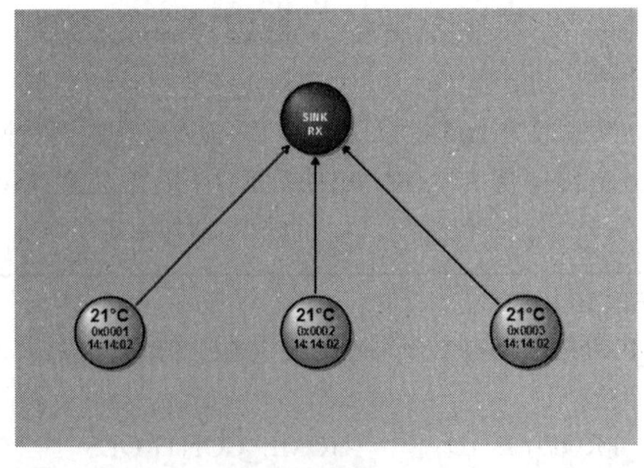

图 5-65

并且，在软件右下角可以看出，此时协议栈为 Zigbee 2007

Profile: ZigBee 2007

【实验效果】

经过上述实验可以看出：所有节点均只能连接协调器进行通信，无路由转发情况，且节点地址严格按照 Zigbee 2007 的规则由 0x0001 至 0x0003 顺次排列，整个网络形成标准的“星形”结构。

八、Zigbee 网络拓扑实验——树状

【实验目的】

利用 TI ZStack 2.5.1a 协议栈，将协议栈默认的 Zigbee Pro 协议改为 Zigbee 2007，并且配置为树状网络，让学生了解 Zigbee 树状网络的基本概念及其相关使用操作。同时，学习如何通过 CSkip 算法，计算树形网络中的节点地址，并在实验中进行验证。

【实验设备】

- 2530RF　Zigbee 模块 3 块
- 2530 Debugger（CC Debugger）仿真器 1 台
- 2530EB 仿真扩展板 3 块
- USB 连接线 1 条
- DEBUG 线 1 条

【实验功能】

实现 Zigbee 三级树形网络，并利用该网络，通过路由中继的方式采集每个节点的片内温度，汇总到中心节点，通过串口进行传感器数据显示及网络拓扑结构显示。

【实验步骤】

（1）安装 ZStack 2.5.1a 协议栈，并替换其中的 LCD 驱动程序。

参见前文介绍的安装步骤。

（2）用 IAR 打开如下项目：

\ZStack-CC2530-2.5.1a\Projects\zstack\Samples\SensorDemo\CC2530DB\ SensorDemo.eww，如图 5-66 所示。

图 5-66

（3）因 Zigbee Pro 协议已经取消了传统树形结构，而 ZStack 的最新版本默认配置为 Zigbee Pro。为深入了解树形网络结构，我们首先将 ZStack 默认配置的 Zigbee Pro 协议改为 Zigbee 2007 协议。

（a）在 IAR 中打开 f8wConfig.cfg 文件，将

/* Enable ZigBee-Pro */

-DZIGBEEPRO

这一行删除或者加“//”注释掉，如图 5-67 所示。

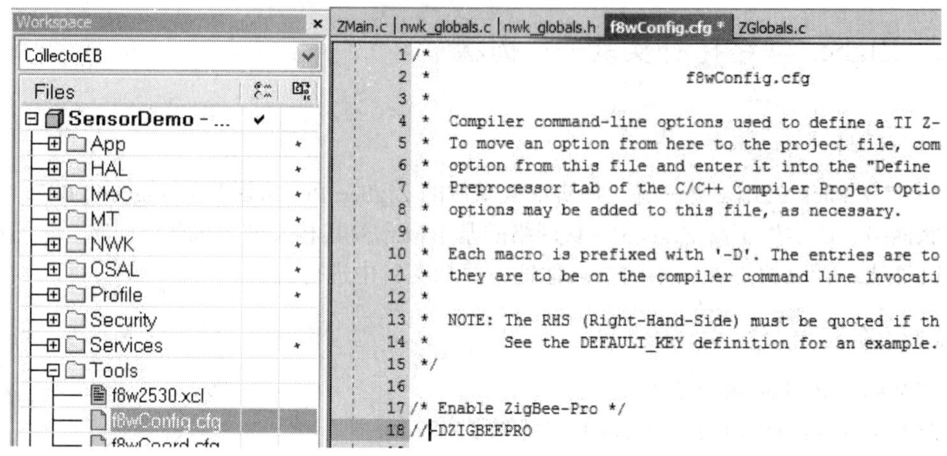

图 5-67

（b）同时关闭 CollectorEB 与 SensorEB 两个项目中的 Zigbee Pro 宏定义（在 ZIGBEEPRO 前加“x”，即可取消该定义）。如图 5-68 所示。

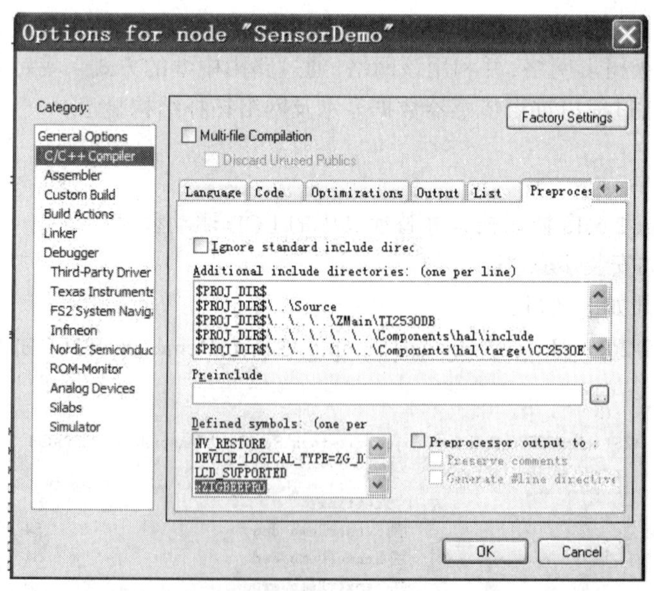

图 5-68

（c）分别将 CollectorEB 与 SensorEB 两个项目对应的库由 Pro 改为 2007。即 EndDevice-Pro.lib 改为 EndDevice.lib（见图 5-69），Router-Pro.lib 改为 Router-.lib（见图 5-70）。

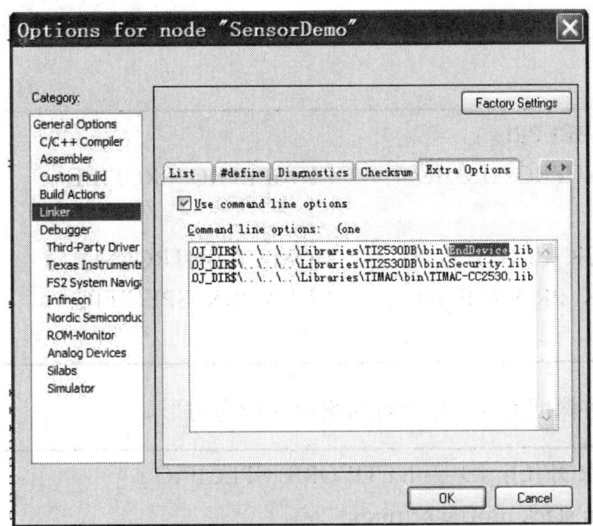

图 5-69

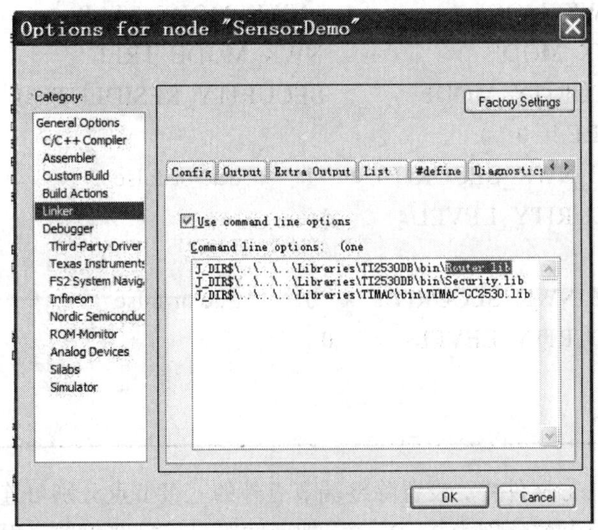

图 5-70

（4）上述更改后，协议栈即为 2007 协议配置，下面将默认的网状网改为如图 5-71 所示的树形网络拓扑。

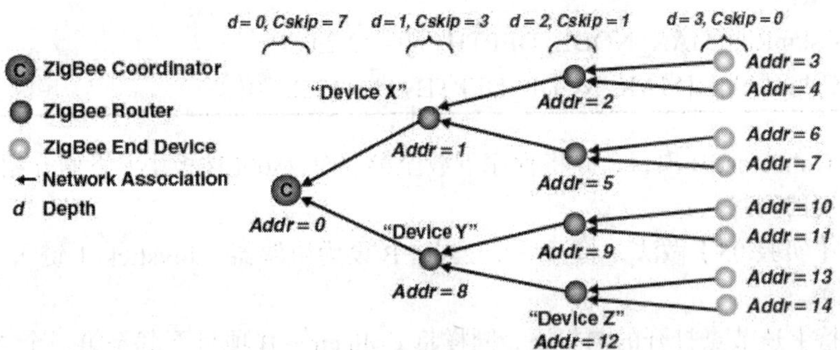

图 5-71　待实现的网络拓扑结构

（a）在 nwk_globals.h 文件中将 STACK_PROFILE_ID 定义为 NETWORK_SPECIFIC，即由用户指定网络。

```
#if defined ( ZIGBEEPRO )
  #define STACK_PROFILE_ID        ZIGBEEPRO_PROFILE
#else
//   #define STACK_PROFILE_ID      HOME_CONTROLS
  #define STACK_PROFILE_ID        NETWORK_SPECIFIC
#endif
```

（b）设置最大路由深度为 3，并且将网络模式设为树形。

```
#elif ( STACK_PROFILE_ID == NETWORK_SPECIFIC )
// define your own stack profile settings
    #define MAX_NODE_DEPTH              3
//     #define NWK_MODE                 NWK_MODE_STAR
    #define NWK_MODE                    NWK_MODE_TREE
    #define SECURITY_MODE               SECURITY_RESIDENTIAL
  #if     ( SECURE != 0   )
    #define USE_NWK_SECURITY      1     // true or false
    #define SECURITY_LEVEL        5
  #else
    #define USE_NWK_SECURITY      0     // true or false
    #define SECURITY_LEVEL        0
  #endif
#endif
```

（c）在 nwk_globals.c 文件中，设置除终端节点外的三级节点分别可连接的最大路由数分别为 2、2、0；最大子节点数分别为 2、2、2，即前两级只可接路由器，而第三级可接两个终端节点，完全符合上图所示的网络拓扑结构。

```
#elif ( STACK_PROFILE_ID == NETWORK_SPECIFIC )
  // For TREE
  uint8 CskipRtrs[MAX_NODE_DEPTH+1] = {2,2,0,0};
  uint8 CskipChldrn[MAX_NODE_DEPTH+1] = {2,2,2,0};
```

（5）编译 CollectorEB 项目，并将程序下载至第一个 2500EB 板中。下面介绍下如何形成一个三级路由深度的网络。

（a）按照【实验 05】做法，将第一个 2500EB 设为协调器（Joystick 上键），Gateway 模式（Joystick 右键）

（b）在保持上述节点打开的前提下，同样将 CollectorEB 项目下载至第二个 2500EB 板，拔掉 CC Debugger 并重启节点后，此节点将自动加入上述协调器节点，成功后 LED1/LED3 长亮，

LED2 闪烁。此时如果找不到 Zigbee 网络，则 LED1，LED2 一直闪烁。

（c）按下第二个 2500EB 的 Joystick 键，则开始向协调器周期性发送数据。此时协调器 LCD 上显示“Report rcvd”表明数据接收正常，且 Sensor Monitor 软件显示有蓝色的路由节点接入，其地址为 0x0001，如图 5-72 所示。

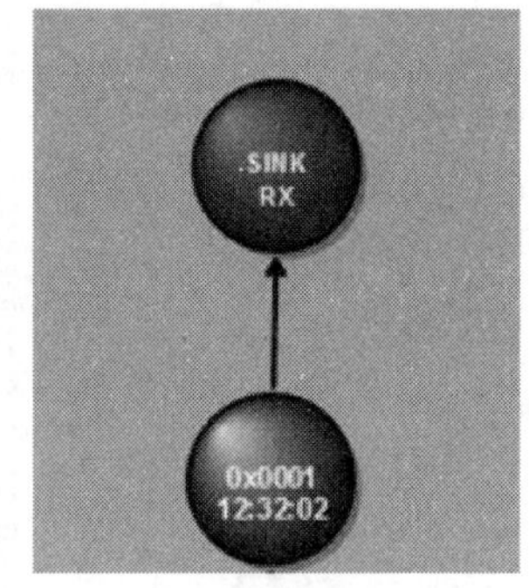

图 5-72

（d）按照 Zigbee 组网规则，新加入的节点会优先选择离协调器近的路由入网，除非信号质量差到一定程度，才会继续选择下一级路由。而在实验室中想达到人为指定路由入网的效果并不容易。

所以，为了达到这个目的，需要严格按下述步骤进行操作，如果无法顺利进行，可从（5）开始，重新下载程序，再按步骤依次进行。

① 关闭协调器，保持 0x0001 路由器打开；

② 下载 CollectorEB 程序至第三块 2500EB 板中，重启该 EB 板，此时将自动组网，成功后 LED1/LED3 长亮，LED2 闪烁，且在 0x0001 路由器 LCD 屏上可以看到“Match Desc Req…”等信息；

③ 关闭所有节点；

④ 打开协调器，并将其设为 Gateway 模式，然后在第二块 EB 板上按下 Joystick 下键发送报告。继续打开第三块 EB 板，按下 Joystick 键发送报告，在 Sensor Monitor 软件中即可见如图 5-73 所示结构（第二个路由器地址为 0x0002）；

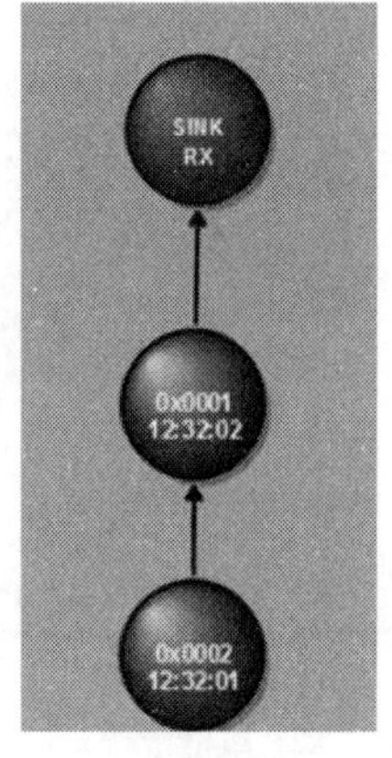

图 5-73

⑤ 关闭协调器及 0x0001 号路由器，保持 0x0002 号路由器打开；

⑥ 下载 SensorEB 程序至第四块 2500EB 板中，重启该 EB 板，此时将自动组网，成功后 LED1/LED2/LED3 快速闪烁，且在 0x0002 号路由器 LCD 屏上可以看到“Match Desc Req…”等信息；

⑦ 关闭所有节点；

⑧ 打开协调器，并将其设为 Gateway 模式，然后在第二块 EB 板上按下 Joystick 下键发送报告。继续打开上述第三块及第四块 EB 板，分别按下 Joystick 键发送报告，在 Sensor Monitor 软件中可见如图 5-74 所示结构（终端节点地址为 0x0003）。

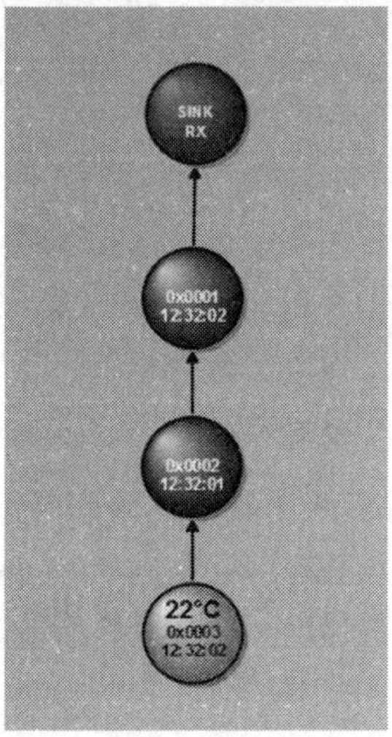

图 5-74　三级路由深度网络

此时，已完成图 5-74 中希望实现的网络拓扑结构。另外，由于节点个数有限，我们可以重新下载程序，将网络分别组成如图 5-76 和图 5-77 所示的结构。

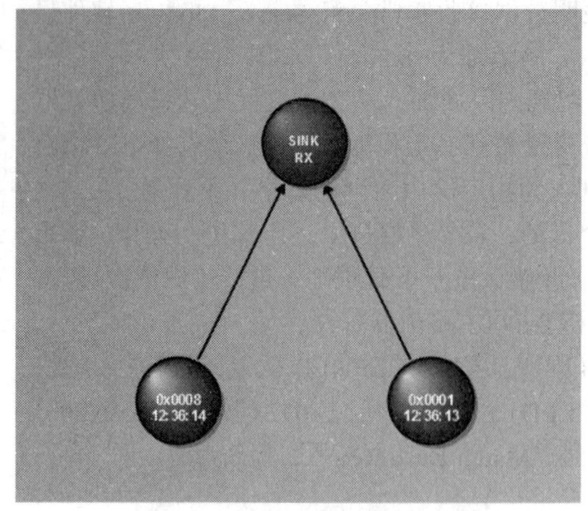

图 5-75 “树根”下的两个同级路由（注意其地址）

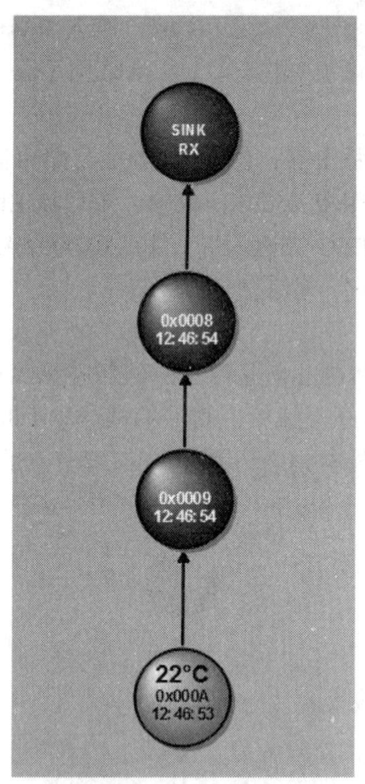

图 5-76 另外一个分支下的三级深度网络（注意其地址）

同时，在 Sensor Monitor 软件右下角仍然可见采用的是 Zigbee 2007 的协议标准。

Profile: ZigBee 2007

【实验效果】

经过上述实验，从图 5-71 与图 5-72 ~ 图 5-74 的对比可以看出：实验完全实现了图 5-71 中希望达到的树形网络拓扑结构，且网络节点地址完全按照图 5-71 所示的 CSkip 算法进行安排，也让我们得出一个结论：在标准树形网络中，节点地址仅取决于其在网络中的路由关系，当路由关系变化时，其地址自然就会发生变化。

九、Zigbee 网络拓扑实验——网状

【实验目的】

利用 TI ZStack 2.5.1a 协议栈，采用默认的 Zigbee Pro 网状网配置，让学生了解 Zigbee 树状网络的基本概念及其相关使用操作。通过实验验证网状网的“自愈”功能及 Zigbee Pro 协议下的地址分配方法。

【实验设备】

- 2530RF　Zigbee 模块 3 块
- 2530 Debugger（CC Debugger）仿真器 1 台
- 2530EB 仿真扩展板 3 块
- USB 连接线 1 条
- DEBUG 线 1 条

【实验功能】

实现 Zigbee 网状网络，并利用该网络，通过路由中继的方式采集每个节点的片内温度，汇总到中心节点，通过串口进行传感器数据显示及网络拓扑结构显示。当网络中某路由器掉线时，观察其子节点的“自愈”过程及自愈前后的地址变化。

【实验步骤】

（1）安装 ZStack 2.5.1a 协议栈，并替换其中的 LCD 驱动程序。

参见前文介绍的安装步骤。

（2）用 IAR 打开如下项目：

\ZStack-CC2530-2.5.1a\Projects\zstack\Samples\SensorDemo\CC2530DB\ SensorDemo.eww，如图 5-77 所示。

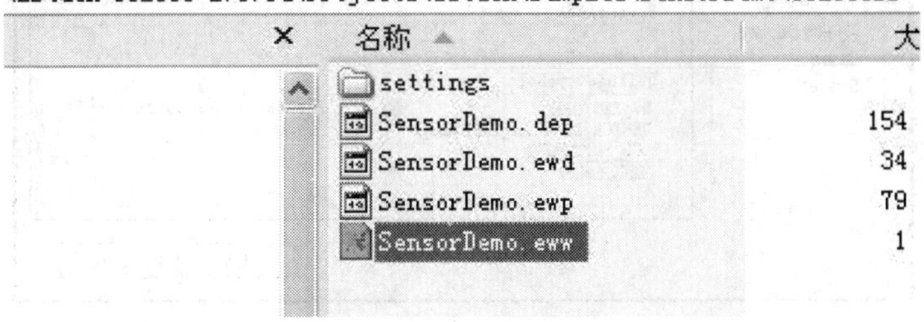

\ZStack-CC2530-2.5.1a\Projects\zstack\Samples\SensorDemo\CC2530DB

名称	大
settings	
SensorDemo.dep	154
SensorDemo.ewd	34
SensorDemo.ewp	79
SensorDemo.eww	1

图 5-77

（3）确认 ZStack 的默认配置。

（a）打开 f8wConfig.cfg 文件，如图 5-78 所示文件最后显示：

```
/* Enable ZigBee-Pro */
-DZIGBEEPRO
```

ZMain.c | nwk_globals.c | nwk_globals.h | f8wConfig.cfg | ZGlobals.c

```
/*
 *                              f8wConfig.cfg
 *
 *  Compiler command-line options used to defi
 *  To move an option from here to the project
 *  option from this file and enter it into th
 *  Preprocessor tab of the C/C++ Compiler Pro
 *  options may be added to this file, as nece
 *
 *  Each macro is prefixed with '-D'. The entr
 *  they are to be on the compiler command lin
 *
 *  NOTE: The RHS (Right-Hand-Side) must be qu
 *        See the DEFAULT_KEY definition for a
 */

/* Enable ZigBee-Pro */
-DZIGBEEPRO
```

图 5-78

（b）确认 CollectorEB 与 SensorEB 两个项目的宏定义设置，如图 5-79 所示。

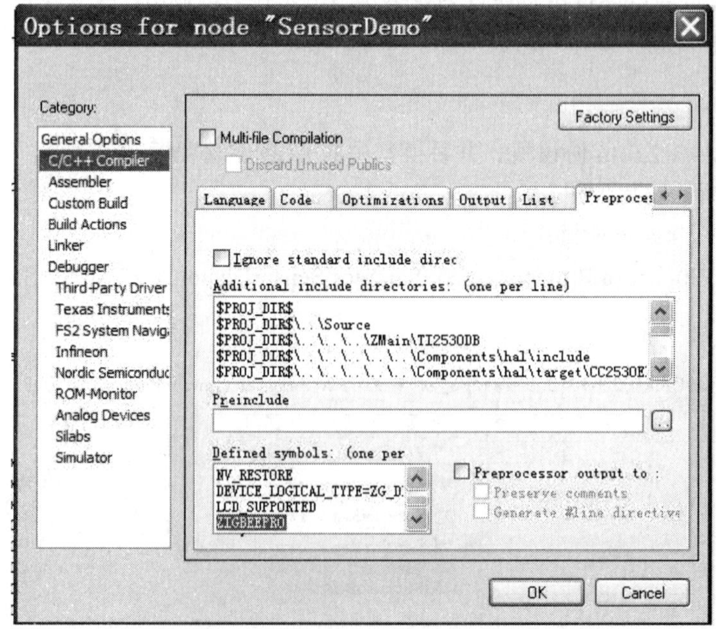

图 5-79

（c）确认 CollectorEB 与 SensorEB 两个项目的库文件设置，如图 5-80 和图 5-81 所示。

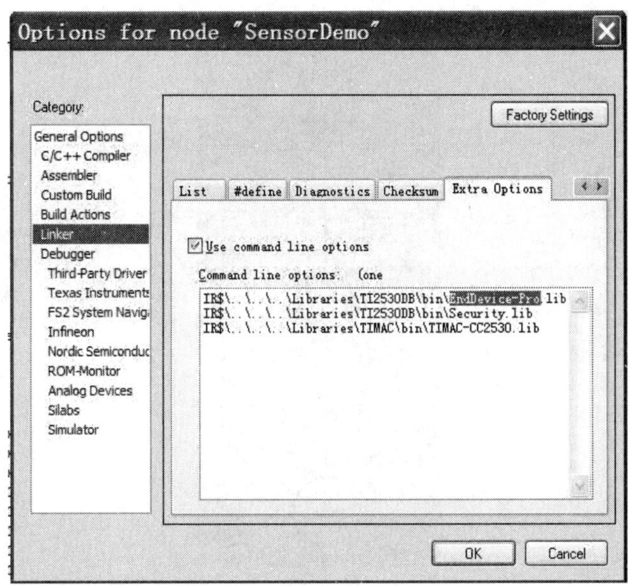

图 5-80

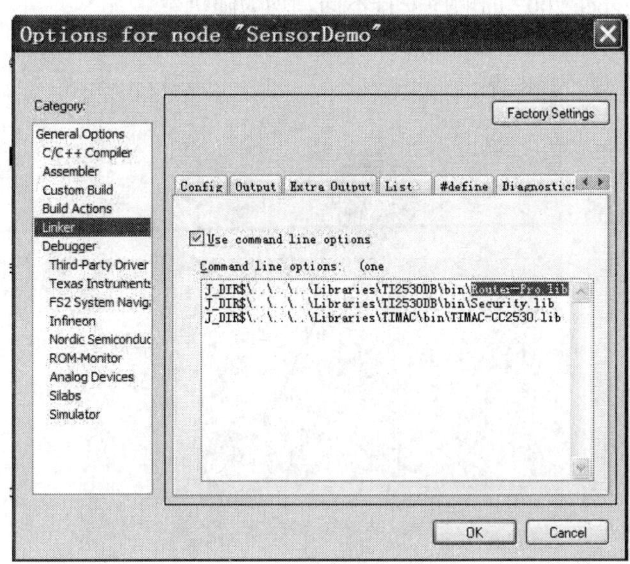

图 5-81

（4）定义 STACK_PROFILE_ID。

```
#if defined ( ZIGBEEPRO )
  #define STACK_PROFILE_ID          ZIGBEEPRO_PROFILE
#else
```

（5）编译 CollectorEB 项目，并将程序下载至第一个 2500EB 板中。

（6）按“八.Zigbee 网络拓扑实验——树状”中介绍的加入指定路由的方法，构建如图 5-82 所示的网络拓扑。

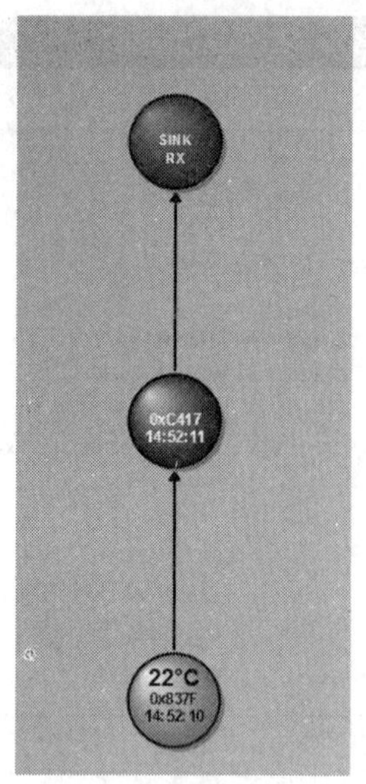

图 5-82

注意其地址与 Zigbee 2007 的顺序安排不同，均为随机数。

（7）将路由器关闭，观察终端节点的“自愈”现象，如图 5-83 所示。

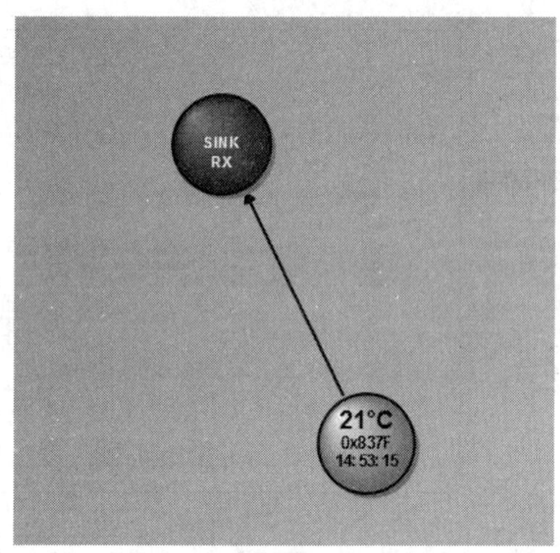

图 5-83

同时，在 Sensor Monitor 软件右下角可见采用的是 Zigbee PRO 的协议标准。

Profile: **ZigBee PRO**

【实验效果】

通过上述实验可以看出，网状网络实现了节点的自愈功能，并且当网络路由关系发生变化时，其节点短地址不会发生变化。

第六章　短距离无线通信技术实验指导

一、点对点通信实验

【实验目的】

利用 TI 基础通信实验平台 BasicRF，了解无线通信基本原理，实现一个节点控制另一个节点的 LED 灯的功能。

【实验设备】

- 2530RF　Zigbee 模块 2 块
- 2530 Debugger（CC Debugger）仿真器 1 台
- 2530EB 仿真扩展板 2 块
- USB 连接线 1 条
- DEBUG 线 1 条

【实验功能】

此例程是一个基本的点对点通信实验，实现了一个开关控制一个电灯的功能。每一个节点是用来做开关还是用来做灯的控制器，可以通过按键进行选择。本例程可作为无线通信的入门级程序。

【实验步骤】

1. 软件编译与下载

打开项目工程文件夹“.. \CC2530 BasicRF\ide\”，双击工程文件“cc2530_sw_examples. eww”进入 IAR 界面，如图 6-1 所示。

该工程包含 5 个子工程，如图 6-2 所示。

选择“light_switch － srf05_cc2530”，或直接进入子工程文件夹“.. CC2530 BasicRF\ide\srf05_cc2530\iar\”，双击工程文件“light_switch.eww”进入 IAR 界面。如图 6-3 所示。

选择 Project->Rebuild All 进行编译，如图 6-4 所示。

编译完成后，编译信息栏显示（error：0 ;warning：0）如图 6-5 所示。

连接计算机、CC Debugger 和目标板，打开目标板电源，按下 CC Debugger 的 Reset 键，此时 CC Debugger 的指示灯应为绿色，点击进行下载，待下载进度条消失，左上角出现如图 6-6 所示调试窗口。

图 6-1

IAR Embedded Workbench IDE
File Edit View Project Texas Instruments Emu
Workspace
light_switch - srf05_cc2530
light_switch - srf05_cc2530
light_switch - srf05_cc2530_91
per_test - srf05_cc2530
per_test - srf05_cc2530_91
spectrum_analyzer - srf05_cc2530

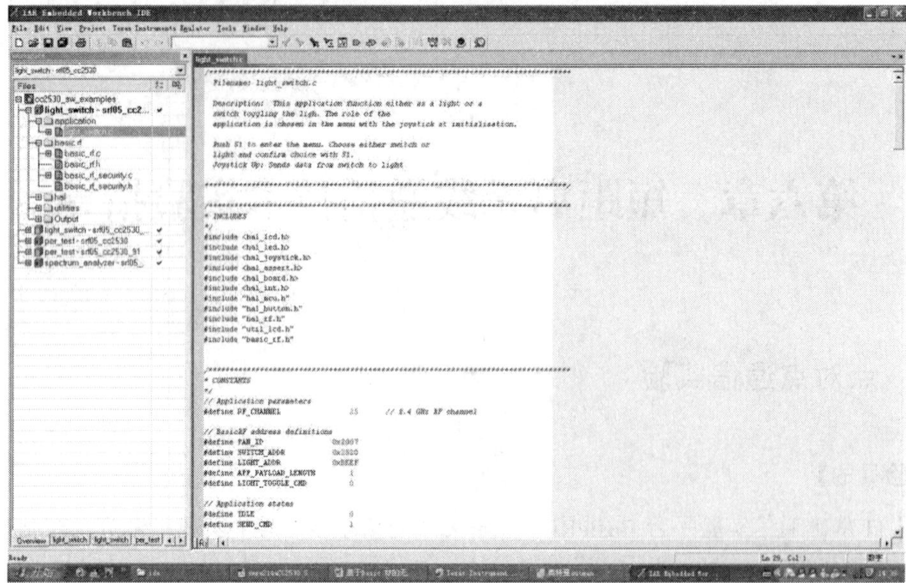

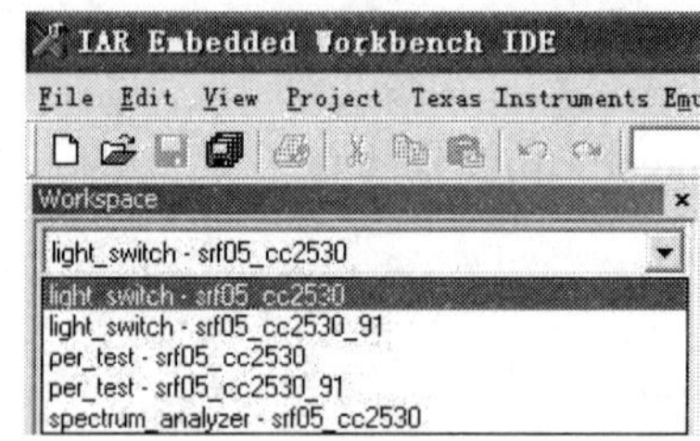

图 6-2

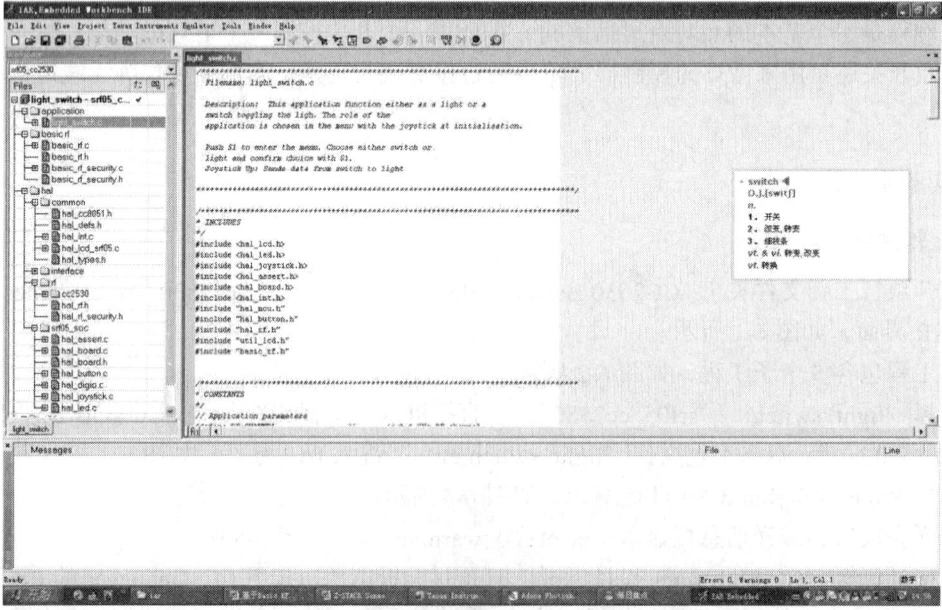

图 6-3

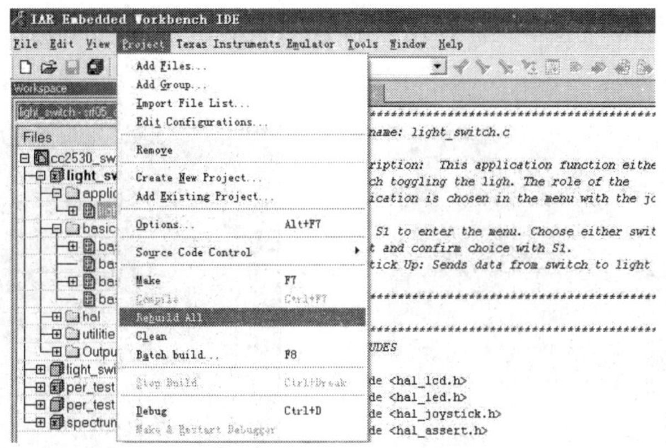

图 6-4

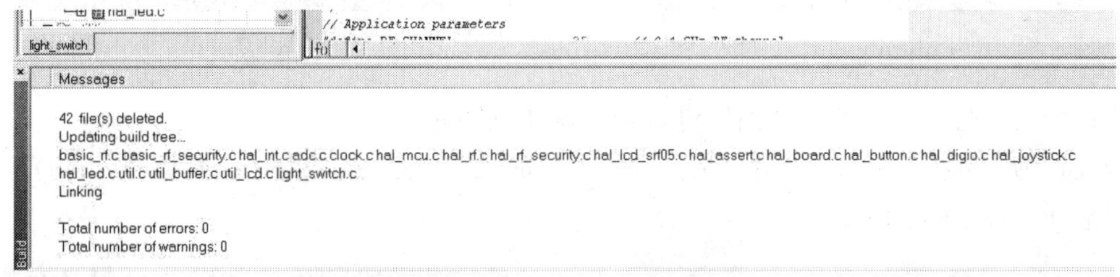

图 6-5

图 6-6

点击退出调试状态，拔除 DEBUG 线，按下 2530EB 板复位键复位系统。重复上述步骤为另一块目标板下载相同的程序。

2．程序演示

将程序编译、下载至开发板后，按 Reset 键后，屏幕显示如图 6-7 所示。

图 6-7

此时，按下“S1”键，选择设备模式，用 U1（Joystick）左右键在“开关”和“电灯”间选择（见图 6-8、图 6-9）。

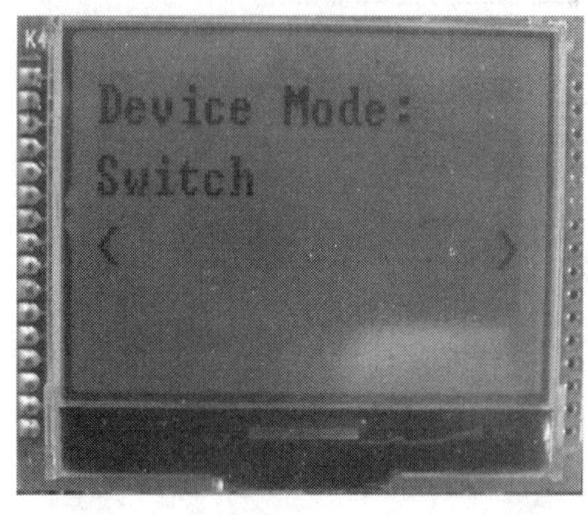

图 6-8

图 6-9

当设置为“灯”时，按下“S1”键进行确认（见图 6-10）。

当设置为“开关”时如图 6-11 所示。此时，按 U1“OK”键，发送控制信号，将打开或者关闭“电灯”板上的 LED1。

图 6-10

图 6-11

【代码解析】

1. Basic RF 简介

Basic RF 由 TI 公司提供，它包含了 IEEE 802.15.4 标准的数据包的收发。这个协议只是用来演示无线设备是如何进行数据传输的，不包含完整功能的协议，但是它采用了与 802.15.4 MAC 兼容的数据包结构及 ACK 包结构，其功能限制如下：

（1）不提供“多跳”“设备扫描”及 Beacon。

（2）不提供不同种的网络设备，如协调器、路由器等。所有节点同级，只实现点对点传输。

（3）传输时会等待信道空闲，但不按 802.15.4 CSMA-CA 要求进行两次 CCA 检测。

（4）不重传数据。

简言之，Basic RF 不适合直接用于产品的开发，但可用来进行无线设备数据传输的入门学习。

2. Basic RF 工作原理

1）启动

（1）创建一个 basicRfCfg_t 的数据结构，并初始化其中的成员。
（2）调用 basicRfInit( ) 函数进行协议的初始化

2）数据发送

（1）创建一个 buffer，把 payload 放入其中。
（2）调用 basicRfSendPacket( ) 函数发送数据。

3）数据接收

（1）上层通过 basicRfPacketIsReady( ) 函数来检查是否收到一个新的数据包。
（2）调用 basicRfReceive( ) 函数，把收到的数据复制到 buffer 中。

4）数据帧结构

数据包结构（无加密情况）：

[Preambles (4)][SFD (1)][Length (1)][Frame control field (2)]
[Sequence number (1)][PAN ID (2)][Dest. address (2)][Source address (2)]
[Payload (Length - 2+1+2+2+2)][Frame check sequence (2)]

ACK 包结构：

[Preambles (4)][SFD (1)][Length = 5 (1)][Frame control field (2)]
[Sequence number (1)][Frame check sequence (2)]

注：本协议提供加密方式传输（默认为关），其打开方式如下：

Project ==> option ==> C/C + + compiler ==> defined symbols 将 xSECURITY_CCM 改为 SECURITY_CCM 即可。

3. 程序简析

1）程序框架

此平台采用的是典型的“死循环”结构，其中有一个循环等待用户按“S1”键，进行功能设置，设置完之后按功能不同分别进入“开关”和“灯”的死循环。代码如下：

```
//循环等待用户按“S1”键进入设置菜单
    // Wait for user to press S1 to enter menu
    while (halButtonPushed()!=HAL_BUTTON_1);
    halMcuWaitMs(350);
//设置完后分别进入不同循环
    // Transmitter application
    if(appMode == SWITCH){
    // No return from here
        appSwitch();
```

```
    }
    // Receiver application
    else if(appMode == LIGHT){
        // No return from here
        appLight();
    }
```

二、无线监听实验——PacketSniffer 使用

【实验目的】

掌握协议分析仪及 Packek Sniffer 软件的使用，作为以后学习 Zigbee 协议的一个重要工具。

【实验设备】

- 2530RF　Zigbee 模块 1 块
- 2530 Debugger（CC Debugger）仿真器 1 台
- 2530EB 仿真扩展板 1 块
- 2530BB 电池底板
- Zigbee 协议分析仪（USB Dongle）
- USB 连接线 1 条
- DEBUG 线 1 条

【实验功能】

用一套 Zigbee 节点发送数据，同时用 Zigbee 协议分析仪（USB Dongle）结合 Packet Sniffer 软件进行抓包。

【实验步骤】

1. USB Dongle 的程序下载

（1）连接 USB Dongle 及电池板 2530BB（见表 6-12，注意 USB Dongle 的方向）。

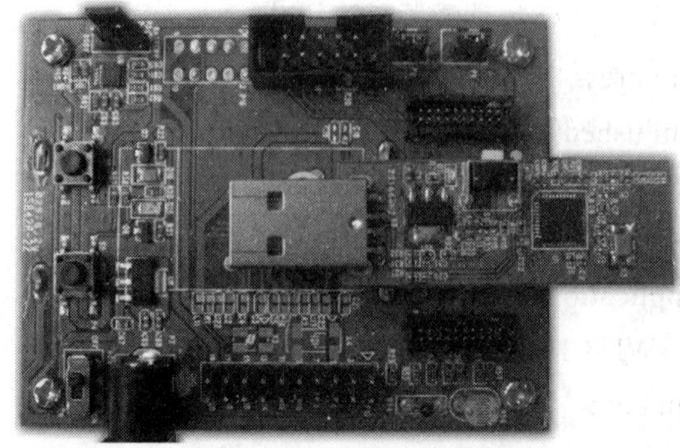

图 6-12

（2）将 USB Dongle 的 DEBUG 口接上 CC DEBUGGER，开启 2530BB 的电源（见图 6-13）。

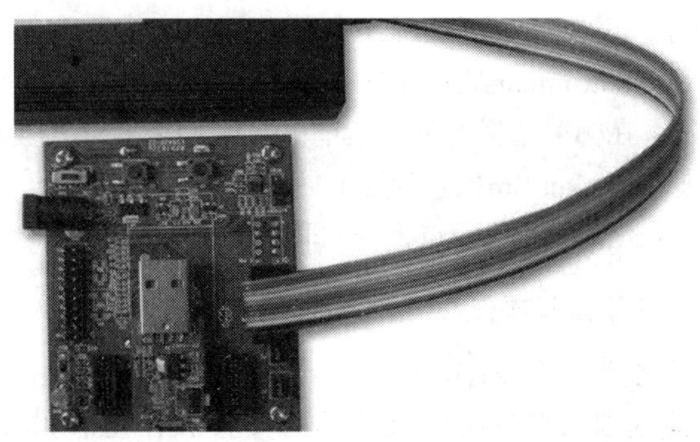

图 6-13

（3）将 CC DEBUGGER 与计算机相连，按下 CC DEBUGGER 的复位键，此时 CC DEBUGGER 的指示灯应为绿色（见 CC DEBUGGER 的操作介绍）。

至此，USB Dongle 程序下载前的准备工作已完成，可通过 SmartRF Programmer 或者 IAR 集成编译环境下载程序了。

注：如果未对 4601ZP 写过程序，默认即为协议分析仪，可省略（1）（2）两步。

2. 下载 Packet Sniffer 的 HEX 文件至 USB Dongle 中

注：开始此步骤前，请确认计算机已安装过 Packet Sniffer 软件。

打到 Hex 文件（位置为 C：\Program Files\Texas Instruments\Packet sniffer\General\Firmware\sniffer_fw_cc2531.hex）。打开 SmartRF Programmer 软件点击 Perform actions 开始下载程序（见图 6-14）。

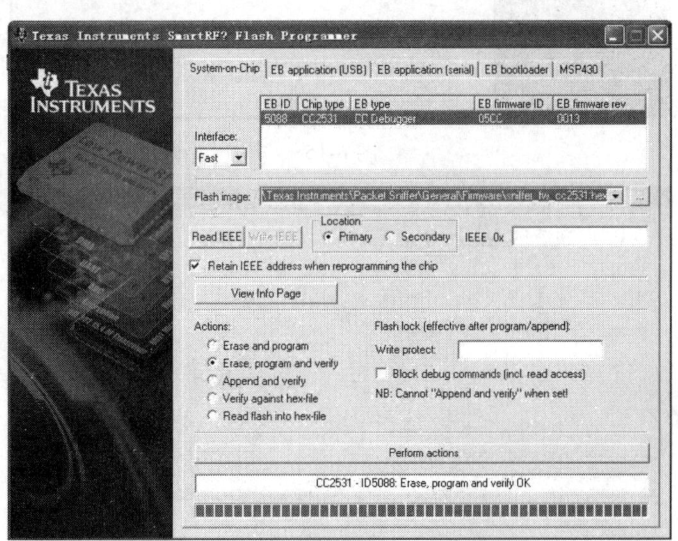

图 6-14

程序下载完成后，USB DONGLE 的绿色指示灯 D2 点亮。关闭电池板电源，取下 USB DONGLE。

3. USB Dongle 的安装与使用

将 USB DONGLE 通过 USB 口直接和计算机连接。

系统提示找到新的硬件，需要加载驱动程序，驱动程序的位置为

C：\Program Files\Texas Instruments\Extras\Drivers。

运行 Packet Sniffer 程序，在标准选择的下拉菜单里选择“IEEE 802.15.4/ZigBee”（见图 6-15）。

点击 Start 进入 Packet Sniffer 界面（见图 6-16）。

设置协议版本为“Zigbee 2007/Pro”，点击 ▶ 即可开始抓包。

4. Zigbee 发送节点的程序下载及操作

将 2530EB + 2530RF 连接为一个 Zigbee 节点，通过 CC Debugger 写入发送数据用的 Hex 文件（位置为“..\无线通信基础实验源代码\无线监听实验\Per_Test_TX.hex”）

此时，按下节点一 2530EB 板的 S1 键即可开始发送数据，Packet Sniffer 将得到如图 6-17 所示内容。

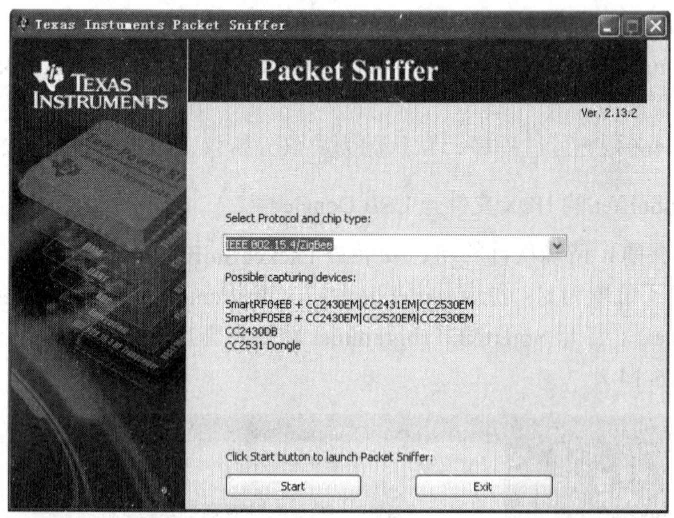

图 6-15

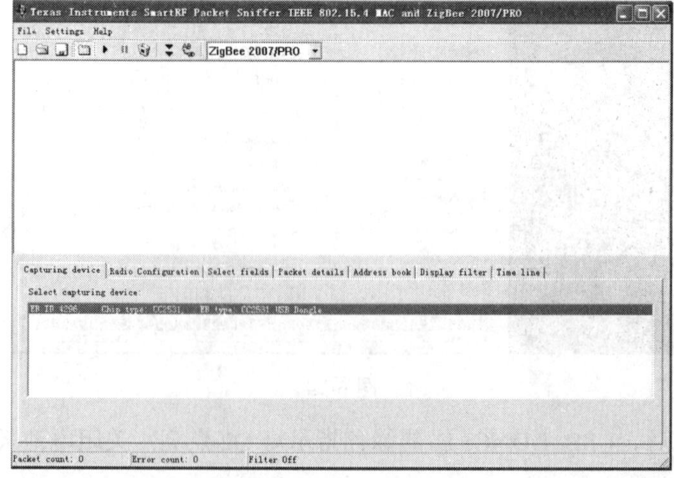

图 6-16

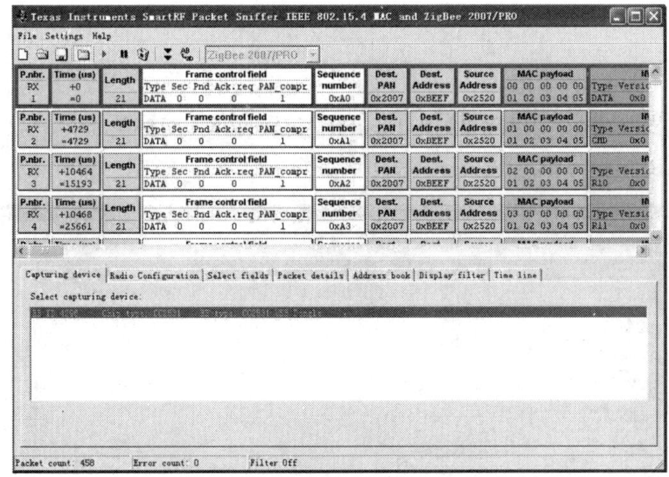

图 6-17

更多 Packet Sniffer 软件操作请参阅 TI 官方文档 SmartRF Packet Sniffer User's Manual。

【实验效果】

通过上述实验，我们掌握了使用 Zigbee 协议分析仪进行空中数据抓包并分析的方法。

三、误包率测试实验

【实验目的】

了解 Zigbee 通信误包率的概念及其测试方法。

【实验设备】

- 2530RF　Zigbee 模块 2 块
- 2530 Debugger（CC Debugger）仿真器 1 台
- 2530EB 仿真扩展板 2 块
- USB 连接线 1 条
- DEBUG 线 1 条

【实验功能】

本例程要求有两个节点，实现一个发送器、一个接收器的单向 RF 连接。在程序启动时，要设置本节点是用作发送器还是接收器。如果是发送器，在使用前必须进行如下几个设置：

- 传输频率
- 发送器输出功率
- 总共要发送的数据包个数
- 发射速率（每秒钟发送多少个包）

如果设置为接收器，则需要设置传输频率。但接收器会显示 PER/RSSI 值，以及已收到的数据包的个数。

【实验步骤】

1. 软件编译与下载

打开项目子工程文件夹“..\CC2530 BasicRF\ide\srf05_cc2530\iar\”，双击工程文件“per_test.eww”，进入 IAR 编辑界面（见图 6-18）。

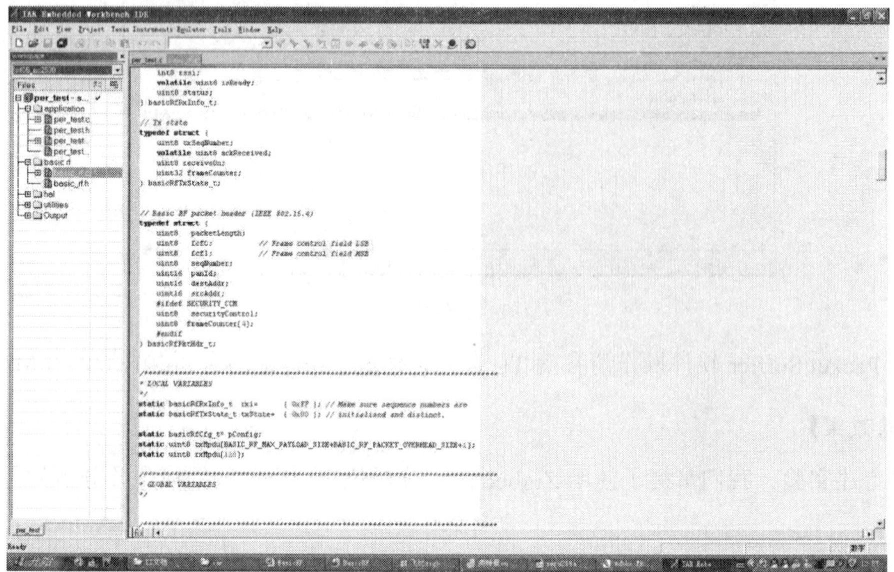

图 6-18

选择 Project->Rebuild All 进行编译，如图 6-19 所示。

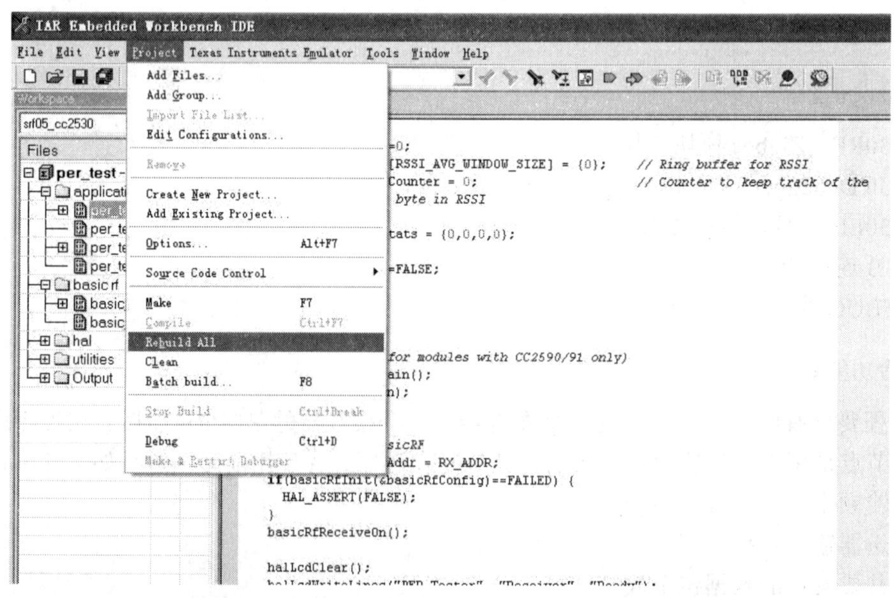

图 6-19

编译完成后，编译信息栏应的显示（error：0；warning：0）如图 6-20 所示。

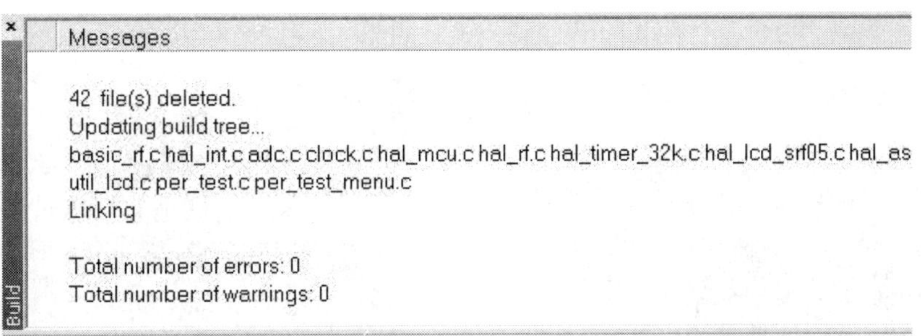

图 6-20

连接计算机、CC Debugger 和目标板，打开目标板电源，按下 CC Debugger 的 Reset 键，此时 CC Debugger 的指示灯应为绿色，点击进行下载，待下载进度条消失，左上角出现如图 6-21 所示的调试窗口：

图 6-21

点击退出调试状态，拔除 DEBUG 线，按下 2530EB 板复位键复位系统。

重复上述步骤为另一块目标板下载相同的程序。

2. 程序演示

将程序编译、下载至开发板后，按下 Reset 键，屏幕显示如图 6-22 所示。

此时，按下 S1 键，选择信道（默认为 11 ~ 2405 MHz），用 U1（Joystick）左右键可在 11 ~ 26 号信道间选择（见图 6-23）。

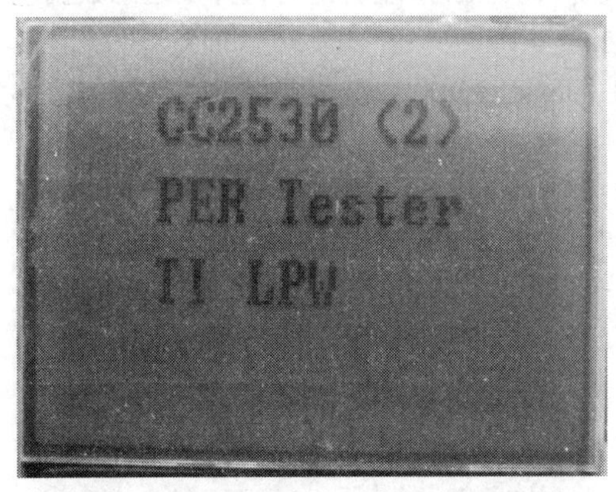

图 6-22

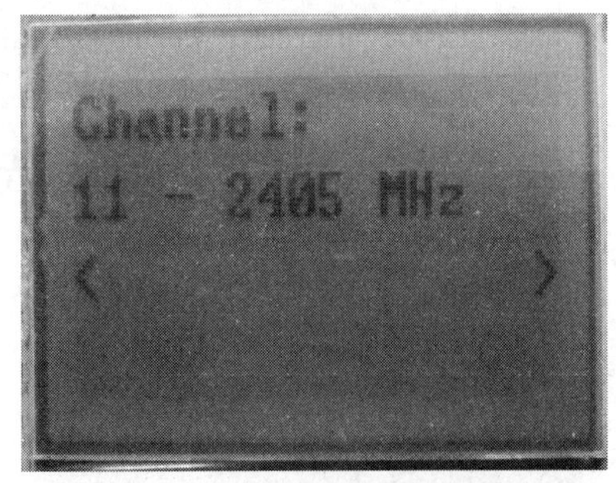

图 6-23

完成信道设置后，按 S1 键，选择设备模式，用 U1（Joystick）左右键可选择节点设置为 Transmitter 还是 Receiver（见图 6-24）。

若设置为“Receiver”，按下 S1 键，进入如图 6-25 所示界面，完成接收器模块的设置。

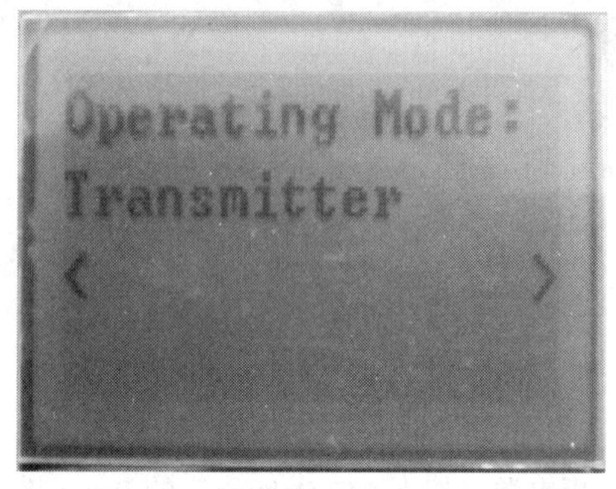

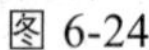
图 6-24

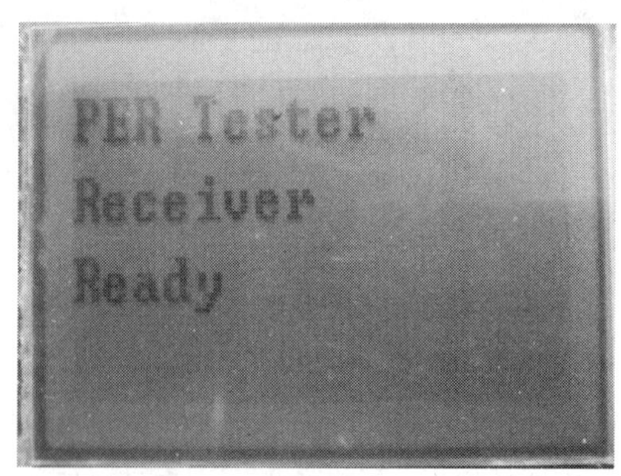

图 6-25

若设置为“Transmitter”，按下 S1 键，进入发射增益设置，用 U1（Joystick）左右键可选择设置发射增益为 – 3 dBm，0 dBm，4 dBm（见图 6-26）。

这里将发射增益设置为“4 dBm”（见图 6-27）。

图 6-26

图 6-27

按下 S1 键，进入发送总数据包数量设置，用 U1（Joystick）左右键可选择发送总数据包数量为 1 000、10 000、100 000、1 000 000（见图 6-28）。

按下 S1 键，进入发送数据包速率设置，用 U1（Joystick）左右键可选择发送数据包速率为 100/s，50/s，20/s，10/s（见图 6-29）。

图 6-28

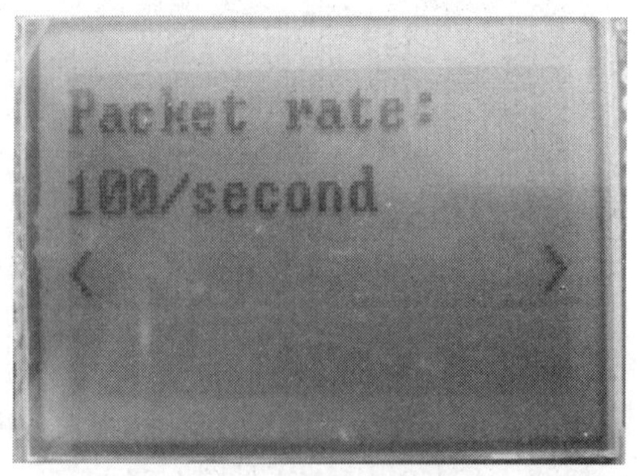

图 6-29

按下 S1 键，完成发送端模块设置，界面如图 6-30 所示。

此时按下 U1（Joystick）“OK”键，即可开始发送数据包（见图 6-31）。

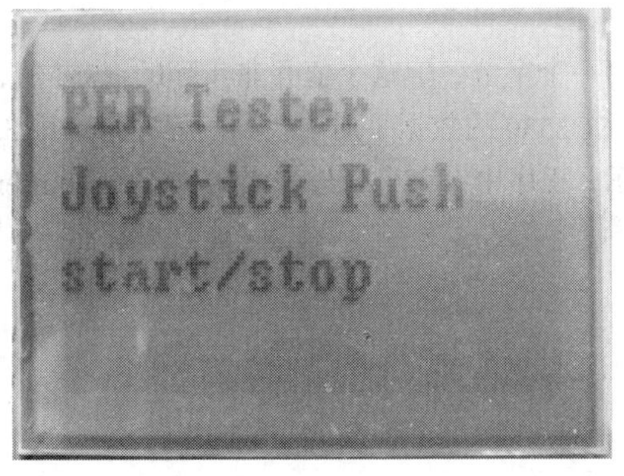

图 6-30

图 6-31

在接收端的 LCD 显示屏上将得到如图 6-32 所示信息。

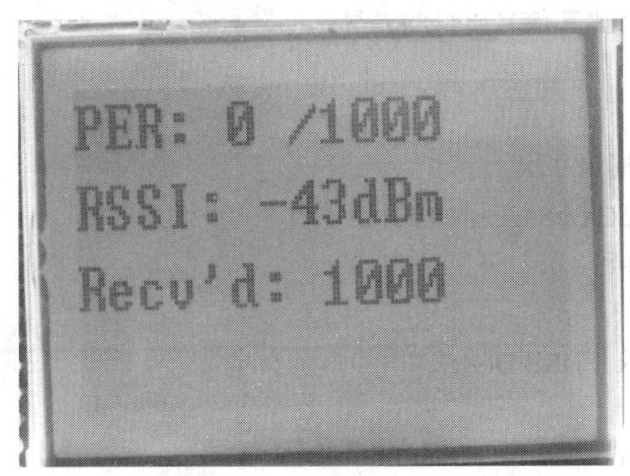

图 6-32

【代码解析】

本实验代码与“一、点对点通信实验——无线电灯控制”基本相同，此处仅探讨本例中计算 PER 和 RSSI 值的方法。

为了获取传输的性能参数，接收器中包含了如下几个数据（包含在 rxStats 变量中，其类型为 perRxStats_t）：

（1）rxStats.expectedSeqNum：预计下一个数据包的序号，其值等于“成功接收的数据包”+“丢失的数据包”+1。

（2）rxStats.rssiSum：前 32 个数据包的 RSSI 值的和。

（3）rxStats.rcvdPkts：每次 PER 测试中成功接收到的数据包的个数。

（4）rxStats.lostPkts：丢失数据包的个数。

其中丢失数据包个数是通过数据包序号的“跳跃”来计算的，比如收到第 10 个数据包后，expectedSeqNum 应该为 11，但在收到下一个数据包后发现其序号为 12，那就说明其中丢了一个包。所以“丢失数据包个数”只有在后一个数据包到达时才能知道。另外，有错误的数据包也被认为是丢失的。

PER 值是用如下公式进行计算的：

PER = 1000* rxStats.lostPkts/（rxStats. lostPkts + rxStats. rcvdPkts）

（rxStats. rcvdPkts>=1）

RSSI 的值包含在每个数据包“payload”后的第一个字节，但这个值并非实际的 RSSI 值，还要加上一个固定的偏移量，偏移量的大小可以从 CC2530 的数据手册中找到。程序指定用 32 个数据包的 RSSI 平均值作为最终结果在屏幕上显示，程序中有一个先进先出的“环形”buffer 记录前 32 个包的 RSSI 值，作为计算基准。

四、发射功率设置实验

【实验目的】

了解 Zigbee 芯片发射功率的概念，在两个节点设置为不同发射功率通信时，通过 Zigbee 协议分析仪进行抓包，对比其信号质量的差异。

【实验设备】

- 2530RF　Zigbee 模块 2 块
- 2530 Debugger（CC Debugger）仿真器 1 台
- 2530EB 仿真扩展板 2 块
- 2530BB 电池底板
- Zigbee 协议分析仪（USB Dongle）
- USB 连接线 1 条
- DEBUG 线 1 条

【实验功能】

设置不同的发射功率，设不同的功率，通过 packet sniffer 观察信号质量。

【实验步骤】

打开项目及程序文件夹“..\PacketSnifer_Power\ide\srf05_cc2530\iar”。

（1）按设备清单连接设备，如图 6-33 所示。

（2）按“第四章一、IAR EW 开发环境设置”中提到的方法，将程序编译、下载，如图 6-34 所示。

通过“make”编译修改过的文件，也可以通过 Rebuild All 编译全部文件。

编译器输出如图 6-35 所示信息。

编译后没有错误，就可以下载程序了（见图 6-36）。

（3）连接好开发板，打开电源，点击绿色按钮把程序下载到其中一块开发板上，并复位开发板。然后将 CCDEBUGGER 拔出，插到另外一块上电的 CC2530EB 开发板上，采用相同的方法将程序下载其中。

图 6-33

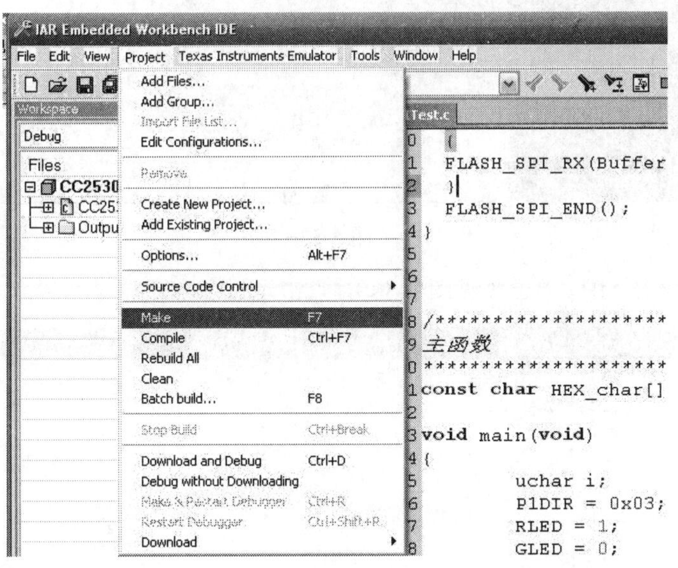

图 6-34

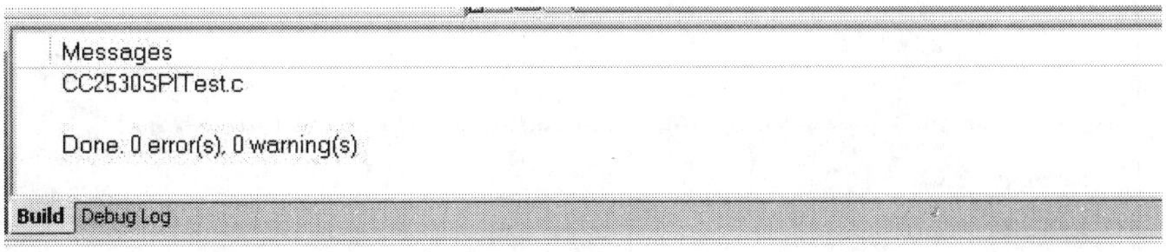

Messages
CC2530SPITest.c

Done. 0 error(s), 0 warning(s)

Build Debug Log

图 6-35

图 6-36

（4）准备协议分析仪。

按“二、无线监听实验——PacketSniffer 使用”中介绍的方法，准备好协议分析仪，设置为监听状态。

打开 Packet Sniffer，进入如图 6-37 所示界面。注意：选择为 Generic，然后点击 Start。

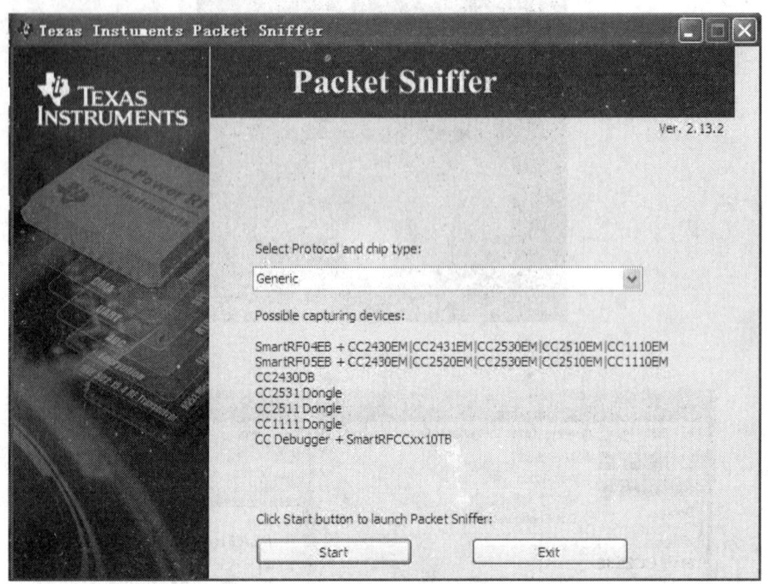

图 6-37

选择相应的 2 405 MHz 频道（见图 6-38）。点击运行

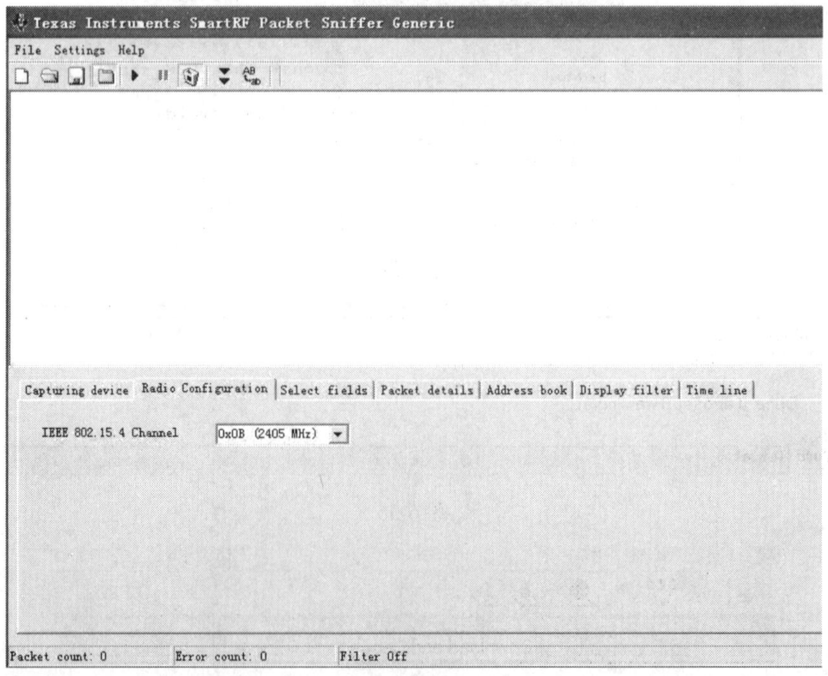

图 6-38

（5）按“三、误包率测试实验”中介绍的方法，将发射功率设为 – 3 dBm。此时，点击五向按键的中间键，即可看到抓到的数据包。

（6）Packet Sniffer 的数据如图 6-39 所示。

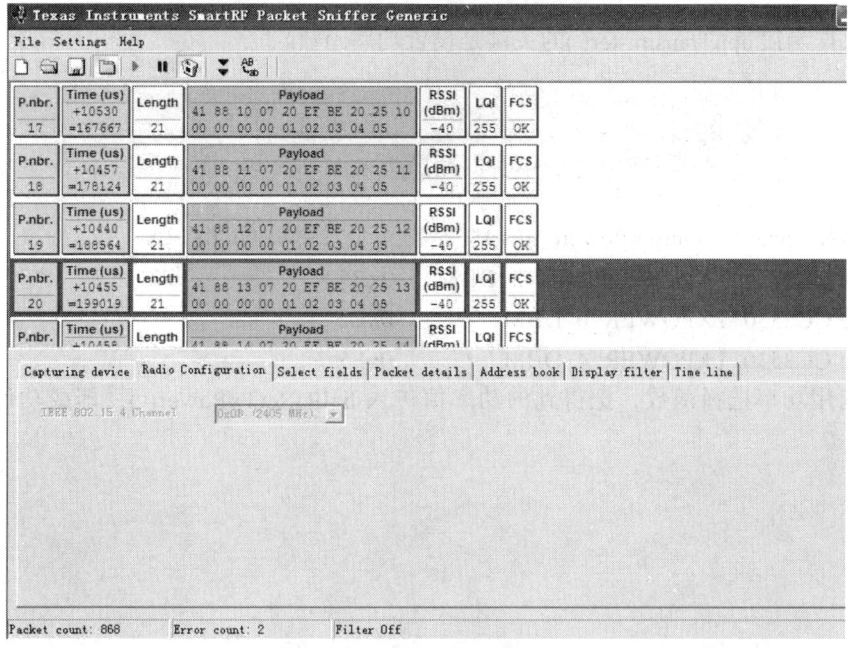

图 6-39

（7）当发射功率设置为 4 dBm 时，Packet Sniffer 的数据如图 6-40 所示。

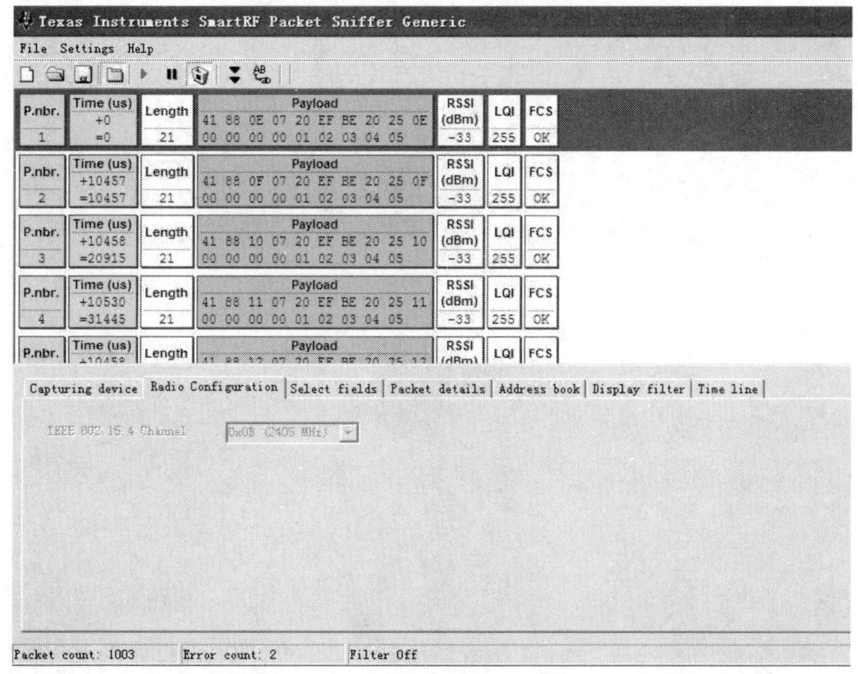

图 6-40

从图 6-40 可以看出，在改变发射功率后，RSSI 值由 – 40 dBm 提高到 – 33 dBm。由此说明，调大发射功率，RSSI 信号质量值也会相应增加。

【代码解析】

发送数据函数 appTransmitter( )的关键是设置功率函数。

```
// Set TX output power
appTxPower = appSelectOutputPower();
halRfSetTxPower(appTxPower);
```

选择函数 appSelectOutputPower( )，最终指向三个发射功率的定义：

#define CC2530_TXPOWER_MIN_3_DBM 0xB5

#define CC2530_TXPOWER_0_DBM 0xD5

#define CC2530_TXPOWER_4_DBM 0xF5

通过调用功率选择函数，把得到的功率值传入 halRfSetTxPower( )，即成功设置了发射功率。

第七章　车联网创新综合项目实验

一、车联网创新场景应用设计与开发实验

【实验目的】

通过车联网创新场景分项技术的实验（包括传感器与检测技术、无线传感 Zigbee 组网、短距离无线通信技术），使学生可以自行设计系统界面与开发代码，实现上位机系统的信号采集与控制（支持 HTML5 协议，支持计算机远程访问与控制）。

【实验设备】

- 仿真器 CC DEBUGGER；1 套
- 仿真扩展板 2530EB：1 个
- SMA 天线射频板 2530RF：1 个
- 射频核心板 2530RF：3 个
- 无线传感网关 EB 板：3 套
- 电池板 2530BB：3 个
- 温湿度传感器板：1 个
- 光照度传感器板：1 个
- 车位传感器板：1 个
- LED 车辆开发屏：3 块
- 无线继电器：1 个
- 集中协调器：1 块
- LCD 显示屏：1 个
- 5 V 直流电源：1 个
- USB-RS232 转接线：1 条

【实验功能】

本实验结合 Zigbee 技术与温湿度传感器，对车联网创新场景应用设计进行检测，检测结果通过 Zigbee 网络上传至监控计算机，通过计算机分析后向对应的水源开关控制节点发送指令，打开/关闭灌溉系统。

【实验步骤】

在开始工作之前，先构想理想的场景是怎样的？例如，我们想象有个屋子，客厅里放着一

盏电灯，电灯旁边一个开关，当点击开关时，Zigbee 节点所控制的电灯动作，并且将结果反馈回控制界面，通过两张不同的图片（亮、灭）来表示。

下面以构造物联网浏览器场景的农业灌溉系统为例进行介绍。

（1）打开物联网浏览器，点击图标找到现代农业温湿度采集与灌溉控制系统.xml 文件，打开会出现如图 7-1 所示界面。

图 7-1

在上图的界面中，所有的图片都是可以改动的，都能够根据自己的意愿更改。

（2）若需更改图 7-1 界面中的图片，应首先准备好所需更改的图片，然后进行替换。例如，用图 7-2 所示图片来替换已有图片。

（a）先用软件（可自行下载安装）打开现代农业温湿度采集与灌溉控制系统.xml 文件，打开后将 `Background="pic\现代农业温湿度采集与灌溉控制系统.jpg"` 换成 `Background="pic\停车场智能车位引导系统.jpg" NodeCNT="4" />`，然后点击保存。重新用物联网浏览器打开现代农业温湿度采集与灌溉控制系统.xml 文件，打开后得到如图 7-3 所示图片。可以明显地看到场景进行了替换。

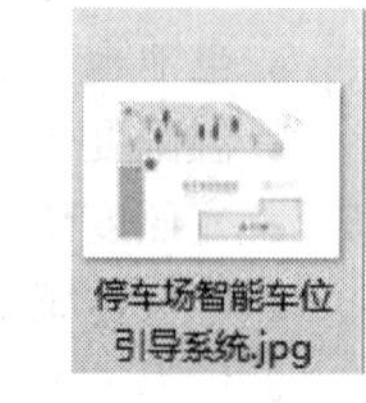

图 7-2

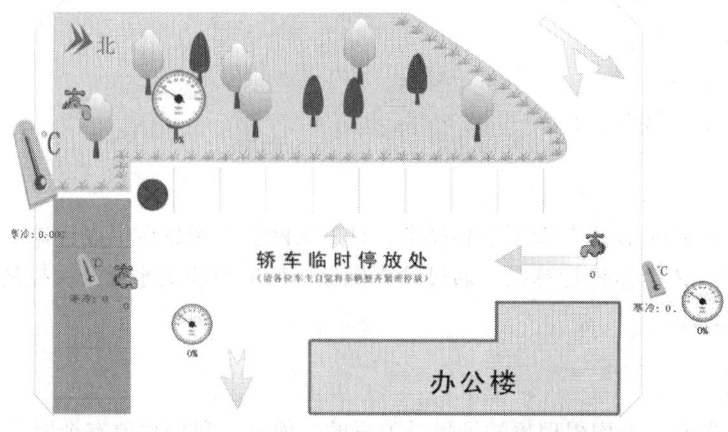

图 7-3

（b）以上系统中除了场景大图之外，所有的小图也都可以替换。在网联网浏览器中点击图标，在弹击界面中勾选设计状态，然后点击确定。回到场景中，会发现场景中所有的小图标都可以随意拖动和缩放了。

① 点击 uid01 节点，用鼠标右键选择修改节点位置（见图 7-4）。

② 节点的配置。在图 7-5 所示界面中只可以更改节点名，其他内容不可更改。

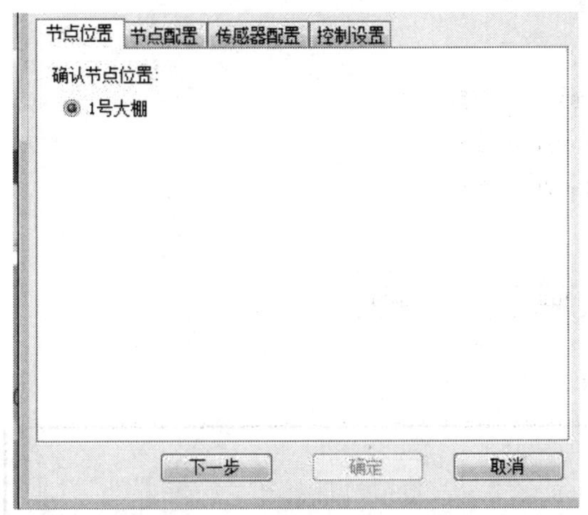

图 7-4

图 7-5

③ 传感器的配置。配置界面如图 7-6 所示，只有当需要报警设置时，才勾选回控允许设置。否则不勾选回控允许设置。

不需要回控设置如图 7-7 所示。

图 7-6

图 7-7

④ 控制设置。

当传感器配置选择为湿度时，界面如图 7-8 所示。

按照上述方法，依次可以完成节点 2 和节点 3 的配置。

（3）lua 脚本和 js 脚本代码。

用打开 lua 脚本，代码如下。

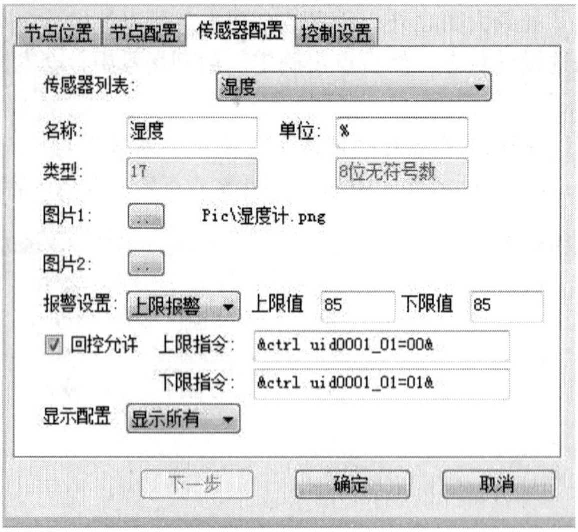

节点位置	节点配置	传感器配置	控制设置

传感器列表：湿度
名称：湿度　单位：%
类型：17　8位无符号数
图片1：.. Pic\湿度计.png
图片2：..
报警设置：上限报警　上限值 85　下限值 85
☑ 回控允许　上限指令：&ctrl uid0001_01=00&
下限指令：&ctrl uid0001_01=01&
显示配置　显示所有
下一步　确定　取消

图 7-8

```
--GetPicName---------
--GetPicName (fValue)
--获得一个图片名，传入参数是当前的传感器值，可能是整数，也可以有小数
--返回:带路径的文件名 字符串
function GetPicName ( fValue )
--msgBox("ab","cd")
if(fValue<20.0)then
  x="Pic\\tupian\\01.png"//引号中为图片的路径,以下同
elseif(fValue<30.0)then
  x="Pic\\tupian\\02.png"
else
  x="Pic\\tupian\\03.png"
end
return x
end
--ValueChange---------
--ValueChange (fValue,Dw)
--当传感器值改变时调用，传入：当前传感器值，传感器单位。
--返回：字符串，显示在 FIT 传感器图片下方
function ValueChange ( fValue,Dw )
--wDirection = (fValue/3.3)*360
wDirection = fValue
if(wDirection<5.0)then
  wGradeStr = "寒冷:"
elseif(wDirection<15.0)then
```

```
    wGradeStr = "温凉:"
elseif(wDirection<20.0)then
    wGradeStr = "温暖:"
elseif(wDirection<30.0)then
    wGradeStr = "热:"
else
    wGradeStr = "炎热:"
end
x=string.format("%s%3.2f%s",wGradeStr,wDirection,Dw)
--SendCTL("abc");
return x
End
```

上面代码中，20、30 分别代表传感器温度的值。当传感器温度的值小于 20 时，显示 01.png 图片。以下 02、03 图片为其他温度的显示。

下面介绍 JS 脚本。以车位引导系统为例，用 Notepad++ 打开 lua 脚本代码，js 中主要用 Calccw() 函数来增加车位的节点。

```
{
    var ncw=0;
    try{
    ncw+=fp.GetObj("uid0001","1");
    ncw+=fp.GetObj("uid0002","1");
    ncw+=fp.GetObj("uid0003","1");
    ncw+=fp.GetObj("uid0004","1");
    ncw+=fp.GetObj("uid0005","1");
    ncw+=fp.GetObj("uid0006","1");
    ncw+=fp.GetObj("uid0007","1");
    ncw+=fp.GetObj("uid0008","1");
    ncw+=fp.GetObj("uid0009","1");
    fp.CtlObj("uid0001","86",9-ncw);
    }
    catch(err)
    {
    }
    return ncw;
}
```

9-ncw 为车位节点的总个数，以上代表有 9 个车位节点。

二、智能灯光控制器的安装与调试实验

【实验目的】

熟悉智能灯光控制器的安装。
初步认识智能家居灯光控制子系统。
能够正确用不同终端进行调试。

【实验设备】

- 智能家居网关 1 台
- 智能灯光控制器 1 个
- 电源模块 1 台
- 信号器 1 个
- 路由器
- PAD1 台
- PC1 台
- PAD 调试软件 1 套
- PC 调试软件 1 套
- 十字螺丝刀 1 把
- 电线若干

【实验功能】

实现智能家居系统中灯光控制子系统的灯光开、关、调光控制功能。

【实验步骤】

1. 智能灯光控制器安装

智能灯光控制器安装如图 7-9 所示。注意：无线灯光控制器的安装螺丝孔位与通用单 86 型墙壁开关兼容，安装时需要把控制器的面盖用一字螺丝刀从下侧的凹口插入扳开。A、B 为灯光接线端子，L 为火线接线端子，N 为零线接线端子。

智能双路控制器接线与安装如图 7-10 所示。

2. 智能灯光控制子系统调试

无线灯光控制器内置无线射频模块，使用前将无线灯光控制器与用户手持设备进行注册，可实现无线控制和远程控制，操作控制时可即时反馈设备控制状态，方便用户了解实际情况。

1）注册以及调试控制

（1）无线灯光控制器：控制终端进入注册等待状态后，将无线灯光控制器上电，长按控制器注册按键（左第一键），直至指示灯闪烁，松开再次短按该按键，启动控制器注册。控制终端将会收到注册设备信息，拖动相应设备图标到注册信息上，完成注册。如果成功注册，指示灯恢复工作状态指示，否则指示灯闪烁三下，提示注册失败。

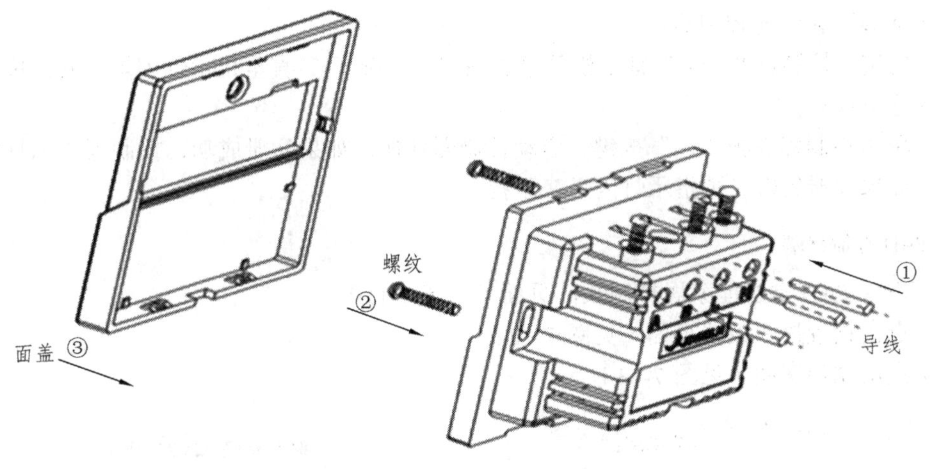

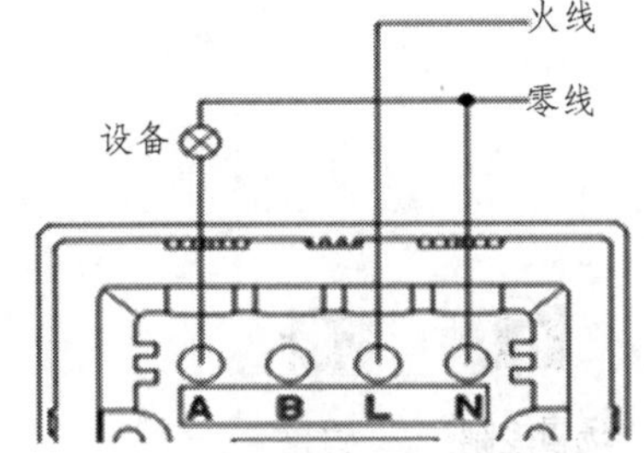

图 7-9

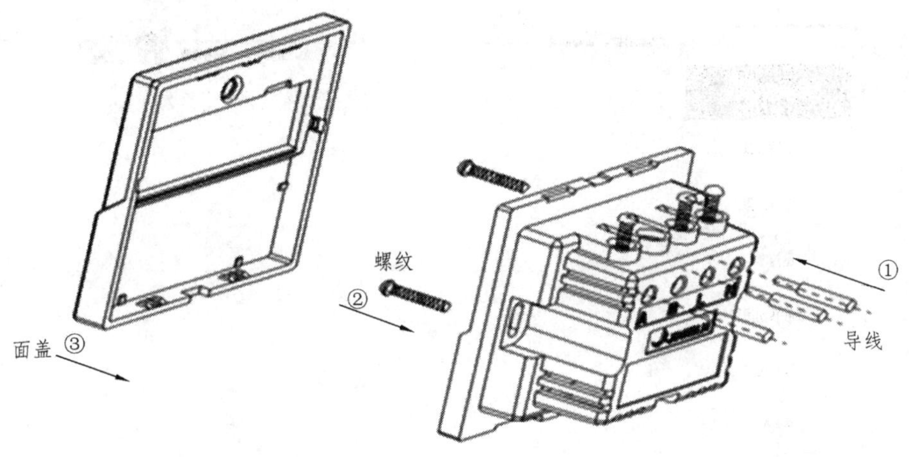

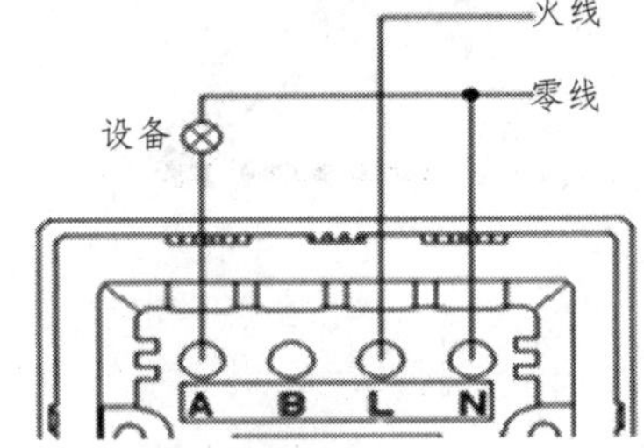

图 7-10

（2）无线可调灯光控制器：

（a）先按下控制器的“-”键不松开接着按“+”键 5 s，直至指示灯闪烁，松开按键后控制器进入注册模式。

（b）单击控制器面板“-”按键，启动控制器注册，如果注册成功，控制器指示灯闪烁一下提示；如果注册失败，则指示灯闪烁三下提示。

2）PAD 控制终端

（1）进入 PAD 端智能家居控制软件页面（见图 7-11）

（2）点击设置进入设置页面（见图 7-12）。

（3）点击添加房间（见图 7-13）。

图 7-11

图 7-12

智慧生活引领者 保存 放弃 当前状态：添加房间

请选择楼层位置

请选择名称

图标

图 7-13

（4）选择楼层（见图 7-14）

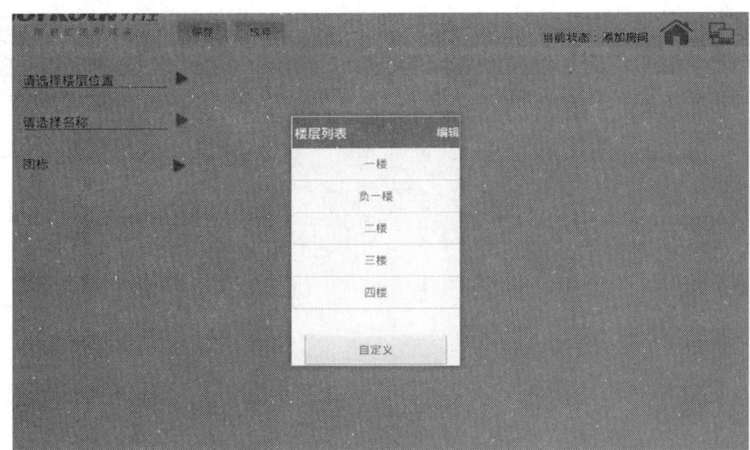

图 7-14

（5）选择房间（见图 7-15）

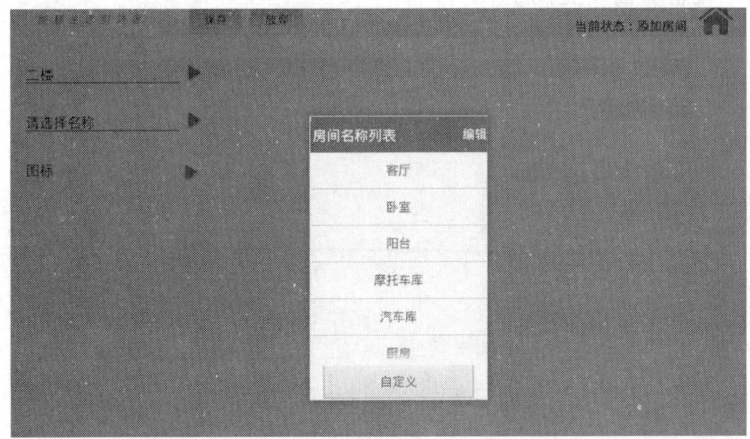

图 7-15

（6）添加房间（见图 7-16）。

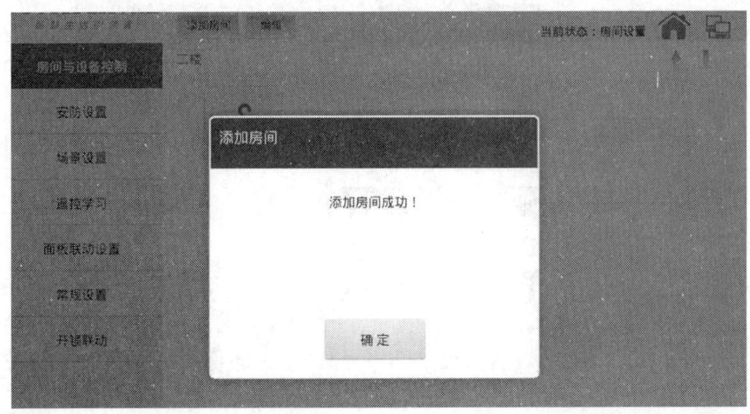

图 7-16

（7）进入房间页面（见图 7-17）。

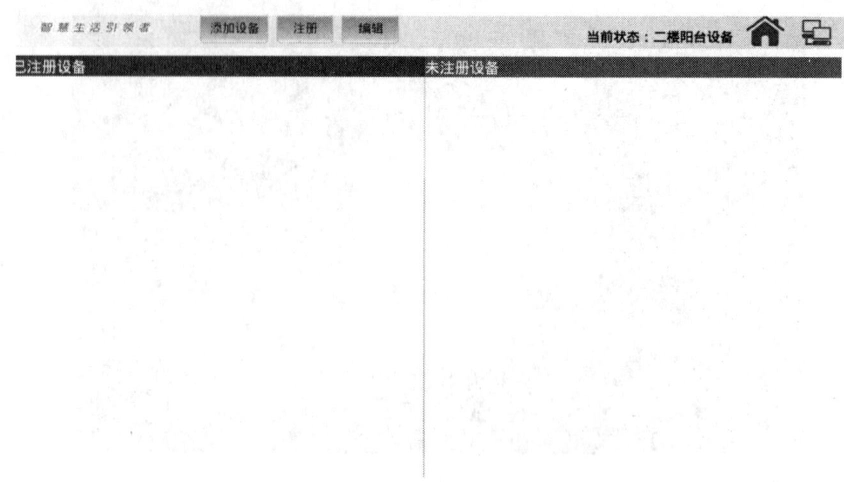

图 7-17

（8）进入添加设备页面（见图 7-18）。

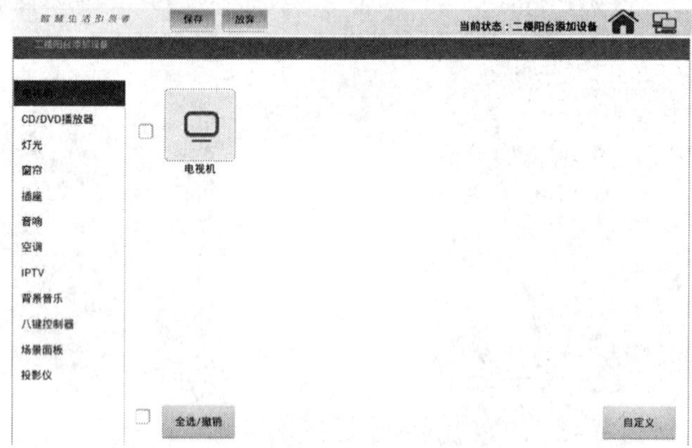

图 7-18

（9）添加灯光（见图 7-19）。

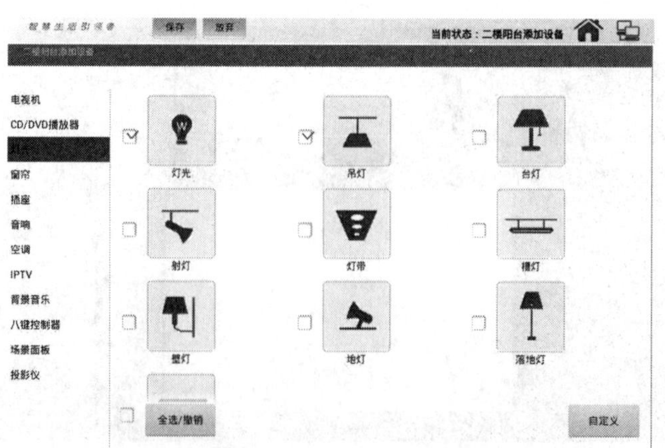

图 7-19

（10）点击注册（见图 7-20）。

图 7-20

（11）注册页面如图 7-21 所示。

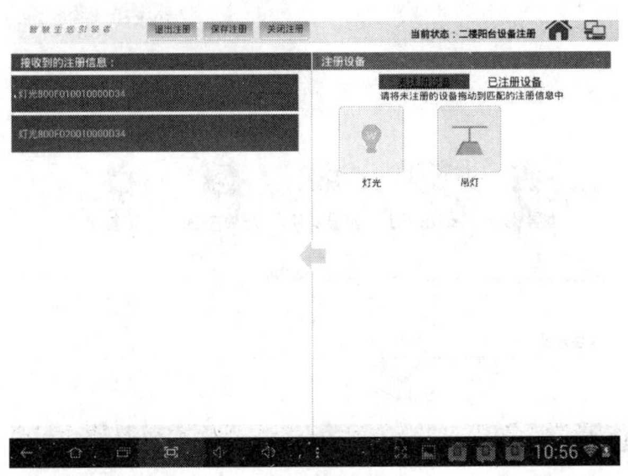

图 7-21

（12）将右边设备拖至左边控制器栏（见图 7-22）。

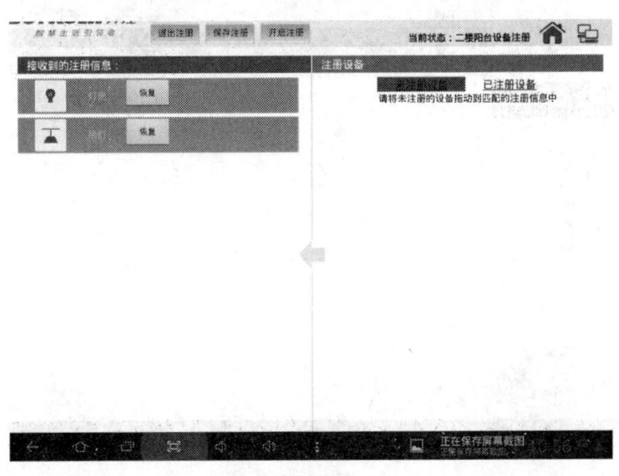

图 7-22

（13）保存注册（见图 7-23）。

图 7-23

（14）此时注册步骤完成，接下来进入控制步骤，返回主页面（见图 7-24）。

图 7-24

（15）打开家居控制页面（见图 7-25）。

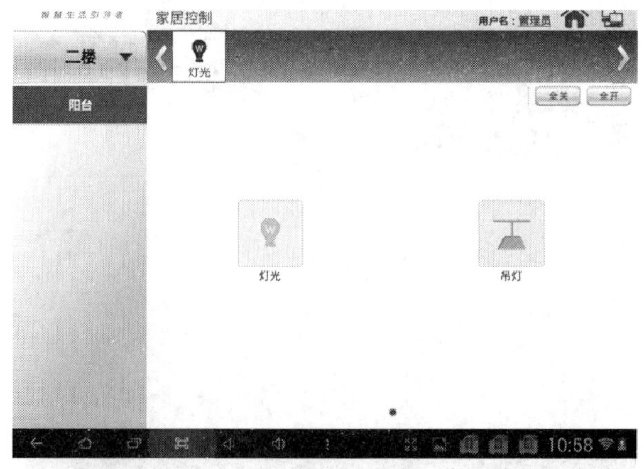

图 7-25

（16）开启灯光（见图 7-26）

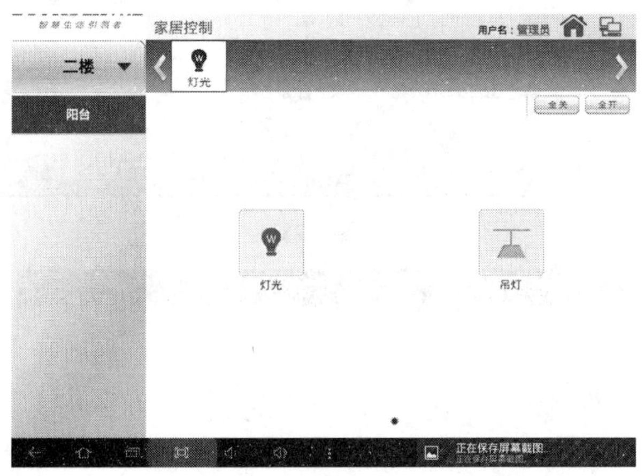

图 7-26

（17）实际效果如图 7-27 所示。

图 7-27

（18）再次点击，关闭灯光。

3）计算机调试终端

（1）进入软件页面。

（2）新建项目。

（3）在弹出框中输入项目名称，按“确定”，进入网关搜索状态（见图 7-28）

（4）选择所搜到的网关并按“确定”键进行网关连接和数据更新（见图 7-29）。

（5）无线参数设置。如图 7-30 所示，配置软件自动获取智能家居网关的无线参数出厂默认值，用户可根据需要修改无线参数，无线密码采用“WPA-PSK/ WPA5-1-PSK”加密方式、字数不少于 8 位，设置完成后选择“确定”进行网关重启。

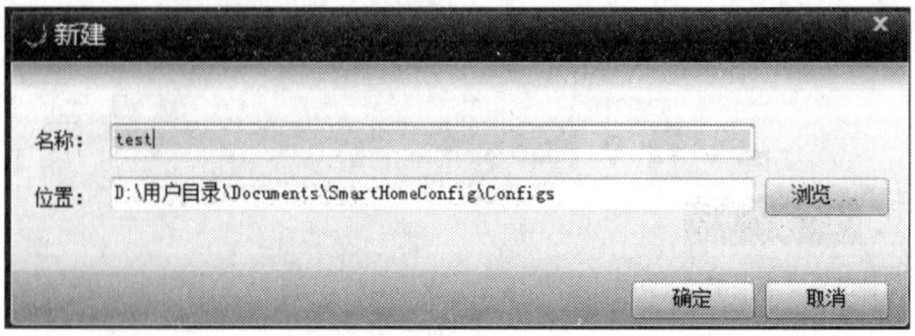

新建
名称：
test
位置：
D:\用户目录\Documents\SmartHomeConfig\Configs
浏览...
确定
取消

图 7-28

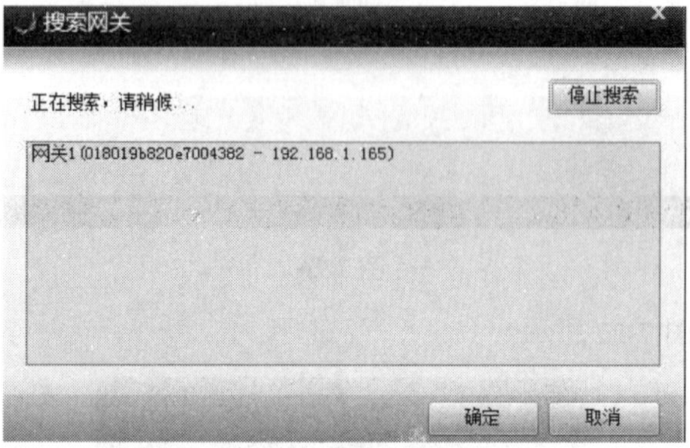

搜索网关
正在搜索，请稍候...
停止搜索
网关1(018019b820e7004382 - 192.168.1.165)
确定
取消

图 7-29

无线参数设置
用户账号绑定

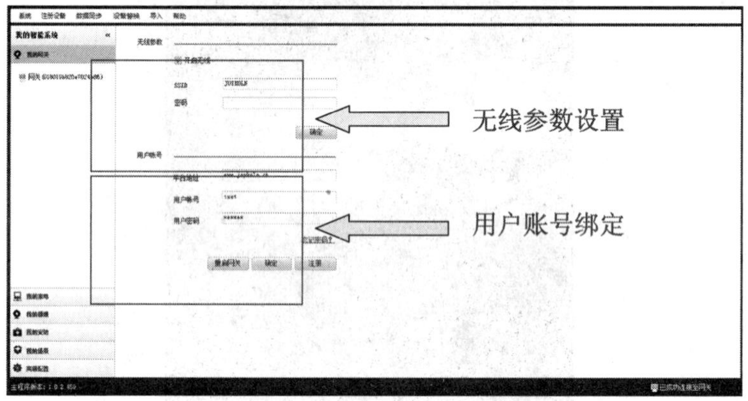

图 7-30

（6）账号注册和绑定。选择“注册”，弹出注册框，输入相关内容，如图 7-31 所示。

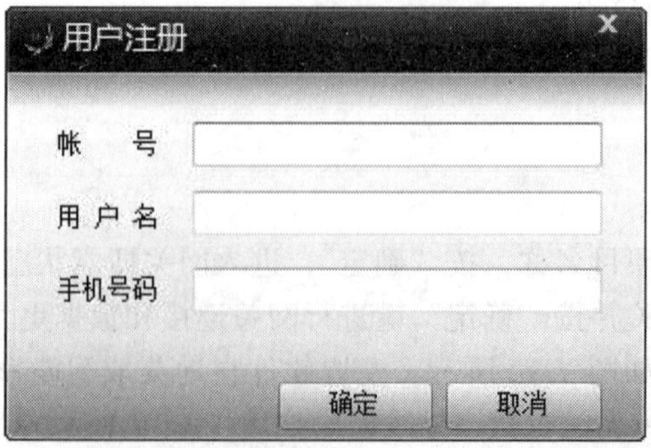

用户注册
帐　号
用 户 名
手机号码
确定
取消

图 7-31

账号：用户登录平台的唯一识别，注册后不可更改。

用户名：用户的昵称。

手机号码：用于接收系统发送的登录密码和激活码。

提示：1 个网关只能注册 1 个账号。

注册信息输入完成后选择“确定”，系统通过短信方式将登录密码发送至用户手机，用户在图 7-33 的“用户账号”中输入登录密码，选择“确定”进行账号绑定，绑定完成后选择“确定”进行网关重启。

（7）添加房间。

（a）点击注册设备按钮，点击右边房间选项（见图 7-32）。

图 7-32

（b）分别双击楼层 + 房间（见图 7-33）。

（c）房间添加完成，点击右边设备一栏进入设备注册状态（见图 7-34）。

图 7-33

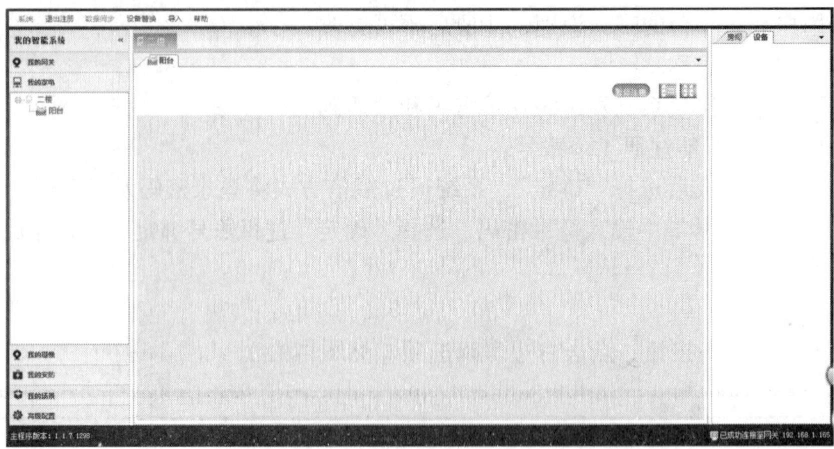

图 7-34

（8）注册灯光（见图 7-35）。

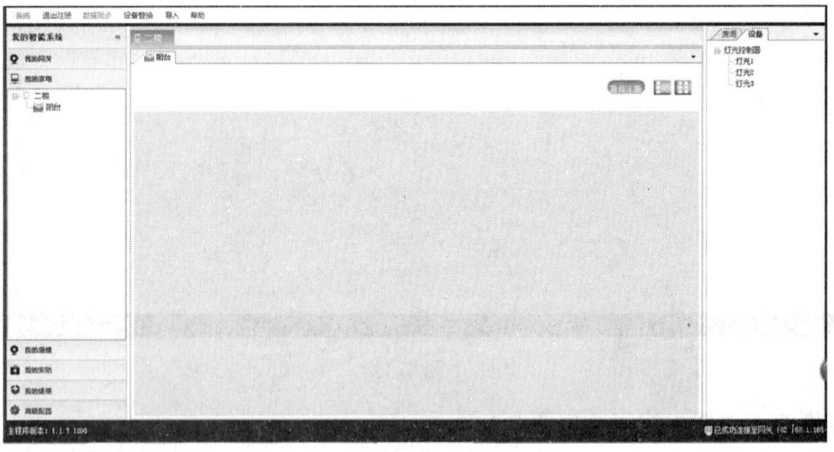

图 7-35

（9）把右边灯光 1、灯光 2、灯光 3 拖至左边（见图 7-36）。

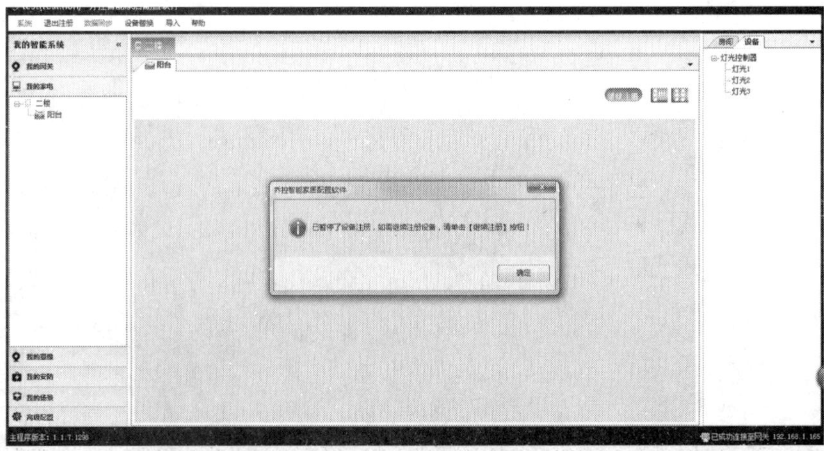

图 7-36

（10）点击“确定”选择灯光类型（见图 7-37）。

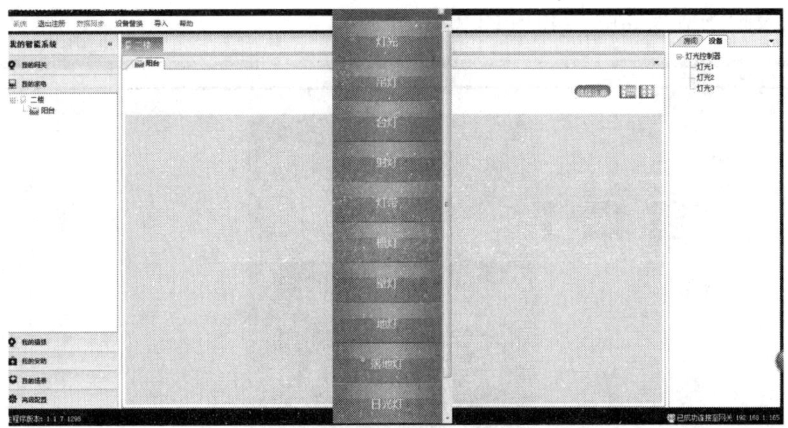

图 7-37

（11）随意选择灯光类型或者自定义灯光类型（见图 7-38）。

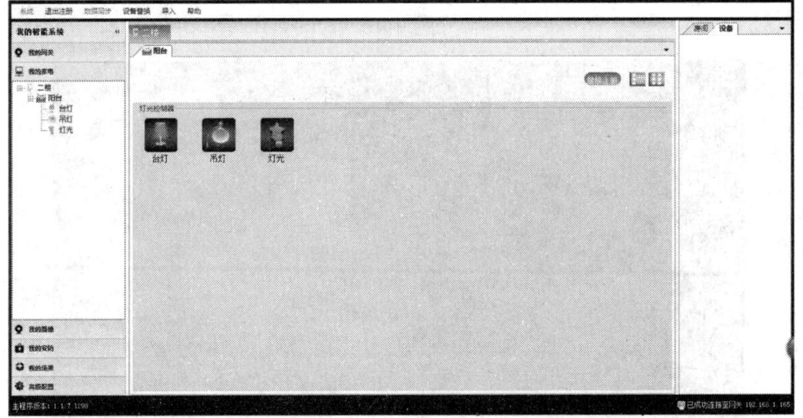

图 7-38

（12）退出注册，保存数据（见图 7-39）。

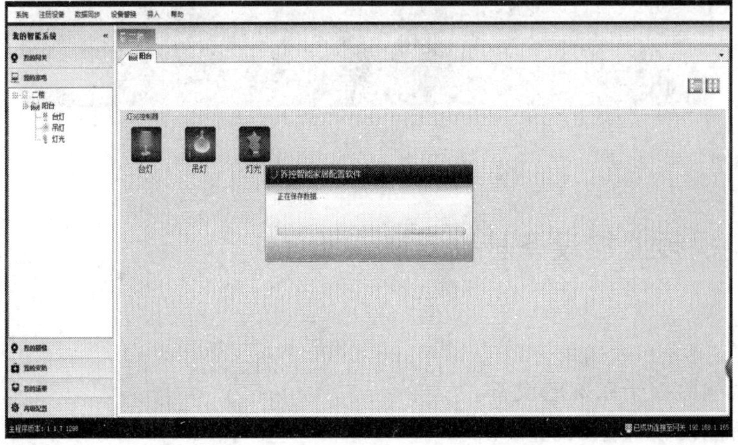

图 7-39

【实验效果】

控制界面及现场效果如图 7-40 和图 7-41 所示。

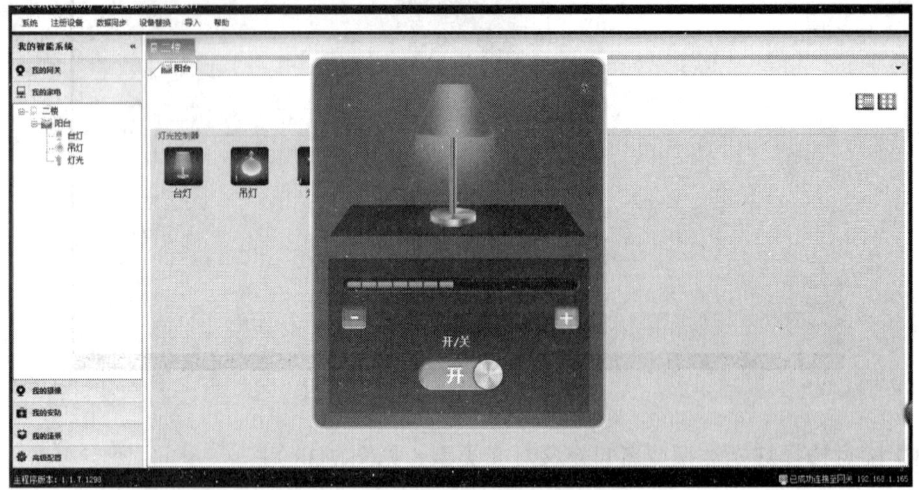

图 7-40

图 7-41

三、智能视频监控设备基础安装实验

【实验目的】

熟悉智能视频监控子系统的设备。

初步认识智能视频监控系统。

能够正确使用不同终端对智能视频监控系统进行相关操作。

【实验设备】

- 综合布线箱子 1 个
- 智能家居网关 1 台
- 电源模块 1 台
- 智能 IPC 一台
- 路由器 1 台
- 综合布线箱 1 个
- 网线 3 条

【实验功能】

本实验搭建的智能视频监控系统子系统为下面一系列实验提供基础条件。

【实验步骤】

（1）设备通电后，按图 7-42 接线。

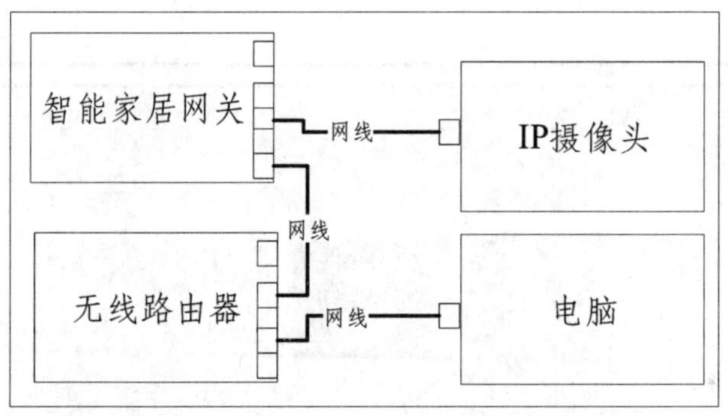

图 7-42

（2）打开计算机调试软件主页面并打开设置好的 test 项目。
（3）点击“我的摄像”进入图 7-43 所示界面。

图 7-43

（4）点击“注册设备”，并且添加与我的家电相同的房间（见图 7-44）。

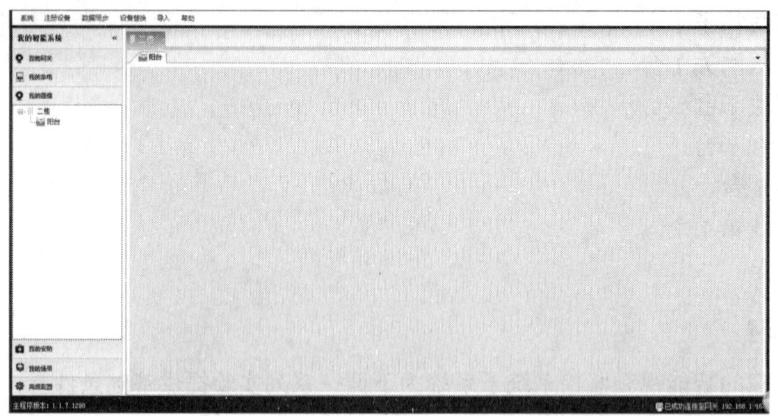

图 7-44

（5）注册摄像头（自动获取摄像头信息）。将摄像头拉取到左边房间并选择摄像头类型（见图 7-45）。

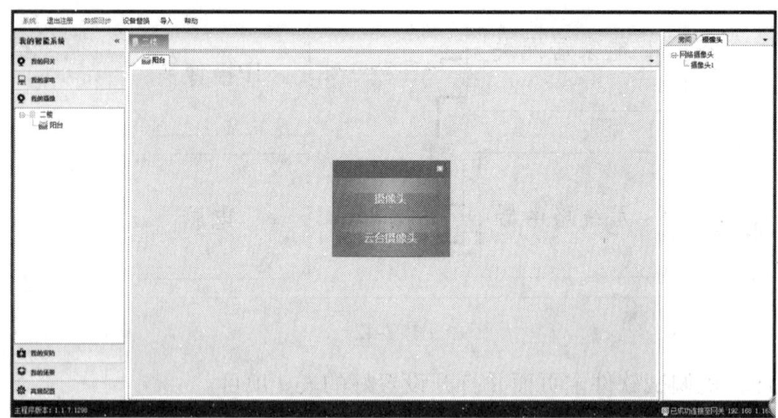

图 7-45

（6）退出注册并点击打开摄像头（见图 7-46）。

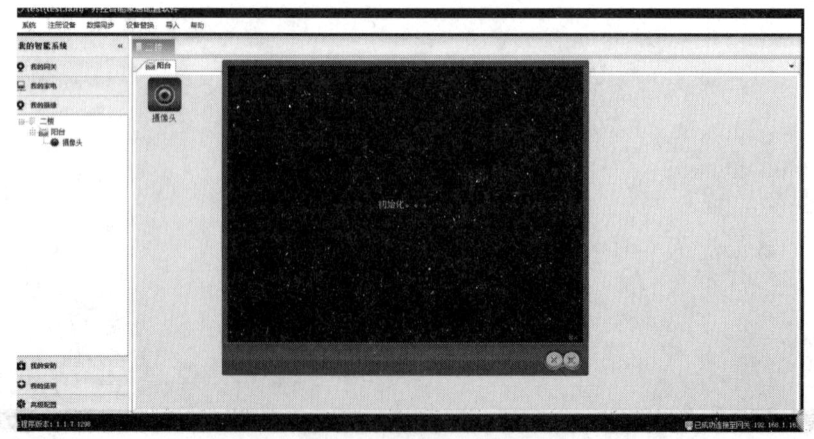

图 7-46

（7）点击家居视频进入视频监控页面（见图 7-47）。

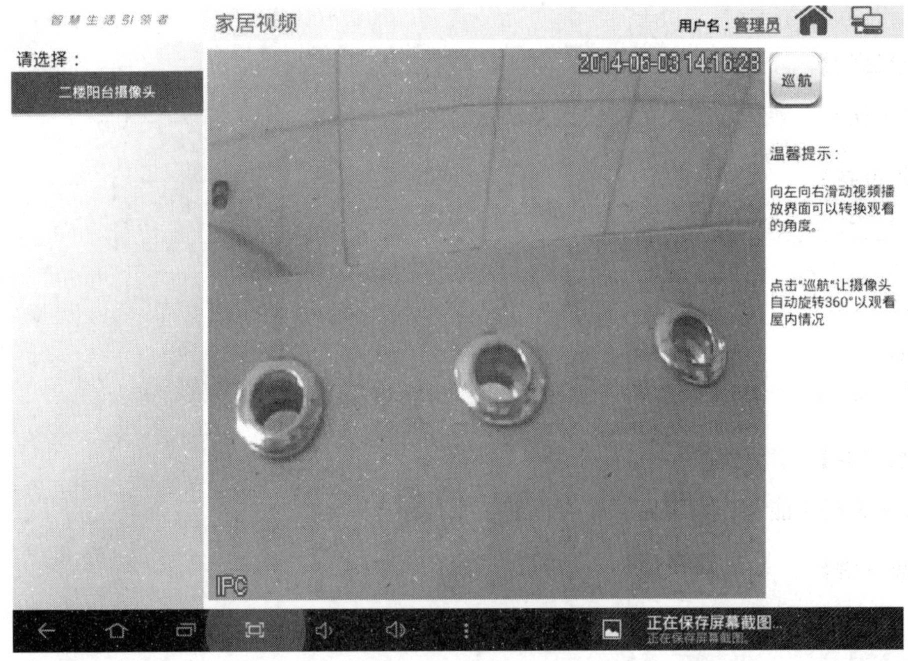

图 7-47

（8）确认视频监控系统完成连接并且使用（见图 7-48）。

图 7-48　沙盘图

四、核心网关安装接线与步骤调试

【实验目的】

让学生初步了解核心网关的接线以及调试。

【实验设备】

- 智能家居网关　　1 台
- 无线路由器　　1 台
- PC　　1 台
- PAD　　1 台
- 网线若干

【实验功能】

测试网关是否能够正常组网，是否能够正常使用。

【实验步骤】

（1）按图 7-49 连接相关设备。

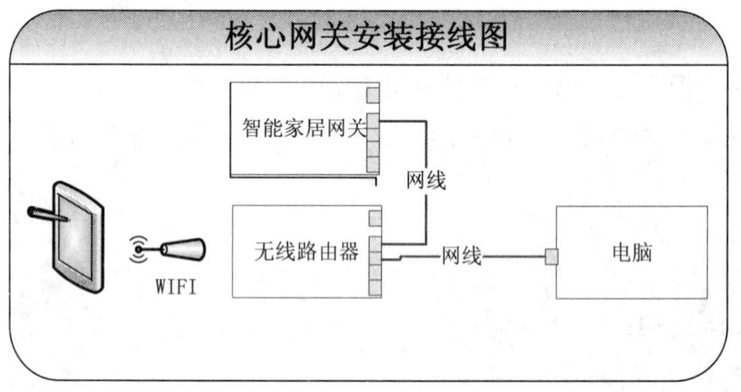

图 7-49　核心网关安装接线图

（2）用 PAD 打开软件，显示网络连接成功表示网关连接正常（见图 7-50）。

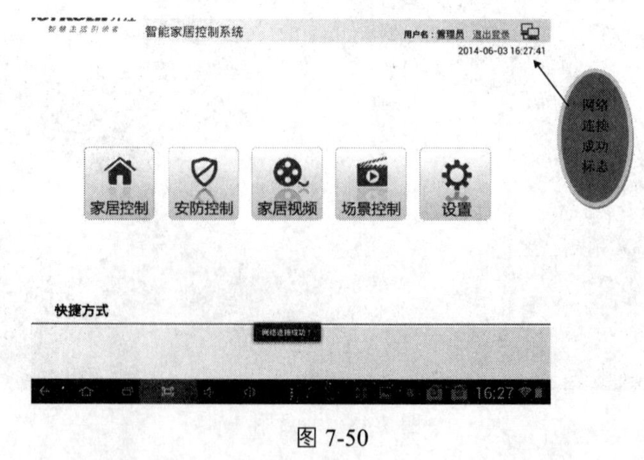

图 7-50

若网关连接不正常情况，令显示如图 7-51 所示界面。

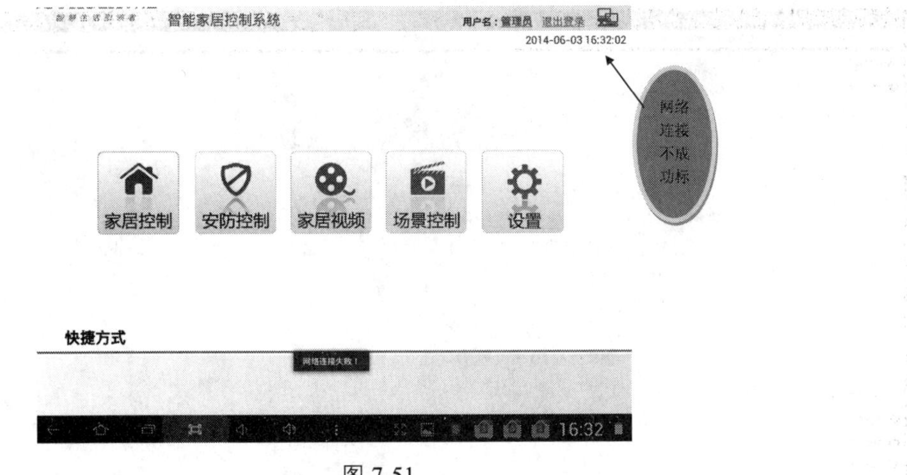

图 7-51

（3）通过计算机打开软件，若网络连接成功，证明网关连接正常（见图 7-52）。

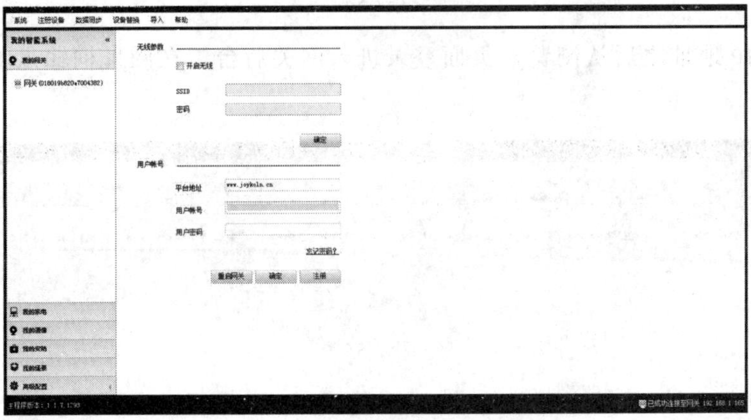

图 7-52

网络连接不成功，证明网关连接不正常（见图 7-53）。

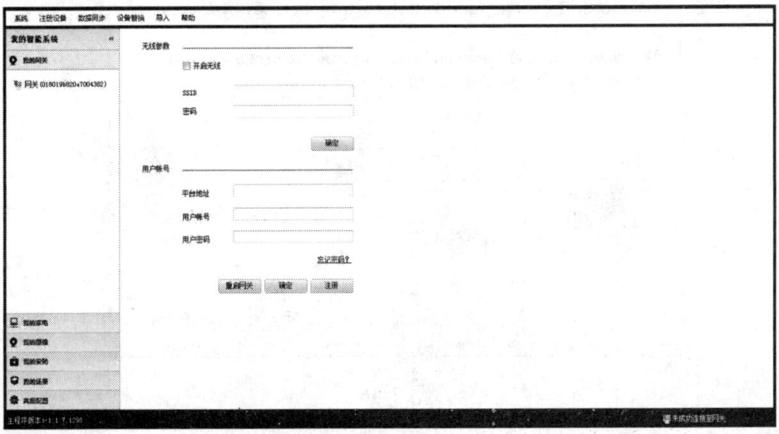

图 7-53

（4）登录网关，进行后台测试（见图 7-54）。

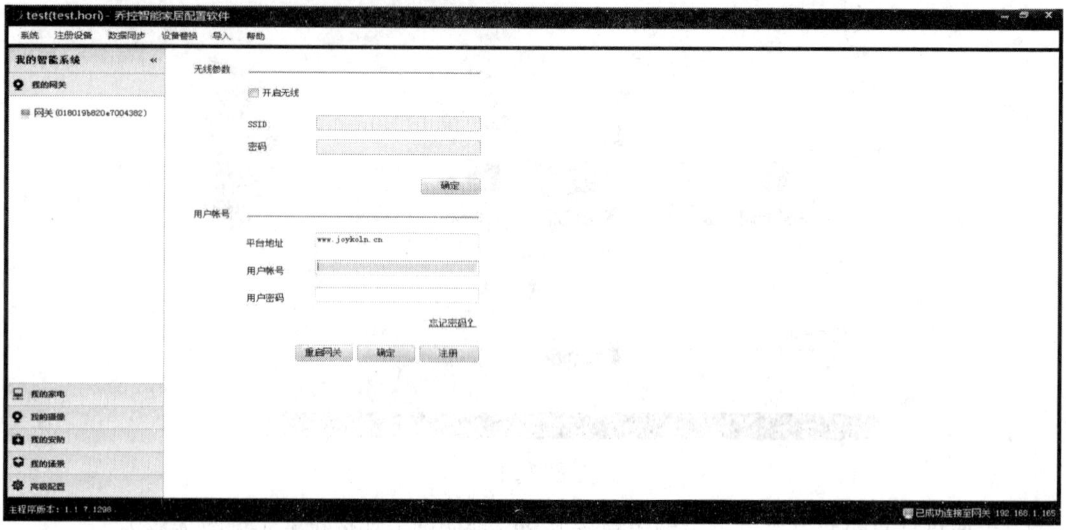

图 7-54

（a）获取 IP 地址之后从浏览器页面登录进入网关后台（在网址框输入 IP 地址，见图 7-55）。

图 7-55

（b）输入初始账号和密码，默认为 admin（见图 7-56）。

图 7-56

（c）登录进入网关后台，进入图 7-57 所示界面，说明网关连接正常。

图 7-57

五、核心网关软件配置与测试实验

【实验目的】

对网关的网络设置有进一步了解。

对网关的基本组成有进一步了解。

当网关 IP 产生冲突时，能够熟练变换网关 IP 地址。

【实验设备】

- 智能家居网关　　1 台
- 综合布线箱　　1 台
- 电源模块　　1 台
- 计算机　　1 台

【实验功能】

完成网关后台基本设置。

【实验步骤】

（1）登陆网关后台（见图 7-58）。

（2）点击网络设置→局域网进入图 7-59 所示页面。

（3）为网关配置一个固定 IP 地址，如图 7-60 所示。

（4）点击确定完成设置，并在系统管理中点击重启系统（见图 7-61）。

智能家居网关服务系统
系统信息
网络设置
局域网
系统管理
智能家居网关设置
智能家居网关
网络设置
系统管理
安防管理

图 7-58

智能家居网关服务系统
系统信息
网络设置
局域网
系统管理
智能家居网关设置
局域网设置
您可以启用/停止以及设置所有的网络功能。
局域网设置
自动获取IP地址
停用
IP 地址
192.168.1.165
子网掩码
255.255.255.0
网关地址
192.168.1.1
首选DNS服务器
192.168.1.1
备用DNS服务器
192.168.1.1
MAC 地址
B8:20:E7:00:43:81
确定
取消

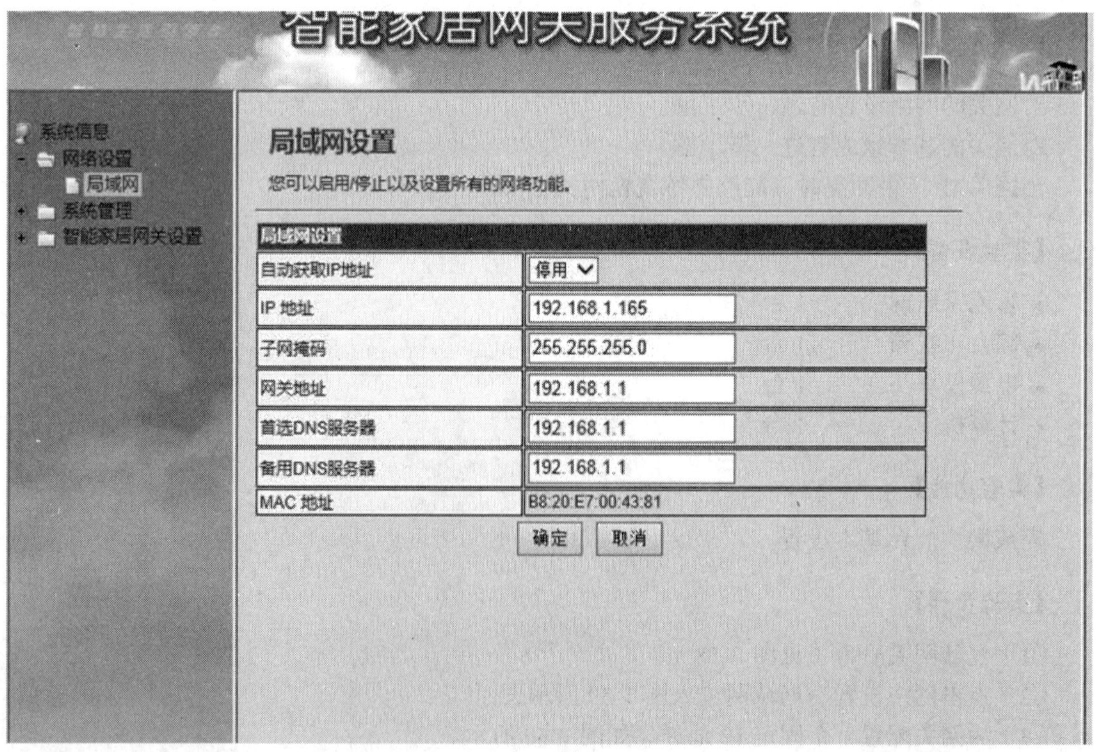

图 7-59

智能家居网关服务系统
系统信息
网络设置
局域网
系统管理
管理
上传更新
设置管理
重启系统
智能家居网关设置
局域网设置
您可以启用/停止以及设置所有的网络功能。
2、输入固定值：
192.168.1.177
局域网设置
自动获取IP地址
停用
IP 地址
192.168.1.177
子网掩码
255.255.255.0
网关地址
192.168.1.1
首选DNS服务器
192.168.1.1
备用DNS服务器
192.168.1.1
MAC 地址
B8:20:E7:00:43:81
确定
取消

图 7-60

智能家居网关服务系统
系统信息
网络设置
局域网
系统管理
管理
上传更新
设置管理
重启系统
智能家居网关设置
重启系统
重启系统
重启按钮
重启系统

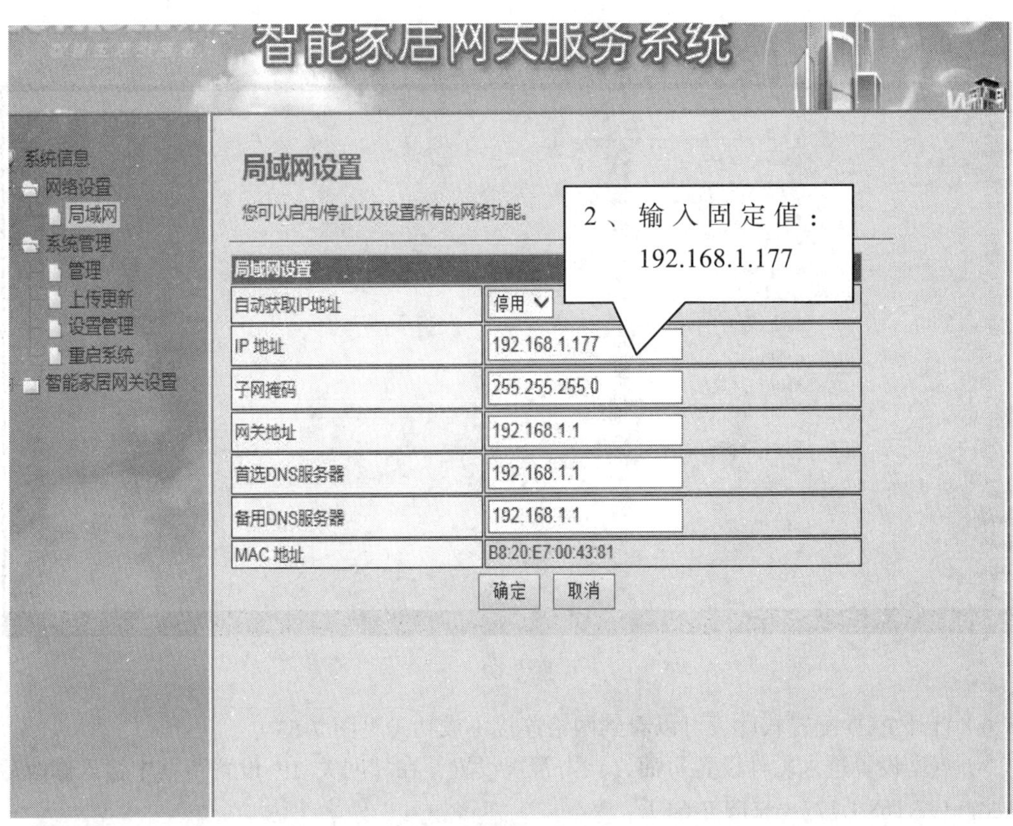

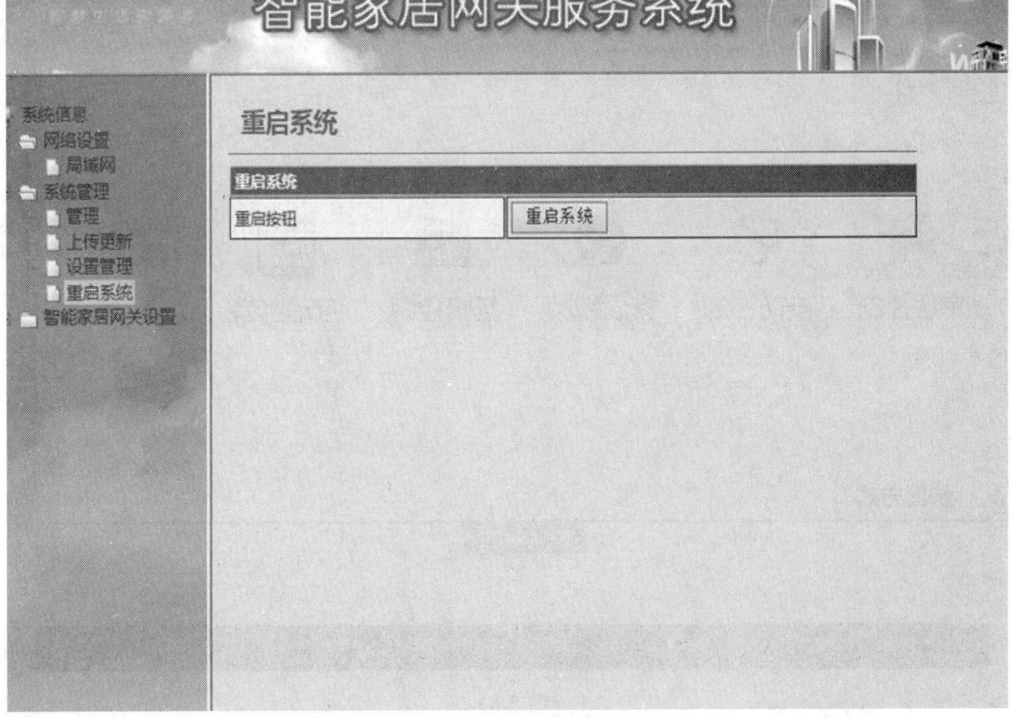

图 7-61

（5）重新打开计算机调试软件（见图 7-62）。

图 7-62

（6）打开 PAD 配置软件，可以看到网络连接不成功（见图 7-63）。

（7）点击设置进入软件设置页面，点击常规设置，在“网关 IP 设置”框中输入修改后的 IP 地址：192.168.1.177（见图 7-64）。

图 7-63

图 7-64

（8）点击保存（见图 7-65）。

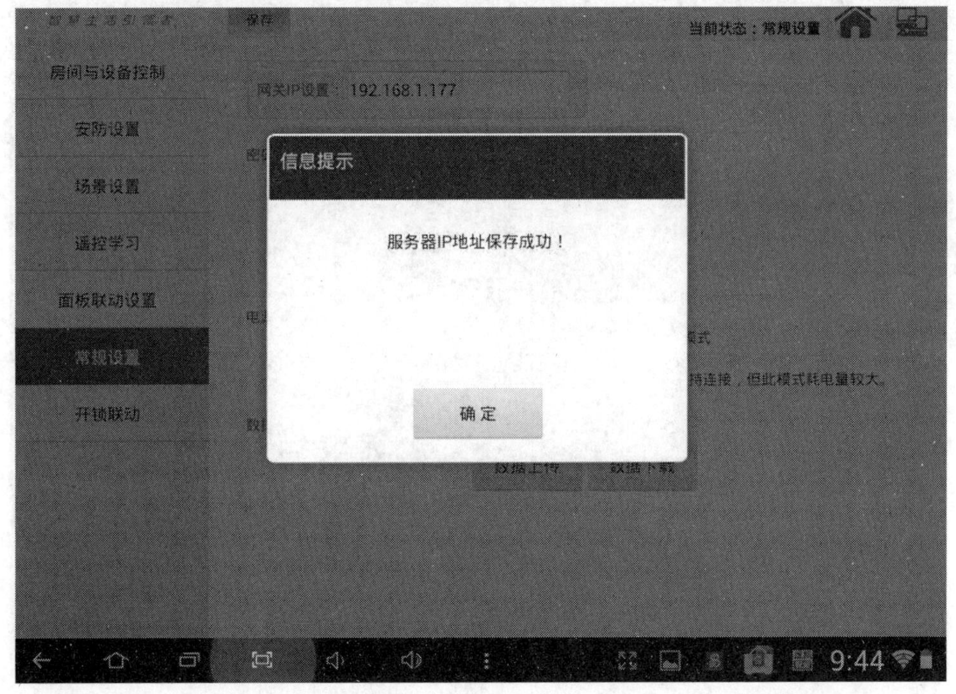

图 7-65

（9）再次登录，显示连接成功（见图 7-66）。

图 7-66

图 7-67　沙盘图

附　录

附录 A　现代学徒制计算机应用技术专业职业能力分析表

附录 B　××大酒店弱电工程施工合同

附录 C　远程平台及控制终端的操作说明

参考文献

[1] 吴嫒嫒，严丽玲. 论招标法律保障机制的重要性[J]. 江西电力职业技术学院学报，2018（5）.

[2] 朱俊. 物资招标采购的风险及对策[J]. 中国商论，2018（16）.

[3] 付友萍，虞杨波. 招标阶段的造价管理[J]. 价值工程，2018（12）.

[4] 赵慧真. 政府采购制度下高校图书馆图书招标对策[J]. 图书馆工作与研究，2018（8）.

[5] 杨荣木. 建筑智能化综合布线设计与施[J]. 建筑工程技术与设计，2017（18）.

[6] 葛小阳. 试论建筑智能化综合布线的设计与施工[J]. 装饰装修天地，2017（24）.

[7] 金明. 综合布线系统的设计与施工[J]. 中国新通信，2016（19）.

[8] 周斌兰.《综合布线设计与施工》工作过程导向式教学的实践[J]. 科技风，2012（11）.

[9] 张洪. 浅析校企共建“综合布线设计与施工”课程的不足及对策[J]. 吉林工程技术师范学院学报，2011（10）.

[10] 孙兰. 综合布线系统工程设计与施工图集（08X101-3）解读[J]. 低压电器，2008（12）.

[11] 卓恬. 智能家居产品的用户参与式设计研究[J]. 工业设计，2017（11）.

[12] 王薇，谢一槐. 探讨智能家居产品的视觉交互设计[J]. 工业设计，2017（5）.

[13] 陈旖旎，李源枫. 竹木材料在智能家居产品中的应用[J]. 建材与装饰，2018（20）.

[14] 查东. 智能家居产品推广应用存在问题探讨[J]. 科技展望，2015（17）.

[15] 任磊，郭连芳. 老年人智能家居产品设计研究[J]. 美术大观，2017（10）.

[16] 宋佳玮. 交互设计在智能家居产品中的应用分析[J]. 丝路视野，2018（3）.

[17] 谢寒. 智能家居产品发展现状及应用前景研究[J]. 丝路视野，2018（12）.

[18] 姬雷，曾岗，刘珂维. 医养结合模式下的老年人智能家居产品交互设计研究[J]. 信息系统工程，2018（8）.